鸢尾花数学大系

从加减乘除到机器学习

U0304039

机器学习

全彩图解 + 微课 + Python编程

姜伟生 著

清华大学出版社

北京

内 容 简 介

本书是"鸢尾花数学大系：从加减乘除到机器学习"丛书的最后一册，前六本解决了编程、可视化、数学、数据方面的诸多问题，而本书将开启机器学习经典算法的学习之旅。

本书设置了 24 个话题，对应四大类机器学习经典算法（回归、分类、降维、聚类），覆盖算法包括：回归分析、多元线性回归、非线性回归、正则化回归、贝叶斯回归、高斯过程、k 最近邻分类、朴素贝叶斯分类、高斯判别分析、支持向量机、核技巧、决策树、主成分分析、截断奇异值分解、主成分分析进阶、主成分分析与回归、核主成分分析、典型相关分析、k 均值聚类、高斯混合模型、最大期望算法、层次聚类、密度聚类、谱聚类。

本书选取算法模型的目标是覆盖 Scikit-Learn 库的常用机器学习算法函数，让读者充分理解算法理论，又能联系实际应用。因此，在学习本书时，特别希望调用 Scikit-Learn 各种函数来解决问题之余，更要理解算法背后的数学工具。因此，本书给出适度的数学推导以及扩展阅读。

本书提供代码示例和视频讲解，"鸢尾花书"强调在 JupyterLab 自主探究学习才能提高编程技能。本书配套微课也主要以配套 Jupyter Notebooks 为核心，希望读者边看视频，边动手练习。

本书读者群包括所有试图用机器学习解决问题的朋友，尤其适用于机器学习入门、初级程序员转型、高级数据分析师、机器学习进阶。

图书在版编目(CIP)数据

机器学习：全彩图解+微课+Python编程 / 姜伟生著.
北京：清华大学出版社，2024.7（2024.11重印）. -- (鸢尾花数学大系：从加减乘除到机器学习). -- ISBN 978-7-302-66676-9

Ⅰ. TP181
中国国家版本馆CIP数据核字第2024UC8464号

责任编辑：栾大成
封面设计：姜伟生 杨玉兰
责任校对：徐俊伟
责任印制：杨 艳

出版发行：清华大学出版社
   网 址：https://www.tup.com.cn，https://www.wqxuetang.com
   地 址：北京清华大学学研大厦 A 座   邮 编：100084
   社 总 机：010-83470000   邮 购：010-62786544
   投稿与读者服务：010-62776969，c-service@tup.tsinghua.edu.cn
   质 量 反 馈：010-62772015，zhiliang@tup.tsinghua.edu.cn
印 装 者：涿州汇美亿浓印刷有限公司
经 销：全国新华书店
开 本：188mm×260mm   印 张：34.75   字 数：1101 千字
版 次：2024 年 8 月第 1 版   印 次：2024 年 11 月第 2 次印刷
定 价：238.00 元

产品编号：096688-02

感谢

首先感谢大家的信任。

作者仅仅是在学习应用数学科学和机器学习算法时，多读了几本数学书，多做了一些思考和知识整理而已。知者不言，言者不知。知者不博，博者不知。由于作者水平有限，斗胆把自己有限所学所思与人家分享，作者权当无知者无畏。希望大家在 B 站视频下方和 GitHub 多提意见，让"鸢尾花数学大系——从加减乘除到机器学习"丛书成为作者和读者共同参与创作的优质作品。

特别感谢清华大学出版社的栾大成老师。从选题策划、内容创作到装帧设计，栾老师事无巨细、一路陪伴。每次与栾老师交流，都能感受到他对优质作品的追求、对知识分享的热情。

出来混总是要还的

曾经，考试是我们学习数学的唯一动力。考试是头悬梁的绳，是锥刺股的锥。我们中的绝大多数人从小到大为各种考试埋头题海，学数学味同嚼蜡，甚至对其恨之入骨。

数学给我们带来了无尽的"折磨"。我们甚至恐惧数学，憎恨数学，恨不得一走出校门就把数学抛之脑后，老死不相往来。

可悲可笑的是，我们很多人可能会在毕业五年或十年以后，因为工作需要，不得不重新学习微积分、线性代数、概率统计，悔恨当初没有学好数学，走了很多弯路，没能学以致用，甚至迁怒于教材和老师。

这一切不能都怪数学，值得反思的是我们学习数学的方法和目的。

再给自己一个学数学的理由

为考试而学数学，是被逼无奈的举动。而为数学而学数学，则又太过高尚而遥不可及。

相信对于绝大部分人来说，数学是工具，是谋生手段，而不是目的。我们主动学数学，是想用数学工具解决具体问题。

现在，本丛书给大家带来一个学数学、用数学的全新动力——数据科学、机器学习。

数据科学和机器学习已经深度融合到我们生活的方方面面，而数学正是开启未来大门的钥匙。不是所有人生来都握有一副好牌，但是掌握"数学 + 编程 + 机器学习"的知识绝对是王牌。这次，学习数学不再是为了考试、分数、升学，而是为了投资时间，自我实现，面向未来。

未来已来，你来不来？

本丛书如何帮到你

为了让大家学数学、用数学，甚至爱上数学，作者可谓颇费心机。在本丛书创作时，作者尽量克服传统数学教材的各种弊端，让大家学习时有兴趣、看得懂、有思考、更自信、用得着。

为此，本丛书在内容创作上突出以下几个特点。

◀ **数学 + 艺术**——全彩图解，极致可视化，让数学思想跃然纸上、生动有趣、一看就懂，同时提高大家的数据思维、几何想象力和艺术感。

◀ **零基础**——从零开始学习Python编程，从写第一行代码到搭建数据科学和机器学习应用。

◀ **知识网络**——打破数学板块之间的壁垒，让大家看到代数、几何、线性代数、微积分、概率统计等板块之间的联系，编织一张绵密的数学知识网络。

◀ **动手**——授人以鱼不如授人以渔，和大家一起写代码，用Streamlit创作数学动画、交互App。

◀ **学习生态**——构造自主探究式学习生态环境"微课视频 + 纸质图书 + 电子图书 + 代码文件 + 可视化工具 + 思维导图"，提供各种优质学习资源。

◀ **理论 + 实践**——从加减乘除到机器学习，丛书内容安排由浅入深、螺旋上升，兼顾理论和实践；在编程中学习数学，在学习数学时解决实际问题。

虽然本丛书标榜"从加减乘除到机器学习"，但是建议读者朋友们至少具备高中数学知识。如果读者正在学习或曾经学过大学数学 (微积分、线性代数、概率统计)，那么就更容易读懂本丛书了。

聊聊数学

数学是工具。锤子是工具，剪刀是工具，数学也是工具。

数学是思想。数学是人类思想高度抽象的结晶。在其冷酷的外表之下，数学的内核实际上就是人类朴素的思想。学习数学时，知其然，更要知其所以然。不要死记硬背公式、定理，理解背后的数学思想才是关键。如果你能画一幅图，用大白话描述清楚一个公式、一则定理，这就说明你真正理解了它。

数学是语言。就好比世界各地不同种族有自己的语言，数学则是人类共同的语言和逻辑。数学这门语言极其精准，高度抽象，放之四海而皆准。虽然我们中大多数人没有被数学"女神"选中，不能为人类对数学认知开疆拓土，但是这丝毫不妨碍我们使用数学这门语言。就好比，我们不会成为语言学家，但是我们完全可以使用母语和外语交流。

数学是体系。代数、几何、线性代数、微积分、概率统计、优化方法等，看似一个个孤岛，实际上它们都是由数学网络连接起来的。建议大家在学习时，特别关注不同数学板块之间的联系，见树，更要见林。

数学是基石。拿破仑曾说："数学的日臻完善和国强民富息息相关。"数学是科学进步的根基，是经济繁荣的支柱，是保家卫国的武器，是探索星辰大海的航船。

数学是艺术。数学和音乐、绘画、建筑一样，都是人类艺术体验。通过可视化工具，我们会在看似枯燥的公式、定理、数据背后，发现数学之美。

数学是历史，是人类共同记忆体。"历史是过去，又属于现在，同时在指引未来。"数学是人类的集体学习思考，它把人的思维符号化、形式化，进而记录、积累、传播、创新、发展。从甲骨、泥板、石板、竹简、木牍、纸草、羊皮卷、活字印刷字模、纸张，到数字媒介，这一过程持续了数千年，至今绵延不息。

数学是无穷无尽的**想象力**，是人类的**好奇心**，是自我挑战的**毅力**，是一个接着一个的**问题**，是看似荒诞不经的**猜想**，是一次次胆大包天的**批判性思考**，是敢于站在前人臂膀之上的**勇气**，是孜孜不倦地延展人类认知边界的**不懈努力**。

家园、诗、远方

诺瓦利斯曾说："哲学就是怀着一种乡愁的冲动到处去寻找家园。"

在纷繁复杂的尘世，数学纯粹得就像精神的世外桃源。数学是一束光、一条巷、一团不灭的希望、一股磅礴的力量、一个值得寄托的避风港。

打破陈腐的锁链，把功利心暂放一边，我们一道怀揣一份乡愁，心存些许诗意，踩着艺术维度，投入数学张开的臂膀，驶入它色彩斑斓、变幻无穷的深港，感受久违的归属，一睹更美、更好的远方。

Acknowledgement
致谢

To my parents.
谨以此书献给我的母亲和父亲。

How to Use the Book

使用本书

丛书资源

本系列丛书提供的配套资源有以下几个。

◀ 纸质图书。

◀ PDF文件，方便移动终端学习。请大家注意，纸质图书经过出版社五审五校修改，内容细节上会与PDF文件有出入。

◀ 每章提供思维导图，纸质图书提供全书思维导图海报。

◀ Python代码文件，直接下载运行，或者复制、粘贴到Jupyter运行。

◀ Python代码中有专门用Streamlit开发的数学动画和交互App的文件。

◀ 微课视频，强调重点、讲解难点、聊聊天。

在纸质图书中，为了方便大家查找不同配套资源，作者特别设计了以下几个标识。

数学家、科学家、艺术家等语录　　代码中核心Python库函数和讲解　　思维导图总结本章脉络和核心内容

配套Python代码完成核心计算和制图　　用Streamlit开发制作App　　介绍数学工具、机器学习之间的联系

引出本书或本系列其他图书相关内容　　提醒读者格外注意的知识点　　每章配套微课视频二维码

相关数学家生平贡献介绍　　每章结束总结或升华本章内容　　本书核心参考文献和推荐阅读文献

微课视频

本书配套微课视频均发布在B站——生姜DrGinger。

◀ `https://space.bilibili.com/513194466`

微课视频是以"聊天"的方式，和大家探讨某个数学话题的重点内容，讲解代码中可能遇到的难点，甚至侃侃历史，说说时事，聊聊生活。

本书配套微课视频的目的是引导大家自主编程实践、探究式学习，并不是"照本宣科"。

纸质图书上已经写得很清楚的内容，视频课程只会强调重点。需要说明的是，图书内容不是视频的"逐字稿"。

App开发

本书配套多个用Streamlit开发的App，用来展示数学动画、数据分析、机器学习算法。

Streamlit是个开源的Python库，能够方便、快捷地搭建、部署交互型网页App。Streamlit简单易用，很受欢迎。Streamlit兼容目前主流的Python数据分析库，比如NumPy、Pandas、Scikit-Learn、PyTorch、TensorFlow等。Streamlit还支持Plotly、Bokeh、Altair等交互可视化库。

本书中很多App设计都采用Streamlit + Plotly方案。此外，本书专门配套教学视频手把手和大家一起做App。

大家可以参考如下页面，更多地了解Streamlit：

◀ `https://streamlit.io/gallery`
◀ `https://docs.streamlit.io/library/api-reference`

实践平台

本书作者编写代码时采用的IDE (Integrated Development Environment) 是Spyder，目的是给大家提供简洁的Python代码文件。

但是，建议大家采用JupyterLab或Jupyter Notebook作为"鸢尾花书"配套学习工具。

简单来说，Jupyter集"浏览器 + 编程 + 文档 + 绘图 + 多媒体 + 发布"众多功能于一身，非常适合探究式学习。

运行Jupyter无须IDE，只用到浏览器。Jupyter容易分块执行代码。Jupyter支持inline打印结果，直接将结果图片打印在分块代码下方。Jupyter还支持很多其他语言，如R和Julia。

使用Markdown文档编辑功能，可以在编程的同时写笔记，不需要额外创建文档。在Jupyter中插入图片和视频链接都很方便，此外还可以插入LaTex公式。对于长文档，可以用边栏目录查找特定内容。

Jupyter发布功能很友好，方便打印成HTML、PDF等格式文件。

Jupyter也并不完美，目前尚待解决的问题有几个：Jupyter中代码调试不是特别方便。Jupyter没有variable explorer，可以在线打印数据，也可以将数据写到CSV或Excel文件中再打开。Matplotlib图像结果不具有交互性，如不能查看某个点的值或者旋转3D图形，此时可以考虑安装 (Jupyter

Matplotlib)。注意，利用Altair或Plotly绘制的图像支持交互功能。对于自定义函数，目前没有快捷键直接跳转到其定义。但是，很多开发者针对这些问题正在开发或已经发布相应插件，请大家留意。

大家可以下载安装Anaconda，将JupyterLab、Spyder、PyCharm等常用工具，都集成在Anaconda中。下载Anaconda的地址为：

◀ https://www.anaconda.com/

JupyterLab探究式学习视频：

代码文件

本书的Python代码文件下载地址为：

同时也在如下GitHub地址备份更新：

◀ https://github.com/Visualize-ML

Python代码文件会不定期修改，请大家注意更新。图书原始创作版本PDF(未经审校和修订，内容和纸质版略有差异，方便移动终端碎片化学习以及对照代码)和纸质版本勘误也会上传到这个GitHub账户。因此，建议大家注册GitHub账户，给书稿文件夹标星 (Star) 或分支克隆 (Fork)。

考虑再三，作者还是决定不把代码全文印在纸质书中，以便减少篇幅，节约用纸。

本书编程实践例子中主要使用"鸢尾花数据集"，数据来源是Scikit-Learn库、Seaborn库。要是给"鸢尾花数学大系"起个昵称的话，作者乐见"**鸢尾花书**"。

学习指南

大家可以根据自己的偏好制定学习步骤，本书推荐如下步骤。

学完每章后，大家可以在社交媒体、技术论坛上发布自己的Jupyter笔记，进一步听取朋友们的意见，共同进步。这样做还可以提高自己学习的动力。

另外，建议大家采用纸质书和电子书配合阅读学习。学习主阵地在纸质书上，学习基础课程最重要的是沉下心来，认真阅读并记录笔记；电子书可以配合查看代码，相关实操性内容可以直接在电脑上开发、运行、感受，还可以同步记录Jupyter笔记。

强调一点：**学习过程中遇到困难，要尝试自行研究解决，不要第一时间就去寻求他人帮助。**

意见和建议

欢迎大家对"鸢尾花书"提意见和建议，丛书专属邮箱地址为：

◀ jiang.visualize.ml@gmail.com

也欢迎大家在B站视频下方留言互动。

Contents

目录

绪论

图解 + 编程 + 实践 + 数学板块融合

0.1 本册在全套丛书的定位

欢迎大家来到"鸢尾花书"第七册——《机器学习》！

特别对于从"鸢尾花书"第一册《编程不难》一直读到本册的读者，请大家为自己坚持到底的精神鼓掌！

回头来看，"鸢尾花书"的前两本强调编程基础，《编程不难》是零基础入门Python，《可视之美》和大家探讨"数学 + 美学"编程实践。

"数学"板块三本书——《数学要素》《矩阵力量》《统计至简》——为"实践"打下了坚实的数学基础。因此，数学基础不强的读者，不建议跳过"数学"板块直接学习本册。

第六册《数据有道》则强调数据直觉，和大家探讨数据探索背后的数学和可视化。

希望"鸢尾花书"的前六本帮大家解决了编程、可视化、数学、数据方面的很多痛点问题。而第七册《机器学习》将开启机器学习经典算法的学习之旅。

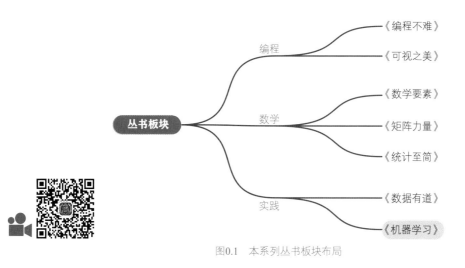

图0.1　本系列丛书板块布局

0.2 结构：四大板块

《机器学习》设置了24个话题，对应四大类机器学习经典算法 (回归、分类、降维、聚类)。每类算法不多不少正好6个话题。此外，"鸢尾花书"之前的6本书铺垫的内容确保大家能够完全理解、充分掌握这24个机器学习算法。

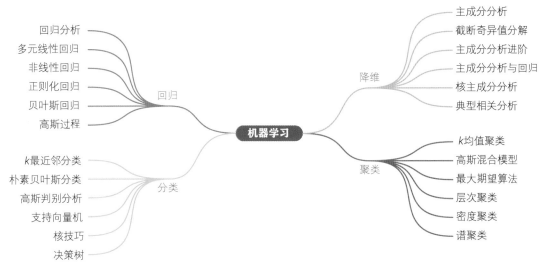

图0.2 《机器学习》板块布局

本书第1章不属于上述任何一个板块，这章相当于是本册"综述"，和大家聊聊机器学习、人工智能、深度学习之间的关系，然后盘点《机器学习》要介绍的核心内容。

回归

第2章首先利用一元OLS线性回归讲解回归分析，之后讲解方差分析、拟合优度、F检验、t检验、置信区间、预测区间、对数似然函数、信息准则等概念。这一章相对较为枯燥，建议大家学习时没有必要全部掌握，实践时再回来有针对性地学习即可。

第3章讲解多元线性回归，回归分析的维度提高了。这一章请大家多从几何、数据视角思考回归分析。学有余力的读者，建议继续学习**加权线性回归** (Weighted Linear Regression) 和**广义线性回归** (Generalized Linear Regression)。

第4章讲解非线性回归，需要大家掌握多项式回归，并理解过拟合。此外，这一章还介绍了逻辑回归，逻辑回归既可以用来回归分析，也可以用来分类。

第5章利用正则化解决多元线性回归过拟合、多重共线性的问题。这一章一共介绍三种正则化：① 岭回归；② 套索回归；③ 弹性网络回归。

第6章介绍如何将贝叶斯推断用在回归分析中。学习这一章时，建议大家回顾《统计至简》第20 ~ 22章。这一章最后从贝叶斯推断视角理解正则化。

第7章介绍高斯过程，这种算法集合了贝叶斯推断、高斯分布、核函数、协方差矩阵、随机过程等数学工具，理解起来不是很容易。建议大家翻阅《数据有道》中有关高斯过程的基础内容。注意，高斯过程可以解决分类、回归两类问题。

分类

第8章介绍k最近邻分类，这个算法基本思想是"小范围投票，少数服从多数"，它可以用来分类，也可以用来回归。

第9章介绍朴素贝叶斯分类。有关朴素贝叶斯分类算法，希望大家记住"假设特征之间条件独立，最大化后验概率"。

第10章介绍高斯判别分析，算法特点是"假设后验概率为高斯分布，最小化分类错误"。线性判别、二次判别都包含在高斯判别之中。

第11章介绍支持向量机。支持向量机的特点是间隔最大化，支持向量确定决策边界。

第12章着重介绍核技巧，将样本数据映射到高维特征空间中，使数据在高维空间中线性可分。本书后续还会用到核技巧，需要大家注意。请大家特别注意比较支持向量机和高斯过程中的核技巧。

支持向量机既可以用来分类，也可以用来回归。想要理解支持向量机绝对离不开《矩阵力量》中各种线性代数工具。

第13章讲解决策树，大家注意理解信息熵、信息增益等概念。

降维

第14、15、16章讲解主成分分析。第14章侧重利用特征值分解完成主成分分析；第15章则介绍用截断型奇异值分解完成主成分分析；第16章则区分六种不同的PCA技术路线。

"鸢尾花书"在不同的板块都或多或少地介绍过主成分分析，这样安排的目的是让大家从几何、线性代数、概率统计、优化、数据等不同角度透彻理解主成分分析。"鸢尾花书"希望利用这种抽丝剥茧、逐层深入的讲解方式，保证大家学习时不会感觉信息过载。

第17章分别介绍以主成分分析为基础的两种回归方法：正交回归、主元回归。虽然这章介绍的是回归方法，但是它们都离不开主成分分析。此外，第17章最后还简单介绍了偏最小二乘回归。

第18章讲解核主成分分析，这种方法也用到了核技巧。核主成分分析是一种在高维数据中提取关键信息的统计技术。它通过转换原始特征，寻找数据中的主要结构，减少数据维度。与传统主成分分析不同，核主成分分析能有效处理非线性关系，为数据降维提供更灵活的手段，广泛应用于模式识别、特征提取等领域。

第19章介绍典型相关分析。典型相关分析方法的目的是找到两组数据的整体相关性的最大线性组合。

聚类

第20章介绍k均值聚类，算法特点是簇内距离和最小、迭代求解。注意，k均值聚类的k不同于k-NN中的k。

第21章介绍高斯混合模型。高斯混合模型组合若干高斯分布，期望最大化。高斯混合模型求解离不开第22章讲解的最大期望算法。最大期望算法的特点是迭代优化两步走：E步，M步。

第23章介绍层次聚类。层次聚类基于数据之间距离，自下而上聚合，或自上而下分裂。

第24章介绍密度聚类，算法特点是利用数据分布紧密程度聚类。Scikit-Learn中OPTICS算法类似DBSCAN，请大家自行学习。

第25章讲解谱聚类。谱聚类通过构造无向图，降维聚类。为了更好地理解这一章，建议大家回顾《数据有道》中介绍的图论入门内容。

0.3 特点：经典算法

机器学习、深度学习、大语言模型算法不断涌现，让人目不暇接。由于作者知识水平、本书篇幅有限，本册选取算法模型的标准只有一个——经典。从"经典"算法角度切入，《机器学习》目标是覆盖Scikit-Learn库的常用机器学习算法函数，让大家充分理解算法理论基础，又能联系实际应用。

因此，在学习本书时，特别希望大家不仅仅满足于"调包"，也就是调用Scikit-Learn各种函数；更要理解各种经典机器学习算法背后的数学工具。因此，本书给出适度的数学推导以及扩展阅读。

《机器学习》的目的就是让大家完全理解本书提到的24个经典算法，并不"贪多求全"；《机器学习》一册试图确保大家在学习经典算法时能够"充分掌握"，方便日后"有机提升"。

不"贪多求全"也是这本《机器学习》的短板。本书不涉及集成学习、神经网络、强化学习、深度学习、自然语言处理等话题。其次，本书也不涉及机器学习理论。虽然《数据有道》一册介绍过很多特征工程的工具，但是本书没有专门讲解特征工程章节。还有，本书也没有讨论如何部署机器学习模型。这些话题留给大家"按需"探索学习。

最后，欢迎大家来到"鸢尾花书"第七本书——《机器学习》——之旅！

01

Section 01

综 述

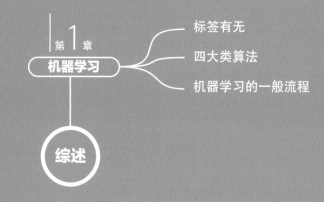

第 1 章

机器学习

标签有无

四大类算法

机器学习的一般流程

综述

Machine Learning
机器学习
四大类算法：回归、分类、降维、聚类

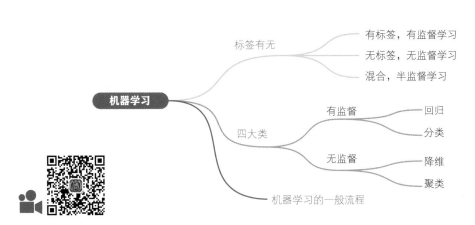

1.1 什么是机器学习？

《编程不难》第28章回答过这个问题，下面我们把部分"答案"抄过来。

人工智能、机器学习、深度学习、自然语言处理

人工智能 (Artificial Intelligence，AI) 的外延十分宽泛，泛指计算机系统通过模拟人的思维和行为，实现类似于人的智能行为。如图1.1所示，人工智能领域包含了很多技术和方法，如机器学习、深度学习、自然语言处理、计算机视觉等。

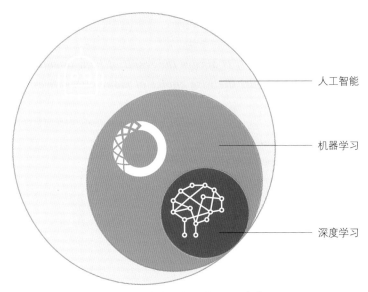

图1.1　人工智能、机器学习、深度学习

机器学习 (Machine Learning，ML) 是人工智能的一个子领域，它是通过计算机算法自动地从数据中学习规律，并用所学到的规律对新数据进行预测或者分类的过程。

机器学习算法的特点是，先从样本数据中分析并获得某种规律，再利用这个规律对未知数据进行预测。它是涉及概率、统计、矩阵论、代数学、优化方法、数值方法、算法学等多领域的交叉学科。

机器学习适合处理的问题有以下特征：①大数据；②黑箱或复杂系统，难以找到**控制方程** (governing equations)。此外，机器学习需要通过数据的训练。

如图1.2所示，简单来说，机器学习可以分为以下两大类。

◀ **有监督学习** (supervised learning)，也叫监督学习，训练有标签值样本数据并得到模型，通过模型对新样本进行推断。
◀ **无监督学习** (unsupervised learning) 训练没有标签值的数据，并发现样本数据的结构和分布。

此外，**半监督学习**结合了无监督学习和监督学习。

深度学习 (Deep Learning，DL) 是机器学习的一个子领域，它是通过建立多层**神经网络** (neural network) 模型，自动地从原始数据中学习到更高级别的特征和表示，从而实现对复杂模式的建模和预测。

Python中常用的深度学习工具有TensorFlow、PyTorch、Keras等，这些工具不在本书讨论范围内。

自然语言处理 (Natural Language Processing，NLP) 是计算机科学与人工智能领域的一个重要分支，旨在通过计算机技术对人类语言进行分析、理解和生成。自然语言处理主要应用于自然语言文本的处理和分析，如文本分类、情感分析、信息抽取、机器翻译、问答系统等。

图1.2　机器学习分类

有标签数据、无标签数据

根据输出值有无标签，如图1.3所示，数据可以分为**有标签数据** (labeled data) 和**无标签数据** (unlabeled data)。简单来说，有标签数据对应**有监督学习** (supervised learning)，无标签数据对应**无监督学习** (unsupervised learning)。

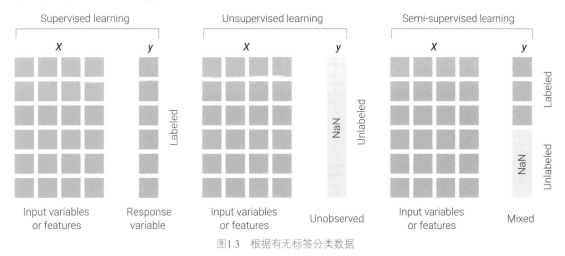

图1.3　根据有无标签分类数据

四大类算法

有监督学习中，如果标签为连续数据，对应的问题为**回归** (regression)，如图1.4 (a)所示。如果标签为分类数据，对应的问题则是**分类** (classification)，如图1.4 (c)所示。简单来说，分类问题与离散的输出相关，目标是将数据划分为不同的类别或标签；而回归问题与连续的输出相关，目标是预测数值型数据的结果。

无监督学习中，样本数据没有标签。如果目标是寻找规律、简化数据，这类问题叫作**降维** (dimensionality reduction)，比如**主成分分析** (principal component analysis) 目的之一就是找到数据中占据主导地位的成分，如图1.4 (b)所示。如果模型的目标是根据无标签数据特征将样本分成不同的组别，这种问题叫作**聚类** (clustering)，如图1.4 (d)所示。

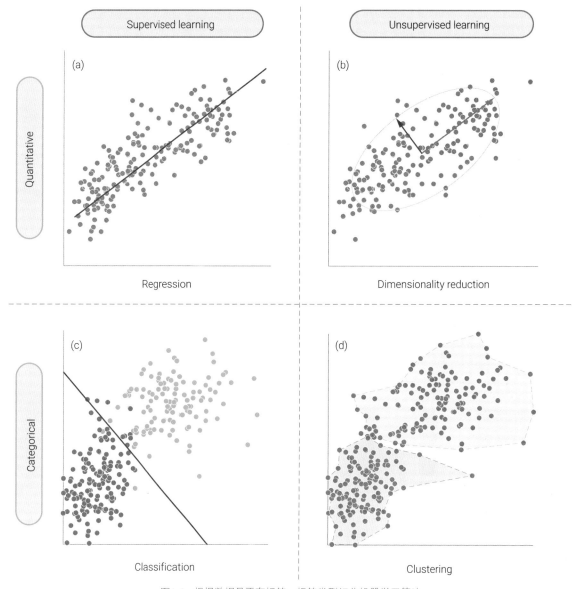

图1.4 根据数据是否有标签、标签类型细分机器学习算法

1.2 回归：找到自变量与因变量关系

回归问题是指根据已知的输入和输出数据，建立一个数学模型来预测输出值。给定一个输入，回归模型的目标是预测它的输出值，如房价预测、股票价格预测和天气预测等。

图1.5总结了"鸢尾花书"系列丛书涉及的各种回归算法。

下面回顾回归算法中涉及的重要概念。

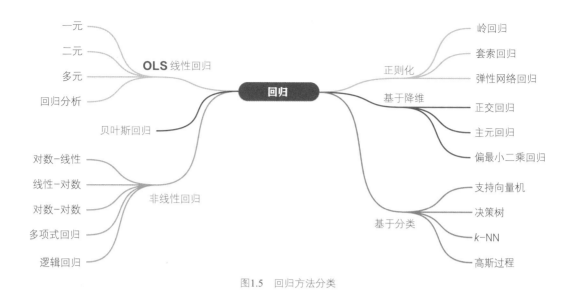

图1.5　回归方法分类

最小二乘算法

　　线性回归 (linear regression) 通过构建一个线性模型来预测目标变量。最简单的线性回归算法是一元线性回归，多元线性回归则是利用多个特征来预测目标变量。线性回归离不开最小二乘法。

　　相信"鸢尾花书"读者对于**最小二乘法** (Ordinary Least Squares，OLS) 线性回归已经烂熟于心。下面想强调几点。

　　首先，希望大家能够从多重视角理解OLS线性回归，如优化 (见图1.6)、条件概率 (见图1.7)、几何 (见图1.8)、投影 (见图1.9)、数据、线性组合、**奇异值分解** (SVD)、**正交三角** (QR) 分解、**最大似然估计** (MLE)、**最大后验** (MAP) 等视角。

　　此外，回归模型不能拿来就用，需要通过严格的回归分析。另外，要注意OLS线性回归的基本假设前提。

　　再提到OLS线性回归时，希望大家闭上眼睛，脑中不仅仅浮现各种多彩的图像，而且能够用OLS线性回归把代数、几何、线性代数、概率统计、优化等数学板块有机地联结起来！

➡

丛书讲解OLS线性回归时可谓抽丝剥茧、层层叠叠。对于这些视角感到生疏的话，请回归《数学要素》第24章、《矩阵力量》第9、25章、《统计至简》第24章。

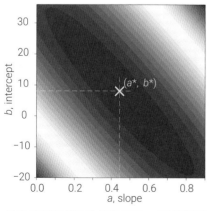

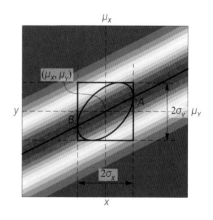

图1.6　一元OLS回归目标函数 (图片来源：《数学要素》第24章)　　图1.7　条件期望视角看OLS线性回归 (图片来源：《统计至简》第12章)

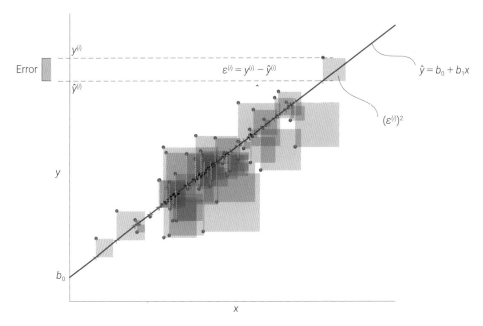

图1.8　残差平方和的几何意义(图片来源：《统计至简》第24章)

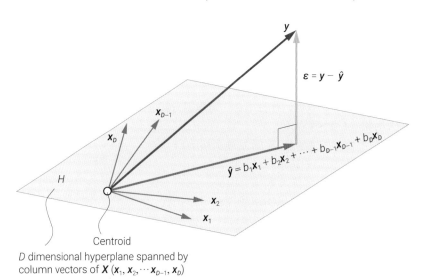

图1.9　投影角度解释多元OLS线性回归 (图片来源：《数据有道》第11章)

贝叶斯回归

　　贝叶斯回归 (bayesian regression) 是一种基于贝叶斯定理的回归算法，它可以用来估计连续变量的概率分布。贝叶斯回归可以被视作一种特殊的贝叶斯推断。

　　贝叶斯推断 (bayesian inference) 把模型参数看作随机变量。根据主观经验和既有知识给出未知参数的概率分布，称为先验分布。从总体中得到样本数据后，根据贝叶斯定理，基于给定的样本数据，得出模型参数的后验分布。

　　贝叶斯回归的优化问题对应**最大后验** (MAP)。贝叶斯推断中，后验 $\propto$ 似然 $\times$ 先验 (见图1.10)，是最重要的关系，希望大家牢记。

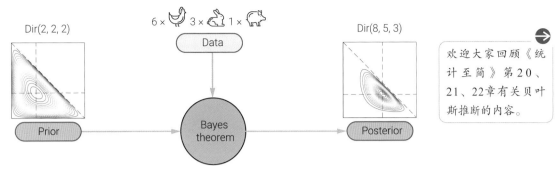

图1.10 先验Dir(2, 2, 2) + 样本 → 后验 Dir(8, 5, 3) (图片来源：《统计至简》第22章)

欢迎大家回顾《统计至简》第20、21、22章有关贝叶斯推断的内容。

非线性回归

非线性回归 (nonlinear regression) 目标变量与特征之间的关系不是线性的。**多项式回归** (polynomial regression) 是非线性回归的一种形式，即通过将特征的幂次作为新的特征来构建一个多项式模型。**逻辑回归** (logistic regression) 是一种二分类算法，可以用于非线性回归。

此外，大家会发现，k-NN、高斯过程算法完成的回归也都可以归类为非线性回归。

注意：逻辑回归不但可以用来回归，也可以用来分类。

正则化

正则化 (regularization) 通过向目标函数中添加惩罚项来避免模型的过拟合。常用的正则化方法有岭回归、Lasso回归、弹性网络回归。岭回归通过向目标函数中添加 L2 惩罚项来控制模型复杂度。Lasso回归通过向目标函数中添加 L1 惩罚项，不仅能够控制模型复杂度，还可以进行特征选择。弹性网络回归是岭回归和Lasso回归的结合体，它同时使用 L1 和 L2 惩罚项。岭回归正则项对应图1.11(a) 范数，Lasso回归正则项对应图1.11 (b) 范数，弹性网络回归正则项是 (a) (b) 两个子图的叠加。

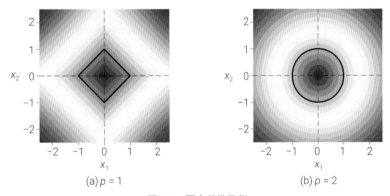

(a) $p = 1$ (b) $p = 2$

图1.11 两个范数示例

基于降维算法的回归

本书还要特别介绍两种基于主成分分析的回归方法——正交回归、主元回归。

平面上，OLS线性回归仅考虑纵坐标方向上误差，如图1.12 (a) 所示；而正交回归TLS，也称总体**最小二乘法** (Total Least Squares，TLS) 线性回归，同时考虑横纵两个方向误差，如图1.12 (b) 所示。

主元回归的因变量则来自于主成分分析结果。

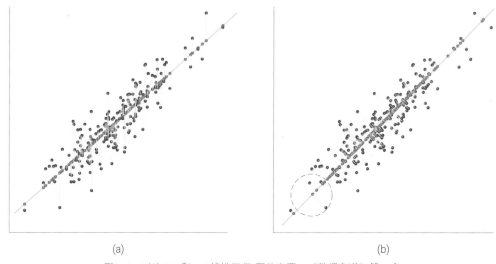

(a) (b)

图1.12 对比OLS和TLS线性回归(图片来源：《数据有道》第18章)

基于分类算法的回归

实际上，监督学习的很多算法都兼顾分类、回归两项任务，如逻辑回归、k-NN、支持向量机、高斯过程等。k-NN算法是一种基于距离度量的分类算法，但也可以用于回归任务。**支持向量回归** (Support Vector Regression，SVR) 则是一种基于**支持向量机** (Support Vector Machine，SVM) 的回归算法。

1.3 分类：针对有标签数据

本书前文介绍过，**分类** (classification) 是**有监督学习** (supervised learning) 中的一类问题。分类是指根据给定的数据集，通过对样本数据的学习，建立分类模型来对新的数据进行分类的过程。

分类问题是指将数据集划分为不同的类别或标签。当给定一个输入时，分类模型的目标是预测它所属的类别，如垃圾邮件分类、图像识别和情感分析等。分类问题的输出是一个离散值或类别标签。

如图1.13所示，大家已经清楚鸢尾花数据集分三类 (setosa ●、versicolor ●、virginica ●)。

以**花萼长度** (sepal length)、**花萼宽度** (sepal width) 作为特征，大家如果采到一朵鸢尾花，测量后发现这朵花的花萼长度为6.5 cm，花瓣长度为4.0 cm，即图1.13中"×"，又叫**查询点** (query point)。

根据已有数据，猜测这朵鸢尾花属于setosa ●、versicolor ●、virginica ● 三类的哪一类可能性更大，这就是一个简单的分类问题。

决策边界 (decision boundary) 是分类模型在特征空间中划分不同类别的分界线或边界。通俗地说，决策边界就像一道看不见的墙，把不同类别的数据点分隔开。

对于鸢尾花数据集，决策边界就是将setosa ●、versicolor ●、virginica ● 这三类点"尽可能准确地"区分开的线或曲线。

在简单的情况下，决策边界可能是一条直线；但在复杂的问题中，决策边界可能是一条弯曲的曲线，甚至是多维空间中的超平面。

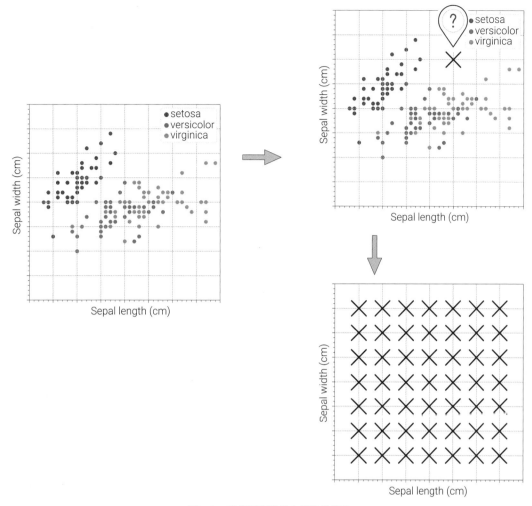

图1.13 用鸢尾花数据介绍分类算法

模型训练过程就是调整模型的参数，使得决策边界能够最好地拟合训练数据，并且在未见过的数据上也能表现良好。

要注意的是，决策边界的好坏直接影响分类模型的性能。一个良好的决策边界能够很好地将数据分类，而一个不合适的决策边界可能导致模型预测错误。因此，选择合适的分类算法和调整模型参数，对于获得有效的决策边界和准确的分类结果是非常重要的。

在机器学习中，分类是指根据给定的数据集，通过对样本数据的学习，建立分类模型来对新的数据进行分类的过程。下面简述一些常用的分类算法。

◀**最近邻算法** (*k*-NN)：基于样本的特征向量之间的距离进行分类预测，即找到与待分类数据距离最近的 k 个样本，根据它们的类别进行投票决策。
◀**朴素贝叶斯算法** (naive bayes)：利用贝叶斯定理计算样本属于某个类别的概率，并根据概率大小进行分类决策。
◀**支持向量机** (SVM)：利用间隔最大化的思想来进行分类决策，可以通过**核技巧** (kerel trick) 将低维空间中线性不可分的样本映射到高维空间进行分类。
◀**决策树算法** (decision tree)：通过对样本数据的特征进行划分，构建一个树形结构，从而实现对新数据的分类预测。

1.4 降维：降低数据维度，提取主要特征

降维 (dimensionality reduction) 是机器学习和数据分析领域中的重要概念，指的是将高维数据映射到低维空间中的过程。

在现实世界中，很多数据集都具有很高的维度，每个数据点可能包含大量特征或属性。然而，高维数据在处理和分析时可能会面临一些问题，如计算复杂度增加、维度诅咒、可视化困难等。而降维的目标是通过保留尽可能多的信息，将高维数据投影到一个更低维的子空间，以便更有效地处理和分析数据，减少计算负担，提高模型的性能和可解释性。

图1.14总结了几种常见降维的算法。

图1.14 常用降维算法

主成分分析

"鸢尾花书"对主成分分析着墨颇多。**主成分分析** (Principal Component Analysis，PCA) 通过线性变换将高维数据映射到低维空间。利用特征值分解、奇异值分解都可以完成PCA。

PCA将原始数据的特征转换为新的特征，这些新特征按照重要性递减排列。通过选取前面的几个主成分，可以实现对数据的压缩和可视化。PCA常用于数据预处理、数据可视化和特征提取等领域。它能够剔除冗余的特征信息，简化数据模型，提高模型的效率和准确性，是机器学习中非常重要的技术之一。

和OLS线性回归类似，PCA也可以从几何 (见图1.15)、投影 (见图1.16)、数据、线性组合、特征值分解、奇异值分解、优化、概率统计等视角来理解。

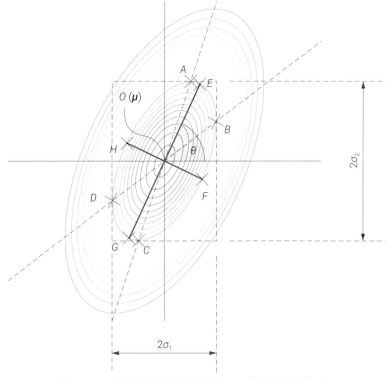

图1.15 PCA和椭圆的关系 (图片来源：《统计至简》第25章)

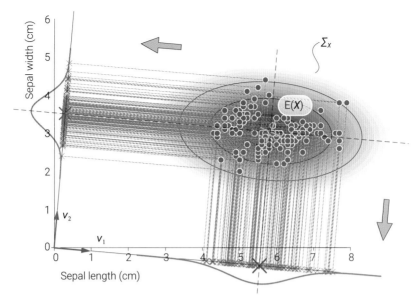

图1.16　投影视角看PCA (图片来源：《统计至简》第14章)

增量主成分分析

当PCA需要处理的数据矩阵过大，以至于内存无法支持时，可以使用**增量主成分分析**
(Incremental PCA，IPCA) 替代主成分分析。IPCA分批处理输入数据，以便节省内存使用。Scikit-Learn中专门做IPCA的函数为sklearn.decomposition.IncrementalPCA()。

有关IPCA，大家可以参考：

◄ https://scikit-learn.org/stable/auto_examples/decomposition/plot_incremental_
pca.html

典型相关分析

典型相关分析 (Canonical-Correlation Analysis，CCA) 也可以视作一种降维算法。CCA是一种用于探究两组变量之间相关关系的统计方法，通常用于多个变量之间的关系分析。CCA可以找出两组变量中最相关的线性组合，从而找到它们之间的相关性。

CCA的目的是提取出两组变量之间的共性信息，用于预测和解释数据。CCA也可以从几何、数据、优化、线性组合、统计几个不同视角来理解。

核主成分分析

核主成分分析 (Kernel PCA，KPCA) 是一种非线性的主成分分析方法，它通过使用核技巧将高维数据映射到低维空间中，从而提取出数据中的主要特征。与传统的PCA相比，KPCA可以更好地处理非线性数据，更准确地保留数据中的非线性结构。

可以这样理解，PCA是KPCA的特例。PCA中用到的格拉姆矩阵、协方差矩阵、相关性系数矩阵都可以看成是不同线性核。

图1.17 (a) 所示数据线性不可分，故我们先用非线性映射把数据映射到高维空间，使其线性可分。利用KPCA之后的结果如图1.17 (b) 所示。这一点和支持向量机中的核技巧颇为类似。

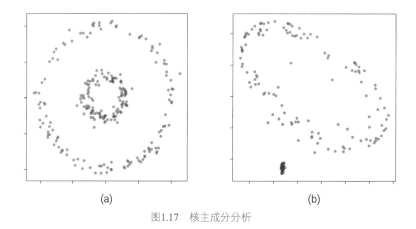

图1.17 核主成分分析

独立成分分析

独立成分分析 (Independent Component Analysis，ICA) 是一种用于从混合信号中恢复原始信号的数学方法。ICA通过将混合信号映射到独立的成分空间中，从而恢复原始信号。ICA将一个多元信号分解成独立性最强的可加子成分。因此，ICA常用来分离叠加信号。

图1.18比较了PCA和ICA对同一组数据的分解结果。与PCA不同的是，ICA假设原始信号是独立的，而PCA假设它们是正交关系。

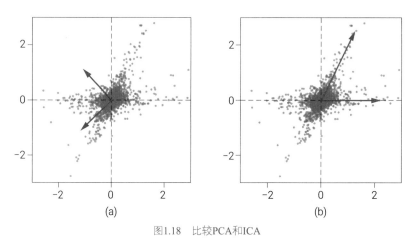

图1.18 比较PCA和ICA

请大家参考以下示例，自行学习ICA：

◀ https://scikit-learn.org/stable/auto_examples/decomposition/plot_ica_vs_pca.html

有关ICA算法原理，请大家参考：

◀ https://www.emerald.com/insight/content/doi/10.1016/j.aci.2018.08.006/full/html

流形学习

空间的数据可能是按照某种规则"卷曲"，度量点与点之间的"距离"要遵循这种卷曲的趋势。换一种思路，我们可以像展开"卷轴"一样，将数据展开并投影到一个平面上，得到的数据如图1.19

所示。在图1.19所示平面上，A和B两点的"欧氏距离"更好地描述了两点的距离度量，因为这个距离考虑了数据的"卷曲"。

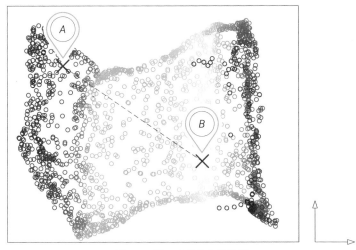

图1.19 展开"卷曲"的数据

流形学习 (manifold learning) 核心思想类似图1.20和图1.19所示展开"卷轴"的思想。流形学习用于发现高维数据中的低维结构，也是非线性降维的一种方法。与PCA不同的是，流形学习可以更好地处理非线性数据和局部结构，具有更好的可视化效果和数据解释性。

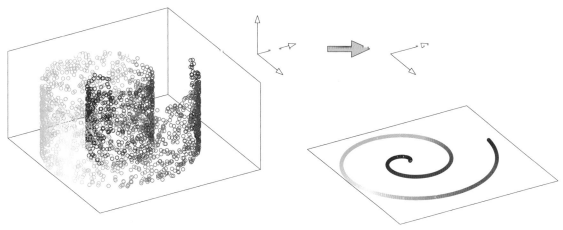

图1.20 "卷曲"的数据

在Scikit-Learn中，流形学习的函数是sklearn.manifold模块中的Isomap、Locally Linear Embedding、Spectral Embedding和TSNE等。其中，Isomap使用测地线距离来保留流形上的全局结构，Locally Linear Embedding使用局部线性嵌入来保留局部结构，Spectral Embedding使用谱分解来发现流形的嵌入表示，TSNE使用高斯分布来优化样本的嵌入表示，用于可视化高维数据。这些函数提供了一种方便、高效、易于使用的流形学习工具，可帮助大家更好地理解数据结构和特征。本书不展开讲解流形学习，请大家自行探索。

想要深入了解Scikit-Learn中的流形学习工具，请大家参考：

◀ https://scikit-learn.org/stable/modules/manifold.html

以下这篇文献介绍了流形学习的数学基础，请大家参考：

◀ https://arxiv.org/pdf/2011.01307.pdf

Scikit-Learn中更多有关降维的工具，请大家参考：

◀ https://scikit-learn.org/stable/modules/decomposition.html

1.5 聚类：针对无标签数据

本书前文介绍过，**聚类 (clustering)** 是**无监督学习** (unsupervised learning) 中的一类问题。简单来说，聚类是指将数据集中相似的数据分为一类的过程，以便更好地分析和理解数据。

如图1.21所示，删除鸢尾花数据集的标签，即target，仅仅根据鸢尾花**花萼长度** (sepal length)、**花萼宽度** (sepal width) 这两个特征上样本数据分布情况，我们可以将数据分成两簇 (clusters)。

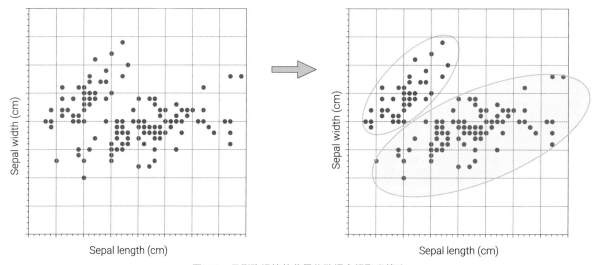

图1.21　用删除标签的鸢尾花数据介绍聚类算法

在机器学习中，决定将数据分成多少个簇是一个重要而且有挑战性的问题，通常称为聚类数目的选择或者簇数选择。不同的聚类算法可能需要不同的方法来确定合适的聚类数目。本章后文在介绍具体算法时，会介绍如何选择合适的簇数。

常用的聚类算法包括以下几种。

◀ **K均值算法 (K-Means)**：将样本分为 K 个簇，每个簇的中心点是该簇中所有样本点的平均值。

◀ **高斯混合模型 (Gaussian Mixture Model，GMM)**：将样本分为多个高斯分布，每个高斯分布对应一个簇，采用 EM 算法进行迭代优化。

◀ **层次聚类算法 (hierarchical clustering)** 将样本分为多个簇，可以使用自底向上的凝聚层次聚类或自顶向下的分裂层次聚类。

◀ **DBSCAN** (Density-Based Spatial Clustering of Applications with Noise) 是基于密度的聚类算法，可以自动发现任意形状的簇。

◀ **谱聚类算法** (spectral clustering) 是基于样本之间的相似度来构造拉普拉斯矩阵，然后对其进行特征值分解来实现聚类。

大家在使用Scikit-Learn聚类算法时，会发现有些算法有predict()方法。

也就是说，如图1.22所示，已经训练好的模型，有可能将全新的数据点分配到确定的簇中。有这种功能的聚类算法叫作**归纳聚类** (inductive clustering)。

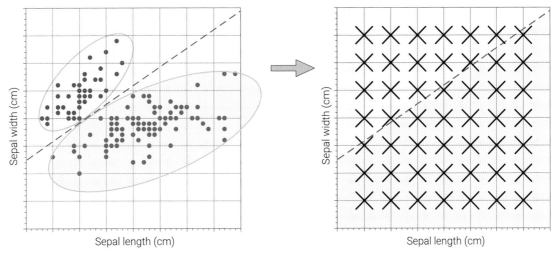

图1.22 归纳聚类算法

本章后文要介绍的k均值聚类、高斯混合模型都属于归纳聚类。如图1.22所示，归纳聚类算法也有决策边界。这就意味着归纳聚类模型具有一定的泛化能力，可以推广到新的、之前未见过的数据。

不具备这种能力的聚类算法叫作**非归纳聚类** (non-inductive clustering)。

非归纳聚类只能对训练数据进行聚类，而不能将新数据点添加到已有的模型中进行预测。这意味着模型在训练时只能学习训练数据的模式，无法用于对新数据点进行簇分配。比如，层次聚类、DBSCAN聚类都是非归纳聚类。

归纳聚类强调模型的泛化能力，可以适应新数据，而非归纳聚类则更侧重于建模训练数据内部的结构。

1.6 机器学习流程

图1.23所示为机器学习的一般流程。具体分步流程通常包括以下步骤。

◀ **收集数据**：从数据源获取数据集，这可能包括数据清理、去除无效数据和处理缺失值等。

◀ **特征工程**：对数据进行预处理，包括数据转换、特征选择、特征提取和特征缩放等。

◀ **数据划分**：将数据集划分为训练集、验证集和测试集等。训练集用于训练模型，验证集用于选择模型并进行调参，测试集用于评估模型的性能。

- ◀**选择模型：** 选择合适的模型，如线性回归、决策树、神经网络等。
- ◀**训练模型：** 使用训练集对模型进行训练，并对模型进行评估，可以使用交叉验证等方法进行模型选择和调优。
- ◀**测试模型：** 使用测试集评估模型的性能，并进行模型的调整和改进。
- ◀**应用模型：** 将模型应用到新数据中进行预测或分类等任务。
- ◀**模型监控：** 监控模型在实际应用中的性能，并进行调整和改进。

　　以上是机器学习的一般分步流程，不同的任务和应用场景可能会有一些变化和调整。此外，在实际应用中，还需要考虑数据的质量、模型的可解释性、模型的复杂度和可扩展性等问题。

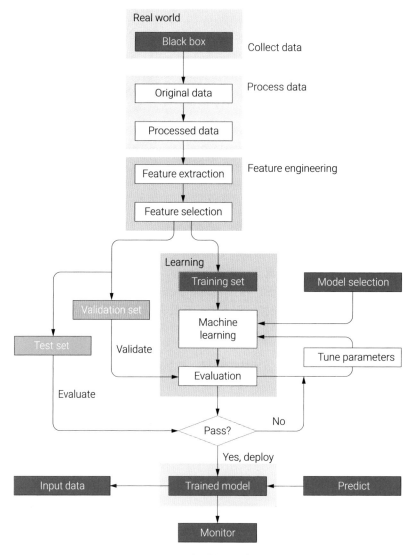

图1.23　机器学习一般流程

特征工程

从原始数据中最大化提取可用信息的过程叫作**特征工程** (feature engineering)。特征很好理解，如鸢尾花花萼长度和宽度、花瓣长度和宽度，人的性别、体型、体重等，都是特征。

特征工程是机器学习中非常重要的一个环节，指的是对原始数据进行特征提取、特征转换、特征选择和特征创造等一系列操作，以便更好地利用数据进行建模和预测。特征工程很好地混合了专业知识、数学能力。《数据有道》中介绍的离群值处理、缺失值处理、数据转换都属于特征工程范畴。

具体来说，特征工程包括以下方法。

◀ **特征提取** (feature extraction)：将原始数据转换为可用于机器学习算法的特征向量。注意，这个特征向量不是特征值分解中的特征向量。

◀ **特征转换** (feature transformation)：对原始特征进行数值变换，使其更符合算法的假设。例如，在回归问题中，可以对数据进行对数转换或指数转换等。

◀ **特征选择** (feature selection)：选择最具有代表性和影响力的特征。例如，可以使用相关性分析、PCA等方法选择最相关或最重要的特征。

◀ **特征创造** (feature creation)：根据原始特征创造新的特征。例如，在房价预测问题中，可以根据房屋面积和房龄创建新的特征。

◀ **特征缩放** (feature scaling)：将特征缩放到相同的尺度或范围内，避免某些特征对模型训练的影响过大。例如，在神经网络中，可以使用标准化或归一化等方法对数据进行缩放。

特征工程在机器学习中扮演着至关重要的角色，它可以提高模型的精度、泛化能力和效率。在实际应用中，需要根据具体问题选择合适的特征工程方法，并不断尝试和改进以达到最佳效果。

相信大家都听过"**垃圾进，垃圾出** (Garbage In，Garbage Out，GIGO)"。这句话的含义很简单，将错误的、无意义的数据输入计算机系统，计算机自然也一定会输出错误的、无意义的结果。在数据科学、机器学习领域，很多时候数据扮演核心角色。以至于在数据分析建模时，大部分的精力都花在了处理数据上。

有关特征工程，大家可以参考这本开源专著：

◀ http://www.feat.engineering/

Scikit-Learn也有大量特征工程工具，请大家参考：

◀ https://scikit-learn.org/stable/modules/feature_selection.html

1.7 下一步学什么?

本书前文提到过《机器学习》这本书仅仅选取机器学习中24个话题,分为四类——回归、分类、降维、聚类。每类算法不多不少,仅仅分配6个话题。而机器学习是一个非常庞杂的大系统,《机器学习》限于篇幅不可能涉及所有话题。本章最后推荐一些"课后读物",供大家日后探索学习。

读完这本书,大家可以可以学习以下资源,了解如何在不同模型中做出选择:

◀ https://scikit-learn.org/stable/model_selection.html

有关深度学习,推荐大家学习*Dive into Deep Learning*,英文开源图书地址:

◀ https://d2l.ai/

这本书也有开源中文版本:

◀ https://zh.d2l.ai/

可以用来做自然语言处理的Python库有很多,对于初学者大家可以从NLTK开始学起。NLTK还提供以下学习手册,很容易入门:

◀ https://www.nltk.org/book/

此外,本书最后还会给出一些供大家深入阅读的图书;这些图书也是"鸢尾花书"的核心参考文献。

大家特别需要注意,根据数据有无标签可以把机器学习分成两个大类——有监督学习、无监督学习。而有监督学习又可以细分为回归、分类。无监督学习则进一步分为降维、聚类。此外,本章又聊了聊机器学习的一般流程以及特征工程。

下面开始本书24个话题的探索。

Section 02

回 归

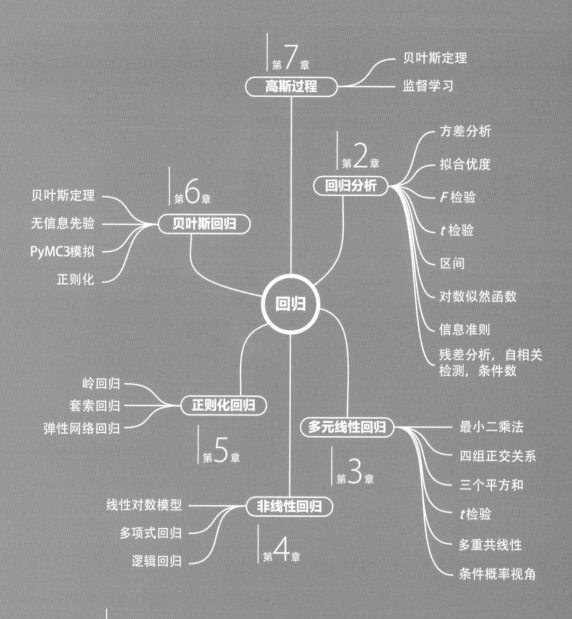

第7章
高斯过程
贝叶斯定理
监督学习

第2章
回归分析
方差分析
拟合优度
F 检验
t 检验
区间
对数似然函数
信息准则
残差分析，自相关检测，条件数

第6章
贝叶斯回归
贝叶斯定理
无信息先验
PyMC3模拟
正则化

回归

岭回归
套索回归
弹性网络回归
正则化回归
第5章

多元线性回归
最小二乘法
四组正交关系
三个平方和
t 检验
多重共线性
条件概率视角
第3章

线性对数模型
多项式回归
逻辑回归
非线性回归
第4章

学习地图 | 第2板块

02 Regression Analysis
回归分析
线性回归结果不能拿来就用

真理太复杂了，除了近似，我们别无他法。

Truth is much too complicated to allow anything but approximations.

—— 约翰·冯·诺依曼 (John von Neumann) | 美国籍数学家 | 1903 — 1957年

◀ scipy.stats.kurtosis() 计算峰度
◀ scipy.stats.normaltest() Omnibus 正态检验
◀ scipy.stats.skew() 计算偏度
◀ scipy.stats.t.ppf() 求解t分布的逆累积分布函数
◀ scipy.stats.t.sf() 求解t分布的互补累积分布函数CCDF = 1 - CDF
◀ seaborn.distplot() 绘制直方图，叠合KDE曲线
◀ seaborn.pairplot() 绘制成对分析图
◀ seaborn.regplot() 绘制回归图像
◀ statsmodels.api.add_constant() 线性回归增加一列常数1
◀ statsmodels.api.OLS() 最小二乘法函数
◀ statsmodels.graphics.tsaplots.plot_acf() 绘制自相关结果
◀ statsmodels.stats.anova.anova_lm 获得ANOVA表格

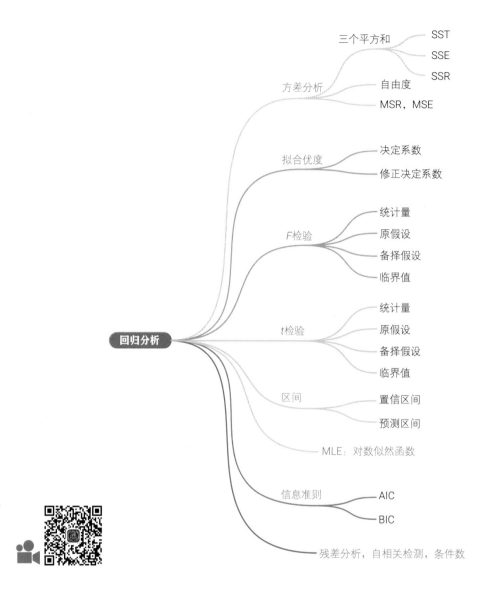

2.1 线性回归：一个表格、一条直线

一个表格

表2.1汇总了某个线性回归分析的结果。本章的主要目的就是让大家理解这个表格各项数值的含义。

大家是否还记得我们在《统计至简》第24章结尾给出过表2.1。

表2.1 一元线性回归结果 | ⊕ Bk7_Ch02_01.ipynb

OLS Regression Results

Dep. Variable:	AAPL	R-squared:		0.689
Model:	OLS	Adj. R-squared:		0.687
Method:	Least Squares	F-statistic:		550.5
Date:	Mon, 01 Jan 2024	Prob (F-statistic):		5.16e−65
Time:	07:03:51	Log−Likelihood:		675.37
No. Observations:	251	AIC:		−1347.
Df Residuals:	249	BIC:		−1340.
Df Model:	1			
Covariance Type:	nonrobust			

	coef	std err	t	P>|t|	[0.025	0.975]
const	0.0019	0.001	1.819	0.070	−0.000	0.004
SP500	1.1234	0.048	23.462	0.000	1.029	1.218

Omnibus:	52.109	Durbin−Watson:	1.871
Prob (Omnibus):	0.000	Jarque−Bera (JB):	210.792
Skew:	0.772	Prob (JB):	1.69e−46
Kurtosis:	7.216	Cond. No.	46.0

Bk7_Ch02_01.ipynb绘制了本节图像。下面，让我们一起简单聊聊其中关键语句。

我们可以通过代码2.1下载、处理数据，并完成回归运算。

代码2.1 下载、处理数据并完成回归运算 | ⊕ Bk7_Ch02_01.ipynb

```
ⓐ  y_x_df = yf.download (['AAPL', '^GSPC'],
                        start = '2020-01-01',
                        end = '2020-12-31', )
ⓑ  y_x_df = y_x_df ['Adj Close'].pct_change ()
ⓒ  y_x_df.dropna (inplace = True)

ⓓ  y_x_df.rename (columns ={ "^GSPC":"SP500" }, inplace = True)
ⓔ  x_df = y_x_df[[ 'SP500' ]]
ⓕ  y_df = y_x_df[[ 'AAPL' ]]

    # 增加一列全1
ⓖ  X_df = sm.add_constant (x_df)
ⓗ  model = sm. OLS (y_df , X_df)
ⓘ  results = model.fit ()
ⓙ  print(results. summary())
```

ⓐ 用yfinance.download，简写作yf.download，下载金融数据。在此之前，大家首先需要用pip install yfinance安装该库。

本例中，我们下载了苹果公司（AAPL）和标准普尔500指数（^GSPC）在2020年1月1日到2020年12月31日期间的股价数据。下载的数据被存储在数据帧 y_x_df 中。

此外，如果大家下载数据遇到困难，还要用to_csv() 和to_pickle() 将数据保存下来。而且，大家可以用pandas.read_csv() 或 pandas.read_pickle() 直接读取数据。

ⓑ 提取"Adj Close"，即调整后收盘价，也即考虑了股票分红和拆股等因素后的收盘价。然后，用方法pct_change() 计算日收益率。

ⓒ 删除数据框中包含缺失值的行。设置inplace=True后会直接在原始数据帧上进行修改，而不是返回一个新的数据帧。

ⓓ 用rename()方法将"^GSPC"列名设置为"SP500"。同样，设置inplace=True后直接在原始数据帧上进行修改，而不返回一个新的数据帧。

ⓔ 和 ⓕ 分别提取两列作为回归分析中的自变量和因变量散点数据。

ⓖ 用statsmodels.api，简写作sm，其中的add_constant() 给数据帧x_df增加一列全1列。目的是使线性回归模型能够拟合常数项，即截距项。如果没有这一列全1列，我们得到的便是无截距线性回归模型。

ⓗ 创建了一个OLS线性回归模型对象。在这个函数中，y_df 是因变量数据，X_df 是自变量数据。ⓘ 完成回归模型拟合。

ⓙ 打印线性回归分析结果。

一条直线

图2.1所示为这个一元OLS线性回归的自变量、因变量散点数据以及分布特征。自变量为一段时间内标普500股票指数 (以下简称股指) 日收益率，因变量为某只特定股票的同期日收益率。观察散点图，我们可以发现明显的"线性"关系。

从金融角度，股指可以部分"解释"同一个市场上股票的涨跌。表2.1是利用statsmodels.api.OLS() 函数构造的线性模型结果。图2.2所示为用seaborn.jointplot() 绘制的回归图，并且其中绘制了边际分布。

⚠ 再次强调，线性回归不代表"因果关系"。

特别是从散点图中，我们明显能够看到很强的正相关性，下面让我们量化这种相关性。

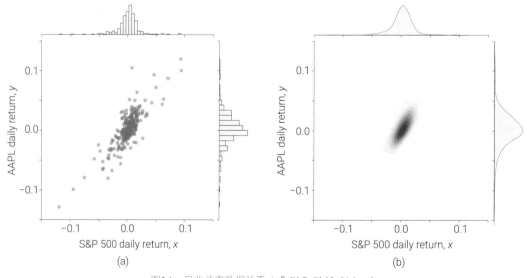

(a)　(b)

图2.1 日收益率数据关系 | ⊕ Bk7_Ch02_01.ipynb

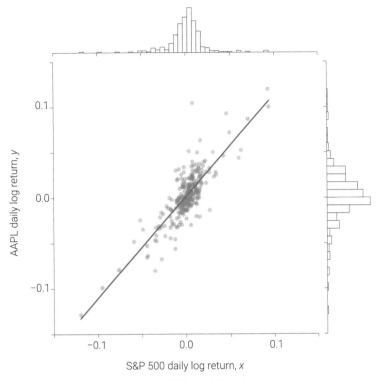

图2.2　用seaborn.jointplot() 绘制回归直线 | ⊕ Bk7_Ch02_01.ipynb

统计特征

图2.3(a) 所示为数据的协方差矩阵。

假设*X*和*Y*的均值为0，请大家根据这个协方差矩阵写出线性回归解析式。

图2.3(b) 所示为相关性系数矩阵热图。

《统计至简》第12、24章介绍过如何从条件概率角度理解线性回归。

《矩阵力量》第23章介绍过相关性系数可以看成是"标准差向量"之间夹角，具体如图2.3(c) 所示。

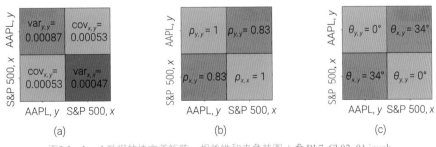

图2.3　[*y*, *x*] 数据的协方差矩阵、相关性和夹角热图 | ⊕ Bk7_Ch02_01.ipynb

图2.4所示为两个标准差向量的箭头图。夹角越小，说明因变量向量***y***和自变量向量***x***越相近。也就是说，夹角越小，自变量向量***x***能更充分地解释因变量向量***y***。本章后文还会利用这个几何视角解释回归分析结果。

本章内容相对比较枯燥，建议大家主要理解方差分析 (ANOVA)，并且在有实际需要时再回头查阅本章其余内容。

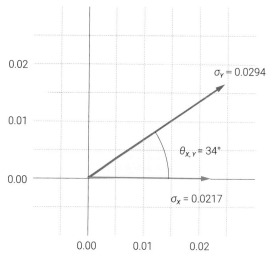

图2.4　标准差向量空间角度解释夹角 | ⊕ Bk7_Ch02_01.ipynb

2.2 方差分析 (ANOVA)

本节开始先介绍如何理解表2.2所示的ANOVA表格结果。ANOVA的含义是**方差分析** (Analysis of Variance)。ANOVA是一种用于确定线性回归模型中不同变量对目标变量解释程度的统计技术。ANOVA通过比较模型中不同变量的平均方差，来确定哪些变量对目标变量的解释程度更高。

表2.2　一元线性回归ANOVA表格

	df	sum_sq	mean_sq	F	PR (>F)
x	1.0	0.149314	0.149314	549.729877	4.547141e-65
Residual	250.0	0.067903	0.000272	NaN	NaN

ANOVA是表2.1的重要组成部分之一。

我们可以通过代码2.2完成ANOVA，下面讲解其中关键语句。

代码2.2　ANOVA | ⊕ Bk7_Ch02_02.ipynb

```
from statsmodels.formula.api import ols
from statsmodels.stats.anova import anova_lm

a   data = pd.DataFrame({'x': x_df['SP500'], 'y': y_df['AAPL']})
b   model_V2 = ols("y ~ x", data).fit()
c   anova_results = anova_lm(model_V2, typ=1)

d   print(anova_results)
```

ⓐ用pandas.DataFrame() 构造一个数据帧，"x"列中导入SP500数据，"y"列中导入AAPL数据。

前文用from statsmodels.formula.api import ols从 Statsmodels 中的 formula.api 模块导入了 ols 函数。

这个函数允许使用公式字符串来指定线性回归模型。**ⓑ**创建了一个线性回归模型。"y ~ x" 是一个公式字符串，它表示因变量 y 与自变量 x 之间的线性关系。data 是包含数据的数据帧。

前文先用from statsmodels.stats.anova import anova_lm从 Statsmodels 中的 stats.anova 模块导入了 anova_lm 函数。**ⓒ**使用 anova_lm 函数进行ANOVA。model_V2 是线性回归模型的对象，而 typ=1 表示使用 "Type I" ANOVA。Type I ANOVA逐步添加每个自变量，检验每个自变量的贡献。方差分析通常用于确定模型中是否有显著的变量，以及这些变量对因变量的贡献程度。

ⓓ打印ANOVA的结果，具体如表2.2所示。

表2.3所示为标准ANOVA表格对应的统计量。标准ANOVA表格比表2.2多一行。此外，表2.3有五列。

◀第1列为方差的三个来源；

◀第2列df代表**自由度** (degrees of freedom)；自由度是指在计算统计量时可以随意变化的独立数据点的数量。

◀第3列SS代表**平方和** (Sum of Squares)；平方和通常用于描述数据的变异程度，即它们偏离平均值的程度。

◀第4列MS代表**均方和** (Mean Sum of Squares)；在统计学中，均方和是一种平均值的度量，其计算方法是将平方和除以自由度。

◀第5列F代表F-test统计量。F检验是一种基于方差比较的统计检验方法，用于确定两个或多个样本之间是否存在显著性差异。

表2.3　ANOVA表格

Source	df	SS	MS	F	Significance
Regressor	DFR $= D = k - 1$	SSR	MSR = SSR/DFR	F = MSR/MSE	p-value of F-test
Residuals	DFE $= n - D - 1 = n - k$	SSE	MSE = SSE/DFE		
Total	DFT $= n - 1$	SST			

表中n代表参与回归的非NaN样本数量。k代表回归模型参数数量，包括截距项。D代表因变量的数量，因此$k = D + 1$ ("+1"代表常数项参数)。下面将逐个解密表2.3中的每一个值的含义，以及它们和线性回归的关系。

三个平方和

为了理解ANOVA表格，我们首先要了解以下三个平方和。

◀**总离差平方和** (Sum of Squares for Total，**SST**)，也称**TSS** (Total Sum of Squares)。总离差平方和描述所有观测值与总体均值之间差异的平方和，用来评整个数据集的离散程度。

◀**残差平方和** (Sum of Squares for Error，**SSE**)，也称**RSS** (Residual Sum of Squares)。残差平方和反映了因变量中无法通过自变量预测的部分，也称为误差项，可以用于检查回归模型的拟合程度和判断是否存在异常值。在回归分析中，常用通过最小化残差平方和来确定最佳的回归系数。

◀**回归平方和** (Sum of Squares for Regression，**SSR**)，也称**ESS** (Explained Sum of Squares)。回归平方和反映了回归模型所解释的数据变异量的大小，用于评估回归模型的拟合程度以及自变量对因变量的影响程度。

图2.5给出了计算三个平方和所需的数值。表2.4总结了三个平方和的定义。

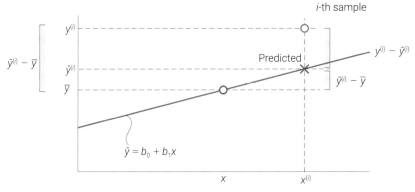

图2.5　通过一元线性回归模型分解因变量的变化

表2.4　三个平方和的定义

平方和	定义	图像
总离差平方和 (Sum of Squares for Total，SST)	$\text{SST} = \sum_{i=1}^{n} \left(y^{(i)} - \overline{y} \right)^2$	
回归平方和 (Sum of Squares for Regression，SSR)	$\text{SSR} = \sum_{i=1}^{n} \left(\hat{y}^{(i)} - \overline{y} \right)^2$	
残差平方和 (Sum of Squares for Error，SSE)	$\text{SSE} = \sum_{i=1}^{n} \left(y^{(i)} - \hat{y}^{(i)} \right)^2$	

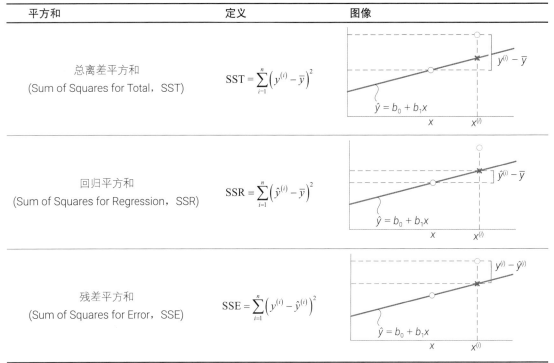

等式关系

对于线性回归来说，ANOVA实际上就是把SST分解成SSE和SSR：

$$\text{SST} = \text{SSR} + \text{SSE} \tag{2.1}$$

即：

$$\underbrace{\sum_{i=1}^{n} \left(y^{(i)} - \overline{y} \right)^2}_{\text{SST}} = \underbrace{\sum_{i=1}^{n} \left(\hat{y}^{(i)} - \overline{y} \right)^2}_{\text{SSR}} + \underbrace{\sum_{i=1}^{n} \left(y^{(i)} - \hat{y}^{(i)} \right)^2}_{\text{SSE}} \tag{2.2}$$

上式的证明并不难，本节不做展开讲解，本章后续会用向量几何视角解释以上等式关系。此外，本章还会介绍由这三个平方和引出的一系列有关回归的统计量，特别是R-squared和Adj. R-squared。

2.3 总离差平方和 (SST)

总离差平方和 (Sum of Squares for Total，SST) 代表因变量y所有样本点与期望值$\bar{y}$的差异：

$$SST = \sum_{i=1}^{n}\left(y^{(i)} - \bar{y}\right)^2 \tag{2.3}$$

其中，期望值$\bar{y}$为：

$$\bar{y} = \frac{1}{n}\sum_{i=1}^{n}y^{(i)} \tag{2.4}$$

如图2.6所示，我们可以把SST看作一系列正方形面积之和。这些正方形的边长为$\left|y^{(i)} - \bar{y}\right|$。图2.6中这些正方形的一条边都在期望值$\bar{y}$这个高度上。

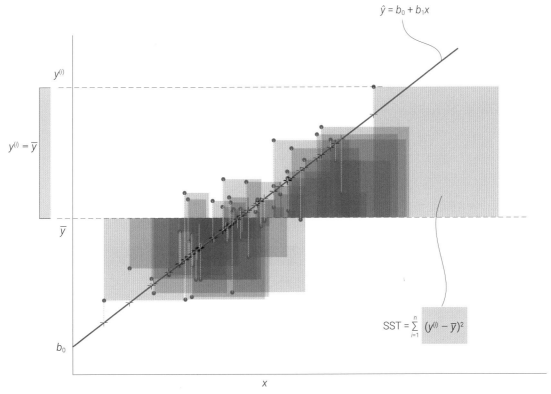

图2.6　总离差平方和 (SST)

总离差自由度(DFT)

总离差自由度 (Degree of Freedom Total，DFT) 的定义为：

$$\text{DFT} = n - 1 \tag{2.5}$$

n是样本数据的数量 (NaN除外)。

三个自由度之间的关系

总离差自由度 (DFT)、**回归自由度** (Degree of Freedom for Regression，DFR)、**残差自由度** (Degree of Freedom for Error，DFE) 三者之间的关系为：

$$\text{DFT} = n - 1 = \text{DFR} + \text{DFE} = \underbrace{(k-1)}_{\text{DFR}} + \underbrace{(n-k)}_{\text{DFE}} = \underbrace{(D)}_{\text{DFR}} + \underbrace{(n-D-1)}_{\text{DFE}} \tag{2.6}$$

k是回归模型的参数，其中包括截距项。因此，

$$k = D + 1 \tag{2.7}$$

D为参与回归模型的特征数，也就是因变量的数量。举个例子，对于一元线性回归，$D = 1$，$k = 2$。如果参与建模的样本数据为$n = 252$，几个自由度分别为：

$$\begin{cases} \text{DFT} = 252 - 1 = 251 \\ k = D + 1 = 2 \\ \text{DFR} = k - 1 = D = 1 \\ \text{DFE} = n - k = n - D - 1 = 252 - 2 = 250 \end{cases} \tag{2.8}$$

平均总离差(MST)

平均总离差 (Mean Square Total，MST) 的定义为：

$$\text{MST} = \text{var}(Y) = \frac{\sum_{i=1}^{n}(y_i - \bar{y})^2}{n-1} = \frac{\text{SST}}{\text{DFT}} \tag{2.9}$$

实际上，MST便是因变量Y样本数据方差。

Bk7_Ch02_02.ipynb还复刻了上述SST和MST结果，下面讲解代码2.3。

代码2.3 计算SST和MST | ⊕ Bk7_Ch02_02.ipynb

```
a  y_mean = y_df.mean()

   # Sum of Squares for Total, SST
b  SST = ((y_df - y_mean)**2).sum()
   n = len(y_df)

   # degree of freedom total, DFT
c  DFT = n-1

   # mean square total, MST
d  MST = SST/DFT
```

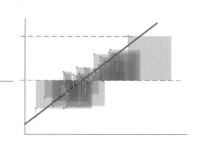

ⓐ计算期望值$\bar{y}$。

ⓑ计算 $\text{SST} = \sum_{i=1}^{n}\left(y^{(i)} - \bar{y}\right)^2$。

ⓒ计算DFT $= n - 1$，其中n为参与拟合的样本数。

ⓓ计算MST $= \text{SST/DFT}$。

2.4 回归平方和 (SSR)

回归平方和 (Sum of Squares for Regression，SSR) 代表回归方程计算得到的预测值$\hat{y}^{(i)}$和期望值$\bar{y}$之间的差异：

$$\text{SSR} = \sum_{i=1}^{n}\left(\hat{y}^{(i)} - \bar{y}\right)^2 \tag{2.10}$$

图2.7所示为SSR的几何意义。图2.7中的每个正方形边长为$\left|\hat{y}^{(i)} - \bar{y}\right|$。

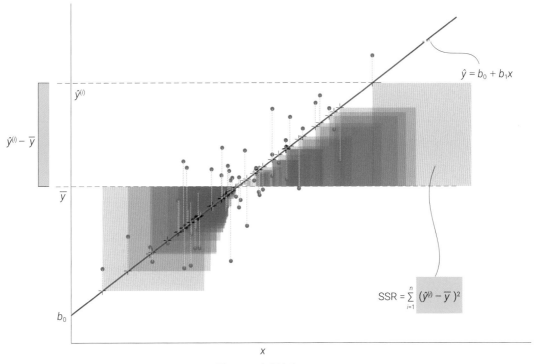

图2.7　回归平方和(SSR)

⚠

图中所有正方形的一个顶点都在回归直线上。

回归自由度(DFR)

回归自由度 (Degrees of Freedom for Regression，DFR) 的定义为：

$$\text{DFR} = k - 1 = D \tag{2.11}$$

本例中，$D = 1$。

平均回归平方(MSR)

平均回归平方 (Mean Square Regression，MSR) 为：

$$\text{MSR} = \frac{\text{SSR}}{\text{DFR}} = \frac{\text{SSR}}{k-1} = \frac{\text{SSR}}{D} \tag{2.12}$$

我们可以通过代码2.4计算SSR和MSR。

代码2.4 计算SSR和MSR | ⊕ Bk7_Ch02_02.ipynb

```
# predicted
y_hat = results.fittedvalues
y_hat = y_hat.to_frame()
y_hat = y_hat.rename(columns = {1: 'AAPL'})

# Sum of Squares for Regression, SSR
SSR = ((y_hat - y_mean)**2).sum()

# Degrees of Freedom for Regression, DFR
DFR = 1

# Mean Square Regression, MSR
MSR = SSR/DFR
```

ⓐ从results中获取预测值$\hat{y}^{(i)}$。预测值$\hat{y}^{(i)}$在图中红线上。

ⓑ计算 $\text{SSR} = \sum_{i=1}^{n} \left(\hat{y}^{(i)} - \bar{y} \right)^2$。

ⓒ设定DFR (因变量数量)，本例中DFR = 1。

ⓓ计算MSR = SSR/DFR。

2.5 残差平方和 (SSE)

残差平方和 (Sum of Squares for Error，SSE) 的定义为：

$$\text{SSE} = \sum_{i=1}^{n} \left(\varepsilon^{(i)} \right)^2 = \sum_{i=1}^{n} \left(y^{(i)} - \hat{y}^{(i)} \right)^2 \tag{2.13}$$

相信大家对SSE已经很熟悉。比如，在最小二乘法中，我们通过最小化SSE优化回归参数。

图2.8所示为SSE的示意图。图中每个正方形的边长为 $\left| y^{(i)} - \hat{y}^{(i)} \right|$。对于OLS一元线性回归，我们期待图中蓝色正方形面积之和最小。

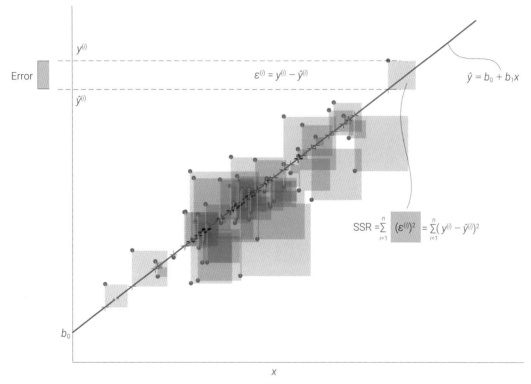

图2.8 残差平方和 (SSE)

残差自由度(DFE)

残差自由度 (Degrees of Freedom for Error，DFE) 的定义为：

$$\text{DFE} = n - k = n - D - 1 \tag{2.14}$$

残差平均值(MSE)

残差平均值 (Mean Squared Error，MSE) 的定义为：

$$\text{MSE} = \frac{\text{SSE}}{\text{DFE}} = \frac{\text{SSE}}{n - k} = \frac{\text{SSE}}{n - D - 1} \tag{2.15}$$

均方根残差(RMSE)

均方根残差 (Root Mean Square Error，RMSE) 为MSE的平方根：

$$\text{RMSE} = \sqrt{\text{MSE}} = \sqrt{\frac{\text{SSE}}{\text{DFE}}} = \sqrt{\frac{\text{SSE}}{n-k}} = \sqrt{\frac{\text{SSE}}{n-D-1}} \tag{2.16}$$

我们可以通过代码2.5计算SSE和MSE，请大家自行分析这几句。

代码2.5 计算SSE和MSE | ⊕ Bk7_Ch02_02.ipynb

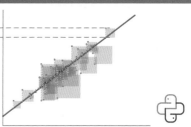

```
# Sum of Squares for Error, SSE
a SSE = ((y_df - y_hat)**2).sum()

# degrees of freedom for error, DFE
b DFE = n - DFR - 1

# mean squared error, MSE
c MSE = SSE/DFE
```

2.6 几何视角：勾股定理

大家别忘了《矩阵力量》反复提到的线性回归几何视角！

一个直角三角形

下面我们用向量范数算式完成式(2.2)中的三个求和运算：

$$\text{SST} = \sum_{i=1}^{n}\left(y^{(i)} - \overline{y}\right)^2 = \left\| \boldsymbol{y} - \overline{y}\boldsymbol{1} \right\|_2^2$$

$$\text{SSR} = \sum_{i=1}^{n}\left(\hat{y}^{(i)} - \overline{y}\right)^2 = \left\| \hat{\boldsymbol{y}} - \overline{y}\boldsymbol{1} \right\|_2^2 \tag{2.17}$$

$$\text{SSE} = \sum_{i=1}^{n}\left(y^{(i)} - \hat{y}^{(i)}\right)^2 = \left\| \boldsymbol{y} - \hat{\boldsymbol{y}} \right\|_2^2$$

根据式2.2，我们可以得到如下等式：

$$\underbrace{\left\| \boldsymbol{y} - \overline{y}\boldsymbol{1} \right\|_2^2}_{\text{SST}} = \underbrace{\left\| \hat{\boldsymbol{y}} - \overline{y}\boldsymbol{1} \right\|_2^2}_{\text{SSR}} + \underbrace{\left\| \boldsymbol{y} - \hat{\boldsymbol{y}} \right\|_2^2}_{\text{SSE}} \tag{2.18}$$

⚠️ 注意：图2.9中 $\boldsymbol{y} - \overline{y}\boldsymbol{1}$ 和 $\hat{\boldsymbol{y}} - \overline{y}\boldsymbol{1}$ 的起点为 $\overline{y}\boldsymbol{1}$ 的终点，这相当于去均值。

相信大家一眼就会看出来，式(2.18) 代表着直角三角形的勾股定理！

如图2.9(a) 所示，$\boldsymbol{y} - \overline{y}\boldsymbol{1}$ 就是斜边对应的向量，斜边长度为 $\left\| \boldsymbol{y} - \overline{y}\boldsymbol{1} \right\|$。

$\hat{\boldsymbol{y}} - \overline{y}\boldsymbol{1}$ 为第一条直角边，$\hat{\boldsymbol{y}} - \overline{y}\boldsymbol{1}$ 代表回归模型解释的部分。$\boldsymbol{y} - \hat{\boldsymbol{y}}$ 为第二条直角边，代表残差项，也就是回归模型不能解释的部分。

如图2.9(b) 所示，勾股定理还可以写成：

$$\left(\sqrt{\text{SST}}\right)^2 = \left(\sqrt{\text{SSR}}\right)^2 + \left(\sqrt{\text{SSE}}\right)^2 \tag{2.19}$$

此外，请大家注意图中θ，θ是向量$\boldsymbol{y} - \overline{y}\boldsymbol{1}$和向量$\hat{\boldsymbol{y}} - \overline{y}\boldsymbol{1}$的夹角，下一节会用到它。

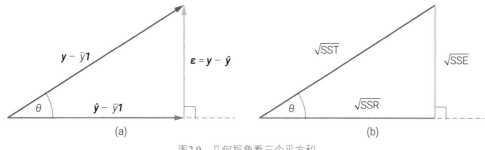

图2.9　几何视角看三个平方和

四个直角三角形

图2.9的直角三角形是图2.10中四面体的一个面 (灰色底色)。而图2.10中四面体的四个面都是直角三角形！

现在请大家自己试着理解这个四面体和四个直角三角形的含义，下一章会深入分析。

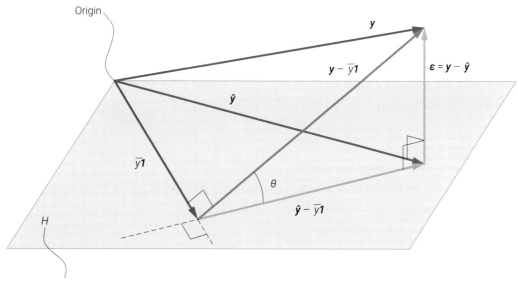

图2.10　四面体的四个面都是直角三角形

2.7 拟合优度：评价拟合程度

如图2.11所示，向量 $y - \bar{y}\boldsymbol{1}$ 和向量 $\hat{y} - \bar{y}\boldsymbol{1}$ 之间夹角 θ 越小，说明误差越小，即代表拟合效果越好。

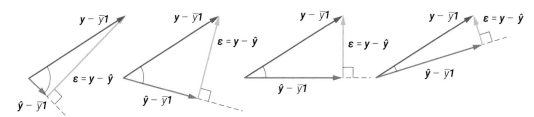

图2.11　因变量向量和预测值向量夹角从大到小

在回归模型创建之后，很自然地就要考虑这个模型是否能够很好地解释数据，即考查这条回归线对观察值的拟合程度，也就是所谓的**拟合优度** (goodness of fit)。拟合优度是指一个统计模型与观测数据之间的拟合程度，即模型能够多好地解释数据。简单地说，拟合优度考察回归分析中样本数据点对于回归线的贴合程度。

决定系数 (coefficient of determination，R^2) 是定量化反映模型拟合优度的统计量。从几何角度来看，R^2 是图2.10中 θ 余弦值 $\cos\theta$ 的平方：

$$R^2 = \cos^2\theta \tag{2.20}$$

利用图2.9(b)中直角三角形三边之间的关系，R^2 可以整理为：

$$R^2 = \frac{\mathrm{SSR}}{\mathrm{SST}} = 1 - \frac{\mathrm{SSE}}{\mathrm{SST}} \tag{2.21}$$

当预测值越接近样本值，R^2 越接近1；相反，若拟合效果越差，R^2 越接近0。拟合优度可以帮助评估回归模型的可靠性和预测能力，并对模型进行改进和优化。

一元线性回归

特别地，对于一元线性回归，决定系数是因变量与自变量的相关系数的平方，与模型系数 b_1 也有直接关系。

$$R^2 = \rho_{X,Y}^2 = \left(b_1 \frac{\sigma_X}{\sigma_Y} \right)^2 \tag{2.22}$$

其中，

$$b_1 = \rho_{X,Y} \frac{\sigma_Y}{\sigma_X} \tag{2.23}$$

也就是说，在一元线性回归中，R^2的平方根等于线性相关系数的绝对值。也就是说，当ρ等于1或-1时，R^2为1，表示因变量完全由自变量解释；当ρ等于0时，R^2为0，表示自变量对因变量没有任何解释能力。因此，R^2越接近1，表示自变量对因变量的解释能力越强，线性相关系数ρ的绝对值也越大，反之亦然。

因此，线性相关系数ρ和决定系数R^2都是衡量变量之间线性关系强弱的重要指标，它们可以帮助我们理解自变量对因变量的解释能力，评估模型的拟合优度，以及选择最佳的回归模型。

修正决定系数

但是，仅仅使用R^2是不够的。对于多元线性模型，不断增加解释变量个数D时，R^2将不断增大。我们可以利用**修正决定系数** (adjusted R squared)。简单来说，修正决定系数考虑到自变量的数目对决定系数的影响，避免了当自变量数量增加时决定系数的人为提高。修正决定系数的具体定义为：

$$
\begin{aligned}
R_{\text{adj}}^2 &= 1 - \frac{\text{MSE}}{\text{MST}} \\
&= 1 - \frac{\text{SSE}/(n-k)}{\text{SST}/(n-1)} \\
&= 1 - \left(\frac{n-1}{n-k}\right)\frac{\text{SSE}}{\text{SST}} \\
&= 1 - \left(\frac{n-1}{n-k}\right)\left(1-R^2\right) \\
&= 1 - \left(\frac{n-1}{n-D-1}\right)\frac{\text{SSE}}{\text{SST}}
\end{aligned}
\tag{2.24}
$$

修正决定系数的作用在于，当模型中自变量的数量增加时，能够惩罚**过拟合** (overfitting)，并避免决定系数因自变量个数增加而提高的问题。因此，在比较不同模型的拟合优度时，使用修正决定系数会更加准确，能够更好地刻画模型的解释能力。

过拟合是指一个模型在训练数据上表现良好，但在测试数据上表现较差的现象。在过拟合的情况下，模型过度地学习了训练数据的特征和噪声，导致其在测试数据上的预测能力下降。

过拟合通常发生在模型复杂度过高或者训练数据太少的情况下。例如，在一元线性回归中，如果使用高次多项式来拟合数据，就容易出现过拟合的情况。在这种情况下，模型会过拟合训练数据，导致其在新数据上的预测能力下降。

为了避免过拟合，可以采取以下方法：增加训练数据量、降低模型复杂度、采用**正则化** (regularization) 技术等。

本书第5章讲解正则化回归。

接着前文代码，我们可以通过代码2.6计算决定系数和修正决定系数。再次强调，虽然Statsmodels的回归函数已经帮助我们计算得到了这些回归分析结果；但是，仍然强烈建议大家知道这些结果背后的数学工具。而且本书还格外建议大家利用多视角 (比如，几何、数据、优化等) 来理解这些算法。

```
# 计算决定系数
```
ⓐ `R2 = SSR/SST`

```
# 计算修正决定系数
```
ⓑ `R2_adj = 1 - MSE/MST`

2.8　*F*检验：模型参数不全为0

在线性回归中，*F*检验用于检验线性回归模型参数是否显著。它通过比较回归平方和和残差平方和的大小来判断模型是否具有显著的解释能力。

统计量

*F*检验的统计量为：

$$
F = \frac{\text{MSR}}{\text{MSE}} = \frac{\dfrac{\text{SSR}}{k-1}}{\dfrac{\text{SSE}}{n-k}} = \frac{\text{SSR}(n-k)}{\text{SSE}(k-1)}
$$

$$
= \frac{\dfrac{\text{SSR}}{D}}{\dfrac{\text{SSE}}{n-D-1}} = \frac{\text{SSR}\cdot(n-D-1)}{\text{SSE}\cdot(D)} \sim F(k-1, n-k)
$$

(2.25)

代码2.7展示了如何计算*F*检验统计量，并验证Statsmodels回归分析结果。

```
# 计算F检验的统计量
```
ⓐ `F_test = MSR/MSE`
```
print (F_test)
```

```
# 验算F检验的统计量
```
ⓑ `N = results.nobs`
ⓒ `k = results.df_model + 1`
ⓓ `dfm, dfe = k - 1, N - k`
ⓔ `F = results.mse_model / results.mse_resid`
```
print ( F )
```

原假设、备择假设

假设检验 (hypothesis testing) 是统计学中常用的一种方法，用于根据样本数据推断总体参数是否符合某种假设。假设检验通常包括两个假设：原假设和备择假设。

原假设 (null hypothesis) 是指在实验或调查中假设成立的一个假设，通常认为其成立。

备择假设 (alternative hypothesis) 是指当原假设不成立时，我们希望成立的另一个假设。

通过收集样本数据，并根据统计学原理计算出样本统计量的概率分布，我们可以计算出拒绝原假设的概率。如果这个概率小于预设的显著性水平 (比如0.05)，就可以拒绝原假设，认为备择假设成立。反之，如果这个概率大于预设的显著性水平，就不能拒绝原假设。

F检验是单尾检验，原假设H_0、备择假设H_1分别为：

$$H_0 : \ b_1 = b_2 = \cdots = b_D = 0$$
$$H_1 : \ b_j \neq 0 \ \text{至少有一个} \ j \tag{2.26}$$

具体来说，F检验的零假设是指模型的所有回归系数都等于零，即自变量对因变量没有显著的影响。如果F检验的p值小于设定的显著性水平，就可以拒绝零假设，认为模型是显著的，即自变量对因变量有显著的影响。

临界值

得到的F值和临界值F_α进行比较。临界值F_α可根据两个自由度 ($k-1$和$n-k$) 以及显著性水平α查表获得。$1-\alpha$ 为置信度或置信水平，通常取$\alpha = 0.05$或$\alpha = 0.01$。这表明，当作出接受原假设的决定时，其正确的可能性为95%或99%。

如果，

$$F > F_{1-\alpha}\left(k-1, n-k\right) \tag{2.27}$$

在该置信水平上拒绝零假设H_0，不认为自变量系数同时具备非显著性，即所有系数不太可能同时为零。

否则，接受H_0，自变量系数同时具有非显著性，即所有系数很可能同时为零。

举个例子

给定条件$\alpha = 0.01$，$F_{1-\alpha}(1, 250) = 6.7373$。表2.2结果告诉我们，$F = 549.7 > 6.7373$，表明可以显著地拒绝$H_0$。

也可以用表2.1中p值，

$$p\text{-value} = \text{P}\left(F < F_\alpha\left(k-1, n-k\right)\right) \tag{2.28}$$

如果p值小于α，则可以拒绝零假设H_0。

Bk7_Ch02_02.ipynb中计算了表2.2所示ANOVA表格中统计量。

2.9 t检验：某个回归系数是否为0

在线性回归中，t检验主要用于检验线性回归模型中某个特定自变量的系数是否显著。具体地，t检验的零假设是特定回归系数等于零，即自变量对因变量没有显著的影响。如果t检验的p值小于设定的显著性水平，就可以拒绝零假设，认为该自变量的系数显著不为零，即自变量对因变量有显著的影响。

需要注意的是，t检验一般用来检验一个特定自变量的系数是否显著，而不能判断模型整体是否显著。如果需要判断模型整体的显著性，可以使用前文介绍的F检验。

原假设、备择假设

对于一元线性回归，t检验原假设和备择假设分别为：

$$
\begin{cases}
H_0 : b_1 = b_{1,0} \\
H_1 : b_1 \neq b_{1,0}
\end{cases}
\tag{2.29}
$$

一般$b_{1,0}$取0，也就是检验回归系数是否为0。当然，$b_{1,0}$也可以取其他值。

斜率系数

b_1的t检验统计量：

$$
t_{b1} = \frac{\hat{b}_1 - b_{1,0}}{\mathrm{SE}\left(\hat{b}_1\right)}
\tag{2.30}
$$

$\hat{b}_1$为OLS线性回归估算得到的系数，$\mathrm{SE}\left(\hat{b}_1\right)$为其标准误：

$$
\mathrm{SE}\left(\hat{b}_1\right) = \sqrt{\frac{\mathrm{MSE}}{\sum_{i=1}^{n}\left(x^{(i)} - \bar{x}\right)^2}} = \sqrt{\frac{\dfrac{\sum_{i=1}^{n}\left(\varepsilon^{(i)}\right)^2}{n-2}}{\sum_{i=1}^{n}\left(x^{(i)} - \bar{x}\right)^2}}
\tag{2.31}
$$

上式中，MSE为本章前文介绍的**残差平均值** (mean squared error)，n是样本数据的数量 (除去NaN)。标准误越大，回归系数的估计值越不可靠。

我们可以通过代码2.8计算b_1的t检验统计量。请大家对照式 (2.30) 和式 (2.31)，逐句分析代码。

代码2.8 b_1的t检验统计量 | ⊕ Bk7_Ch02_03.ipynb

```
MSE = SSE/DFE
```
a
```
MSE = MSE.values
# 计算MSE
```

b
```
b1 = p.SP500
# 斜率系数
```

$$SE(\hat{b}_1) = \sqrt{\frac{MSE}{\sum_{i=1}^{n}(X^{(i)}-X)^2}} = \sqrt{\frac{\dfrac{\sum_{i=1}^{n}(\varepsilon^{(i)})^2}{n-2}}{\sum_{i=1}^{n}(X^{(i)}-X)^2}}$$

c
```
SSD_x = np.sum((x_df.values - x_mean)**2)
```

d
```
SE_b1 = np.sqrt(MSE/SSD_x)
# 标准误
```

e
```
T_b1 = (b1 - 0)/SE_b1
# b1的t检验统计量
```
$$t_{b1} = \frac{\hat{b}_1 - b_{1,0}}{SE(\hat{b}_1)}$$

临界值

如果下式成立，接受零假设H_0：

$$-t_{1-\alpha/2,\,n-2} < T < t_{1-\alpha/2,\,n-2} \tag{2.32}$$

否则，则拒绝零假设H_0。

特别地，如果原假设和备择假设为：

$$\begin{cases} H_0 : b_1 = 0 \\ H_1 : b_1 \neq 0 \end{cases} \tag{2.33}$$

如果式 (2.32) 成立，接受零假设H_0，即回归系数不具有显著统计性；通俗地说，也就是 $b_1 = 0$，意味着自变量和因变量不存在线性关系。否则，则拒绝零假设H_0，即回归系数具有显著统计性。

截距项系数

对于一元线性回归，对截距项系数b_0的假设检验程序和上述类似。b_0的t检验统计值：

$$t_{b0} = \frac{\hat{b}_0 - b_{0,0}}{SE(\hat{b}_0)} \tag{2.34}$$

$\hat{b}_0$为OLS线性回归估算得到的系数，$SE(\hat{b}_0)$为其标准误：

$$SE(\hat{b}_0) = \sqrt{MSE\left[\frac{1}{n} + \frac{\overline{x}^2}{\sum_{i=1}^{n}(x^{(i)}-\overline{x})^2}\right]} = \sqrt{\frac{\sum_{i=1}^{n}(\varepsilon^{(i)})^2}{n-2}\left[\frac{1}{n} + \frac{\overline{x}^2}{\sum_{i=1}^{n}(x^{(i)}-\overline{x})^2}\right]} \tag{2.35}$$

请大家对照式 (2.34) 和式 (2.35)，逐句学习代码 2.9。

ⓐ `b0 = p.const`
　　`# 截距系数`

ⓑ `SE_b0 = np.sqrt(MSE*(1/n + x_mean**2/SSD_x))`
　　`# 标准误`

ⓒ `T_b0 = (b0 - 0)/SE_b0`
　　`# b0的 t 检验统计量`

举个例子

　　t检验统计值T服从自由度为$n-2$的t分布。本节采用的t检验是双尾检测。在统计学中，双尾假设检验是指在假设检验过程中，假设被拒绝的区域位于一个统计量分布的两个尾端，即研究者对于一个参数或者统计量是否等于某一特定值，不确定其比该值大还是小，而是存在两种可能性，因此需要在两个尾端进行检验，如图2.12所示。

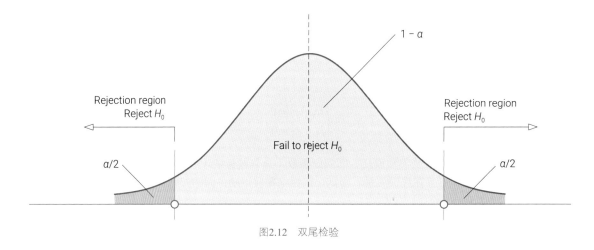

图2.12　双尾检验

　　比如，给定显著性水平 $\alpha = 0.05$ 和自由度 $n-2 = 252-2 = 250$，可以查表得到t值，即：

$$t_{1-\alpha/2,\,n-2} = t_{0.975,\,250} = 1.969498 \tag{2.36}$$

　　Python中，可以用stats.t.ppf(1 – alpha/2, DFE) 计算上式两值。
　　由于学生t-分布对称，所以：

$$t_{\alpha/2,\,n-2} = t_{0.025,\,250} = -1.969498 \tag{2.37}$$

　　如表2.1所示，$t_{b1} = 23.446$，因此：

$$t_{b1} > t_{0.975,\,250} \tag{2.38}$$

表明参数b_1的t检验在 $\alpha = 0.05$ 水平下是显著的，也就是可以显著地拒绝 H_0: $b_1 = 0$，从而接受H_1: $b_1 \neq 0$。回归系数的标准误差越大，回归系数的估计值越不可靠。

而$t_{b0} = 1.759$，因此：

$$t_{b0} < t_{0.975,\,250} \tag{2.39}$$

则表明参数b_0的t检验在 $\alpha = 0.05$ 水平下是不显著的，也就是不能显著地拒绝H_0: $b_0 = 0$。尽管模型含有截距项，但若该项的出现是统计上不显著的 (即统计上等于零)，则从任何实际方面考虑，都可认为这个结果是一个过原点回归模型。

因此，系数b_1的$1 - \alpha$ 置信区间为：

$$\hat{b}_1 \pm t_{1-\alpha/2,\,n-2} \cdot \mathrm{SE}\left(\hat{b}_1\right) \tag{2.40}$$

这个置信区间的含义是，真实b_1在以上区间的概率为$1 - \alpha$。

系数b_0的$1 - \alpha$ 置信区间为：

$$\hat{b}_0 \pm t_{1-\alpha/2,\,n-2} \cdot \mathrm{SE}\left(\hat{b}_0\right) \tag{2.41}$$

同理，真实b_0在以上区间的概率为$1 - \alpha$。

请大家对照式 (2.40) 和式 (2.41) 查看代码2.10。注意，ⓑ中stats.t.ppf() 是 SciPy 库中的一个函数，用于计算t分布的**百分点函数** (percent point function)。其中，$1 - \mathrm{alpha}/2$为置信水平累积分布函数 (CDF)，DFE为自由度。因此，这句的目的是计算t分布中给定置信水平 ($1 - \mathrm{alpha}$) 和自由度条件下的双尾置信区间的临界值。

请大家对比代码2.10结果和表2.1。

代码2.10 b_0和b_1的置信区间 | ⊕ Bk7_Ch02_03.ipynb

```
ⓐ  alpha = 0.05
    # 显著水平
ⓑ  t_95 = stats.t.ppf( 1 - alpha / 2, DFE )
    # t值

    #  系数b1的1 - α置信区间
ⓒ  b1_upper_95 = b1 + t_95 * SE_b1
    print( b1_upper_95 )
    b1_lower_95 = b1 - t_95 * SE_b1
    print( b1_lower_95 )

    #  系数b0的1 - α置信区间
ⓓ  b0_upper_95 = b0 + t_95 * SE_b0
    print( b1_upper_95 )
    b0_lower_95 = b0 - t_95 * SE_b0
    print( b0_lower_95 )
```

2.10 置信区间：因变量均值的区间

本书前文在介绍一元线性回归中，大家都应该见过类似图2.13的图像。图中的带宽代表预测值的置信区间。

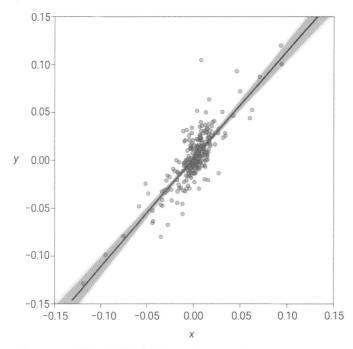

图2.13　一元线性回归线置信区间 (95%和99%) | ⊕ Bk7_Ch02_03.ipynb

预测值$\hat{y}^{(i)}$的$1-\alpha$置信区间：

$$\hat{y}^{(i)} \pm t_{1-\alpha/2,\,n-2} \cdot \sqrt{MSE} \cdot \sqrt{\frac{1}{n} + \frac{\left(x^{(i)} - \bar{x}\right)^2}{\sum\limits_{k=1}^{n}\left(x^{(k)} - \bar{x}\right)^2}} \tag{2.42}$$

置信区间的宽度为：

$$2 \times \left\{ t_{1-\alpha/2,\,n-2} \cdot \sqrt{MSE} \cdot \sqrt{\frac{1}{n} + \frac{\left(x^{(i)} - \bar{x}\right)^2}{\sum\limits_{k=1}^{n}\left(x^{(k)} - \bar{x}\right)^2}} \right\} \tag{2.43}$$

随着$\left|x^{(i)} - \bar{x}\right|$不断增大，置信区间宽度不断增大。当$x^{(i)} = \bar{x}$时，置信区间宽度最窄。随着MSE (mean square error) 减小，置信区间宽度减小。在回归分析中，预测值的置信区间用于评估回归模型的预测能力。通常，预测值的置信区间越窄，说明模型预测的精度越高。如图2.13所示。

2.11 预测区间：因变量特定值的区间

预测区间 (prediction interval) 是指回归模型估计时，对于自变量给定的某个值x_p，求出因变量y_p的个别值的估计区间，如图2.14所示。预测区间为：

$$\hat{y}_p \pm t_{1-\alpha/2,\,n-2} \cdot \sqrt{\text{MSE}} \cdot \sqrt{1 + \frac{1}{n} + \frac{\left(x_p - \bar{x}\right)^2}{\sum_{k=1}^{n}\left(x^{(k)} - \bar{x}\right)^2}} \tag{2.44}$$

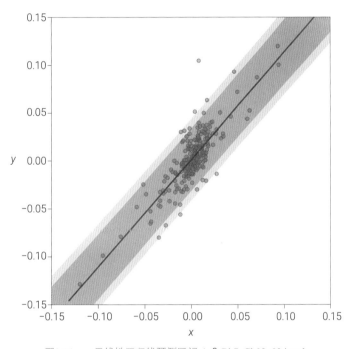

图2.14　一元线性回归线预测区间 | ⊕ Bk7_Ch02_03.ipynb

与预测值的置信区间不同，预测区间同时考虑了预测的误差和未来观测值的随机性。

预测区间包含两个方面的误差：回归方程中的估计误差和对未来观测值的随机误差。与预测值的置信区间不同，预测区间考虑了未来观测值的随机性，因此通常比置信区间更宽。

2.12 对数似然函数：用在最大似然估计 (MLE)

似然函数是一种关于统计模型中参数的函数，表示模型参数中的似然性。

残差的定义为：

$$\varepsilon^{(i)} = y^{(i)} - \hat{y}^{(i)} \tag{2.45}$$

在OLS线性回归中，假设残差服从正态分布 $N(0, \sigma^2)$，因此：

$$\text{PDF}\left(\varepsilon^{(i)}\right) = \frac{1}{\sigma\sqrt{2\pi}}\exp\left(-\frac{\left(y^{(i)} - \hat{y}^{(i)}\right)^2}{2\sigma^2}\right) \tag{2.46}$$

似然函数为：

$$L = \prod_{i=1}^{n}\text{PDF}\left(\varepsilon^{(i)}\right) = \prod_{i=1}^{n}\left\{\frac{1}{\sigma\sqrt{2\pi}}\exp\left(-\frac{\left(y^{(i)} - \hat{y}^{(i)}\right)^2}{2\sigma^2}\right)\right\} \tag{2.47}$$

常用对数似然函数$\ln(L)$为：

$$\ln(L) = -\frac{n}{2}\cdot\ln\left(2\pi\sigma^2\right) - \frac{\text{SSE}}{2\sigma^2} \tag{2.48}$$

注意，MLE中的σ为：

$$\sigma^2 = \frac{\text{SSE}}{n} \tag{2.49}$$

这样 $\ln(L)$ 可以写成：

$$\ln(L) = -\frac{n}{2}\cdot\ln\left(2\pi\sigma^2\right) - \frac{n}{2} \tag{2.50}$$

有关似然函数和对数似然函数，请大家回顾《统计至简》第16、24章。

2.13 信息准则：选择模型的标准

AIC和BIC是线性回归模型选择中常用的信息准则，用于在多个模型中选择最优模型。

AIC为**赤池信息量准则** (Akaike Information Criterion，AIC)，定义如下：

$$\text{AIC} = \underbrace{2k}_{\text{Penalty}} - 2\ln(L) \tag{2.51}$$

其中，$k = D + 1$；L是似然函数。

AIC鼓励数据拟合的优良性；但是，尽量避免出现过拟合。式(2.51)中，$2k$项为**惩罚项** (penalty)。

贝叶斯信息准则 (Bayesian Information Criterion，BIC) 也称**施瓦茨信息准则** (Schwarz Information Criterion，SIC)，定义如下。

$$\text{BIC} = \underbrace{k\cdot\ln(n)}_{\text{Penalty}} - 2\ln(L) \tag{2.52}$$

其中，n为样本数据数量。此外，BIC的惩罚项比AIC大。

在使用AIC和BIC进行模型选择时，应该选择具有最小AIC或BIC值的模型。这意味着，较小的AIC或BIC值表示更好的模型拟合和更小的模型复杂度。

需要注意的是，AIC和BIC都是用来选择模型的工具，但并不保证选择的模型就是最优模型。在实际应用中，应该将AIC和BIC作为指导，结合领域知识和经验来选择最优模型。同时，还需要对模型的假设和限制进行检验，以确保模型的可靠性和实用性。

2.14 残差分析：假设残差服从均值为0的正态分布

残差分析 (residual analysis) 通过残差所提供的信息，对回归模型进行评估，分析数据是否存在可能的干扰。残差分析的基本思想是，如果回归模型能够很好地拟合数据，那么残差应该是随机分布的，没有明显的模式或趋势。因此，对残差的分布进行检查可以提供关于模型拟合优度的信息。

残差分析通常包括以下步骤。

◀ 绘制残差图。残差图是观测值的残差与预测值之间的散点图。如果残差呈现出随机分布、没有明显的模式或趋势，那么模型可能具有较好的拟合优度。

◀ 检查残差分布。通过绘制残差直方图或核密度图来检查残差分布是否呈现出正态分布或近似正态分布。如果残差分布不是正态分布，那么可能需要采取转换或其他措施来改善模型的拟合。

◀ 检查残差对自变量的函数形式。通过绘制残差与自变量之间的散点图或回归曲线，来检查残差是否随自变量的变化而呈现出系统性变化。如果存在这种关系，那么可能需要考虑增加自变量、采取变量转换等方法来改善模型的拟合。

图2.15所示为残差的散点图。图2.16所示为残差分布的直方图。理想情况下，希望残差服从均值为0的正态分布。为了检测残差的正态性，本节利用Omnibus正态检验。

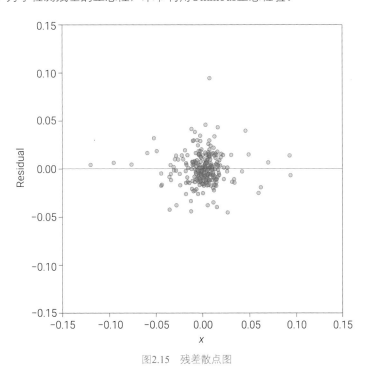

图2.15　残差散点图

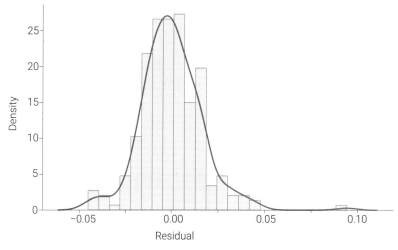

图2.16 残差分布直方图

Omnibus正态检验 (Omnibus test for normality) 用于检验线性回归中残差是否服从正态分布。Omnibus正态检验利用残差的偏度S和峰度K，检验残差分布为正态分布的原假设。Omnibus正态检验的统计值为偏度平方、超值峰度平方两者之和。Omnibus正态检验**利用χ^2检验** (Chi-squared test)。

代码中我们利用scipy.stats.normaltest() 复刻了本章前文的Omnibus正态检验统计量值。

 《统计至简》第2章讲过偏度、峰度，请大家回顾。

此外，**加权最小二乘法** (Weighted Least Squares，WLS) 是OLS的一种扩展形式。WLS引入了权重因子，用于调整每个数据点的相对重要性。

使用WLS的场景包括**异方差性** (heteroscedasticity)。当数据的方差不是恒定的时候，可以使用WLS来降低方差不稳定性的影响。

对于可能是异常值的数据点，可以通过WLS降低其权重来减少其对拟合的影响。

总的来说，WLS是在OLS的基础上考虑了不同数据点的权重，使得拟合更加灵活。Statsmodels中有专门处理OLS的工具，请大家参考：

◀ https://www.statsmodels.org/dev/generated/statsmodels.regression.linear_model.WLS.html

2.15 自相关检测：Durbin-Watson

Durbin-Watson用于检验序列的自相关。在线性回归中，**自相关** (autocorrelation) 用来分析模型中的残差与其在时间上的延迟版本之间的相关性。当模型中存在自相关时，它可能表明模型中遗漏了某些重要的变量，或者模型中的时间序列数据未被正确处理。

自相关可以通过检查残差图来诊断。如果残差图表现出明显的模式，例如残差值之间存在周期性关系或呈现出聚集在某个区域的情况，那么就可能存在自相关。在这种情况下，可以通过引入更多的自变量或使用时间序列分析方法来修正模型。图2.17所示为残差的自相关图。

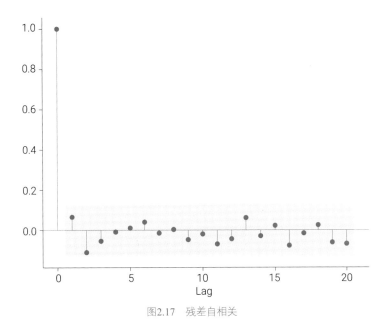

图2.17　残差自相关

Durbin-Watson检测的统计量为：

$$DW = \frac{\sum_{i=2}^{n}\left(\left(y^{(i)} - \hat{y}^{(i)}\right) - \left(y^{(i-1)} - \hat{y}^{(i-1)}\right)\right)^2}{\sum_{i=1}^{n}\left(y^{(i)} - \hat{y}^{(i)}\right)^2} \tag{2.53}$$

上式本质上检测残差序列与残差的滞后一期序列之间的差异大小。DW值的取值区间为$0 \sim 4$。当DW值很小时 $(DW < 1)$，表明序列可能存在正自相关。当DW值很大时 $(DW > 3)$，表明序列可能存在负自相关。当DW值在2附近时 $(1.5 < DW < 2.5)$，表明序列无自相关。其余的取值区间表明无法确定序列是否存在自相关。

请大家参考：

◀ https://www.statsmodels.org/devel/generated/statsmodels.stats.stattools.durbin_watson.html

2.16 条件数：多重共线性

在线性回归中，**条件数** (condition number) 常用来检验设计矩阵$X_{k \times k}$是否存在**多重共线性** (multicollinearity)。

多重共线性是指在多元回归模型中，独立变量之间存在高度相关或线性关系的情况。多重共线性会导致回归系数的估计不稳定，使得模型的解释能力降低，甚至导致模型的预测精度下降。

对$X^{\mathrm{T}}X$进行特征值分解，得到最大特征值$\lambda_{\max}$和最小特征值$\lambda_{\min}$。条件数的定义为两者比值的平方根：

$$\text{condition number} = \sqrt{\frac{\lambda_{\max}}{\lambda_{\min}}} \tag{2.54}$$

在实际应用中，如果$X^{\mathrm{T}}X$的条件数过大，可以考虑采用特征缩放或正则化来改善。

下一章讲到多元回归分析时，条件数的作用更明显。

Bk7_Ch02_03.ipynb代码复刻表2.1中除ANOVA以外的其他统计量值。

　　线性回归是一种用于研究自变量与因变量之间关系的统计模型。方差分析可以评估模型的整体拟合优度，其中的F检验可以用来评估线性模型参数整体显著性，t检验可以评估单个系数的显著性。拟合优度指模型能够解释数据变异的比例，常用R^2来度量。

　　AIC和BIC用于模型选择，可以在模型拟合度相似的情况下，选出最简单和最有解释力的模型。自相关指误差项之间的相关性，可以使用Durbin-Watson检验进行检测。条件数是用于评估多重共线性的指标，如果条件数过大，可能存在严重的多重共线性问题。

　　综上，这些概念是线性回归分析中非常重要的指标，可以帮助我们评估模型的拟合程度、系数显著性、预测能力和多重共线性等问题。这一章的内容很有难度，现在不要求大家掌握所有的知识点。

　　Scikit-Learn也提供线性回归分析工具，请大家参考：

◀ https://scikit-learn.org/stable/auto_examples/inspection/plot_linear_model_coefficient_interpretation.html

03
Multivariate Linear Regression
多元线性回归
用多个解释变量来预测响应变量结果

> 科学不知道它对想象力的依赖。
> **Science does not know its debt to imagination.**
> —— 拉尔夫 · 沃尔多 · 爱默生 (Ralph Waldo Emerson) | 美国思想家、文学家 | 1942 — 2018年

◄ `matplotlib.pyplot.quiver()` 绘制箭头图
◄ `numpy.arccos()` 反余弦函数
◄ `numpy.cov()` 计算协方差矩阵
◄ `numpy.identity()` 构造单位矩阵
◄ `numpy.linalg.det()` 计算矩阵的行列式值
◄ `numpy.linalg.inv()` 求矩阵逆
◄ `numpy.linalg.matrix_rank()` 计算矩阵的秩
◄ `numpy.matrix()` 构造矩阵
◄ `numpy.ones()` 构造全1矩阵或向量
◄ `numpy.ones_like()` 按照给定矩阵或向量形状构造全1矩阵或向量
◄ `plot_wireframe()` 绘制线框图
◄ `scipy.stats.f.cdf()` F分布累积分布函数
◄ `seaborn.heatmap()` 绘制热图
◄ `seaborn.jointplot()` 绘制联合分布 / 散点图和边际分布
◄ `seaborn.kdeplot()` 绘制KDE核概率密度估计曲线
◄ `seaborn.pairplot()` 绘制成对分析图
◄ `statsmodels.api.add_constant()` 线性回归增加一列常数1
◄ `statsmodels.api.OLS()` 最小二乘法函数
◄ `statsmodels.stats.outliers_influence.variance_inflation_factor()` 计算方差膨胀因子

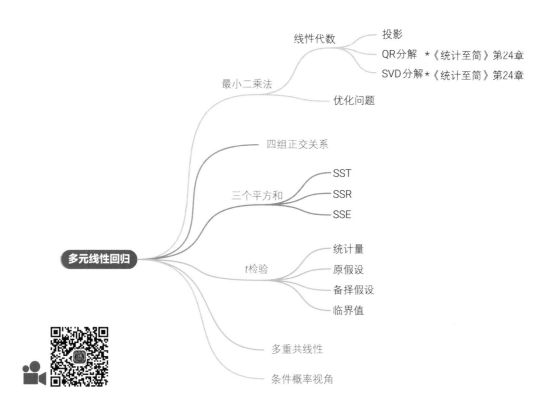

投影
线性代数
QR分解 ＊《统计至简》第24章
SVD分解＊《统计至简》第24章
最小二乘法
优化问题

四组正交关系

SST
三个平方和 SSR
SSE

多元线性回归

统计量
原假设
t检验 备择假设
临界值

多重共线性

条件概率视角

3.1 多元线性回归

本章将探讨多元线性回归。多元线性回归是一种统计分析方法，用于研究两个或多个自变量与一个因变量之间的关系。它通过拟合一个包含多个自变量的线性模型来预测因变量的值。

多元线性回归的表达式如下：

$$y = b_0 + b_1 x_1 + b_2 x_2 + \cdots + b_D x_D + \varepsilon \tag{3.1}$$

其中，b_0为截距项，b_1，b_2，$\cdots$，b_D代表自变量系数，ε为残差项，D为自变量个数。从几何角度来看，多元线性回归能得到一个**超平面** (hyperplane)。

用矩阵运算表达式 (3.1)：

$$\boldsymbol{y} = \underbrace{b_0 \boldsymbol{1} + b_1 \boldsymbol{x}_1 + b_2 \boldsymbol{x}_2 + \cdots + b_D \boldsymbol{x}_D}_{\hat{\boldsymbol{y}}} + \boldsymbol{\varepsilon} \tag{3.2}$$

其中，$\boldsymbol{1}$为全1列向量。

换一种方式来写式 (3.2)：

$$y = \underbrace{Xb}_{\hat{y}} + \varepsilon \qquad (3.3)$$

其中，

$$X_{n\times(D+1)} = \begin{bmatrix} 1 & x_1 & x_2 & \cdots & x_D \end{bmatrix} = \begin{bmatrix} 1 & x_{1,1} & \cdots & x_{1,D} \\ 1 & x_{2,1} & \cdots & x_{2,D} \\ \vdots & \vdots & \ddots & \vdots \\ 1 & x_{n,1} & \cdots & x_{n,D} \end{bmatrix}_{n\times(D+1)}, \quad y = \begin{bmatrix} y_1 \\ y_2 \\ \vdots \\ y_n \end{bmatrix}, \quad b = \begin{bmatrix} b_0 \\ b_1 \\ \vdots \\ b_D \end{bmatrix}, \quad \varepsilon = \begin{bmatrix} \varepsilon^{(1)} \\ \varepsilon^{(2)} \\ \vdots \\ \varepsilon^{(n)} \end{bmatrix} \quad (3.4)$$

矩阵X常被称作**设计矩阵** (design matrix)。图3.1所示矩阵运算对应式 (3.3)。

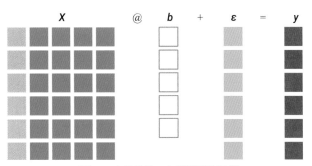

图3.1 多元线性回归模型矩阵运算

预测值构成的列向量$\hat{y}$，通过下式计算得到：

$$\hat{y} = Xb \qquad (3.5)$$

残差向量的算式为：

$$\varepsilon = y - \hat{y} = y - Xb \qquad (3.6)$$

如图3.2所示，第i个观测点的残差项，可以通过下式计算得到：

$$\varepsilon^{(i)} = y^{(i)} - \hat{y}^{(i)} = y^{(i)} - x^{(i)}b \qquad (3.7)$$

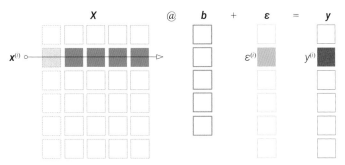

图3.2 计算第i个观测点的残差项

图3.3所示为多元OLS线性回归数据关系。也就是说，$\hat{y}$可以看成设计矩阵X的列向量线性组合。

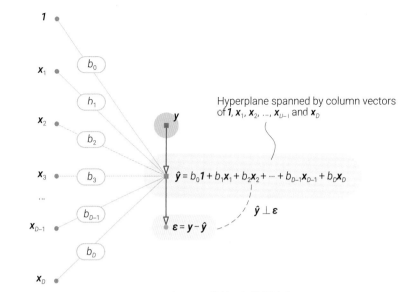

注意：矩阵 X 为 n 行 $D+1$ 列，第一列为全1列向量；增加一列全1列向量是为了引入常数项。

图3.3　多元OLS线性回归数据关系

如图3.4所示，如果数据都已经中心化(去均值)，则可以不必考虑常数项。

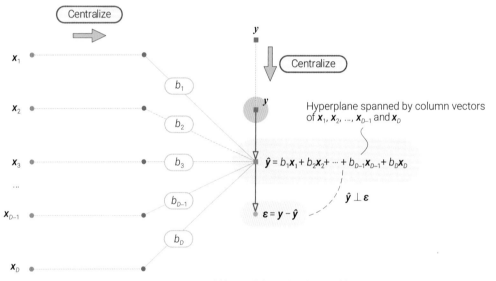

图3.4　多元OLS线性回归数据关系，中心化数据

3.2 优化问题：OLS

一般通过以下两种方式求得线性回归参数：

◀最小二乘法 (Ordinary Least Square，OLS)，因变量和拟合值之间的欧氏距离最小化；

◀ **最大似然概率估计** (Maximum Likelihood Estimation，MLE)，用样本数据反推最可能的模型参数值。

OLS通过最小化残差值平方和(SSE)来计算得到最佳的拟合回归线参数：

$$\arg\min_{\boldsymbol{b}} \ \text{SSE} \tag{3.8}$$

对于多元线性回归，SSE为：

$$\text{SSE} = \sum_{i=1}^{n}\left(\varepsilon^{(i)}\right)^2 = \boldsymbol{\varepsilon}\cdot\boldsymbol{\varepsilon} = \left\|\boldsymbol{\varepsilon}\right\|_2^2 = \boldsymbol{\varepsilon}^{\text{T}}\boldsymbol{\varepsilon} = \left(\boldsymbol{y}-\boldsymbol{Xb}\right)^{\text{T}}\left(\boldsymbol{y}-\boldsymbol{Xb}\right) = \left\|\boldsymbol{y}-\boldsymbol{Xb}\right\|_2^2 \tag{3.9}$$

OLS多元线性优化问题的目标函数可以写成：

$$f\left(\boldsymbol{b}\right) = \left(\boldsymbol{y}-\boldsymbol{Xb}\right)^{\text{T}}\left(\boldsymbol{y}-\boldsymbol{Xb}\right) \tag{3.10}$$

$f(\boldsymbol{b})$ 可以整理为：

$$\begin{aligned}
f\left(\boldsymbol{b}\right) &= \left(\boldsymbol{y}-\boldsymbol{Xb}\right)^{\text{T}}\left(\boldsymbol{y}-\boldsymbol{Xb}\right) \\
&= \left(\boldsymbol{y}^{\text{T}}-\boldsymbol{b}^{\text{T}}\boldsymbol{X}^{\text{T}}\right)\left(\boldsymbol{y}-\boldsymbol{Xb}\right) \\
&= \boldsymbol{y}^{\text{T}}\boldsymbol{y} - \boldsymbol{y}^{\text{T}}\boldsymbol{Xb} - \boldsymbol{b}^{\text{T}}\boldsymbol{X}^{\text{T}}\boldsymbol{y} + \boldsymbol{b}^{\text{T}}\boldsymbol{X}^{\text{T}}\boldsymbol{Xb} \\
&= \underbrace{\boldsymbol{b}^{\text{T}}\boldsymbol{X}^{\text{T}}\boldsymbol{Xb}}_{\text{Quadratic term}} \underbrace{-2\boldsymbol{b}^{\text{T}}\boldsymbol{X}^{\text{T}}\boldsymbol{y}}_{\text{Linear term}} \underbrace{+\boldsymbol{y}^{\text{T}}\boldsymbol{y}}_{\text{Constant}}
\end{aligned} \tag{3.11}$$

观察上式，发现$f(\boldsymbol{b})$可以看成一个多元二次函数，其中含有二次项、一次项和常数项。

因此，对于二元回归，不考虑常数项系数b_0的话，b_1和b_2构成的曲面$f(b_1, b_2)$为椭圆抛物面，如图3.5所示。

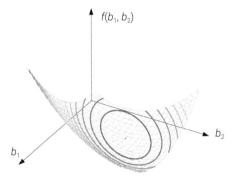 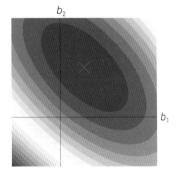

图3.5 $f(b_1, b_2)$ 函数曲面

$f(\boldsymbol{b})$ 梯度向量如下：

$$\nabla f\left(\boldsymbol{b}\right) = \frac{\partial f\left(\boldsymbol{b}\right)}{\partial \boldsymbol{b}} \tag{3.12}$$

$f(\boldsymbol{b})$ 为连续函数，取得极值时，梯度向量为零向量：

$$\nabla f\left(\boldsymbol{b}\right) = \boldsymbol{0} \quad \Rightarrow \quad \boldsymbol{X}^{\text{T}}\boldsymbol{Xb} - \boldsymbol{X}^{\text{T}}\boldsymbol{y} = \boldsymbol{0} \tag{3.13}$$

如果 $X^{\mathrm{T}}X$ 可逆，b 的解为：

$$b = \left(X^{\mathrm{T}}X\right)^{-1}X^{\mathrm{T}}y \tag{3.14}$$

《矩阵力量》介绍过，如果 $X^{\mathrm{T}}X$ 不可逆，可以用奇异值分解求伪逆。

$f(b)$ 的黑塞矩阵为：

$$\nabla^2 f\left(b\right) = \frac{\partial^2 f\left(b\right)}{\partial b \partial b^{\mathrm{T}}} = 2X^{\mathrm{T}}X \tag{3.15}$$

下面，判断 $f(b)$ 黑塞矩阵为正定矩阵，从而判定极值点为最小值点。
对于任意非零向量 a，下式恒大于等于0：

$$a^{\mathrm{T}}\left(X^{\mathrm{T}}X\right)a = \left(Xa\right)^{\mathrm{T}}\left(Xa\right) = \left\|Xa\right\|^2 \geqslant 0 \tag{3.16}$$

等号成立时，即 $Xa = 0$，也即当 X 列向量线性相关，我们暂时不考虑这种情况。因此，对于 X 为列满秩，$f(b)$ 黑塞矩阵为正定矩阵，$f(b)$ 在极值点处取得最小值。
模型拟合值向量 $\hat{y}$ 为：

$$\hat{y} = Xb = X\left(X^{\mathrm{T}}X\right)^{-1}X^{\mathrm{T}}y \tag{3.17}$$

残差向量 ε 为：

$$\varepsilon = y - X\left(X^{\mathrm{T}}X\right)^{-1}X^{\mathrm{T}}y \tag{3.18}$$

$X\left(X^{\mathrm{T}}X\right)^{-1}X^{\mathrm{T}}$ 为《矩阵力量》第9章介绍的**帽子矩阵** (hat matrix) H，它常出现在矩阵投影运算中。
令，

$$H = X\left(X^{\mathrm{T}}X\right)^{-1}X^{\mathrm{T}} \tag{3.19}$$

《矩阵力量》还提过，帽子矩阵 H 为**幂等矩阵** (idempotent matrix)，幂等矩阵是指一个矩阵与自身相乘后仍等于它本身的矩阵，即满足 $H^2 = H$。幂等矩阵在线性代数中有广泛的应用，特别是在投影、几何变换等领域。
在投影中，幂等矩阵可以用来描述一个向量在一个子空间上的投影；在几何变换中，幂等矩阵可以用来描述一个对象在进行相应变换后仍等于它本身。最简单的幂等矩阵就是单位矩阵 I，满足 $I^2 = I$。
利用帽子矩阵 H，可得：

$$\begin{cases} \hat{y} = Hy \\ \varepsilon = \left(I - H\right)y \end{cases} \tag{3.20}$$

3.3 几何解释：投影

图3.6所示为多维空间视角下的数据矩阵；矩阵$X = [x_1, x_2, \cdots, x_D]$每一列代表一个特征，且每一列可以看作一个向量。

《矩阵力量》一书中，我们反复探讨过这一点。

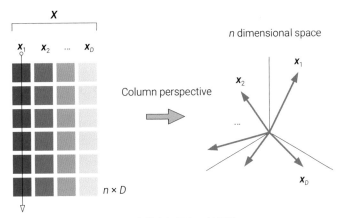

图3.6　多维空间视角下的矩阵X

不考虑常数项，预测值向量$\hat{y}$可以通过下式计算得到：

$$\hat{y} = b_1x_1 + b_2x_2 + \cdots + b_Dx_D \tag{3.21}$$

说明，预测值向量$\hat{y}$是自变量向量$x_1, x_2, \cdots, x_D$的线性组合。如果$x_1, x_2, \cdots, x_D$构成一个超平面H，$\hat{y}$在H这个平面内。

有了这一思想，构造因变量向量y和自变量向量$x_1, x_2, \cdots, x_D$的线性回归模型，相当于y向$x_1, x_2, \cdots, x_D$构成的超平面H投影。如图3.7所示，预测值向量$\hat{y}$是因变量向量y在H的投影结果：

$$y = \hat{y} + \varepsilon \tag{3.22}$$

简单来说，从向量投影的角度来理解多元线性回归，可以将回归问题看作是将因变量向量在自变量向量所张成的子空间上的投影。

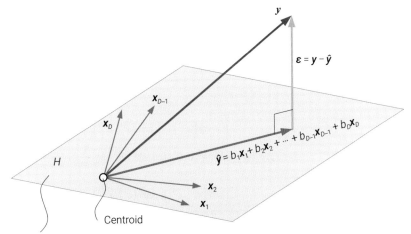

图3.7　几何角度解释多元OLS线性回归

而残差项向量$\boldsymbol{\varepsilon}$是预测值向量$\hat{\boldsymbol{y}}$和因变量向量$\boldsymbol{y}$两者之差：

$$\boldsymbol{\varepsilon} = \boldsymbol{y} - \hat{\boldsymbol{y}} \tag{3.23}$$

残差项向量$\boldsymbol{\varepsilon}$垂直于$\boldsymbol{x}_1, \boldsymbol{x}_2, \cdots, \boldsymbol{x}_D$构成的超平面$H$。

由上所述，残差$\boldsymbol{\varepsilon}$（$\boldsymbol{\varepsilon} = \boldsymbol{y} - \hat{\boldsymbol{y}}$）是无法通过$(\boldsymbol{x}_0, \boldsymbol{x}_1, ..., \boldsymbol{x}_{D-1}, \boldsymbol{x}_D)$解释部分向量，垂直于超平面：

$$\boldsymbol{\varepsilon} \perp \boldsymbol{X} \quad \Rightarrow \quad \boldsymbol{X}^{\mathrm{T}}\boldsymbol{\varepsilon} = 0 \tag{3.24}$$

得到：

$$\boldsymbol{X}^{\mathrm{T}}\left(\boldsymbol{y} - \boldsymbol{X}\boldsymbol{b}\right) = 0 \quad \Rightarrow \quad \boldsymbol{X}^{\mathrm{T}}\boldsymbol{X}\boldsymbol{b} = \boldsymbol{X}^{\mathrm{T}}\boldsymbol{y} \tag{3.25}$$

这和上一节得到的结果完全一致，但是从几何视角看OLS，让求解过程变得非常简洁。

请大家再次注意，只有$\boldsymbol{X}$为列满秩时，格拉姆矩阵$\boldsymbol{X}^{\mathrm{T}}\boldsymbol{X}$才存在逆。

此外，我们可以很容易在$\boldsymbol{X}$最左侧加入一列全1向量$\boldsymbol{1}$，残差项向量$\boldsymbol{\varepsilon}$则垂直于$\boldsymbol{1}, \boldsymbol{x}_1, \boldsymbol{x}_2, \cdots, \boldsymbol{x}_D$构成的超平面$H$。

《统计至简》介绍过OLS线性回归假设条件。OLS线性回归的假设条件是用来保证模型的有效性和可靠性的。简单来说，这些假设条件主要包括线性关系、正态分布、同方差性、独立性和残差之和为零。

首先，线性关系假设要求因变量和自变量之间的关系是线性的，即在自变量变化时，因变量的变化量是按照线性关系变化的。这个假设是OLS回归分析的前提条件，否则回归结果将会失真。

其次，正态分布假设要求模型的残差应该满足正态分布。正态分布是概率论和统计学中最为重要的分布之一，如果残差不满足正态分布，可能会导致回归结果失真。

同方差性假设要求残差的方差在各个自变量取值下都相等。如果残差的方差不相等，会导致回归结果的可靠性下降。

独立性假设要求各个观测值之间是独立的，即一个观测值的取值不受其他观测值的影响。如果存在相关性，回归结果可能会失真。

最后，残差之和为零要求模型的残差的总和为零，这是保证回归分析正确性的必要条件。

总之，这些假设条件对于OLS线性回归的结果具有重要影响，需要在回归分析中进行检验和确认。

表3.1所示为用矩阵方式表达的OLS线性回归假设。

表3.1 用矩阵运算表达OLS线性回归假设

假设	矩阵表达
线性模型	$\boldsymbol{y} = \boldsymbol{X}\boldsymbol{b} + \boldsymbol{\varepsilon}$
残差服从正态分布	$\boldsymbol{\varepsilon}\mid\boldsymbol{X} \sim N\left(\boldsymbol{0}, \hat{\sigma}^2\boldsymbol{I}\right)$
残差期望值为0	$\mathrm{E}\left(\boldsymbol{\varepsilon}\mid\boldsymbol{X}\right) = \boldsymbol{0}$
残差同方差性	$\mathrm{var}\left(\boldsymbol{\varepsilon}\mid\boldsymbol{X}\right) = \begin{bmatrix} \mathrm{var}\left(\varepsilon^{(1)}\right) & \mathrm{cov}\left(\varepsilon^{(1)}, \varepsilon^{(2)}\right) & \cdots & \mathrm{cov}\left(\varepsilon^{(1)}, \varepsilon^{(n)}\right) \\ \mathrm{cov}\left(\varepsilon^{(2)}, \varepsilon^{(1)}\right) & \mathrm{var}\left(\varepsilon^{(2)}\right) & \cdots & \mathrm{cov}\left(\varepsilon^{(2)}, \varepsilon^{(n)}\right) \\ \vdots & \vdots & \ddots & \vdots \\ \mathrm{cov}\left(\varepsilon^{(n)}, \varepsilon^{(1)}\right) & \mathrm{cov}\left(\varepsilon^{(n)}, \varepsilon^{(2)}\right) & \cdots & \mathrm{var}\left(\varepsilon^{(n)}\right) \end{bmatrix} = \hat{\sigma}^2\boldsymbol{I}$
矩阵$\boldsymbol{X}$不存在多重共线性	$\mathrm{rank}\left(\boldsymbol{X}\right) = D + 1$ $\det\left(\boldsymbol{X}^{\mathrm{T}}\boldsymbol{X}\right) \neq 0$

3.4 二元线性回归实例

为了方便大家理解，本节用实例讲解二元线性回归。

二元线性回归解析式为：

$$\hat{\boldsymbol{y}} = b_0 \boldsymbol{1} + b_1 \boldsymbol{x}_1 + b_2 \boldsymbol{x}_2 \tag{3.26}$$

图3.8所示为二元OLS线性回归数据关系。

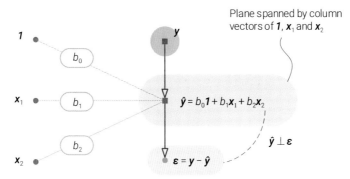

图3.8 二元OLS线性回归数据关系

本节将利用两个股票日收益率解释S&P 500日收益率。图3.9所示为参与回归数据 $[\boldsymbol{y}, \boldsymbol{x}_1, \boldsymbol{x}_2]$ 的散点图。

图3.10所示为 $[\boldsymbol{v}, \boldsymbol{x}_1, \boldsymbol{x}_2]$ 数据的成对特征分析图。

图3.11所示为 $[\boldsymbol{y}, \boldsymbol{x}_1, \boldsymbol{x}_2]$ 数据的协方差矩阵、相关性和夹角热图。

表3.2所示为二元OLS线性回归结果。图3.12所示为三维数据散点图和回归平面。

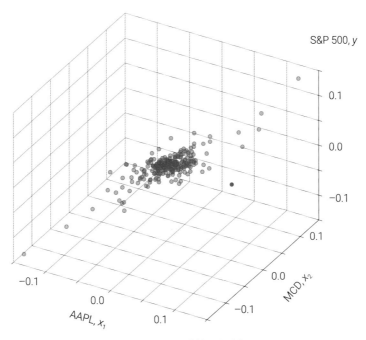

图3.9 二元线性回归数据

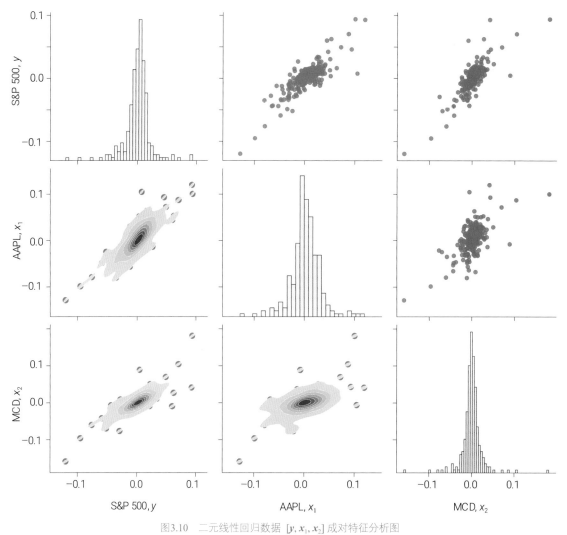

图3.10 二元线性回归数据 $[y, x_1, x_2]$ 成对特征分析图

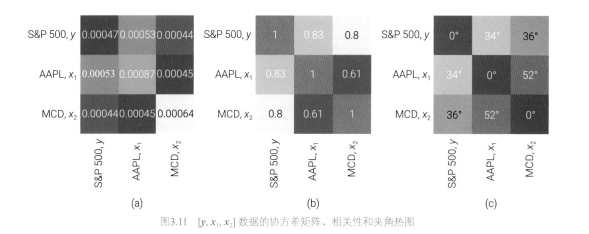

图3.11 $[y, x_1, x_2]$ 数据的协方差矩阵、相关性和夹角热图

表3.2 二元OLS线性回归分析结果

```
OLS Regression Results
==============================================================================
Dep. Variable:                  SP500   R-squared:                       0.830
Model:                            OLS   Adj. R-squared:                  0.829
Method:                 Least Squares   F-statistic:                     607.4
Date:             XXXXXXXXXXXXXXXX      Prob (F-statistic):           1.69e-96
Time:             XXXXXXXXXXXXXXXX      Log-Likelihood:                 831.06
No. Observations:                 252   AIC:                            -1656.
Df Residuals:                     249   BIC:                            -1646.
Df Model:                           2
Covariance Type:            nonrobust
==============================================================================
                 coef    std err          t      P>|t|      [0.025      0.975]
------------------------------------------------------------------------------
const         -0.0006      0.001     -0.984      0.326      -0.002       0.001
AAPL           0.3977      0.024     16.326      0.000       0.350       0.446
MCD            0.4096      0.028     14.442      0.000       0.354       0.465
==============================================================================
Omnibus:                       37.744   Durbin-Watson:                   1.991
Prob(Omnibus):                  0.000   Jarque-Bera (JB):              157.711
Skew:                           0.492   Prob(JB):                     5.67e-35
Kurtosis:                       6.749   Cond. No.                         59.4
==============================================================================
```

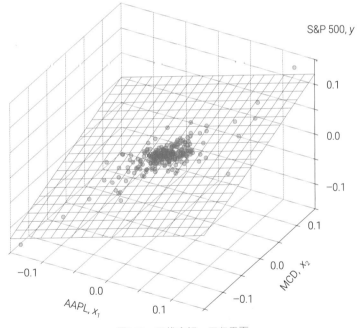

图3.12 三维空间，回归平面

Bk7_Ch03_01.ipynb中完成了本节二元线性回归。下面讲解其中关键语句。

ⓐ 使用 yfinance 下载了股票数据，包括AAPL、MCD和标准普尔500指数 (^GSPC)，时间范围为2020年1月1日至2020年12月31日。

ⓑ 将下载的数据保存为名为 "y_X_df.pkl" 的 pickle 文件。

ⓒ 计算股票的每日收益率，通过对 "Adj Close" 列应用 pct_change() 方法实现。

ⓓ 移除包含缺失值的行。

ⓔ使用 statsmodels 的 add_constant() 函数，为特征矩阵 X_df 添加一个截距列。

ⓕ使用 statsmodels 中的最小二乘法 (OLS) 方法构建线性回归模型。

ⓖ对模型进行拟合，得到拟合结果。

ⓗ打印线性回归模型的摘要统计信息。

ⓘ获取线性回归模型的参数，并打印出来。

代码3.1　二元线性回归 | ⊕ Bk7_Ch03_01.ipynb

```python
import yfinance as yf
import statsmodels.api as sm
```

ⓐ
```python
y_X_df = yf.download(['AAPL','MCD','^GSPC'],
                     start='2020-01-01',
                     end='2020-12-31')
```

ⓑ `y_X_df.to_pickle('y_X_df.pkl')`
ⓒ `y_X_df = y_X_df['Adj Close'].pct_change()`
ⓓ `y_X_df.dropna(inplace = True)`

```python
y_X_df.rename(columns={"^GSPC": "SP500"},
              inplace = True)

X_df = y_X_df[['AAPL','MCD']]
y_df = y_X_df[['SP500']]
```

ⓔ `X_df = sm.add_constant(X_df)`

ⓕ `model = sm.OLS(y_df, X_df)`
ⓖ `results = model.fit()`
ⓗ `print(results.summary())`

ⓘ
```python
p = model.fit().params
print(p)

xx1,xx2 = np.meshgrid(np.linspace(-0.15,0.15,20),
                      np.linspace(-0.15,0.15,20))

yy = p.AAPL*xx1 + p.MCD*xx2 + p.const
```

3.5 多元线性回归实例

　　本节介绍一个多元回归问题，构造多元OLS线性回归模型将用12支股票日收益率预测S&P 500日收益率。图3.13所示为股价数据。

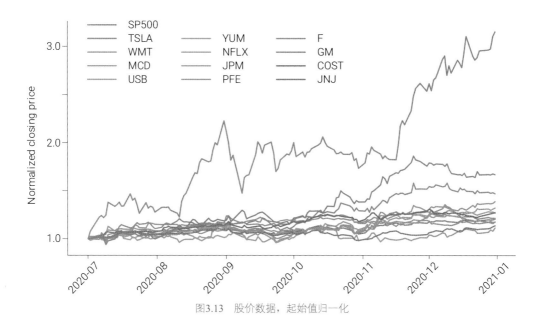

图3.13 股价数据，起始值归一化

根据股价水平计算得到日收益率。图3.14所示为$[y, X]$日收益率热图。图3.15所示为$[y, X]$数据协方差矩阵。图3.16所示为均方差 (即波动率) 直方图。

图3.17所示为 $[y, X]$ 数据相关性系数矩阵热图。图3.18所示为几支不同股票股价收益率和S&P 500收益率相关性系数柱状图。利用余弦相似性，根据相关性系数矩阵，可以计算得到$[y, X]$ 标准差向量夹角，矩阵热图如图3.19所示。表3.3所示为多元OLS线性回归解。

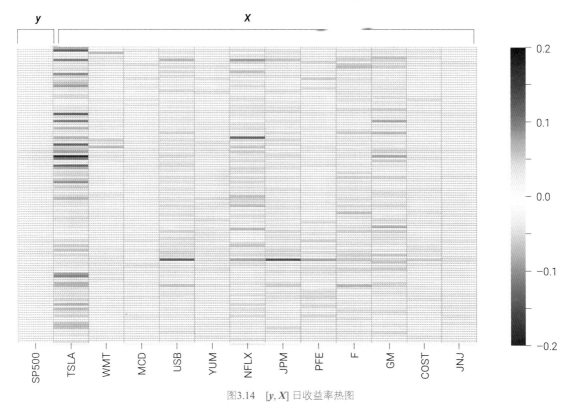

图3.14 $[y, X]$日收益率热图

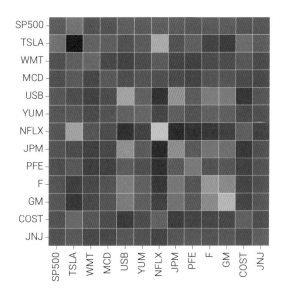

图3.15 [**y**, **X**] 数据协方差矩阵

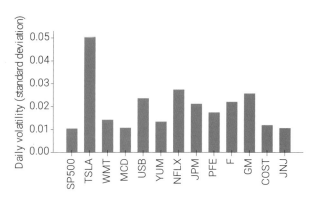

图3.16 日波动率柱状图

	SP500	TSLA	WMT	MCD	USB	YUM	NFLX	JPM	PFE	F	GM	COST	JNJ
SP500	1.000	0.463	0.359	0.505	0.417	0.571	0.386	0.433	0.341	0.390	0.340	0.517	0.570
TSLA	0.463	1.000	0.211	0.238	0.044	0.150	0.420	0.052	0.143	−0.009	−0.039	0.353	0.193
WMT	0.359	0.211	1.000	0.148	−0.021	0.160	0.282	0.020	−0.040	0.111	0.104	0.562	0.149
MCD	0.505	0.238	0.148	1.000	0.152	0.508	0.188	0.132	−0.003	0.352	0.305	0.358	0.243
USB	0.417	0.044	−0.021	0.152	1.000	0.456	−0.127	0.908	0.309	0.631	0.497	−0.193	0.327
YUM	0.571	0.150	0.160	0.508	0.456	1.000	−0.003	0.438	0.276	0.488	0.410	0.180	0.365
NFLX	0.386	0.420	0.282	0.188	−0.127	−0.003	1.000	−0.183	−0.143	−0.074	−0.011	0.468	−0.013
JPM	0.433	0.052	0.020	0.132	0.908	0.438	−0.183	1.000	0.338	0.608	0.455	−0.167	0.331
PFE	0.341	0.143	−0.040	−0.003	0.309	0.276	−0.143	0.338	1.000	0.227	0.238	0.011	0.479
F	0.390	−0.009	0.111	0.352	0.631	0.488	−0.074	0.608	0.227	1.000	0.721	0.039	0.269
GM	0.340	−0.039	0.104	0.305	0.497	0.410	−0.011	0.455	0.238	0.721	1.000	0.045	0.308
COST	0.517	0.353	0.562	0.358	−0.193	0.180	0.468	−0.167	0.011	0.039	0.045	1.000	0.229
JNJ	0.570	0.193	0.149	0.243	0.327	0.365	−0.013	0.331	0.479	0.269	0.308	0.229	1.000

图3.17 [**y**, **X**] 数据相关性系数矩阵热图

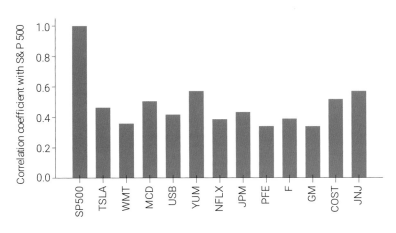

图3.18 股价收益率和S&P 500收益率相关性系数柱状图

	SP500	TSLA	WMT	MCD	USB	YUM	NFLX	JPM	PFE	F	GM	COST	JNJ
SP500	0.0	62.4	69.0	59.7	65.3	55.2	67.3	64.3	70.1	67.1	70.1	58.9	55.2
TSLA	62.4	0.0	77.8	76.2	87.5	81.4	65.1	87.0	81.8	90.5	92.3	69.3	78.9
WMT	69.0	77.8	0.0	81.5	91.2	80.8	73.6	88.9	92.3	83.6	84.0	55.8	81.4
MCD	59.7	76.2	81.5	0.0	81.3	59.4	79.2	82.4	90.2	69.4	72.2	69.0	76.0
USB	65.3	87.5	91.2	81.3	0.0	62.9	97.3	24.7	72.0	50.9	60.2	101.1	70.9
YUM	55.2	81.4	80.8	59.4	62.9	0.0	90.2	64.0	74.0	60.8	65.8	79.6	68.6
NFLX	67.3	65.1	73.6	79.2	97.3	90.2	0.0	100.6	98.2	94.2	90.6	62.1	90.7
JPM	64.3	87.0	88.9	82.4	24.7	64.0	100.6	0.0	70.2	52.6	62.9	99.6	70.7
PFE	70.1	81.8	92.3	90.2	72.0	74.0	98.2	70.2	0.0	76.9	76.2	89.4	61.4
F	67.1	90.5	83.6	69.4	50.9	60.8	94.2	52.6	76.9	0.0	43.8	87.8	74.4
GM	70.1	92.3	84.0	72.2	60.2	65.8	90.6	62.9	76.2	43.8	0.0	87.4	72.1
COST	58.9	69.3	55.8	69.0	101.1	79.6	62.1	99.6	89.4	87.8	87.4	0.0	76.8
JNJ	55.2	78.9	81.4	76.0	70.9	68.6	90.7	70.7	61.4	74.4	72.1	76.8	0.0

图3.19 [*y*, *X*] 标准差向量夹角矩阵热图，余弦相似性

表3.3　多元OLS线性回归分析结果

```
OLS Regression Results
==============================================================================
Dep. Variable:                  SP500   R-squared:                       0.774
Model:                            OLS   Adj. R-squared:                  0.750
Method:                 Least Squares   F-statistic:                     32.48
Date:            XXXXXXXXXXXXXXXXX      Prob (F-statistic):           3.03e-31
Time:            XXXXXXXXXXXXXXXXX      Log-Likelihood:                 493.88
No. Observations:                 127   AIC:                            -961.8
Df Residuals:                     114   BIC:                            -924.8
Df Model:                          12
Covariance Type:            nonrobust
==============================================================================
                 coef    std err          t      P>|t|      [0.025      0.975]
------------------------------------------------------------------------------
const         -0.0005      0.000     -1.038      0.302      -0.001       0.000
TSLA           0.0248      0.011      2.248      0.027       0.003       0.047
WMT            0.0272      0.041      0.667      0.506      -0.054       0.108
MCD            0.1435      0.057      2.536      0.013       0.031       0.256
USB            0.0164      0.051      0.322      0.748      -0.084       0.117
YUM            0.1469      0.047      3.114      0.002       0.053       0.240
NFLX           0.0972      0.021      4.539      0.000       0.055       0.140
JPM            0.1415      0.055      2.583      0.011       0.033       0.250
PFE            0.0546      0.033      1.662      0.099      -0.010       0.120
F             -0.0068      0.036     -0.187      0.852      -0.078       0.065
GM            -0.0105      0.027     -0.388      0.699      -0.064       0.043
COST           0.2176      0.059      3.713      0.000       0.101       0.334
JNJ            0.2414      0.056      4.350      0.000       0.131       0.351
==============================================================================
Omnibus:                        7.561   Durbin-Watson:                   1.862
Prob(Omnibus):                  0.023   Jarque-Bera (JB):                8.445
Skew:                           0.400   Prob(JB):                       0.0147
Kurtosis:                       3.978   Cond. No.                         156.
==============================================================================
```

Bk7_Ch03_02.ipynb中完成了本节多元线性回归。

3.6 正交关系

第一个直角三角形

通过上一章学习，大家都很清楚第一个勾股关系：

$$\underbrace{\left\| \boldsymbol{y} - \overline{y}\boldsymbol{I} \right\|_2^2}_{\text{SST}} = \underbrace{\left\| \hat{\boldsymbol{y}} - \overline{y}\boldsymbol{I} \right\|_2^2}_{\text{SSR}} + \underbrace{\left\| \boldsymbol{y} - \hat{\boldsymbol{y}} \right\|_2^2}_{\text{SSE}} \tag{3.27}$$

具体如图3.20所示。上一章提到的这一个直角三角形可以帮助我们解释R^2。

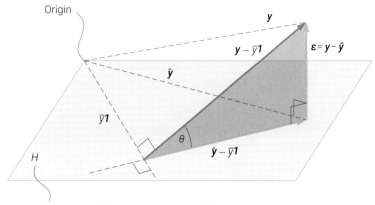

图3.20 第一个直角三角形

第二个直角三角形

除了式(3.27) 这个重要的直角三角形的勾股定理之外，还有另外一个重要的直角三角形勾股定理关系：

$$\|\boldsymbol{y}\|_2^2 = \|\hat{\boldsymbol{y}}\|_2^2 + \|\boldsymbol{y} - \hat{\boldsymbol{y}}\|_2^2 = \|\hat{\boldsymbol{y}}\|_2^2 + \|\boldsymbol{\varepsilon}\|_2^2 \tag{3.28}$$

具体如图3.21所示。图3.21这个直角很容易理解。残差向量 $\boldsymbol{\varepsilon}$ 垂直于超平面 H 内的一切向量，显然 $\boldsymbol{\varepsilon}$ 垂直于 $\hat{\boldsymbol{y}}$。

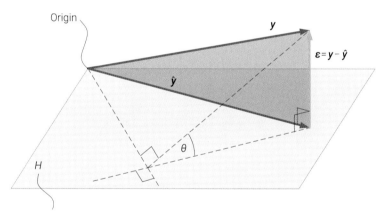

图3.21 第二个直角三角形

第三个直角三角形

此外，《矩阵力量》第22章介绍过，向量 $\boldsymbol{y} - \bar{y}\boldsymbol{1}$ 垂直于向量 $\bar{y}\boldsymbol{1}$：

$$\left(\bar{y}\boldsymbol{1}\right)^{\mathrm{T}}\left(\boldsymbol{y} - \bar{y}\boldsymbol{1}\right) = 0 \tag{3.29}$$

具体如图3.22所示。上式体现的核心思想就是 $\boldsymbol{y}$ 中可以被均值解释的部分为 $\bar{y}\boldsymbol{1}$。

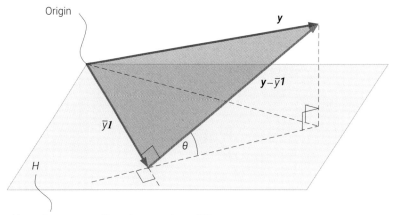

图3.22 第三个直角三角形

第四个直角三角形

OLS假设残差之和为0：

$$\sum_{i=1}^{n} \varepsilon^{(i)} = 0 \tag{3.30}$$

注意，如果总残差不为0，就说明预测值的总和与实际观测值的总和不相等，这意味着模型存在偏差，不能很好地解释数据。

对应向量运算：

$$\boldsymbol{I}^{\mathrm{T}} \boldsymbol{\varepsilon} = \boldsymbol{\varepsilon}^{\mathrm{T}} \boldsymbol{I} = 0 \tag{3.31}$$

残差向量可以写成：

$$\boldsymbol{\varepsilon} = \boldsymbol{y} - \hat{\boldsymbol{y}} = \boldsymbol{y} - \bar{y}\boldsymbol{I} - \left(\hat{\boldsymbol{y}} - \bar{y}\boldsymbol{I} \right) \tag{3.32}$$

上式左乘 $\boldsymbol{I}^{\mathrm{T}}$，得到：

$$\underbrace{\boldsymbol{I}^{\mathrm{T}} \boldsymbol{\varepsilon}}_{0} = \underbrace{\boldsymbol{I}^{\mathrm{T}} \left(\boldsymbol{y} - \bar{y}\boldsymbol{I} \right)}_{0} - \boldsymbol{I}^{\mathrm{T}} \left(\hat{\boldsymbol{y}} - \bar{y}\boldsymbol{I} \right) \tag{3.33}$$

即

$$\boldsymbol{I}^{\mathrm{T}} \left(\hat{\boldsymbol{y}} - \bar{y}\boldsymbol{I} \right) = 0 \tag{3.34}$$

也就是说，如图3.23所示，$\hat{\boldsymbol{y}} - \bar{y}\boldsymbol{I}$ 垂直于向量 $\bar{y}\boldsymbol{I}$：

$$\bar{y}\boldsymbol{I}^{\mathrm{T}} \left(\hat{\boldsymbol{y}} - \bar{y}\boldsymbol{I} \right) = 0 \tag{3.35}$$

上式体现的核心思想就是 $\hat{\boldsymbol{y}}$ 的均值也是 $\bar{y}$。

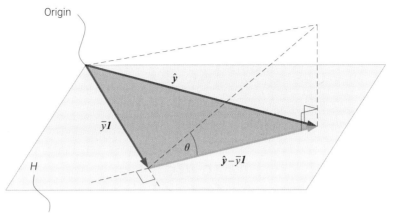

图3.23　第四个直角三角形

3.7 三个平方和

这一节将介绍对于多元OLS线性回归，如何求解SST、SSR和SSE这三个平方和。

对于多元OLS线性回归模型，SST可以通过矩阵运算求得：

$$\text{SST} = \boldsymbol{y}^{\mathrm{T}} \left(\boldsymbol{I} - \frac{\boldsymbol{J}}{n} \right) \boldsymbol{y} \tag{3.36}$$

其中，矩阵$\boldsymbol{J}$为全1方阵，形状为$n \times n$：

$$\boldsymbol{J}_{n \times n} = \boldsymbol{1}\boldsymbol{1}^{\mathrm{T}} = \begin{bmatrix} 1 & 1 & \cdots & 1 \\ 1 & 1 & \cdots & 1 \\ \vdots & \vdots & \ddots & \vdots \\ 1 & 1 & \cdots & 1 \end{bmatrix} \tag{3.37}$$

SSR可以通过矩阵运算求得：

$$\text{SSR} = \boldsymbol{y}^{\mathrm{T}} \left(\boldsymbol{H} - \frac{\boldsymbol{J}}{n} \right) \boldsymbol{y} \tag{3.38}$$

其中，矩阵$\boldsymbol{H}$为本书前文所讲的帽子矩阵，形状为$n \times n$：

$$\boldsymbol{H} = \boldsymbol{X} \left(\boldsymbol{X}^{\mathrm{T}} \boldsymbol{X} \right)^{-1} \boldsymbol{X}^{\mathrm{T}} \tag{3.39}$$

同样，对于多元OLS线性回归模型，SSE可以通过矩阵运算求得：

$$\text{SSE} = \boldsymbol{y}^{\mathrm{T}} \left(\boldsymbol{I} - \boldsymbol{H} \right) \boldsymbol{y} \tag{3.40}$$

对于多元OLS线性回归模型，MSE的矩阵运算为：

$$
\begin{aligned}
\text{MSE} &= \frac{\left\|(\boldsymbol{I}-\boldsymbol{H})\,\boldsymbol{y}\right\|_2^2}{n-k} \\
&= \frac{\boldsymbol{y}^{\mathrm{T}}\boldsymbol{y}-2\boldsymbol{y}^{\mathrm{T}}\boldsymbol{H}\boldsymbol{y}+\boldsymbol{y}^{\mathrm{T}}\boldsymbol{H}^2\boldsymbol{y}}{n-k} \\
&= \frac{\boldsymbol{y}^{\mathrm{T}}\boldsymbol{y}-\boldsymbol{y}^{\mathrm{T}}\boldsymbol{H}\boldsymbol{y}}{n-k} \\
&= \frac{\boldsymbol{y}^{\mathrm{T}}(\boldsymbol{I}-\boldsymbol{H})\,\boldsymbol{y}}{n-k}
\end{aligned}
\tag{3.41}
$$

注意，$k=D+1$。上式推导过程采用帽子矩阵的重要性质。

我们可以通过代码3.2完成本节上述运算，请大家自行对照学习。

代码3.2 方差分析 | ⊕ Bk7_Ch03_02.ipynb ○○○

```python
# 帽子矩阵H
H = X@np.linalg.inv(X.T@X)@X.T

# 计算系数
b = np.linalg.inv(X.T@X)@X.T@y
y_hat = H@y
e = y - y_hat

# 方差分析
n = y.shape[0]
k = X.shape[1]
D = k - 1
I = np.identity(n)
J = np.ones((n,n))
vec_1 = np.ones_like(y)

y_bar = vec_1.T@y/n

# Sum of Squares for Total, SST
SST = y.T@(I - J/n)@y
MST = SST/(n - 1)
MST = MST[0,0]

# Sum of Squares for Error, SSE
SSE = y.T@(I - H)@y

# Mean Squared Error, MSE
MSE = SSE/(n - k)
MSE_ = e.T@e/(n - k)
MSE = MSE[0,0]

# Sum of Squares for Regression, SSR
SSR = y.T@(H - J/n)@y
MSR = SSR/D
MSR = MSR[0,0]
```

3.8 t检验

简单来说，t检验用于检验每个自变量的回归系数是否显著不等于零。对于多元OLS线性回归模型，模型系数b_0、b_1、b_2、$\cdots$、b_D的协方差矩阵C可以通过下式计算得到：

$$C = \hat{\sigma}^2 \left(X^{\mathrm{T}} X \right)^{-1} \tag{3.42}$$

其中，

$$\hat{\sigma}^2 = \mathrm{MSE} = \frac{\varepsilon^{\mathrm{T}} \varepsilon}{n-k} \tag{3.43}$$

矩阵C的对角线元素$C_{j+1, j+1}$为$\hat{b}_j$的方差，非对角线元素为$\hat{b}_j$和$\hat{b}_k$的协方差。

$\hat{b}_j$的标准误 $\mathrm{SE}\left(\hat{b}_j\right)$ 为：

$$\mathrm{SE}\left(\hat{b}_j\right) = \sqrt{C_{j+1, j+1}} \tag{3.44}$$

对于多元线性回归，假设检验原假设和备择假设分别为：

$$\begin{cases} H_0: \ b_j = b_{j,0} \\ H_1: \ b_j \neq b_{j,0} \end{cases} \tag{3.45}$$

b_j的t检验统计值为：

$$T_j = \frac{\hat{b}_j - b_{j,0}}{\mathrm{SE}\left(\hat{b}_j\right)} \tag{3.46}$$

类似地，如果下式成立，接受零假设H_0：

$$-t_{1-\alpha/2, \, n-k} < T_j < t_{1-\alpha/2, \, n-k} \tag{3.47}$$

否则，则拒绝零假设H_0。

系数b_j的$1-\alpha$置信区间为：

$$\hat{b}_j \pm t_{1-\alpha/2, \, n-k} \cdot \mathrm{SE}\left(\hat{b}_j\right) \tag{3.48}$$

对于多元OLS线性模型，预测值$\hat{y}^{(i)}$的$1-\alpha$置信区间为：

$$\hat{y}^{(i)} \pm t_{1-\alpha/2, \, n-2} \cdot \sqrt{\mathrm{MSE}} \cdot \sqrt{x^{(i)} \left(X^{\mathrm{T}} X \right)^{-1} \left(x^{(i)} \right)^{\mathrm{T}}} \tag{3.49}$$

$x^{(i)}$为矩阵X的第i行：

$$x^{(i)} = \begin{bmatrix} 1 & x_{i,1} & x_{i,2} & \cdots & x_{i,D} \end{bmatrix} \tag{3.50}$$

类似地，对于多元OLS线性回归模型，y_p的预测区间估计为：

$$\hat{y}^{(i)} \pm t_{1-\alpha/2,\,n-2} \cdot \sqrt{\mathrm{MSE}} \cdot \sqrt{1 + x^{(i)}\left(X^\mathrm{T}X\right)^{-1}\left(x^{(i)}\right)^\mathrm{T}} \qquad (3.51)$$

我们可以通过代码3.3完成本节上述t检验运算，并计算拟合优度、F检验、对数似然、AIC、BIC等，请大家自行对照学习。

代码3.3 拟合优度、F检验、对数似然、AIC、BIC、t检验 | ⊕ Bk7_Ch03_02.ipynb

```python
# R squared goodness of fit
R_squared = SSR/SST
R_sqaured_adj = 1 - MSE/MST

# F test
F = MSR/MSE
from scipy import stats
p_value_F = 1.0 - stats.f.cdf(F,k - 1,n - k)

# Log-likelihood
sigma_MLE = np.sqrt(SSE/n)
ln_L = -n*np.log(sigma_MLE*np.sqrt(2*np.pi)) - SSE/2/sigma_MLE**2
AIC = 2*k - 2*ln_L
BIC = k*np.log(n) - 2*ln_L

# t test
C = MSE*np.linalg.inv(X.T@X)

SE_b = np.sqrt(np.diag(C))
SE_b = np.matrix(SE_b).T

T = b/SE_b
p_one_side = 1 - stats.t(n - k).cdf(np.abs(T))
p = p_one_side *2
# P > |t|

# confidence interval of coefficients, 95%
alpha = 0.05
t = stats.t(n - k).ppf(1 - alpha/2)
b_lower_CI = b - t*SE_b # 0.025
b_upper_CI = b + t*SE_b # 0.975
```

3.9 多重共线性

线性回归模型的解释变量不满足相互独立的基本假设前提下，如果模型的解释变量存在多重共线性，将导致最小二乘法得到的模型参数估计量非有效且方差变大，参数估计量经济含义不合理，等等。

上一章介绍过采用**条件数** (condition number) 来判定多重共线性的方法。对$X^\mathrm{T}X$进行特征值分解，得到最大特征值$\lambda_{\max}$和最小特征值$\lambda_{\min}$。条件数的定义为两者比值的平方根。如果条件数小于30，可以不必担心多重共线性。

如果X^TX可逆，X^TX的行列式值不为0：

$$\det\left(X^T X\right) \neq 0 \tag{3.52}$$

这里再介绍一个评价共线性的度量指标，**方差膨胀因子** (Variance Inflation Factor，VIF)，也称为**方差扩大因子**。

简单来说，VIF的计算方法是将每个自变量作为因变量，其他剩余自变量作为预测变量进行回归。一个含有n个解释变量的矩阵，其中的任意解释变量X_i对应的方差膨胀因子VIF_i可由下式计算：

$$\mathrm{VIF}_i = \frac{1}{1 - R_i^2} \tag{3.53}$$

其中R_i^2是解释变量X_i与剩余解释变量$\left\{X_j\right\}$，$j \neq i$回归模型的决定系数：

$$X_i = \alpha_0 + \sum_{j=1, j \neq i}^{D} \alpha_j X_j + \varepsilon_i \tag{3.54}$$

当某个变量X_i能被剩余其他变量完全线性解释时，R_i^2的值趋近于1，VIF_i的值将趋近于无穷大；所以，各个变量的VIF值越小，说明共线性越弱。最常用的VIF阈值是10，即解释变量的VIF值都不大于10时，认为共线性在可接受范围内。更多有关VIF相关内容，请大家参考Kutner、Nachtsheim、Neter编写的*Applied Linear Regression Models*。

我们可以通过代码3.4计算数据的秩、格拉姆矩阵的行列式、VIF值，这些都可以用来度量多重共线性，请大家自行学习。

代码3.4　多重共线性 | ⊕ Bk7_Ch03_02.ipynb

```
print('Rank of X')
print(np.linalg.matrix_rank(X))


print('det(X.T@X)')
print(np.linalg.det(X.T@X))

from statsmodels.stats.outliers_influence import variance_inflation_factor
as VIF

# 不含全1向量
X_df_no_1 = y_X_df[tickers[1:]]

# 计算VIF
# 包含全1向量
VIF_X_df = pd.Series([VIF(X_df.values, i)
                      for i in range(X_df.shape[1])],
                     index=X_df.columns)

# 不包含全1向量
VIF_X_no_1_df = pd.Series([VIF(X_df_no_1.values, i)
                for i in range(X_df_no_1.shape[1])],
            index=X_df_no_1.columns)
```

3.10 条件概率视角看多元线性回归

↩ 《统计至简》第12章介绍过，多元线性回归本质上就是条件概率中的条件期望值。

如图3.24所示，如果随机变量向量$\boldsymbol{\chi}$和$\boldsymbol{\gamma}$服从多维高斯分布：

$$\begin{bmatrix} \boldsymbol{\chi} \\ \boldsymbol{\gamma} \end{bmatrix} \sim N\left(\begin{bmatrix} \boldsymbol{\mu}_{\chi} \\ \boldsymbol{\mu}_{\gamma} \end{bmatrix}, \begin{bmatrix} \boldsymbol{\Sigma}_{\chi\chi} & \boldsymbol{\Sigma}_{\chi\gamma} \\ \boldsymbol{\Sigma}_{\gamma\chi} & \boldsymbol{\Sigma}_{\gamma\gamma} \end{bmatrix} \right) \tag{3.55}$$

其中，$\boldsymbol{\chi}$为随机变量X_i构成的列向量，$\boldsymbol{\gamma}$为随机变量Y_j构成的列向量：

$$\boldsymbol{\chi} = \begin{bmatrix} X_1 \\ X_2 \\ \vdots \\ X_D \end{bmatrix}, \quad \boldsymbol{\gamma} = \begin{bmatrix} Y_1 \\ Y_2 \\ \vdots \\ Y_M \end{bmatrix} \tag{3.56}$$

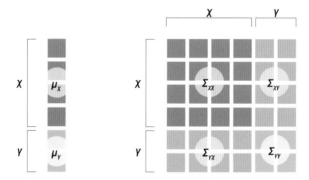

图3.24　均值向量、协方差矩阵形状 (图片来源：《统计至简》第12章)

如图3.25所示，给定$\boldsymbol{\chi} = \boldsymbol{x}$条件下$\boldsymbol{\gamma}$的条件期望为：

$$\mathrm{E}\left(\boldsymbol{\gamma}|\boldsymbol{\chi}=\boldsymbol{x}\right) = \boldsymbol{\mu}_{\gamma|\chi=x} = \boldsymbol{\Sigma}_{\gamma\chi} \boldsymbol{\Sigma}_{\chi\chi}^{-1}\left(\boldsymbol{x}-\boldsymbol{\mu}_{\chi}\right) + \boldsymbol{\mu}_{\gamma} \tag{3.57}$$

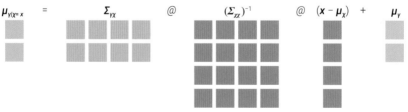

图3.25　给定$\boldsymbol{\chi} = \boldsymbol{x}$的条件下$\boldsymbol{\gamma}$的期望值的矩阵运算(图片来源：《统计至简》第12章)

对于本例，我们对式(3.57)进行转置得到：

$$\mu_{y|x} = \mathrm{E}\left(\boldsymbol{y}\right) + \left(\boldsymbol{x}-\mathrm{E}\left(\boldsymbol{X}\right)\right)\underbrace{\left(\boldsymbol{\Sigma}_{XX}\right)^{-1}\boldsymbol{\Sigma}_{Xy}}_{b} \tag{3.58}$$

$[\boldsymbol{y}, \boldsymbol{X}]$ 对应的协方差矩阵如图3.26所示。图3.27所示为对$\boldsymbol{\Sigma}_{xx}$求逆。

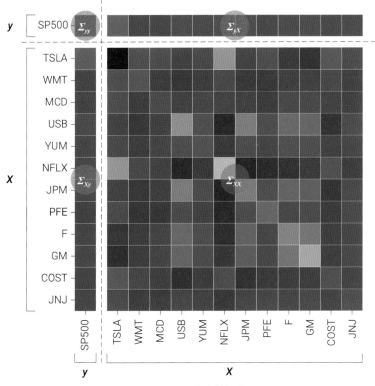

图3.26　$[\boldsymbol{y}, \boldsymbol{X}]$ 协方差矩阵

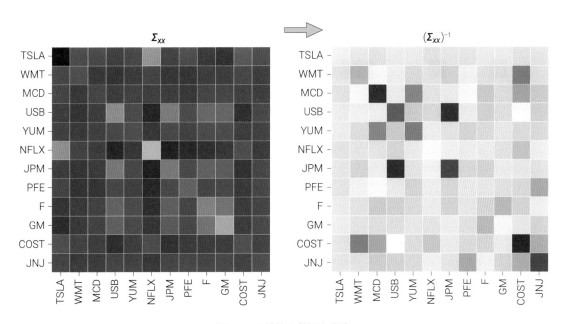

图3.27　分块协方差矩阵求逆

如图3.28所示，截距系数之外的多元线性回归系数向量为：

$$\boldsymbol{b}_{1\sim D} = \left(\boldsymbol{\Sigma}_{XX}\right)^{-1}\boldsymbol{\Sigma}_{Xy} \tag{3.59}$$

如图3.29所示，b_0为：

$$b_0 = \mathrm{E}\left(\boldsymbol{y}\right) - \mathrm{E}\left(\boldsymbol{X}\right)\boldsymbol{b}_{1\sim D} \tag{3.60}$$

其中，$\mathrm{E}(\boldsymbol{X})$ 为行向量。

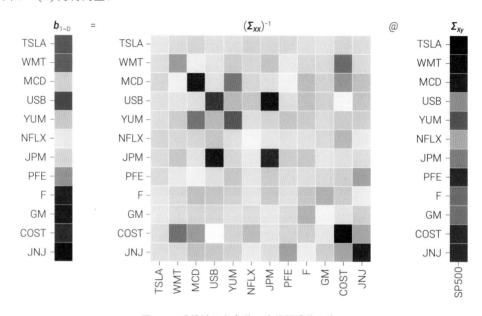

图3.28　求线性回归参数，除截距系数之外

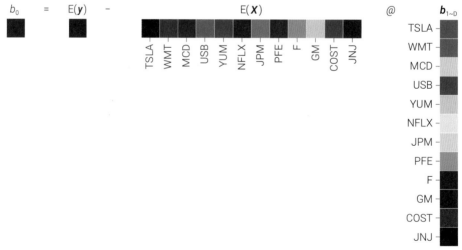

图3.29　求截距系数

Bk7_Ch03_03.ipynb中完成了本节运算。

OLS线性回归是一种在机器学习中常用的算法，它可以通过最小化残差平方和来建立线性模型，从而用于预测和分析因变量与自变量之间的关系。OLS线性回归适用于数据分析、预测模型、异常检测、特征工程等多种机器学习任务。

  通过使用OLS线性回归，可以得出自变量对因变量的影响程度、探索自变量之间的关系、预测因变量的取值，以及识别异常值等。OLS线性回归是一种简单且可靠的机器学习算法，为数据分析和预测建模提供了强大的工具和方法。

  "鸢尾花书"从不同视角介绍过OLS线性回归。《数学要素》从代数、几何、优化角度讲过线性回归；《矩阵力量》从线性代数、正交投影、矩阵分解视角分析过线性回归；《统计至简》又增加了条件概率、MLE这两个视角。"鸢尾花书"有关OLS线性回归的讲解至此告一段落，本书后文将介绍回归中的正则化、贝叶斯回归、非线性回归等话题。

04

Moving Beyond Linearity
非线性回归
寻找因变量和自变量之间关系的非线性模型

科学不去尝试辩解，甚至几乎从来不解读；科学主要工作就是数学建模。模型是一种数学构造；基于少量语言说明，每个数学构造描述观察到的现象。数学模型合理之处是它具有一定的普适性；此外，数学模型一般具有优美的形式——也就是不管它能解释多少现象，它必须相当简洁。

The sciences do not try to explain, they hardly even try to interpret, they mainly make models. By a model is meant a mathematical construct which, with the addition of certain verbal interpretations, describes observed phenomena. The justification of such a mathematical construct is solely and precisely that it is expected to work.

—— 约翰·冯·诺依曼 (John von Neumann) | 美国籍数学家 | 1903 — 1957年

◀ matplotlib.pyplot.contour() 绘制等高线线图
◀ matplotlib.pyplot.contourf() 绘制填充等高线图
◀ matplotlib.pyplot.getp() 获绘图对象的属性
◀ matplotlib.pyplot.plot_wireframe() 绘制线框图
◀ matplotlib.pyplot.scatter() 绘制散点图
◀ matplotlib.pyplot.setp() 设置绘图对象的一个或者多个属性
◀ numpy.random.normal() 产生服从高斯分布的随机数
◀ numpy.random.rand() 产生服从均匀分布的随机数
◀ numpy.random.randn() 产生服从标准正态分布的随机数
◀ scipy.special.expit() 计算 logistic 函数，将实数映射到 (0,1) 区间
◀ seaborn.jointplot() 绘制联合分布 / 散点图和边际分布
◀ seaborn.kdeplot() 绘制概率密度估计曲线
◀ seaborn.scatterplot() 绘制散点图
◀ sklearn.linear_model.LinearRegression() 最小二乘法回归
◀ sklearn.linear_model.LogisticRegression() 逻辑回归函数，也可以用来分类
◀ sklearn.pipeline.Pipeline() 将许多算法模型串联起来形成一个典型的机器学习问题工作流
◀ sklearn.preprocessing.FunctionTransformer() 根据函数对象或者自定义函数处理样本数据
◀ sklearn.preprocessing.PolynomialFeatures() 建模过程中构造多项式特征

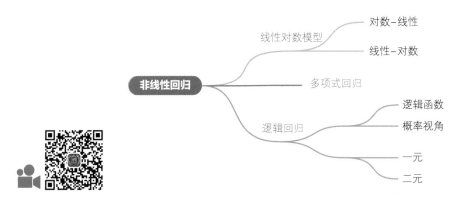

4.1 线性回归

本书前文介绍过线性回归，通俗地说，线性回归使用直线、平面或超平面来进行预测。多元线性回归的数学表达式如下：

$$y = b_0 + b_1 x_1 + b_2 x_2 + \cdots + b_D x_D + \varepsilon \tag{4.1}$$

可以发现$x_1, x_2, \cdots, x_D$这几个变量的次数都是一次，这也就是"线性"一词的来由。图4.1所示为最小二乘法多元线性回归数据关系。

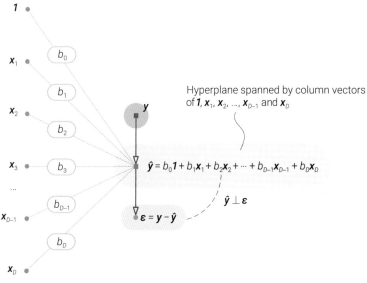

图4.1　最小二乘法多元线性回归数据关系

此外，特征还可以通过线性组合得到一系列新特征：

$$z_k = v_{1,k}\boldsymbol{x}_1 + v_{2,k}\boldsymbol{x}_2 + \cdots + v_{D,k}\boldsymbol{x}_D = \phi_k\left(\boldsymbol{x}_1, \boldsymbol{x}_2, \cdots, \boldsymbol{x}_D\right) \tag{4.2}$$

即

$$\begin{aligned}
\boldsymbol{Z} &= \begin{bmatrix} \boldsymbol{z}_1 & \cdots & \boldsymbol{z}_p \end{bmatrix} = \begin{bmatrix} \phi_1\left(\boldsymbol{X}\right) & \cdots & \phi_p\left(\boldsymbol{X}\right) \end{bmatrix} \\
&= \begin{bmatrix} \boldsymbol{x}_1 & \boldsymbol{x}_2 & \cdots & \boldsymbol{x}_D \end{bmatrix} \begin{bmatrix} v_{1,1} & \cdots & v_{1,p} \\ v_{2,1} & \cdots & v_{2,p} \\ \vdots & \ddots & \vdots \\ v_{D,1} & \cdots & v_{D,p} \end{bmatrix}
\end{aligned} \tag{4.3}$$

然后可以用最小二乘求解回归系数：

$$\hat{\boldsymbol{y}} = \boldsymbol{Z}\left(\boldsymbol{Z}^{\mathrm{T}}\boldsymbol{Z}\right)^{-1}\boldsymbol{Z}^{\mathrm{T}}\boldsymbol{y} \tag{4.4}$$

图4.2所示为线性组合的数据关系，得到的模型可以通过式(4.3)反推得到基于x_1, x_2, $\cdots$, x_D这几个变量的线性模型。本书后文介绍的基于主成分分析的回归方法采用的就是这一思路。

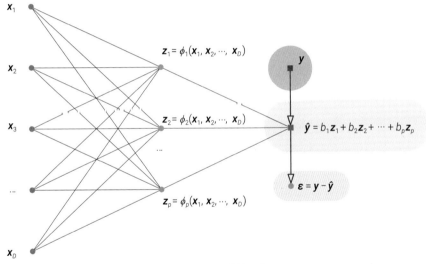

图4.2　特征线性组合

线性回归虽然简单，但是并非万能。图4.3给出的三组数据都不适合用线性回归来描述。本章将介绍如何采用几种非线性回归方法来解决线性回归不能解决的问题。

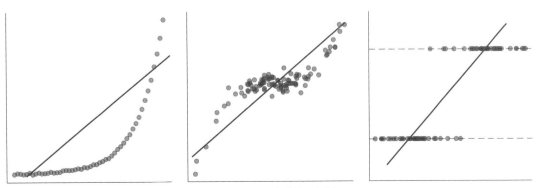

图4.3　线性回归失效的三个例子

4.2 线性对数模型

本书前文介绍过数据转换，一些回归问题可以对输入或输出进行数据转换，甚至对两者同时进行数据转换，之后再来构造线性模型。本节将介绍几个相关例子。

观察图4.4 (a)，容易发现样本数据呈现出"指数"形状，而且输出值y大于0；容易想到对输出值y取对数，得到图4.4 (b)。而图4.4 (b) 展现出明显的线性回归特征，故便于进行线性回归建模。

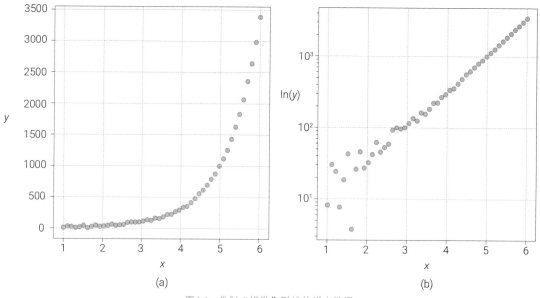

图4.4 类似"指数"形状的样本数据

利用以上思路便可以得到所谓对数–线性模型：

$$\ln y = b_0 + b_1 x + \varepsilon \tag{4.5}$$

图4.5所示为通过拟合得到的对数–线性模型。

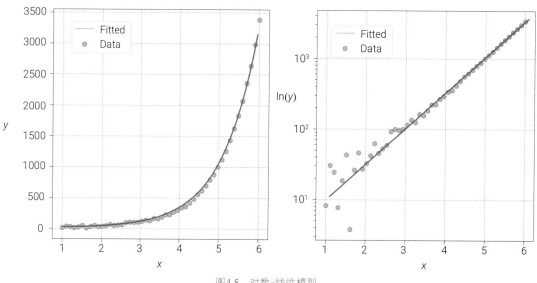

图4.5 对数–线性模型

反过来，当数据呈现类似"对数"形状时 (见图4.6 (a))，可以对输入值x取对数，得到图4.6 (b)。观察图4.6 (b)，可以发现数据展现出一定的线性关系。这样我们就可以使用线性-对数模型：

$$y = b_0 + b_1 \ln x + \varepsilon \tag{4.6}$$

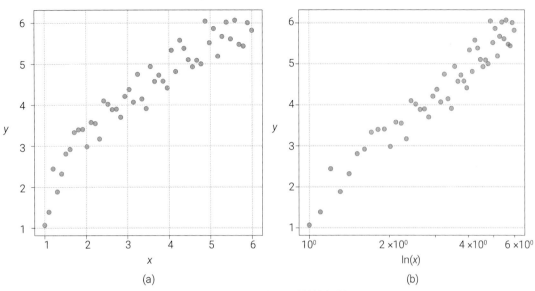

(a)　　　　　　　　　　　　　　　(b)

图4.6　类似"对数"形状的样本数据

图4.7所示为得到的线性-对数模型。

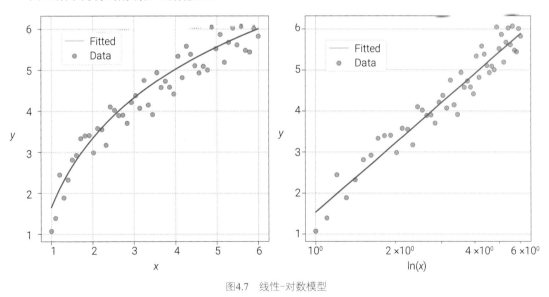

图4.7　线性-对数模型

此外，我们可以同时对输入和输出数据取对数，然后再构造线性回归模型；这种模型叫作双对数模型：

$$\ln y = b_0 + b_1 \ln x + \varepsilon \tag{4.7}$$

需要注意的是，进行对数变换的前提是，所有的观测值都必须大于0。当观测值中存在0或者小于0的数值，可以对所有的观测值加 $-\min(x) + 1$，然后再进行对数变换。

Bk7_Ch04_01.ipynb中绘制了本节图像，请大家自行学习。

4.3 非线性回归

非线性回归是一种回归分析方法，建立自变量与因变量之间的非线性关系模型，可以用于预测连续变量的值。非线性回归需要应对线性回归无法解决的复杂问题。

有些情况下，简单地将数据做对数处理是不够的，我们需要对数据做进一步处理。模型如下式所示：

$$y = f(x) + \varepsilon \tag{4.8}$$

$f(x)$ 可以是任意函数，比如多项式函数、逻辑函数，甚至是分段函数。

式(4.8) 中 $f(x)$ 可以是多项式，这样我们就可以得到**多项式回归** (polynomial regression)。比如，一元三次多项式回归：

$$y = b_0 + b_1 x + b_2 x^2 + b_3 x^3 \tag{4.9}$$

图4.8所示为一元三次多项式回归模型数据关系。

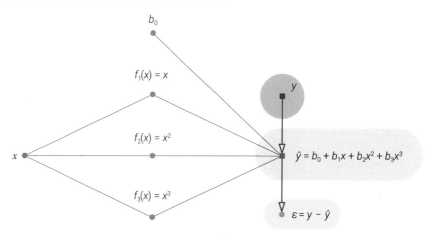

图4.8 一元三次多项式回归

图4.9所示为利用一元三次多项式回归模型来拟合的样本数据。下一节，我们将仔细讲解多项式回归。

逻辑回归 (logistic regression) 也是一种重要的非线性回归模型。一元逻辑回归模型如下：

$$y = \cfrac{1}{1 + \exp\left(-\left(\underbrace{b_0 + b_1 x}_{\text{linear model}}\right)\right)} \tag{4.10}$$

图4.10所示为拟合数据得到的逻辑回归模型。图4.11所示为逻辑回归模型数据关系，逻辑回归模型可以看作是线性模型通过逻辑函数转换得到的模型。

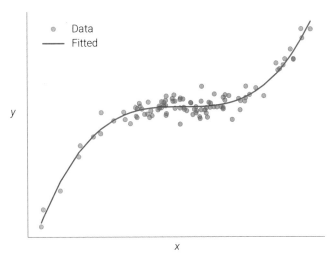

图4.9　一元三次多项式回归模型

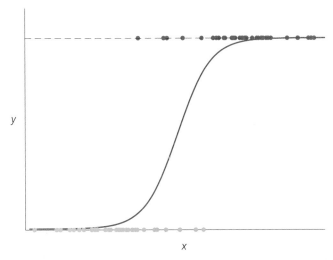

图4.10　逻辑回归模型

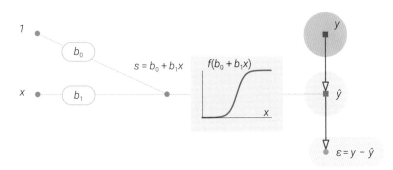

图4.11　逻辑回归数据关系

　　逻辑回归虽然是个回归模型，但是常被用作分类模型，常用于二分类。

　　此外，我们还可以用分段函数来拟合数据。如图4.12所示，两段线性函数用来拟合样本数据，效果也是不错的。

下一章将讲解逻辑回归。

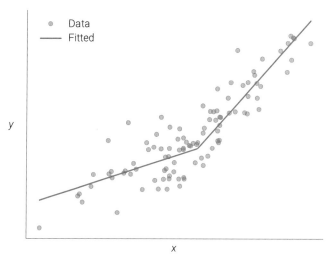

图4.12　分段函数模型

　　非参数回归 (non-parametric regression) 也是一种非常重要的非线性拟合方法。本章前面介绍的回归模型都有自身的"参数"，但是非参数回归模型并不假设回归函数的具体形式。参数回归分析时假定变量之间某种关系，然后估计参数；而非参数回归，则让数据本身说话。

　　比如，图4.13所示为采用**最邻近回归** (*k*-nearest neighbor regression)的例子。最邻近可以用来分类，也可以用来构造回归模型。本书后文将介绍最近邻模型。

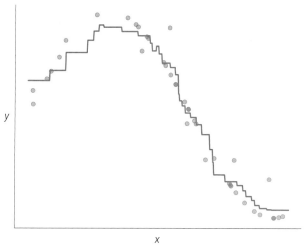

图4.13　最邻近回归

4.4 多项式回归

　　多项式回归是回归分析的一种形式，多项式回归是指回归函数的自变量指数大于1。在多项式回归中，一元回归模型最佳拟合线不是直线，而是一条拟合了数据点的多项式曲线。

图4.14所示为一次到五次一元函数的形状。

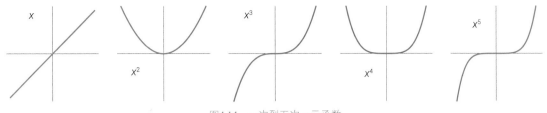

图4.14　一次到五次一元函数

自变量 x 和因变量 y 之间的关系被建模为关于x 的m 次多项式：

$$\hat{y} = b_0 + b_1x + b_2x^2 + \cdots + b_mx^m \tag{4.11}$$

其中，b_m 为多项式函数最高次项系数，m 为多项式函数最高次项次数。

图4.15所示为一元多项式回归数据关系。

《矩阵力量》第9章介绍过采用矩阵运算得到的多项式回归系数，请大家回顾。

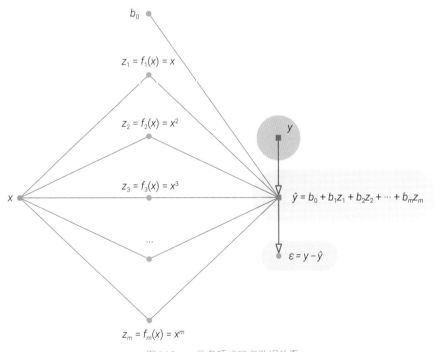

图4.15　一元多项式回归数据关系

　　从数据角度来看，如图4.16所示，原本单一的特征数据，利用简单数学运算，我们便能获得多特征数据。

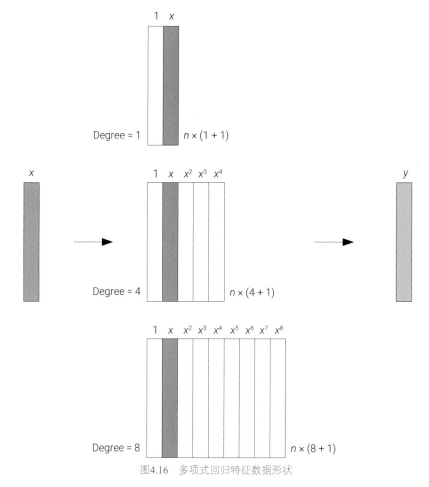

图4.16　多项式回归特征数据形状

从函数图像角度来讲，如图4.17所示，多项式回归模型好比若干曲线叠加的结果。

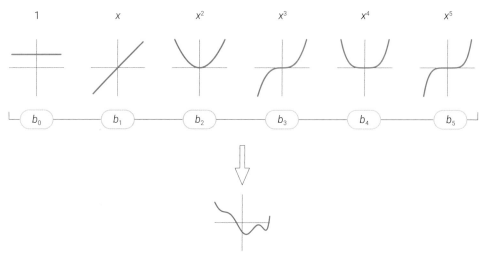

图4.17　一元五次函数可以看作是6个图像加权叠加的结果

　　图4.18所示为采用一次到四次一元多项式回归模型拟合的样本数据。多项式回归的最大优点就是可以通过增加自变量的高次项对数据进行逼近。

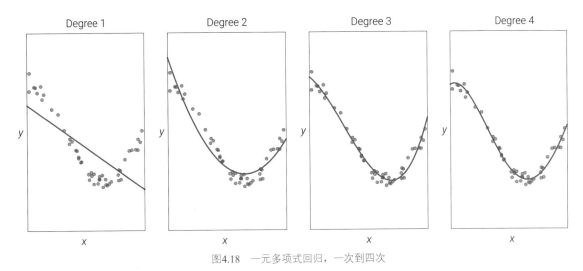

图4.18　一元多项式回归，一次到四次

但是，对于多项式回归，次数越高，越容易产生**过拟合** (overfitting) 问题。过拟合发生的原因是，使用过于复杂的模型，导致模型过于精确地描述训练数据。

如图4.19所示，采用过高次数的多项式回归模型，使模型过于复杂，过度捕捉训练数据中的细节信息，甚至是噪声，从而失去了**泛化能力** (generalization capability或generalization)。使用该模型预测其他样本数据时，无法良好地预测未来观察结果。

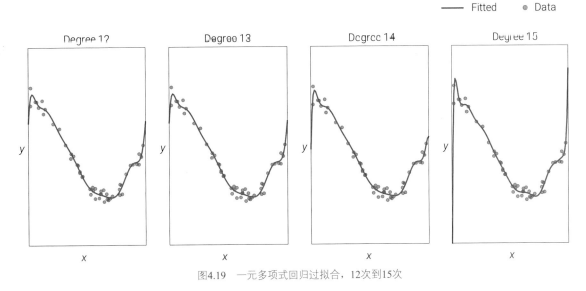

图4.19　一元多项式回归过拟合，12次到15次

此外，多项式回归可以有多个特征，而特征和特征之间可以形成较为复杂的多项式关系。比如，下式给出的是二元二次多项式回归：

$$f(x_1, x_2) = b_0 + b_1 x_1 + b_2 x_2 + b_3 x_1 x_2 + b_4 x_1^2 + b_5 x_2^2 \tag{4.12}$$

相当于以一定比例组合图4.20所示的六个平面。提高多项式项次数，可以获得更加复杂的曲线或曲面，这样可以描述更加复杂的数据关系。因此不论因变量与其他自变量的关系如何，一般都可以尝试用多项式回归来进行分析。

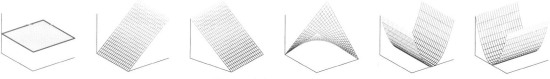

图4.20　六个二元平面/曲面

图4.21所示为式(4.12) 所示的数据关系。

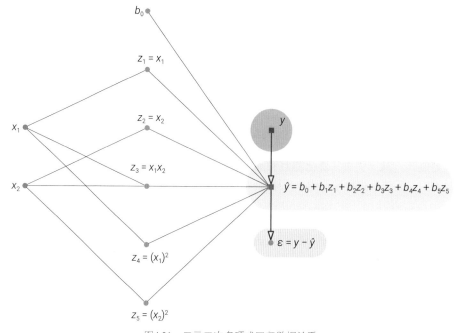

图4.21　二元二次多项式回归数据关系

Bk7_Ch04_02.ipynb中绘制了本节图像。图4.22所示为我们在《编程不难》用Streamlit搭建的App，用来展示次数对多项式回归的影响。

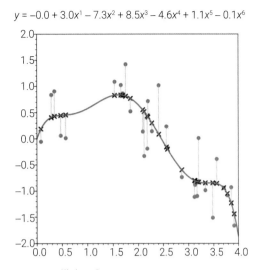

$$y = -0.0 + 3.0x^1 - 7.3x^2 + 8.5x^3 - 4.6x^4 + 1.1x^5 - 0.1x^6$$

图4.22 展示次数对多项式回归的影响的App，Streamlit搭建 | ⊕ Streamlit_Bk7_Ch04_06.py

4.5 逻辑回归

图4.23给出了一组数据的散点图，且取值为1的数据点被标记为蓝色，取值为0的数据点被标记为红色。图4.24给出了三种可以描述红蓝散点数据的函数。线性函数显然不适合这一问题。阶跃函数虽然可以捕捉函数从0到1的跳变，但是函数本身不光滑。

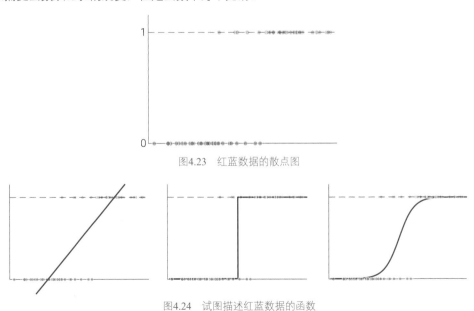

图4.23 红蓝数据的散点图

图4.24 试图描述红蓝数据的函数

逻辑函数似乎能够胜任描述红蓝散点数据的任务。线性函数的因变量一般为连续数据；而逻辑函数的因变量为离散数值，即分类数据。

逻辑函数

最简单的逻辑函数：

$$f(x) = \frac{1}{1+e^{-x}} = \frac{e^x}{1+e^x} \tag{4.13}$$

回顾《数学要素》第12章讲过的逻辑函数。

更一般的一元逻辑函数：

$$f(x) = \frac{1}{1+\exp\left(-\left(b_0 + b_1 x\right)\right)} \tag{4.14}$$

如图4.25所示，b_1影响一元逻辑函数图像的陡峭程度。图中，$b_0 = 0$。可以发现函数呈现S形，取值范围在 $[0, 1]$ 之间；函数在左右两端无限接近0或1。函数的这一性质，方便从概率角度解释，这是下一节要介绍的内容。

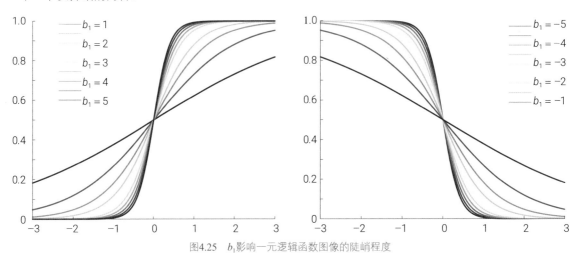

图4.25　b_1影响一元逻辑函数图像的陡峭程度

找到$f(x) = 1/2$ 位置：

$$f(x) = \frac{1}{1+\exp\left(-\left(b_0 + b_1 x\right)\right)} = \frac{1}{2} \tag{4.15}$$

整理得到$f(x) = 1/2$ 对应的x值：

$$x = -\frac{b_0}{b_1} \tag{4.16}$$

也就是说，当b_1确定时，b_0决定逻辑函数位置。注意，图4.26中，$b_1 = 0$。

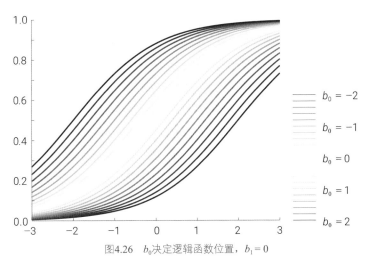

图4.26 b_0决定逻辑函数位置，$b_1 = 0$

如图4.27所示，根据数据的分布，选取不同的逻辑函数参数。

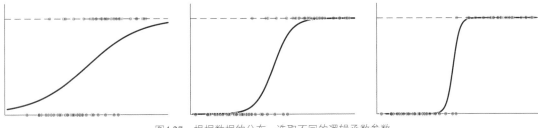

图4.27 根据数据的分布，选取不同的逻辑函数参数

Bk7_Ch04_03.ipynb中绘制了逻辑函数图像，请大家自行学习。

多元

对于多元情况，逻辑函数的一般式如下：

$$f\left(x_1, x_2, \cdots, x_D\right) = \frac{1}{1 + \exp\left(-\left(b_0 + b_1 x_1 + b_2 x_2 + \cdots + b_D x_D\right)\right)} \tag{4.17}$$

利用矩阵运算表达多元逻辑函数：

$$f\left(\boldsymbol{x}\right) = \frac{1}{1 + \exp\left(-\boldsymbol{b}^{\mathrm{T}} \boldsymbol{x}\right)} \tag{4.18}$$

其中

$$\begin{aligned}\boldsymbol{x} &= \begin{bmatrix} 1 & x_1 & x_2 & \cdots & x_D \end{bmatrix}^{\mathrm{T}} \\ \boldsymbol{b} &= \begin{bmatrix} b_0 & b_1 & b_2 & \cdots & b_D \end{bmatrix}^{\mathrm{T}}\end{aligned} \tag{4.19}$$

令

$$s\left(\boldsymbol{x}\right) = \boldsymbol{b}^{\mathrm{T}} \boldsymbol{x} = b_0 + b_1 x_1 + b_2 x_2 + \cdots + b_D x_D \tag{4.20}$$

可以记作：

$$f(s) = \frac{1}{1 + \exp(-s)} \tag{4.21}$$

相当于是线性回归，经过如式 (4.21) 逻辑函数映射，得到逻辑回归。图4.28所示为逻辑回归和线性回归之间的关系。图4.28已经让我们看到**神经网络** (neural network) 的一点影子，逻辑函数$f(s)$ 类似**激活函数** (activation function)。

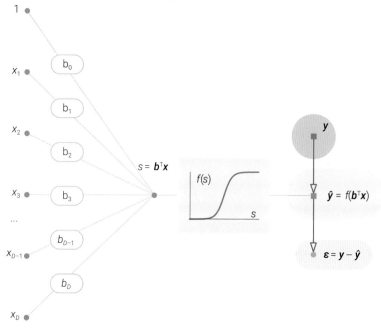

图4.28　逻辑回归和线性回归之间的关系

特别地，对于二元逻辑函数：

$$f(x_1, x_2) = \frac{1}{1 + \exp\left(-\left(b_0 + b_1 x_1 + b_2 x_2\right)\right)} \tag{4.22}$$

概率视角

形似式 (4.14) 的逻辑分布的CDF曲线，对应的表达式为：

$$F(x|\mu, s) = \frac{1}{1 + \exp\left(\frac{-(x-\mu)}{s}\right)} = \frac{1}{2} + \frac{1}{2}\tanh\left(\frac{x-\mu}{2s}\right) \tag{4.23}$$

其中，μ为位置参数，s为形状参数。注意，对于逻辑分布，$s > 0$。

逻辑回归可以用来解决二分类，标签为0或1；这是因为逻辑回归可以用来估计事件发生的可能性。

标签为1对应的概率为：

$$\Pr\left(y=1\middle|x\right)=\frac{1}{1+\exp\left(-\left(b_0+b_1x\right)\right)} \tag{4.24}$$

标签为0对应的概率为：

$$\Pr\left(y=0\middle|x\right)=1-\Pr\left(y=1\middle|x\right)=\frac{\exp\left(-\left(b_0+b_1x\right)\right)}{1+\exp\left(-\left(b_0+b_1x\right)\right)} \tag{4.25}$$

图4.29所示为标签为1和0的概率关系。

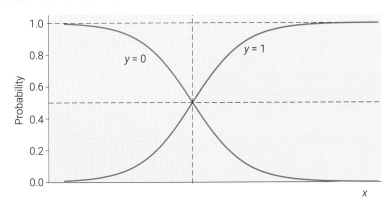

图4.29　标签为1和0的概率关系

显然，对于二分类问题，对于任意一点x，标签为1的概率和标签为0的概率相加为1：

$$\mathrm{P}\left(y=0\middle|x\right)+\mathrm{P}\left(y=1\middle|x\right)=1 \tag{4.26}$$

通俗地说，某一点要么标签为1，要么标签为0，如图4.30所示。

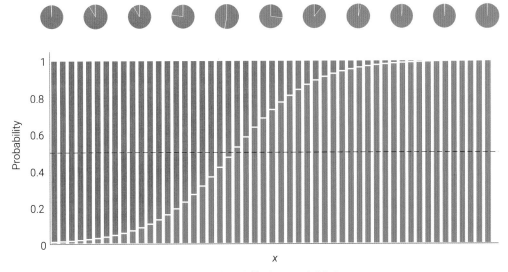

图4.30　逻辑回归模型用于二分类问题

定义**优势率** (Odds Ratio,OR) 如下,

$$OR = \frac{\Pr\left(y=1|x\right)}{\Pr\left(y=0|x\right)} = \frac{1}{\exp\left(-\left(b_0 + b_1 x\right)\right)} \tag{4.27}$$

概率取0或1的分界点处,OR = 1,即两者概率相同:

$$\frac{1}{\exp\left(-\left(b_0 + b_1 x\right)\right)} = 1 \tag{4.28}$$

整理得到:

$$b_0 + b_1 x = 0 \tag{4.29}$$

即

$$x = -\frac{b_0}{b_1} \tag{4.30}$$

本章后文介绍如何用Sklearn中逻辑回归函数解决三分类问题。

4.6 逻辑函数完成分类问题

单特征

本节介绍用sklearn.linear_model.LogisticRegression() 逻辑回归模型,根据鸢尾花花萼长度这一单一特征数据进行分类。

图4.31所示为鸢尾花花萼长度数据和真实三分类y之间的关系。

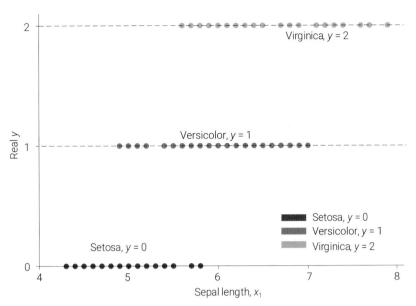

图4.31　鸢尾花花萼长度数据和真实三分类 y 之间的关系

图4.32所示为鸢尾花花萼长度数据分类概率密度估计。这幅图实际上已经能够透露出比较合适的分类区间。

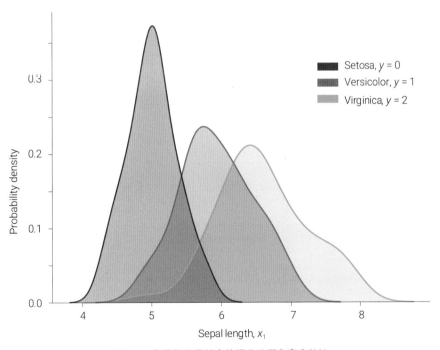

图4.32　鸢尾花花萼长度数据分类概率密度估计

sklearn.linear_model.LogisticRegression() 模型结果可以输出各个分类的概率，得到的图像如图 4.33所示。比较三个类别的概率，可以进行分类预测。

图4.34所示为鸢尾花分类预测结果。

Bk7_Ch04_04.ipynb中绘制了本节图像，下面讲解其中关键语句。

ⓐ用sklearn.linear_model.LogisticRegression()创建逻辑回归分类模型实例。

ⓑ 用训练数据 X 和目标数据 y 对 **LogisticRegression** 模型进行训练。

ⓒ 用训练好的模型 clf 对测试数据进行预测，得到预测标签 y_hat。

ⓓ 使用 predict_proba() 方法获取测试数据的类别概率，即预测各个类别的概率。

ⓔ 和 **ⓕ** 提取训练好模型的参数。

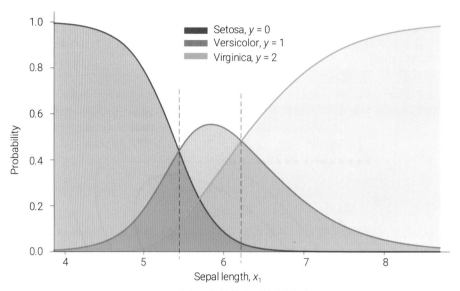

图4.33 逻辑回归估算得到的分类概率

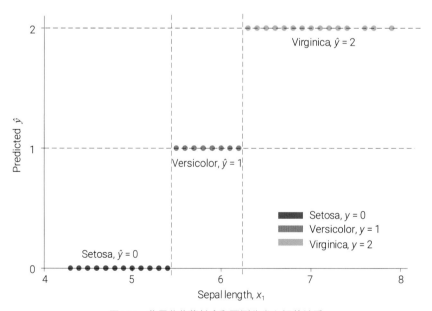

图4.34 鸢尾花花萼长度和预测分类之间的关系

```python
from sklearn.linear_model import LogisticRegression

a  clf = LogisticRegression()
b  clf.fit(X, y)

   X_test = np.linspace(X.min()*0.9,
                        X.max()*1.1,
                        num = 100)

   X_test = X_test[:, np.newaxis]

c  y_hat = clf.predict(X_test)
d  y_prob = clf.predict_proba(X_test)

e  b1 = clf.coef_
f  b0 = clf.intercept_
```

双特征分类

本节介绍用sklearn.linear_model.LogisticRegression() 逻辑回归模型，根据鸢尾花花萼长度和花萼宽度这两个特征数据进行分类。

图4.35所示为鸢尾花花萼长度和花萼宽度两个特征数据散点图和分类边际分布概率密度估计曲线。

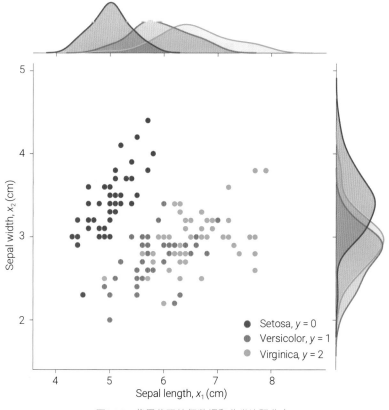

图4.35　鸢尾花双特征数据和分类边际分布

图4.36 ~ 图4.38三幅图分别给出了鸢尾花双特征分类概率预测曲面。比较三个曲面高度可以得到分类决策边界，如图4.39所示。在分类问题中，**决策边界** (decision boundary) 指的是将不同类别样本分开的平面或曲面。

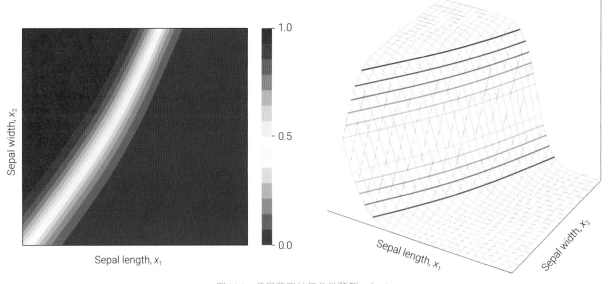

图4.36 鸢尾花双特征分类预测，$\hat{y} = 0$

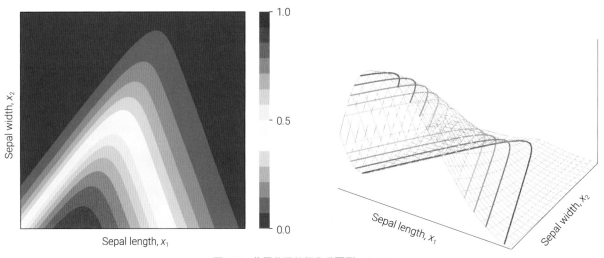

图4.37 鸢尾花双特征分类预测，$\hat{y} = 1$

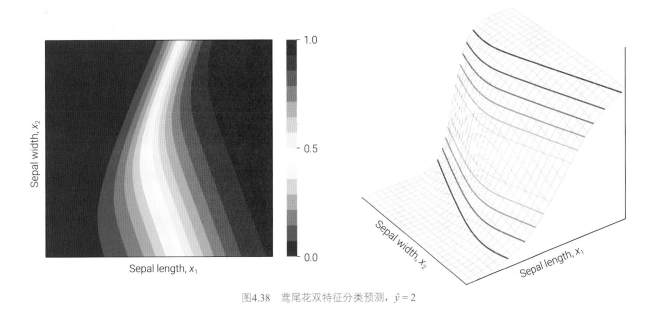

图4.38　鸢尾花双特征分类预测，$\hat{y} = 2$

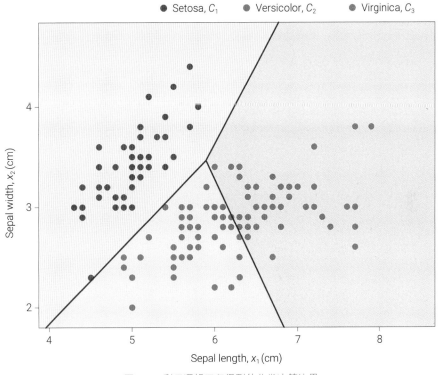

● Setosa, C_1　　● Versicolor, C_2　　● Virginica, C_3

图4.39　利用逻辑回归得到的分类决策边界

Bk7_Ch04_05.ipynb中绘制了本节图像，请大家自行分析这段代码。

非线性回归是一种用于建模非线性关系的统计方法。在非线性回归中，因变量和自变量之间的关系不是线性的，而是可以通过非线性函数来描述的。

需要非线性回归的原因是许多自然现象和实际问题都不是线性的，例如，随着时间的推移，人口增长率和经济增长率并不是线性的，这就需要非线性回归模型。

常见的非线性回归方法包括多项式回归、指数回归、对数回归、幂函数回归、逻辑回归等。每种方法都有其优缺点，例如多项式回归可以拟合大部分的非线性关系，但容易出现过拟合。

逻辑回归将自变量和因变量之间的关系建模为一种逻辑函数，如sigmoid函数。从概率视角来看，逻辑回归可以将输出解释为，给定输入的条件下，观察到给定类别的概率。它将自变量映射到一个概率值，该值介于0和1之间，并使用这个概率来预测分类结果。

欢迎读者阅读*An Introduction to Statistical Learning: With Applications in R*一书第七章，这章专门介绍非线性回归内容。图书开源，下载地址如下。

◀ https://www.statlearning.com/

05 Regularized Regression
正则化回归
利用正则项，缩减特征，构造简洁模型

遇到数学难题，别犯愁；困扰我的难题比你的大得多。

Do not worry too much about your difficulties in mathematics, I can assure you that mine are still greater.

—— 阿尔伯特·爱因斯坦 (Albert Einstein) | 理论物理学家 | 1879 — 1955年

◀ `seaborn.lineplot()` 绘制线图
◀ `sklearn.linear_model.ElasticNet()` 求解弹性网络回归问题
◀ `sklearn.linear_model.lars_path()` 生成 Lasso 回归参数轨迹图
◀ `sklearn.linear_model.Lasso()` 求解套索回归问题
◀ `sklearn.linear_model.Ridge()` 求解岭回归问题
◀ `sklearn.metrics.mean_squared_error()` 计算均方误差 MSE
◀ `statsmodels.api.add_constant()` 线性回归增加一列常数 1
◀ `statsmodels.api.OLS()` 最小二乘法函数

正则化回归 —— 岭回归
—— 套索回归
—— 弹性网络回归

5.1 正则化：抑制过拟合

正则化 (regularization) 可以用来抑制过拟合。本书前文提过，所谓过拟合，是指模型参数过多或者结构过于复杂。

正则项 (regularizer或regularization term或penalty term) 通常被加在**目标函数** (objective function) 当中。正则项可以让估计参数变小甚至为0，这一现象也叫**特征缩减** (shrinkage)。本章将采用图形方式来讲解如何在多元线性回归目标函数中引入正则项。

⚠️ "鸢尾花书"中在谈及 L^p 范数时，会采用相对严格的数学记号 L^p。

本章将L1正则项、L2正则项以及L1和L2混合正则项利用在多变量线性回归中。L1正则化为回归参数的 L^1 范数，L2正则化为回归参数的 L^2 范数。

OLS优化问题

对于多元线性OLS回归，优化问题为：

$$\arg\min_{b}\left\|y - Xb\right\|_2^2 \tag{5.1}$$

对于二元线性OLS回归，不考虑常数项系数，b_1 和 b_2 两个回归参数形成如图5.1所示曲面。容易发现曲面为二次椭圆曲面。

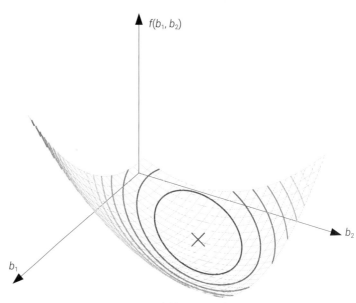

图5.1　二元线性OLS回归参数曲面

L2正则化

线性OLS中，引入L2正则项，可以得到**岭回归** (ridge regression)：

$$\underset{b}{\arg\min}\|y - Xb\|_2^2 + \underbrace{\alpha\|b\|_2^2}_{\text{regularizer}} \tag{5.2}$$

通俗地说，L2正则化是回归参数各个元素平方之和。α这个惩罚系数是用户决定的。

式(5.2) 相当于图5.1曲面叠加了L2正则项曲面，具体如图5.2所示。L2正则项曲面等高线为正圆面，对应的最小值点为原点。叠加得到的岭回归参数曲面最小值位置朝原点发生明显偏移。

> ⚠ 注意：大多文献中上式惩罚系数用λ，本章和Scikit-Learn保持一致采用α。

当式(5.2) 中参数α越大，正则项影响越大，求解优化问题得到的回归参数越靠近原点。

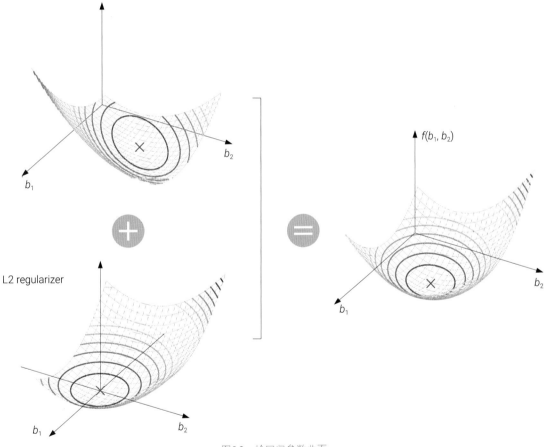

图5.2　岭回归参数曲面

L1正则化

线性OLS中，引入L1正则项，可以得到**套索回归** (LASSO regression)：

$$\underset{b}{\arg\min}\frac{1}{2n}\|y - Xb\|_2^2 + \underbrace{\alpha\|b\|_1}_{\text{regularizer}} \tag{5.3}$$

注意：式(5.3)中多元线性OLS回归优化项除以$2n$，n为样本数据数量。此外，不同文献套索回归的目标函数稍有不同，本章和Scikit-Learn保持一致。

通俗地说，L1正则化是回归参数各个元素绝对值之和。

《矩阵力量》介绍过L1正则项曲面等高线为旋转正方形。

式(5.3) 相当于在图5.1二次椭圆抛物面上叠加L1正则项曲面。图5.3所示为这一过程。套索回归可以进行特征选择，从而有效减少回归模型所依赖的特征数量，本章后文将从不同角度详细讲解这一点。

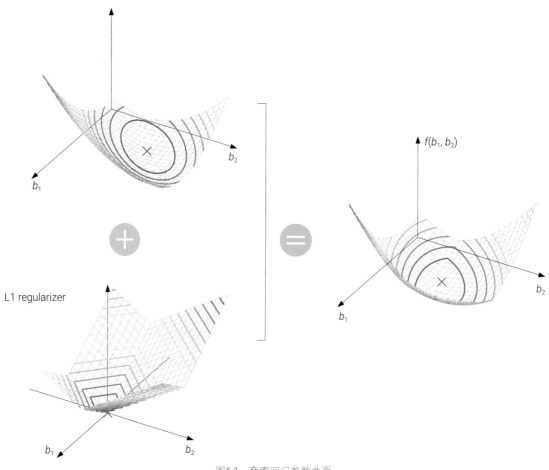

图5.3　套索回归参数曲面

L1 + L2正则化

线性OLS中，以不同比例同时引入L1和L2正则项，可以得到**弹性网络回归** (elastic net regression)：

$$\arg\min_{b} \frac{1}{2n}\|\boldsymbol{y} - \boldsymbol{Xb}\|_2^2 + \alpha\left(\rho\|\boldsymbol{b}\|_1 + \frac{(1-\rho)}{2}\|\boldsymbol{b}\|_2^2\right) \tag{5.4}$$

其中，参数ρ用来调和L1和L2正则项的比例。图5.4所示为构造得到弹性网络回归系数曲面的过程。弹性网络回归相当于岭回归和套索回归的合体。

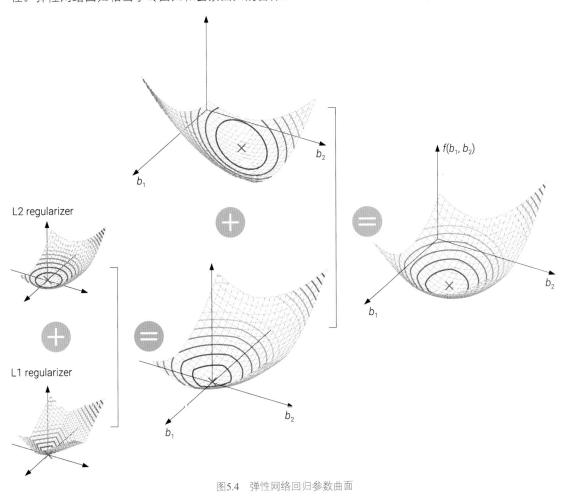

图5.4　弹性网络回归参数曲面

5.2 岭回归

如前文所述，岭回归引入L2正则项来缩减模型参数，岭回归的优化目标函数为：

$$f\left(\boldsymbol{b}\right) = \underbrace{\left\|\boldsymbol{y} - \boldsymbol{Xb}\right\|_2^2}_{\text{OLS}} + \underbrace{\alpha\left\|\boldsymbol{b}\right\|_2^2}_{\text{L2 regularizer}} \tag{5.5}$$

图5.5所示为给定α条件下，构造得到岭回归目标函数式(5.5)参数曲面等高线图的过程。

> ⚠
> 注意：本节假设回归问题为二元，只有b_1和b_2两个回归参数，并且不考虑常数项系数。

如前文所述，式(5.5) 目标函数中OLS部分对应椭圆抛物面，最小值点为红色 ×；红色 × 为二元OLS线性回归参数解的位置。

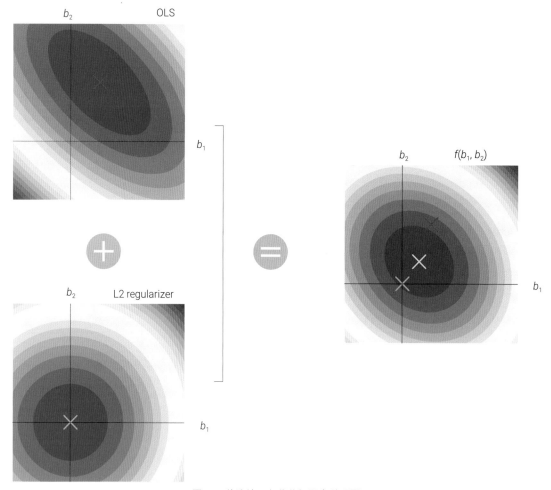

图5.5 构造岭回归优化问题参数曲面

式(5.5) 中L2正则项则对应正圆抛物面，最小值点为蓝色 ×，位于原点。原点处，参数系数为全0。

 根据《数学要素》一书中介绍的二次曲面内容，两个二次曲面叠加得到的一般还是一个二次曲面。

式(5.5) 对应的曲面$f(b_1, b_2)$仍然是一个椭圆抛物面，最小值点为黄色 ×；黄色 × 为给定α条件下岭回归参数的优化解。

容易发现，黄色 × 位于红色 × 和蓝色 × 之间；相对OLS线性回归参数红色 ×，岭回归参数黄色 ×，更靠近原点。

不断增大L2约束项参数α，可以发现岭回归参数优化解不断靠近原点，如图5.6所示。注意，图5.6分图中的等高线为岭回归曲面$f(b_1, b_2)$。当约束项参数α不断增大，$f(b_1, b_2)$ 曲面中L2正则项 (正圆曲面) 影响力不断增强。参数α不断增大，$f(b_1, b_2)$ 曲面等高线也从旋转椭圆渐渐变成正圆，最小值点也渐渐靠近 (收缩到) 原点。

构造一个线性回归问题，利用12支股票的日收益率解释标普500涨跌。表5.1所示为利用多元OLS线性回归得到的这个回归问题的参数。

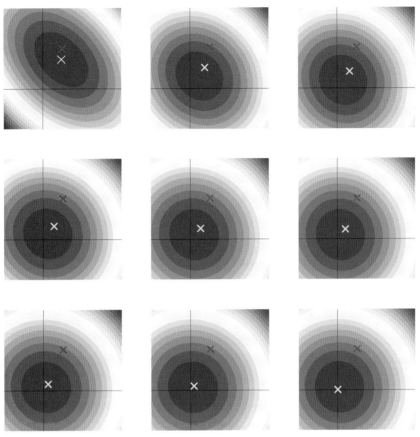

图5.6　不断增大α，岭回归参数位置变化

表5.1　多元OLS线性回归解

```
OLS Regression Results
=============================================================================
Dep. Variable:                 SP500   R-squared:                      0.774
Model:                           OLS   Adj. R-squared:                 0.750
Method:                Least Squares   F-statistic:                    32.48
Date:             XXXXXXXXXXXXXXXX    Prob (F-statistic):          3.03e-31
Time:             XXXXXXXXXXXXXXXX    Log-Likelihood:                493.88
No. Observations:                127   AIC:                           -961.8
Df Residuals:                    114   BIC:                           -924.8
Df Model:                         12
Covariance Type:           nonrobust
=============================================================================
                 coef    std err          t      P>|t|      [0.025      0.975]
-----------------------------------------------------------------------------
const         -0.0005      0.000     -1.038      0.302      -0.001       0.000
TSLA           0.0248      0.011      2.248      0.027       0.003       0.047
WMT            0.0272      0.041      0.667      0.506      -0.054       0.108
MCD            0.1435      0.057      2.536      0.013       0.031       0.256
USB            0.0164      0.051      0.322      0.748      -0.084       0.117
YUM            0.1469      0.047      3.114      0.002       0.053       0.240
NFLX           0.0972      0.021      4.539      0.000       0.055       0.140
JPM            0.1415      0.055      2.583      0.011       0.033       0.250
PFE            0.0546      0.033      1.662      0.099      -0.010       0.120
F             -0.0068      0.036     -0.187      0.852      -0.078       0.065
GM            -0.0105      0.027     -0.388      0.699      -0.064       0.043
COST           0.2176      0.059      3.713      0.000       0.101       0.334
JNJ            0.2414      0.056      4.350      0.000       0.131       0.351
=============================================================================
Omnibus:                       7.561   Durbin-Watson:                  1.862
Prob(Omnibus):                 0.023   Jarque-Bera (JB):               8.445
Skew:                          0.400   Prob(JB):                      0.0147
Kurtosis:                      3.978   Cond. No.                        156.
=============================================================================
```

利用sklearn.linear_model.Ridge() 函数，我们可以求解上述问题的岭回归参数。设定不同的α值，可以获得一系列岭回归参数。图5.7所示为随着α增大，岭回归参数的变化。可以发现，α增大时，参数逐步最大限度接近0，但是不等于0。这一点和本章后文将介绍的套索回归和弹性网络回归截然不同。

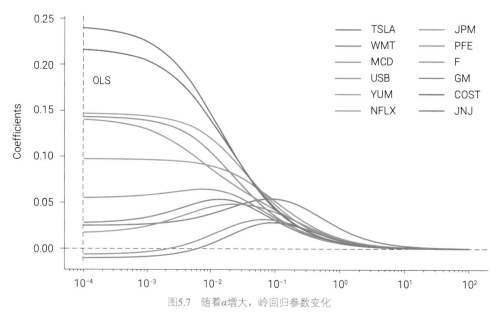

图5.7　随着α增大，岭回归参数变化

用残差平均值(MSE)来量化岭回归参数和OLS参数的差距：

$$\mathrm{MSE}\left(\boldsymbol{b}_{\mathrm{ridge}}, \boldsymbol{b}_{\mathrm{OLS}}\right) = \frac{1}{D+1}\left\|\boldsymbol{b}_{\mathrm{ridge}} - \boldsymbol{b}_{\mathrm{OLS}}\right\|_2^2 \tag{5.6}$$

如图5.8所示，随着α增大，岭回归参数和OLS参数的差距不断增大。

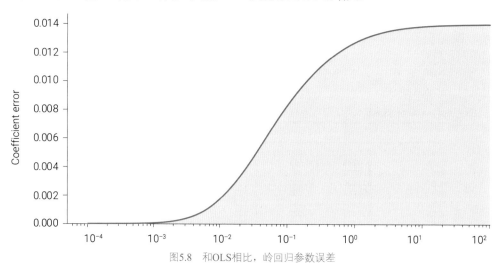

图5.8　和OLS相比，岭回归参数误差

Bk7_Ch05_01.ipynb中绘制了本节前文图像。下面讲解代码5.1中关键语句。

ⓐ创建了一个sklearn.linear_model.Ridge()的实例。

ⓑ创建了一个包含在对数尺度上均匀分布的200个alpha值的NumPy数组。

ⓒ中每次迭代，设置 Ridge 回归模型的正则化参数为当前的alpha值。

ⓓ使用训练数据 X_df 和目标变量 y_df 进行拟合。

ⓔ将当前alpha值下的系数添加到列表 coefs 中。

ⓕ用sklearn.metrics.mean_squared_error()计算当前alpha值下的均方误差，并添加到列表errors 中。

ⓖ获取当前alpha值下的系数。

ⓗ创建一个DataFrame，其中包含了当前alpha值下的非截距项系数，并设置相应的索引和列名。

ⓘ通过pandas.concat()合并DataFrame。

代码5.1 α对岭回归模型参数影响 | ⊕ Bk7_Ch05_01.ipynb

```python
from sklearn.linear_model import Ridge
from sklearn.metrics import mean_squared_error

clf = Ridge()
coefs = []
errors = []
coeff_df = pd.DataFrame()

alphas = np.logspace(-4, 2, 200)

for alpha_i in alphas:
    clf.set_params(alpha=alpha_i)
    clf.fit(X_df, y_df)
    coefs.append(clf.coef_)
    errors.append(mean_squared_error(clf.coef_,
                                     b.reshape(1,-1)))

    b_i = clf.coef_
    b_X_df = pd.DataFrame(data=b_i[:,1:].T,
                          index = tickers[1:],
                          columns=[alpha_i])

    coeff_df = pd.concat([coeff_df, b_X_df], axis = 1)
```

多项式回归 + 岭正则化

《编程不难》还介绍过一个"多项式回归 + 岭正则化"的例子。这个例子中，多项式回归次数较高会导致过拟合，而岭正则化可以抑制过拟合。

图5.9所示为调整岭正则化**惩罚因子** (penalty) α对多项式回归模型的影响。显然，随着α不断增大，拟合得到的曲线变得更加"平滑"，这意味着模型变得更简单。表5.2给出了在不同惩罚因子α条件下多项式模型解析式。

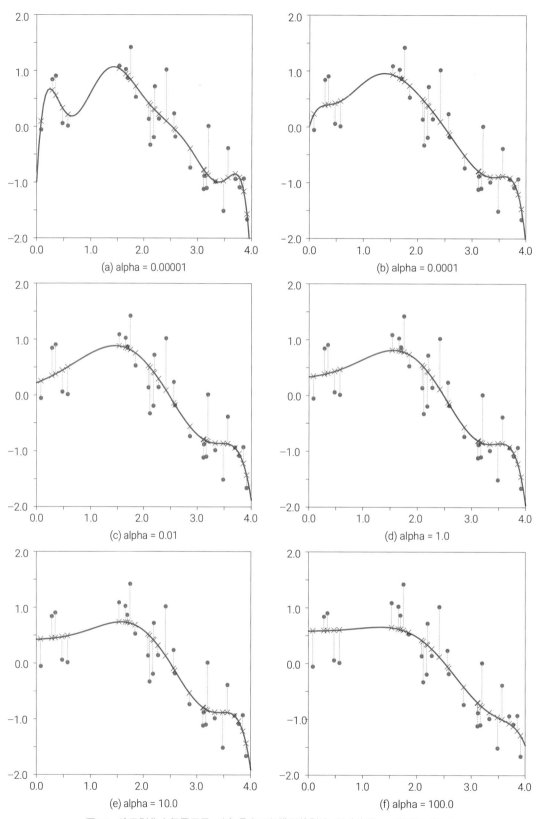

图5.9 岭正则化中惩罚因子α对多项式回归模型的影响 (图片来源：《编程不难》)

表5.2　岭惩罚因子和多项式回归模型解析式(表格来源：《编程不难》)

惩罚因子α	多项式回归模型
0.00001	$y = -0.985 + 18.400x^1 - 71.750x^2 + 122.612x^3 - 108.324x^4 + 53.620x^5 - 15.058x^6 + 2.243x^7 - 0.138x^8$
0.0001	$y = 0.026 + 3.491x^1 - 13.188x^2 + 24.668x^3 - 23.210x^4 + 12.008x^5 - 3.515x^6 + 0.547x^7 - 0.035x^8$
0.01	$y = 0.222 + 0.380x^1 + 0.149x^2 + 0.258x^3 - 0.391x^4 + 0.203x^5 - 0.093x^6 + 0.027x^7 - 0.003x^8$
1.0	$y = 0.335 + 0.125x^1 + 0.132x^2 + 0.099x^3 + 0.019x^4 - 0.048x^5 - 0.033x^6 + 0.022x^7 - 0.003x^8$
10.0	$y = 0.428 + 0.045x^1 + 0.064x^2 + 0.070x^3 + 0.049x^4 - 0.008x^5 - 0.065x^6 + 0.030x^7 - 0.004x^8$
100.0	$y = 0.585 + 0.013x^1 + 0.020x^2 + 0.024x^3 + 0.019x^4 - 0.004x^5 - 0.029x^6 + 0.013x^7 - 0.002x^8$

5.3 几何角度看岭回归

从另外一个角度看岭回归，岭回归可以看作是OLS线性回归问题，加一个约束条件。

$$\underset{b}{\arg\min} \| y - Xb \|_2^2$$
$$\text{且满足 } \| b \|_2^2 - c \le 0 \tag{5.7}$$

式(5.7)中的约束条件中c是一个阈值，就是把回归参数限制在一定范围之内，即：

$$b_0^2 + b_1^2 + b_2^2 + \cdots + b_D^2 \le c \tag{5.8}$$

注意，式(5.7)中阈值c越小，对应惩罚系数α越大。

不考虑常数系数，$D = 2$时，

$$b_1^2 + b_2^2 \le c \tag{5.9}$$

上式为一个正圆面，圆心位于原点，半径为$\sqrt{c}$。如图5.10所示，OLS对应的是旋转椭圆等高线和式(5.9)中正圆相切就是约束条件下优化解，也就是岭回归系数。

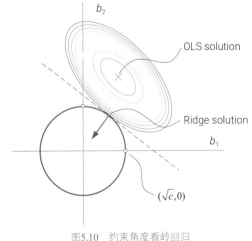

图5.10　约束角度看岭回归

图5.11所示为正圆面半径 $\sqrt{c}$ 取不同值时，岭回归系数的优化解位置变化。

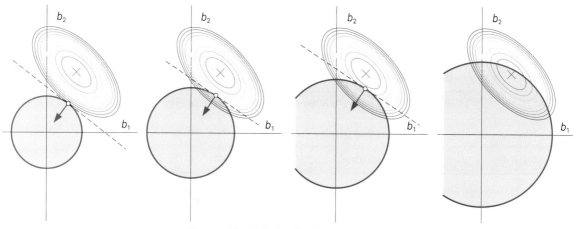

图5.11　c取不同值时，岭回归优化系数位置

多元OLS线性回归系数$\boldsymbol{b}$的解：

$$\boldsymbol{b} = \left(\boldsymbol{X}^{\mathrm{T}}\boldsymbol{X}\right)^{-1}\boldsymbol{X}^{\mathrm{T}}\boldsymbol{y} \tag{5.10}$$

根据本书前文介绍的内容，OLS线性回归的优化问题解存在且唯一的条件是$\boldsymbol{X}$列满秩。

如果，不满足$\boldsymbol{X}$列满秩这个条件，则表明$\boldsymbol{X}$列向量存在线性相关，即多重共线性。当$\boldsymbol{X}$列与列之间线性相关或者线性相关较大时，$\boldsymbol{X}^{\mathrm{T}}\boldsymbol{X}$的行列式等于或接近于0，无法求解式(5.10)中$\boldsymbol{X}^{\mathrm{T}}\boldsymbol{X}$一项的逆，会使得OLS解不稳定。

而岭回归线性回归系数$\boldsymbol{b}$的解为：

$$\boldsymbol{b} = \left(\boldsymbol{X}^{\mathrm{T}}\boldsymbol{X} + \alpha\boldsymbol{I}\right)^{-1}\boldsymbol{X}^{\mathrm{T}}\boldsymbol{y} \tag{5.11}$$

比较式(5.10)，可以发现式(5.11) 中变为求解$\boldsymbol{X}^{\mathrm{T}}\boldsymbol{X} + \alpha\boldsymbol{I}$的逆；将 $\boldsymbol{X}^{\mathrm{T}}\boldsymbol{X}$ 加上矩阵 $\alpha\boldsymbol{I}$ 变成非奇异矩阵并可以进行求逆运算。而 $\alpha\boldsymbol{I}$ 为对角矩阵，对角线上元素为 α，其余为0，形状酷似"山岭"，如图5.12所示，这也就是"岭回归"名称的由来。

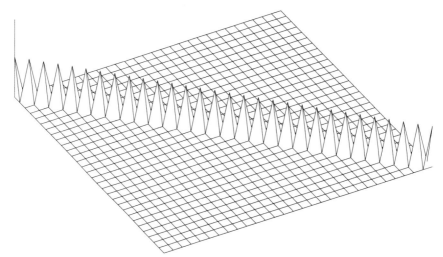

图5.12　$\alpha\boldsymbol{I}$对角矩阵引入的"山岭"

5.4 套索回归

斯坦福大学教授Robert Tibshirani在1996年首次提出将L1范数作为OLS正则项，得到Lasso模型。Lasso是Least Absolute Shrinkage and Selection Operator的缩写。

套索的优化目标函数为：

$$f(\boldsymbol{b}) = \underbrace{\frac{1}{2n}\|\boldsymbol{y} - \boldsymbol{Xb}\|_2^2}_{\text{OLS}} + \underbrace{\alpha\|\boldsymbol{b}\|_1}_{\text{L1 regularizer}} \tag{5.12}$$

图5.13所示为，给定α条件下，构造得到套索回归目标函数式(5.12)参数曲面等高线图的过程。如前文所述，式(5.12) 目标函数中OLS部分对应椭圆抛物面，最小值点为红色 ×；红色 × 为二元OLS线性回归参数解的位置。式(5.12) 中L1正则项曲面等高线对应旋转正方形，最小值点为蓝色 ×，位于原点。

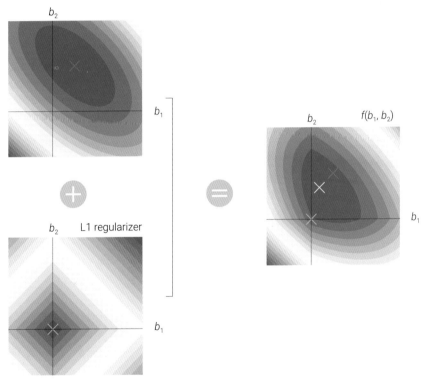

图5.13　构造套索回归优化问题参数曲面

容易发现，黄色 × 位于红色 × 和蓝色 × 之间；相对OLS线性回归参数红色 ×，套索回归参数黄色 ×，更靠近原点。

图5.14所示为不断增大α时，套索回归参数位置的变化；可以发现套索回归采用L1正则化，可以导致参数估计结果为0。

利用sklearn.linear_model.Lasso() 可以获得套索回归的结果，利用本章前文的代码，将岭回归函数，换成套索回归函数，对于同一个问题，可以得到图5.15。该图所示为随着α增大，套索回归参数的变化。

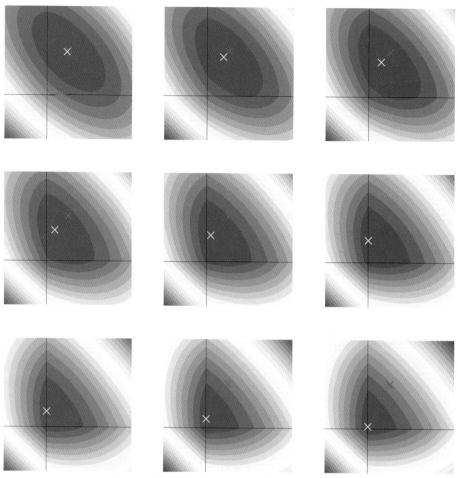

图5.14 不断增大α时，套索回归参数位置的变化

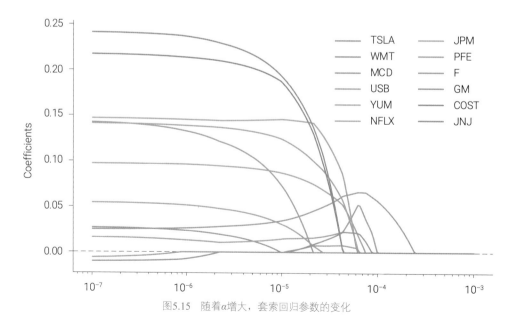

图5.15 随着α增大，套索回归参数的变化

观察图5.15，可以发现在回归模型中，α增大，一些特征快速收缩为0，这个过程也是一个特征选择的过程。在套索回归中，系数越小表示对结果的影响越小，系数为0表示该特征对结果没有影响，因此套索回归可以用于特征选择和降维。因此套索回归可以删除没有必要的特征，产生更为简洁的回归模型。特别地，sklearn.linear_model.lars_path()函数可以用来生成套索回归参数轨迹图。

图5.16所示为和OLS相比时，套索回归参数误差。

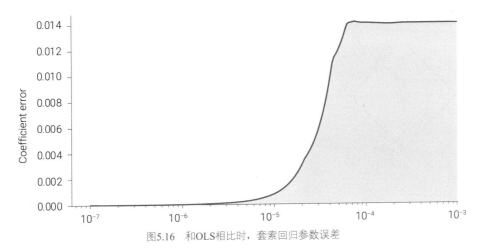

图5.16　和OLS相比时，套索回归参数误差

此外，请大家试着用套索回归完成图5.9这个多项式回归例子。

5.5 几何角度看套索回归

类似地，本节将从几何角度看套索回归。套索回归，可以看作是OLS线性回归问题，加一个约束条件：

$$\underset{b}{\arg\min} \left\| y - Xb \right\|_2^2 \tag{5.13}$$
$$\text{且满足 } \left\| \boldsymbol{b} \right\|_1 - c \leqslant 0$$

式(5.13)中的约束条件中c也是一个阈值，即：

$$|b_0| + |b_1| + |b_2| + \cdots + |b_D| \leqslant c \tag{5.14}$$

不考虑常数系数，$D = 2$时，

$$|b_1| + |b_2| \leqslant c \tag{5.15}$$

上式为一个旋转正方形，中心位于原点。OLS对应的是旋转椭圆等高线，可以和式 (5.15) 旋转正方形相切，或在顶点处相交，如图5.17所示。

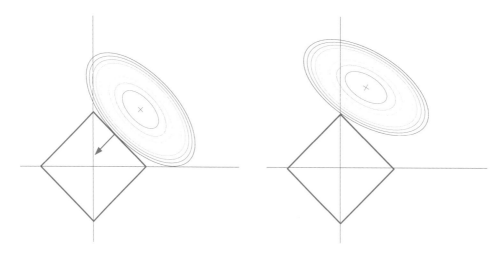

图5.17　套索回归的L1正则项

如图5.18所示，对于同一个OLS优化问题，不同的c阈值大小，会在不同位置得到套索回归系数解。前文说过，岭回归系数可以无限接近于0，但是不等于0；不同于岭回归，套索回归的参数可以直接为0。套索回归参数的这种特点叫作**稀疏性** (sparsity)。稀疏性是指在套索回归中，某些特征系数被稀疏化为0，使得模型参数更加简化和易于解释，同时也减少了数据维度，提高了模型的泛化能力。

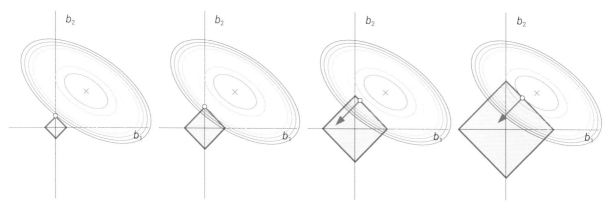

图5.18　c取不同值时，套索回归优化系数位置

当样本数据矩阵特征过多，但是只有少数特征对回归模型有贡献时，去掉剩下的特征对模型没有什么影响。也就是说，回归模型只关注系数向量中非零项特征就足够了。因此，区别于岭回归，套索回归可以进行特征选择。

大家可能会问，为什么L1正则项会有这种稀疏性效果？回顾《矩阵力量》一书中给出的图5.19。图5.19中给出了，p取不同值时，L^p范数等高线形状的变化。

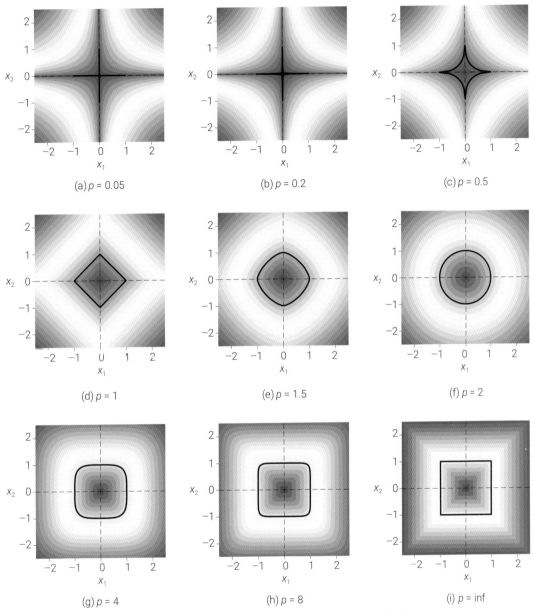

(a) $p = 0.05$

(b) $p = 0.2$

(c) $p = 0.5$

(d) $p = 1$

(e) $p = 1.5$

(f) $p = 2$

(g) $p = 4$

(h) $p = 8$

(i) $p = \inf$

图5.19　p取不同值时，L^p范数等高线形状变化；注意，严格来讲只有$p \geqslant 1$才是范数

可以发现，$p > 1$时，L^p范数等高线形状连续光滑，没有尖点。只有$p \leqslant 1$时，等高线图出现顶点尖点；但是当$p < 1$时，目标函数为非凸函数，优化问题求解困难。正是这个突出尖点的存在，且满足凸优化问题，让套索回归产生稀疏的向量解。

再次强调，数学上严格来讲，只有$p \geqslant 1$才是L^p范数。

相信大家现在理解为什么，L2范数作为正则项，无法产生稀疏性效果。二维平面下L2正则项的等高线是正圆；与正方形相比，正圆根本没有棱角。因此OLS等高线和这个正圆相切时，得到任意系数为0的机会几乎为零。这也就是为什么L2正则化不具备稀疏性的原因。

《数学要素》一书在超椭圆相关内容中介绍过图5.20。

以上结论不仅仅适用于二维，三维甚至更多维度同样适用。图5.20比较了三维空间的L1和L2正则项等高线曲面。

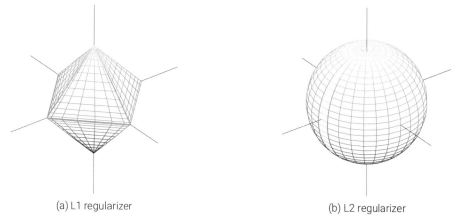

(a) L1 regularizer　　　　　　　　(b) L2 regularizer

图5.20　三维空间的L1和L2正则项

图5.20(a) 中，L1正则项存在大量突出尖点；这些尖点都对应着部分系数为0。图5.20 (b) 给出的正球体 (L2正则项)，任意一丁点扰动，比如计算误差、收敛等，都会让回归系数不能恰好为0。

此外，有些问题希望一些特征参数同时为0，或者同时不为0。这时可以设计，组LASSO (group LASSO) 惩罚项来实现这一目标。与传统的LASSO回归不同之处在于，组LASSO回归在L1正则化项中增加了对特征分组的惩罚项。这个惩罚项是对组内系数的L1范数进行惩罚，从而鼓励组内特征系数共享相同的值或者趋近于零。因此，组LASSO可以同时选择重要的特征和重要的特征组。这个方法在处理高维数据时特别有效，因为它可以减少特征的数量，避免过拟合，而且还可以保留组内特征之间的相关性。

图5.21所示为三维空间中两种LASSO惩罚项结构。

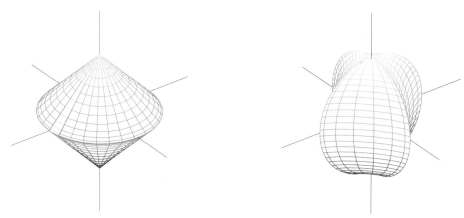

图5.21　三维空间中两种LASSO惩罚项

混合L1和L2正则项的弹性网络回归方法，可以克服L2正则项的不具备稀疏性这一缺点；这是我们下一节要介绍的内容。

5.6 弹性网络回归

弹性网络回归 (elastic net regression) 以不同比例同时引入了L1和L2正则项，对应的目标函数为：

$$f(\boldsymbol{b}) = \underbrace{\frac{1}{2n}\|\boldsymbol{y} - \boldsymbol{Xb}\|_2^2}_{\text{OLS}} + \underbrace{\alpha\left(\rho\|\boldsymbol{b}\|_1 + \frac{(1-\rho)}{2}\|\boldsymbol{b}\|_2^2\right)}_{\text{Elastic net regularizer}} \tag{5.16}$$

注意，α为正则项惩罚系数，参数ρ用来调和L1和L2正则项的比例。
α和ρ都是用户输入的数值。图5.22所示为构造弹性网络回归优化问题参数曲面等高线的过程。

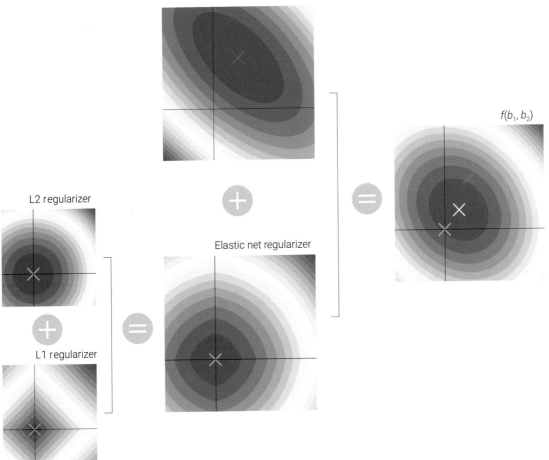

图5.22　构造弹性网络回归优化问题参数曲面等高线

图5.23所示为不断增大α时，弹性网络回归参数位置的变化。可以发现α增大，回归系数b_1不断靠近0，甚至为0。图5.24所示为回归系数运动轨迹，弹性网络回归系数靠近0的"速度"慢于套索回归。

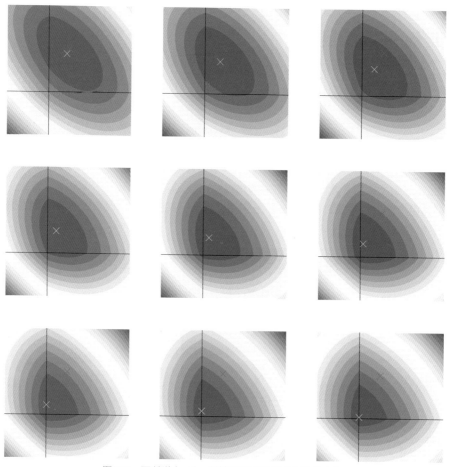

图5.23 不断增大 α 时，弹性网络回归参数位置的变化

α increases

图5.24 不断增大 α 时，弹性网络回归参数变化轨迹

本节前文介绍过，参数ρ用来调和L1和L2正则项的比例；下面看一下参数ρ对弹性网络正则项形状的影响。图5.25和图5.26分别展示了二维平面和三维空间中弹性网络正则项形状随ρ的变化。ρ越大，弹性网络正则项越接近L1，稀疏性越强；ρ越小，弹性网络正则项越接近L2，稀疏性越弱。

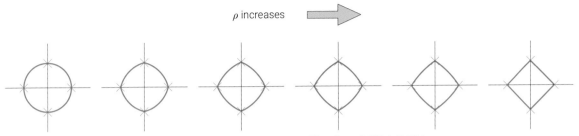

图5.25　不断增大ρ时，二维平面弹性网络正则项等高线形状

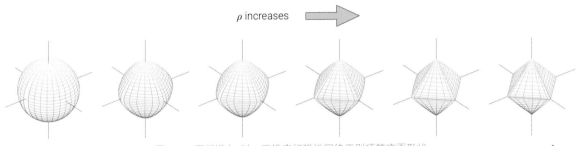

图5.26　不断增大ρ时，三维空间弹性网络正则项等高面形状

图5.27所示为随着α增大，弹性网络回归参数的变化，也就是弹性网络回归参数轨迹图。

⚠️ 注意，在这一过程中，参数ρ不变。

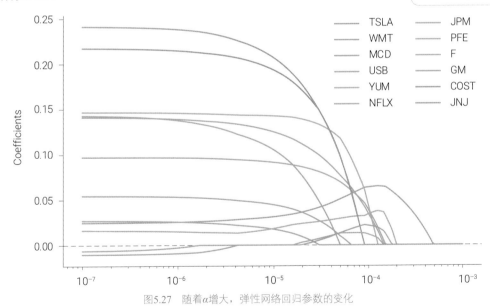

图5.27　随着α增大，弹性网络回归参数的变化

sklearn.linear_model.ElasticNet() 函数可以用来求解弹性网络回归问题。

此外，sklearn.linear_model.enet_path() 可以专门绘制弹性网络回归参数轨迹图。

图5.28比较了套索回归和弹性网络回归参数随α变化；相同颜色的实线是套索回归参数，划线是弹性网络回归参数。容易发现，套索回归参数更快地收缩到0。弹性网络回归是套索回归和岭回归的结合体，它继承了套索回归的稀疏性，可以用来筛选特征，缩减无关参数。但是，由于引入岭回归L2正则项，弹性网络回归淘汰特征的过程要慢于套索回归。

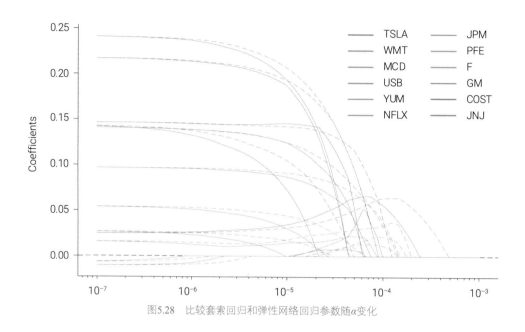

图5.28　比较套索回归和弹性网络回归参数随α变化

图5.29所示为和OLS相比时，弹性网络回归参数误差。

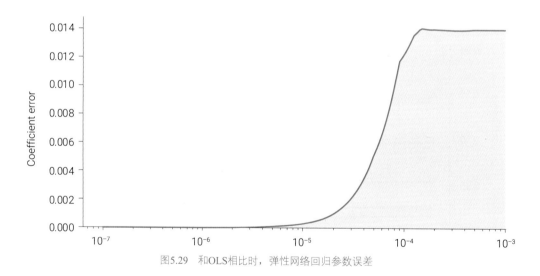

图5.29　和OLS相比时，弹性网络回归参数误差

正则化是一种常用的机器学习技术，用于减小模型的复杂度和提高泛化能力。它通过在损失函数中添加一个正则项，强制模型参数的取值不要过大，从而避免模型过拟合。正则化技术包括L1正则化和L2正则化两种，L1正则化将模型参数向0稀疏化，L2正则化将模型参数平滑化，对于不同的数据集和模型结构可以选择不同的正则化方法。正则化技术在实际应用中被广泛使用，可以提高模型的预测能力和稳定性，避免过拟合等问题。

推荐大家阅读*Statistical Learning with Sparsity: The Lasso and Generalizations*。本书是稀疏统计学习专著。图书PDF文件可以免费从以下网址下载：

◀ `https://web.stanford.edu/~hastie/StatLearnSparsity/`

有关岭回归，建议大家阅读*Lecture notes on ridge regression*。下载地址如下：

◀ `https://arxiv.org/abs/1509.09169`

06 Bayesian Regression
贝叶斯回归
用贝叶斯推断求解回归模型参数

审视数学，你会发现，它不仅是颠扑不破的真理，而且是至高无上的美丽——那种冷峻而朴素的美，不需要唤起人们任何的怜惜，没有绘画和音乐的浮华装饰，只是纯粹，和只有伟大艺术才能展现出来的严格完美。

Mathematics, rightly viewed, possesses not only truth, but supreme beauty — a beauty cold and austere, like that of sculpture, without appeal to any part of our weaker nature, without the gorgeous trappings of painting or music, yet sublimely pure, and capable of a stern perfection such as only the greatest art can show.

—— 伯特兰·罗素 (Bertrand Russell) | 英国哲学家、数学家 | 1872 — 1970年

◄ pymc3.Normal() 定义正态先验分布
◄ pymc3.HalfNormal() 定义半正态先验分布
◄ pymc3.plot_posterior() 绘制后验分布
◄ pymc3.sample() 产生随机数
◄ pymc3.traceplot() 绘制后验分布随机数轨迹图

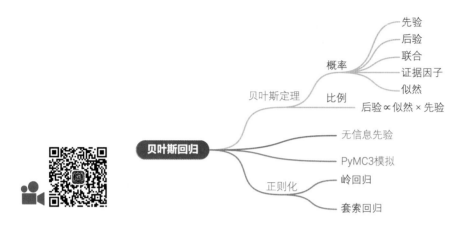

6.1 回顾贝叶斯推断

简单来说，**贝叶斯推断** (Bayesian inference) 就是结合"经验 (先验)"和"实践 (样本)"，得出"结论 (后验)"，如图6.1所示。贝叶斯推断把模型参数看作随机变量。在得到样本之前，根据主观经验和既有知识给出未知参数的概率分布叫作**先验分布** (prior)。获得样本数据后，根据贝叶斯定理，基于给定的样本数据先计算**似然分布** (likelihood)，然后得出模型参数的**后验分布** (posterior)。

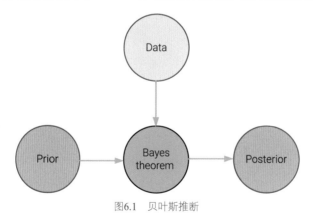

图6.1　贝叶斯推断

上面这段文字对应如下公式：

$$\overset{Posterior}{f_{\Theta|X}\left(\theta\mid x\right)} = \frac{\overset{Likelihood}{f_{X|\Theta}\left(x\mid\theta\right)}\overset{Prior}{f_{\Theta}\left(\theta\right)}}{\int_{\vartheta}f_{X|\Theta}\left(x\mid\vartheta\right)f_{\Theta}\left(\vartheta\right)\mathrm{d}\vartheta} \tag{6.1}$$

最后根据参数的后验分布进行统计推断。贝叶斯推断对应的优化问题为**最大化后验概率** (Maximum A Posteriori，MAP)。本章介绍如何利用贝叶斯推断完成线性回归。

大家如果对式(6.1) 感到陌生的话，请回顾《统计至简》第20、21章。

线性回归模型

为了配合贝叶斯推断，把多元线性回归模型写成：

$$\hat{y}^{(i)} = \theta_0 + \theta_1 x_1^{(i)} + \theta_2 x_2^{(i)} + \cdots + \theta_D x_D^{(i)} \tag{6.2}$$

其中，i 为样本序号，D 为特征数。
当 $D = 1$ 时，一元线性回归模型为：

$$\hat{y}^{(i)} = \theta_0 + \theta_1 x_1^{(i)} \tag{6.3}$$

似然

似然函数可以写成：

$$f_{\gamma|\Theta}\left(\boldsymbol{y} \mid \boldsymbol{\theta}\right) = \prod_{i=1}^{n} \frac{1}{\sqrt{2\pi\sigma^2}} \exp\left(-\frac{\left(y^{(i)} - \left(\theta_0 + \theta_1 x_1^{(i)} + \theta_2 x_2^{(i)} + \cdots + \theta_D x_D^{(i)}\right)\right)^2}{2\sigma^2}\right) \tag{6.4}$$

这意味着假设残差 ε 服从 $N(0, \sigma^2)$。

贝叶斯定理

利用贝叶斯定理，我们可以得到后验分布：

$$f_{\Theta|\gamma}\left(\boldsymbol{\theta} \mid \boldsymbol{y}\right) = \frac{f_{\gamma|\Theta}\left(\boldsymbol{y} \mid \boldsymbol{\theta}\right) \cdot f_{\Theta}\left(\boldsymbol{\theta}\right)}{f_{\gamma}\left(\boldsymbol{y}\right)} \tag{6.5}$$

最大后验优化：

$$\hat{\boldsymbol{\theta}}_{\text{MAP}} = \arg\max_{\boldsymbol{\theta}} f_{\Theta|\gamma}\left(\boldsymbol{\theta} \mid \boldsymbol{y}\right) \tag{6.6}$$

如图6.2所示，随着样本不断引入，MAP优化结果不断接近真实参数。
由于后验 $\propto$ 似然 $\times$ 先验，最大后验优化等价于：

$$\hat{\boldsymbol{\theta}}_{\text{MAP}} = \arg\max_{\boldsymbol{\theta}} f_{\gamma|\Theta}\left(\boldsymbol{y} \mid \boldsymbol{\theta}\right) \cdot f_{\Theta}\left(\boldsymbol{\theta}\right) \tag{6.7}$$

为了避免算数下溢，取对数后，优化问题可以写成：

$$\hat{\boldsymbol{\theta}}_{\text{MAP}} = \arg\max_{\boldsymbol{\theta}} \ln\left(f_{\gamma|\Theta}\left(\boldsymbol{y} \mid \boldsymbol{\theta}\right) \cdot f_{\Theta}\left(\boldsymbol{\theta}\right)\right) \tag{6.8}$$

"鸢尾花书"之前介绍过，**算术下溢** (arithmetic underflow) 也称为**浮点数下溢** (floating point underflow)，是指计算机浮点数计算的结果小于可以表示的最小数。

式(6.8) 进一步整理为：

$$\hat{\boldsymbol{\theta}}_{\text{MAP}} = \arg\max_{\boldsymbol{\theta}} \ln f_{Y|\Theta}\left(\boldsymbol{y}\,|\,\boldsymbol{\theta}\right) + \ln f_{\Theta}\left(\boldsymbol{\theta}\right) \tag{6.9}$$

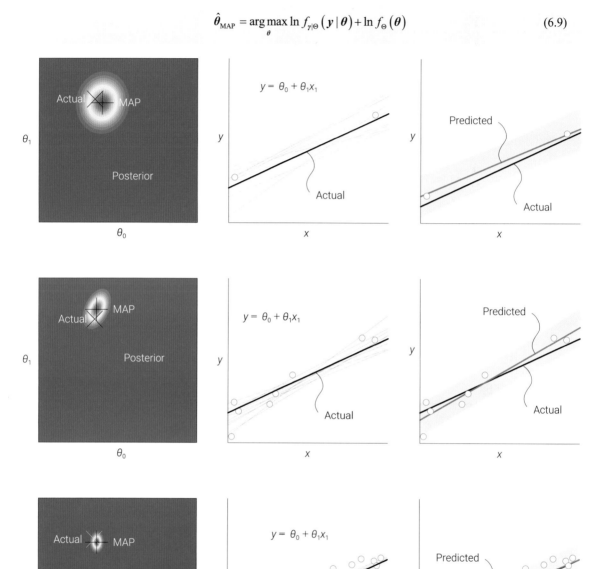

图6.2 贝叶斯回归后验概率随样本变化

6.2 贝叶斯回归：无信息先验

➜

《统计至简》第20章介绍过无信息先验 (uninformative prior)。

没有先验信息，或者先验分布不清楚，我们可以用常数或均匀分布作为先验分布，比如$f(\theta) = 1$。最大后验优化就可以写成：

$$\hat{\theta}_{\text{MAP}} = \arg\max_{\theta} \ln f_{Y|\Theta}\left(\boldsymbol{y} \,|\, \boldsymbol{\theta}\right) \tag{6.10}$$

这和MLE的目标函数一致：

$$\hat{\theta}_{\text{MLE}} = \arg\max_{\theta} \ln f\left(\boldsymbol{y}; \boldsymbol{\theta}\right) \tag{6.11}$$

将式 (6.4) 代入 $\ln f\left(\boldsymbol{y} \,|\, \boldsymbol{\theta}\right)$ 得到：

$$
\begin{aligned}
\ln f_{Y|\Theta}\left(\boldsymbol{y} \,|\, \boldsymbol{\theta}\right) &= -\frac{1}{2\sigma^2}\sum_{i=1}^{n}\left(y^{(i)} - \left(\theta_0 + \theta_1 x_1^{(i)} + \theta_2 x_2^{(i)} + \cdots + \theta_D x_D^{(i)}\right)\right)^2 + \underbrace{n\ln\frac{1}{\sqrt{2\pi\sigma^2}}}_{\text{constant}} \\
&= -\frac{\left\lVert \boldsymbol{y} - \boldsymbol{X}\boldsymbol{\theta} \right\rVert_2^2}{2\sigma^2} + \underbrace{n\ln\frac{1}{\sqrt{2\pi\sigma^2}}}_{\text{constant}}
\end{aligned}
\tag{6.12}
$$

忽略常数，最大化后验MAP优化问题等价于以下最小化问题：

$$\hat{\theta}_{\text{MAP}} = \arg\min_{\theta} \left\lVert \boldsymbol{y} - \boldsymbol{X}\boldsymbol{\theta} \right\rVert_2^2 \tag{6.13}$$

这和前文的OLS线性回归优化问题一致。

6.3 使用PyMC完成贝叶斯回归

本节将利用PyMC完成模型为$y = \theta_0 + \theta_1 x_1$贝叶斯回归。PyMC是一个用于概率编程的Python库，主要用于进行贝叶斯统计建模和贝叶斯推断。 PyMC允许用户使用贝叶斯统计方法来建模复杂的问题。通过定义随机变量、概率分布和观测数据，用户可以构建灵活的概率模型。PyMC使用先进的MCMC算法来进行贝叶斯推断。这些算法帮助估计参数的后验分布。

如图6.3所示，黑色线为真实模型，参数为截距$\theta_0 = 1$、斜率$\theta_1 = 2$。图6.3中蓝色散点为样本点。Bk7_Ch06_01.ipynb中绘制了本节图像，下面我们讲解其中关键代码片段。

我们可以通过代码6.1构造贝叶斯回归模型。

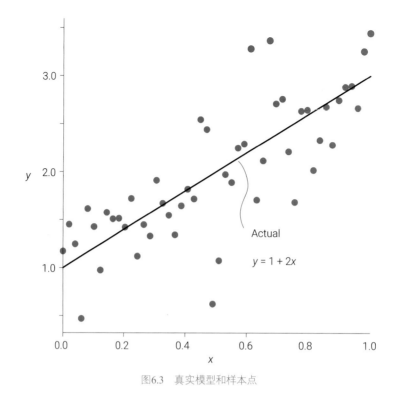

图6.3　真实模型和样本点

ⓐ将pymc3导入，简写作pm。请大家特别注意，目前pymc3版本已经被pymc代替。想要使用pymc的话，建议大家专门创建合适的虚拟环境，请参考：

◀ `https://www.pymc.io/projects/docs/en/latest/installation.html`

ⓑ创建了一个贝叶斯推断模型的基础对象 basic_model，它是 pm.Model() 的实例。这个对象将用于包容整个概率模型的定义。

ⓒ使用 with 语句，确保在接下来的代码块中定义的所有随机变量和分布都被正确地添加到 basic_model 中。

ⓓ这一行定义了一个随机变量 intercept，表示线性回归模型中的截距项。它的先验分布是正态分布，使用 pm.Normal()创建，命名为"alpha"，平均值 mu 为 0，标准差 sigma 为 20。

ⓔ定义了另一个随机变量 slope，表示线性回归模型中的斜率项。同样，它的先验分布是正态分布，也是使用 pm.Normal() 创建，命名为"beta"，平均值 mu 为 0，标准差 sigma 为 20。

ⓕ定义了一个随机变量 sigma，表示线性回归模型中的误差项的标准差。先验分布选择了半正态分布，使用 pm.HalfNormal() 创建，命名为"sigma"，并且设置了标准差为 20。

ⓖ定义了线性回归模型。

ⓗ定义了观测数据的似然分布。Y_obs 表示观测数据的随机变量，其分布是正态分布，均值 mu 由线性模型给出，标准差 sigma 为前面定义的误差项的标准差。observed=y 表示将实际观测数据 y 传递给这个分布，用于贝叶斯推断。

ⓐ `import pymc3 as pm`

ⓑ `basic_model = pm.Model()`
`# 创建贝叶斯推断模型`

`# 模型定义`
ⓒ `with basic_model:`

`# 先验`
ⓓ `intercept = pm.Normal('alpha', mu=0, sigma=20) # b_0`
`# 截距项先验为正态分布`

ⓔ `slope = pm.Normal('beta', mu=0, sigma=20)        # b_1`
`# 斜率项先验也是正态分布`

ⓕ `sigma = pm.HalfNormal('sigma', sigma=20)         # or pm.HalfCauchy`
`# 误差项为半正态分布`

ⓖ `mu = intercept + slope*x`
`# 线性回归模型`

`# 似然，引入实际观测数据`
ⓗ `Y_obs = pm.Normal('Y_obs', mu=mu, sigma=sigma, observed=y)`

图6.4所示为三个参数的后验分布随机数轨迹图。随机数轨迹由**PyMC3**中**马尔科夫链蒙特卡洛**
(**Markov Chain Monte Carlo，MCMC**)生成。图中只绘制达到平稳状态后的轨迹，且每个参数模拟两条轨迹。

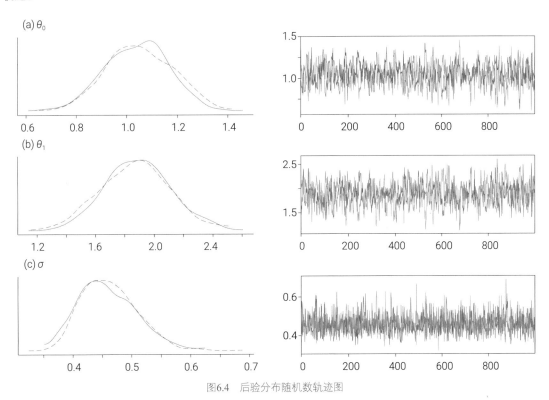

图6.4 后验分布随机数轨迹图

前文提过残差ε服从$N(0, \sigma^2)$，所以残差也是一个模型参数。本章配套代码中，残差的先验分布为**半正态分布** (half normal distribution)，如图6.5所示。有关半正态分布，大家可以参考：

◄ https://www.pymc.io/projects/docs/en/latest/api/distributions/generated/pymc. HalfNormal.html

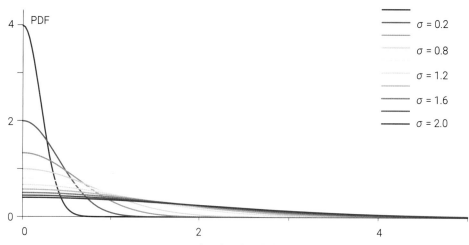

图6.5　半正态分布概率密度曲线

我们可以通过代码6.2用MCMC生成后验分布样本，并绘制图 6.4。

ⓐ是一个上下文管理器，确保在 basic_model 定义的范围内正确管理资源。

ⓑ使用MCMC生成后验分布的样本。draws=1000表示设定生成1000个后验样本。chains=2表示使用两条链进行采样。tune=200表示在开始采样之前进行200步的调整，以帮助MCMC模拟收敛。discard_tuned_samples=True表示在采样结束后，丢弃调整期间的样本，只保留后验采样的样本。trace是 pm.sample() 返回的包含后验样本的对象。

ⓒtraceplot 提供了一个方便的方式来可视化参数的后验分布。通常，追踪图包括直方图和核密度图，以及沿MCMC链的参数值随迭代次数的演变图，可以用于分析参数的不确定性和收敛情况。

代码6.2　用MCMC生成后验分布样本，并绘制轨迹图 | ⊕ Bk7_Ch06_01.ipynb　○○○

```
ⓐ  with basic_model:

        # 使用MCMC对模型进行采样，生成后验分布样本
ⓑ      trace = pm.sample(draws=1000, chains=2, tune=200,
                          discard_tuned_samples =True)

    # 绘制后验分布样本的轨迹图
ⓒ  pm.traceplot(trace)
```

图6.6所示为后验分布随机数的直方图，用plot_posterior() 方法绘制。直方图合并了两条MCMC轨迹。图中均值可以视作MAP的优化解。HDI代表**最大密度区间** (highest density interval)，即后验分布的可信区间。可信区间越窄，后验分布的确信度越高。图6.7所示为参数θ_0和θ_1后验分布随机生成数构成的分布。

图6.8所示为贝叶斯线性回归的结果，图中红色线为预测模型。图中的浅蓝色线为50条后验分布的采样函数，它们对应图6.7中的50个散点。红色线相当于这些浅蓝色线"取平均"。

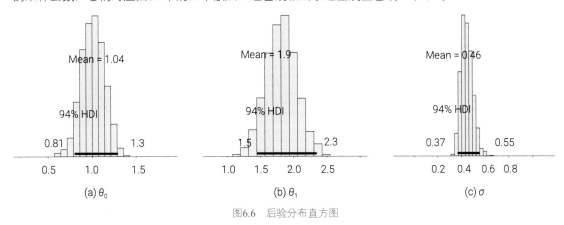

图6.6 后验分布直方图

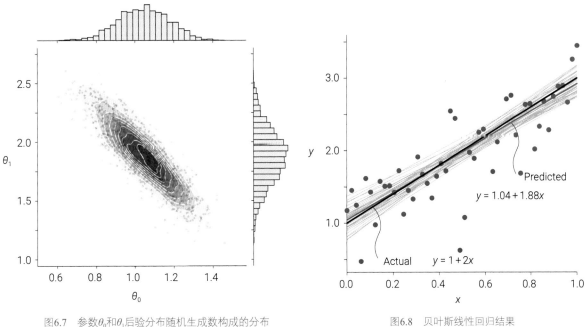

图6.7 参数θ_0和θ_1后验分布随机生成数构成的分布

图6.8 贝叶斯线性回归结果

我们可以通过代码6.3绘制图6.8，下面讲解其中关键语句。

ⓐ创建索引数组，采样频率为40，即每40个样本保留一个。这样可以减少后续绘图数量，保证图形清晰。

ⓑ和**ⓒ**分别计算alpha和beta的后验均值，用于在后续可视化中绘制平均回归线。

ⓓ中for循环每次迭代绘制一条回归线，展示贝叶斯回归模型中的不确定性。**ⓔ**绘制真实回归线。

ⓕ绘制平均预测线。

```python
fig, ax = plt.subplots(figsize = (5, 5))
```
ⓐ `idx_array = range(0, len(trace['alpha']), 40)`
ⓑ `alpha_m = trace['alpha'].mean()`
ⓒ `beta_m = trace['beta'].mean()`

ⓓ
```python
for idx in idx_array:
    plt.plot(x, trace['alpha'][idx] + trace['beta'][idx] *x,
             c = 'k', alpha = 0.1);
```

ⓔ
```python
ax.plot(x, true_regression_line ,
        color = 'k',
        label = "True regression line" , lw = 2.0)
```

```python
label_2 = 'Prediction: y = {:.2f} + {:.2f}* x' .format(alpha_m, beta_m)
```
ⓕ
```python
plt.plot(x, alpha_m + beta_m * x, c = 'r',
         label = label_2)
plt.xlabel('$x$' )
plt.ylabel('$y$' , rotation = 0)
plt.legend(loc = 2)
plt.xlim(0,1)
```

6.4 贝叶斯视角理解岭正则化

上一章的岭回归可以从贝叶斯推断视角理解。

本章中假设线性回归参数服从正态分布：

$$f_{\Theta_j}\left(\theta_j\right) = \frac{1}{\sqrt{2\pi\tau^2}}\exp\left(-\frac{\theta_j^2}{2\tau^2}\right) \tag{6.14}$$

图6.9所示为先验分布随τ的变化。τ越大代表越不确信，τ越小代表确信程度越高。

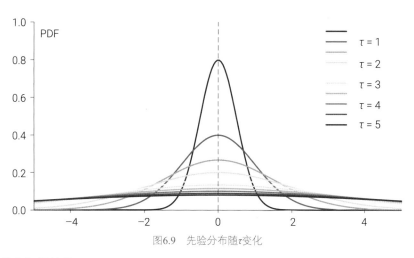

图6.9　先验分布随τ变化

所示的优化问题等价于：

$$\arg\max_{\theta}\left[\ln\prod_{i=1}^{n}\frac{1}{\sqrt{2\pi\sigma^2}}\exp\left(-\frac{\left(y^{(i)}-\left(\theta_0+\theta_1 x_1^{(i)}+\theta_2 x_2^{(i)}+\cdots+\theta_D x_D^{(i)}\right)\right)^2}{2\sigma^2}\right)+\ln\prod_{j=1}^{D}\frac{1}{\sqrt{2\pi\tau^2}}\exp\left(-\frac{\theta_j^2}{2\tau^2}\right)\right] \quad (6.15)$$

上式目标函数可以分为两部分整理。大家已经清楚，第一部分为：

$$-\frac{\left\|y-X\theta\right\|_2^2}{2\sigma^2}+\underbrace{n\ln\frac{1}{\sqrt{2\pi\sigma^2}}}_{\text{constant}} \quad (6.16)$$

第二部分为：

$$-\frac{\left\|\theta\right\|_2^2}{2\tau^2}+\underbrace{D\ln\frac{1}{\sqrt{2\pi\tau^2}}}_{\text{constant}} \quad (6.17)$$

忽略常数后，优化问题进一步整理为：

$$\arg\max_{\theta}\left[-\frac{\left\|y-X\theta\right\|_2^2}{2\sigma^2}-\frac{\left\|\theta\right\|_2^2}{2\tau^2}\right] \quad (6.18)$$

将上式最大化问题调整为最小化问题：

$$\arg\min_{\theta}\frac{1}{2\sigma^2}\left(\left\|y-X\theta\right\|_2^2+\frac{\sigma^2}{\tau^2}\left\|\theta\right\|_2^2\right) \quad (6.19)$$

令

$$\lambda=\frac{\sigma^2}{\tau^2} \quad (6.20)$$

等价于：

$$\underset{\boldsymbol{\theta}}{\arg\min} \underbrace{\left\| \boldsymbol{y} - \boldsymbol{X}\boldsymbol{\theta} \right\|_2^2}_{\text{OLS}} + \underbrace{\lambda \left\| \boldsymbol{\theta} \right\|_2^2}_{\text{L2 regularizer}} \tag{6.21}$$

这和上一章的岭回归优化问题完全一致。

《统计至简》第20章介绍过，先验的影响力很大，MAP的结果向先验均值"收缩"。这种效果常被称作**贝叶斯收缩** (Bayes shrinkage)。

根据式(6.20)，σ保持不变条件下，τ越小代表确信度越高，λ越大，通过MAP得到的优化解向原点 $(0,0)$ (先验均值) 收缩。图6.10上可以看到，优化解随着约束项参数λ不断增大运动的轨迹，"收缩" 的这种现象显而易见。

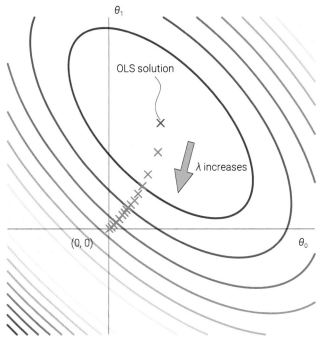

图6.10 不断增大λ时，岭回归优化解的变化路径

6.5 贝叶斯视角理解套索正则化

如果先验分布为拉普拉斯分布：

$$f_{\Theta_j}\left(\theta_j\right) = \frac{1}{2b} \exp\left(-\frac{\left|\theta_j\right|}{b}\right) \tag{6.22}$$

如图6.11所示。

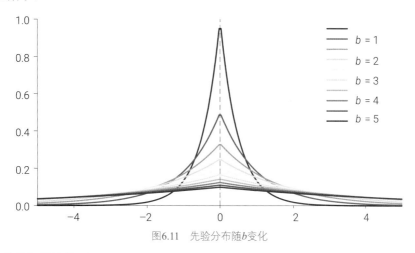

图6.11　先验分布随b变化

所示的优化问题等价于：

$$\arg\max_{\boldsymbol{\theta}}\left[\ln\prod_{i=1}^{n}\frac{1}{\sqrt{2\pi\sigma^2}}\exp\left(-\frac{\left(y^{(i)}-\left(\theta_0+\theta_1 x_1^{(i)}+\theta_2 x_2^{(i)}+\cdots+\theta_D x_D^{(i)}\right)\right)^2}{2\sigma^2}\right)+\ln\prod_{j=1}^{D}\frac{1}{2b}\exp\left(-\frac{|\theta_j|}{b}\right)\right] \quad (6.23)$$

也是分两部分来看上式。第一部分和上一节完全相同：

$$-\frac{\|\boldsymbol{y}-\boldsymbol{X\theta}\|_2^2}{2\sigma^2}+\underbrace{n\ln\frac{1}{\sqrt{2\pi\sigma^2}}}_{\text{constant}} \quad (6.24)$$

第二部分为：

$$-\frac{1}{b}\sum_{j=1}^{D}|\theta_j|+\underbrace{D\ln\frac{1}{2b}}_{\text{constant}}=-\frac{1}{b}\|\boldsymbol{\theta}\|_1+\underbrace{D\ln\frac{1}{2b}}_{\text{constant}} \quad (6.25)$$

忽略常数后，优化问题为：

$$\arg\max_{\boldsymbol{\theta}}-\frac{\|\boldsymbol{y}-\boldsymbol{X\theta}\|_2^2}{2\sigma^2}-\frac{1}{b}\|\boldsymbol{\theta}\|_1 \quad (6.26)$$

最大化问题调整为最小化问题得到：

$$\arg\min_{\boldsymbol{\theta}}\|\boldsymbol{y}-\boldsymbol{X\theta}\|_2^2+\frac{2\sigma^2}{b}\|\boldsymbol{\theta}\|_1 \quad (6.27)$$

令

$$\lambda=\frac{2\sigma^2}{b} \quad (6.28)$$

等价于：

$$\arg\min_{\boldsymbol{\theta}} \|\boldsymbol{y} - \boldsymbol{X}\boldsymbol{\theta}\|_2^2 + \lambda \|\boldsymbol{\theta}\|_1 \tag{6.29}$$

这和上一章套索回归的优化问题的目标函数本质上一致。

图6.12所示为不断增大λ时，套索回归参数的变化轨迹；可以发现参数变化轨迹有两段，第一段以OLS结果为起始点，几乎沿着斜线靠近y轴 ($\theta_0 = 0$)，直至到达y轴。到达y轴时，回归系数θ_0为0。第二段，沿着y轴朝着原点运动。

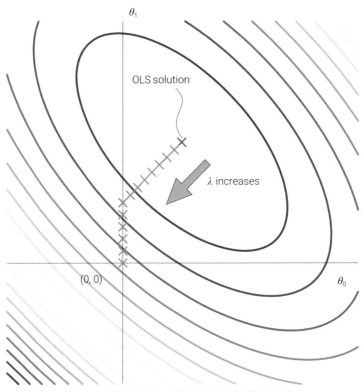

图6.12　不断增大λ时，套索回归优化解的变化轨迹

请大家自己思考，从贝叶斯推断视角来看，套索回归的先验概率分布应该是什么？

贝叶斯回归是一种基于贝叶斯理论的回归分析方法，它不仅考虑了自变量与因变量之间的线性关系，还考虑了模型的不确定性和误差。在贝叶斯回归中，模型的参数被视为概率变量，因此可以通过贝叶斯定理来计算模型参数的后验分布，从而得到对未来数据的预测结果。

贝叶斯回归不仅可以有效地避免过拟合和欠拟合等问题，还可以处理噪声和缺失数据等复杂情况，具有广泛的应用前景。

从贝叶斯回归视角理解正则化回归，可以将正则化项视为参数的先验分布。正则化回归通过在损失函数中加入先验分布，来约束模型参数的取值范围，从而避免过拟合并提高泛化能力。在贝叶斯回归中，先验分布可以通过经验知识或者领域知识来确定，这种方法可以更好地适应实际问题的复杂性和不确定性。因此，正则化回归可以看作是贝叶斯回归在参数估计中的一种特殊情况。

想深入学习贝叶斯推断和贝叶斯回归的读者可以参考开源图书*Bayesian Modeling and Computation in Python*，下载地址如下：

◀ `https://bayesiancomputationbook.com/welcome.html`

07 Gaussian Process
高斯过程
多元高斯分布的条件概率，协方差矩阵为核函数

生命就像一个永恒的春天，穿着崭新而绚丽的衣服站在我面前。

Life stands before me like an eternal spring with new and brilliant clothes.

—— 卡尔·弗里德里希·高斯 (Carl Friedrich Gauss) | 德国数学家、物理学家、天文学家 | 1777 — 1855年

◀ sklearn.gaussian_process.GaussianProcessRegressor() 高斯过程回归函数
◀ sklearn.gaussian_process.kernels.RBF() 高斯过程高斯核函数
◀ sklearn.gaussian_process.GaussianProcessClassifier() 高斯过程分类函数

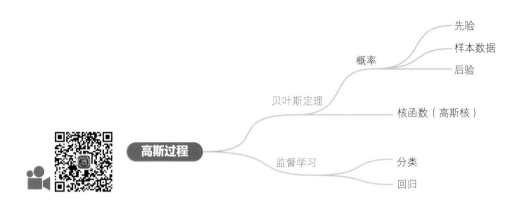

7.1 高斯过程原理

高斯过程 (Gaussian Process，GP) 既可以用来回归，又可以用来分类。《数据有道》介绍过，高斯过程是一种概率模型，用于建模连续函数或实数值变量的概率分布。在高斯过程中，任意一组数据点都可以被视为多元高斯分布的样本，该分布的均值和协方差矩阵由先验信息和数据点间的相似度计算而得。通过高斯过程，可以对函数进行预测并对其不确定性进行量化，这使得其在机器学习、优化和贝叶斯推断等领域中被广泛应用。

在使用高斯过程进行预测时，通常使用条件高斯分布来表示先验和后验分布。通过先验分布和数据点的观测，可以计算后验分布，并通过该分布来预测新数据点的值，如图7.1所示。在高斯过程中，核函数起着重要的作用，它定义了数据点间的相似性，不同的核函数也适用于不同的应用场景。一些常见的核函数包括线性核、多项式核、高斯核、周期核等。

《数据有道》专门介绍过高斯过程中常见核函数的特征，以及核函数的叠加。

高斯过程具有许多优点，如对噪声和异常值具有鲁棒性，能够对预测结果的不确定性进行量化，对于小样本也能够进行有效的预测，等等。然而，高斯过程的计算复杂度较高，通常需要通过一些技巧来提高其效率。

想要理解高斯过程，必须要对多元高斯分布、条件概率、协方差矩阵、贝叶斯推断等数学工具烂熟于心。《数据有道》详细讲过高斯过程原理，下面简要回顾一下。

《统计至简》第11章讲解多元高斯分布，第12章讲解条件高斯分布，第13章介绍协方差矩阵，第20、21章介绍贝叶斯推断，建议大家回顾。

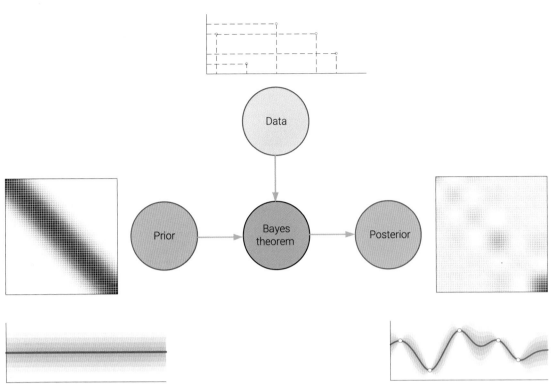

图7.1　高斯过程算法中贝叶斯定理的作用

先验

$\boldsymbol{x}_2$为一系列需要预测的点，$\boldsymbol{y}_2 = \text{GP}(\boldsymbol{x}_2)$ 对应高斯过程预测结果。
高斯过程的先验为：

$$\boldsymbol{y}_2 \sim N\left(\boldsymbol{\mu}_2, \boldsymbol{K}_{22}\right) \tag{7.1}$$

其中，$\boldsymbol{\mu}_2$ 为高斯过程的均值，$\boldsymbol{K}_{22}$ 为协方差矩阵。之所以写成 $\boldsymbol{K}_{22}$ 这种形式，是因为高斯过程的协方差矩阵通过核函数定义。

本章主要利用**高斯核** (Gaussian kernel)，也叫径向基核RBF。

在Scikit-Learn中，高斯核的定义为：

$$\kappa\left(x_i, x_j\right) = \exp\left(-\frac{\left(x_i - x_j\right)^2}{2l^2}\right) \tag{7.2}$$

当输入为多元的情况下，上式分子为向量差的欧氏距离平方，即 $\left\|\boldsymbol{x}_i - \boldsymbol{x}_j\right\|_2^2$。图7.2所示为，$l = 1$ 时，先验协方差矩阵的热图。为了保证形式上和协方差矩阵一致，图7.2纵轴上下调转。

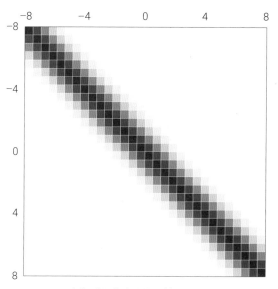

图7.2　高斯过程的先验协方差矩阵，高斯核

图7.3所示为参数*l*对先验协方差矩阵的影响。

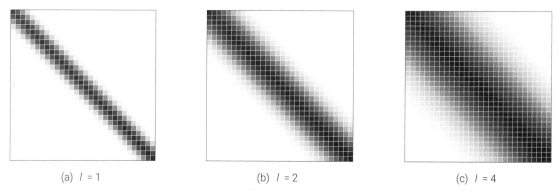

(a)　*l* = 1　　　　　　　　　(b)　*l* = 2　　　　　　　　　(c)　*l* = 4

图7.3　先验协方差矩阵随着参数*l*变化，高斯核

很多其他文献中高斯核定义为：

$$\kappa\left(x_i, x_j\right) = \sigma^2 \exp\left(-\frac{\left(x_i - x_j\right)^2}{2l^2}\right) \tag{7.3}$$

其中，σ^2决定了先验协方差矩阵中方差大小。本章采用Scikit-Learn中高斯核的定义，即式 (7.2)。

如图7.4所示，每一条曲线代表一个根据当前先验均值、先验协方差的函数采样。打个比方，在没有引入数据之前，图7.4的曲线可以看成是一捆没有扎紧的丝带，随着微风飘动。

图7.4中的红线为高斯过程的先验均值，本章假设均值为0。

⚠

注意：高斯过程可以选择的核函数有很多，高斯核较为常见。此外，不同核函数还可以叠加组合。

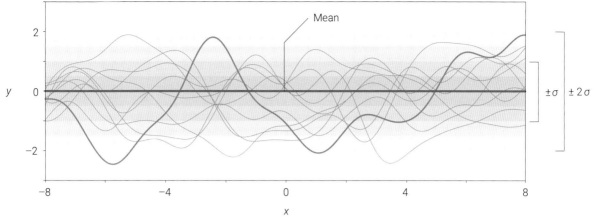

图7.4　高斯过程先验分布的采样函数，高斯核，$\sigma = 1$

《统计至简》第9章介绍过"68-95-99.7法则"，图7.4中$\pm 2\sigma$对应约95%。即约95%的样本位于距平均值正负2个标准差之内。

样本

观测到的样本数据定义为(x_1, y_1)。图7.5给出了两个样本点，它们相当于扎紧丝带的两个节点。

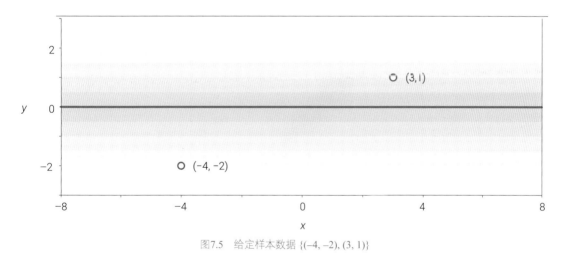

图7.5　给定样本数据 $\{(-4, -2), (3, 1)\}$

联合分布

假设样本数据y_1和预测值y_2服从联合高斯分布：

$$\begin{bmatrix} y_1 \\ y_2 \end{bmatrix} \sim N\left(\begin{bmatrix} \mu_1 \\ \mu_2 \end{bmatrix}, \begin{bmatrix} K_{11} & K_{12} \\ K_{21} & K_{22} \end{bmatrix} \right) \tag{7.4}$$

简单来说，高斯过程对应的分布可以看成是无限多个随机变量的联合分布。图7.6中的协方差矩阵来自 $[x_1, x_2]$ 的核函数。

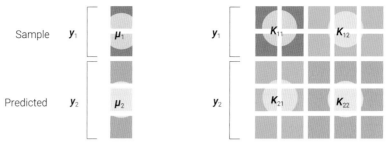

图7.6 样本数据y_1和预测值y_2服从联合高斯分布

后验

利用贝叶斯定理，整合先验分布和样本数据获得的后验分布为：

$$f\left(\boldsymbol{y}_2 \mid \boldsymbol{y}_1\right) \sim N\left(\underbrace{\boldsymbol{K}_{21}\boldsymbol{K}_{11}^{-1}\left(\boldsymbol{y}_1-\boldsymbol{\mu}_1\right)+\boldsymbol{\mu}_2}_{\text{expectation}}, \underbrace{\boldsymbol{K}_{22}-\boldsymbol{K}_{21}\boldsymbol{K}_{11}^{-1}\boldsymbol{K}_{12}}_{\text{covariance matrix}}\right) \tag{7.5}$$

图7.7所示为引入样本数据 $\{(-4, -2), (3, 1)\}$ 后，后验协方差矩阵的热图。

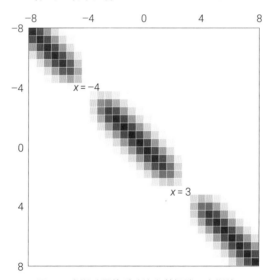

图7.7 高斯过程的后验协方差矩阵，高斯核

图7.8所示为后验分布采样函数，样本点位置上丝带被锁紧，而其余部分丝带仍然在舞动。
图7.8中红色曲线对应后验分布的均值：

$$\boldsymbol{K}_{21}\boldsymbol{K}_{11}^{-1}\left(\boldsymbol{y}_1-\boldsymbol{\mu}_1\right)+\boldsymbol{\mu}_2 \tag{7.6}$$

显然，红色曲线通过所有给定样本数据点。
图7.8中带宽对应一系列标准差：

$$\text{sqrt}\left(\text{diag}\left(\boldsymbol{K}_{22}-\boldsymbol{K}_{21}\boldsymbol{K}_{11}^{-1}\boldsymbol{K}_{12}\right)\right) \tag{7.7}$$

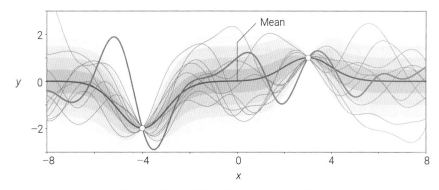

图7.8 高斯过程后验分布的采样函数，高斯核

其他几组情况

图7.9所示为随着样本不断增加，后验概率分布的协方差矩阵热图、高斯过程后验分布采样函数的变化情况。

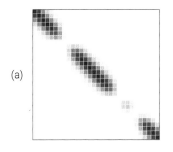

(a)

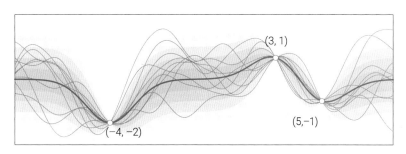

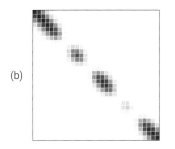

(b)

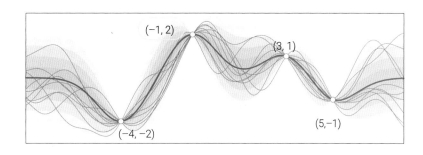

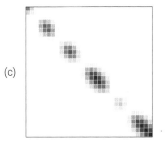

(c)

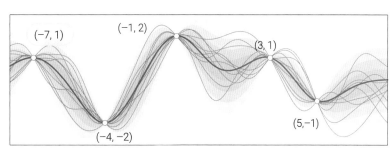

图7.9 样本数据不断增加，后验分布协方差矩阵和采样曲线的变化

7.2 解决回归问题

Scikit-Learn解决回归问题的函数为sklearn.gaussian_process.GaussianProcessRegressor()。

图7.10 (a) 中蓝色曲线为真实曲线，对应函数为$f(x) = x\sin(x)$。图7.10 (a) 中红色点为样本点，蓝色曲线为高斯过程回归曲线，浅蓝色宽带为95%置信区间。

图7.10 (b) 所示为在样本点上加上噪声后的高斯回归结果。

这个例子中使用的是高斯核函数，对应sklearn.gaussian_process.kernels.RBF()。请大家调整参数，观察对回归结果的影响。此外，请大家试着使用其他核函数，并比较回归曲线。

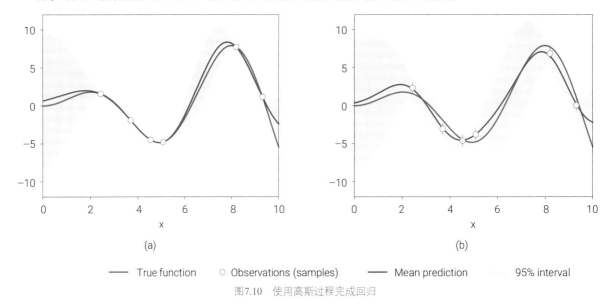

(a)   (b)

——— True function   ○ Observations (samples)   ——— Mean prediction   95% interval

图7.10 使用高斯过程完成回归

图7.10所示高斯过程回归参考如下Scikit-Learn示例，请大家自行学习：

◀ https://scikit-learn.org/stable/auto_examples/gaussian_process/plot_gpr_noisy_targets.html

7.3 解决分类问题

sklearn.gaussian_process.GaussianProcessClassifier() 是Scikit-Learn中专门用来解决高斯过程分类的函数。本例利用此函数根据花萼长度、花萼宽度分类鸢尾花。图7.11所示为采用高斯过程分类得到的决策边界。图7.12所示为三个后验曲面三维曲面和平面等高线。

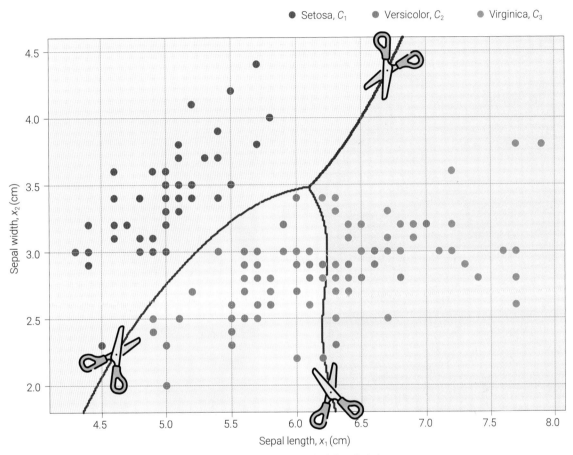

图7.11 使用高斯过程完成鸢尾花分类

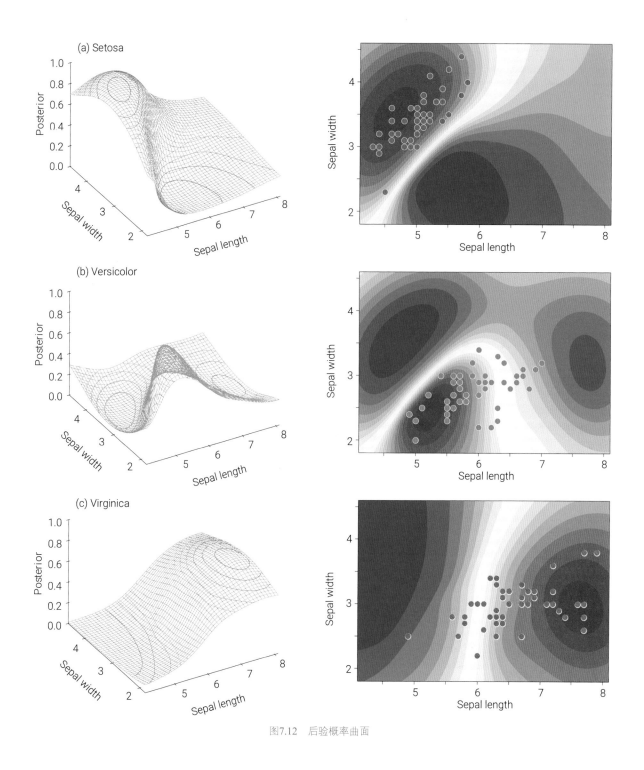

图7.12 后验概率曲面

　　Bk7_Ch10_01.ipynb中利用高斯过程完成了鸢尾花分类，并绘制了图7.11和图7.12。代码7.1中关键语句已经注释，请大家自行学习。

ⓐ
```python
from sklearn.gaussian_process import GaussianProcessClassifier
# 导入高斯过程分类器模块
```

ⓑ
```python
from sklearn.gaussian_process.kernels import RBF
# 导入高斯核函数(径向基RBF)
```

ⓒ
```python
kernel = 1.0 * RBF([1.0])
# 长度参数为 l = 1，方差也为1
```

ⓓ
```python
gpc_rbf_isotropic = GaussianProcessClassifier(kernel=kernel).fit(X, y)
# 创建高斯过程分类器对象，并使用给定的数据X和标签y进行拟合训练
# 这里X是特征数据，y是相应的标签
```

```python
# 查询点
```
ⓔ
```python
q = np.c_[xx.ravel(), yy.ravel()];
```

```python
# 预测分类
```
ⓕ
```python
Z = gpc_rbf_isotropic.predict(q)
```

```python
# 规整形状
```
ⓖ
```python
y_predict = Z.reshape(xx.shape)
```

```python
# 计算三个不同标签的后验概率值
```
ⓗ
```python
predict_proba = gpc_rbf_isotropic.predict_proba(
    np.c_[xx.ravel(), yy.ravel()])
```

```python
# 规整形状
```
ⓘ
```python
predict_proba = predict_proba.reshape((
    xx.shape[0], xx.shape[1], 3))
```

高斯过程是一种基于概率论的非参数模型，可以用于建模连续函数或实数值变量的概率分布。在高斯过程中，先验分布通过核函数和一些超参数来定义，而数据点的观测可以通过似然函数与先验分布相结合，计算后验分布。高斯过程中的核函数通常定义了数据点之间的相似性，超参数可以通过最大化似然或最大化边缘似然来优化。

在回归问题中，高斯过程可以用于预测连续变量的值，并估计预测值的不确定性。在分类问题中，高斯过程分类器可以将先验分布定义为高斯分布，通过后验分布进行分类预测。高斯过程的优点包括模型具有灵活性，能够对预测结果的不确定性进行量化，对噪声和异常值具有鲁棒性，等等。但高斯过程的计算复杂度较高，需要进行计算优化和近似方法。

Section 03

03 分 类

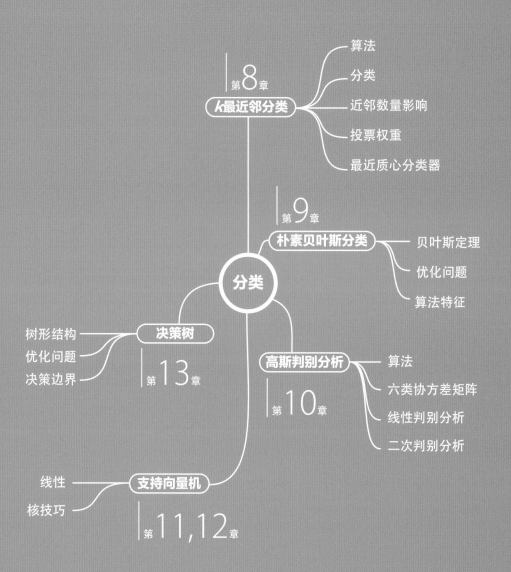

算法

分类

近邻数量影响

投票权重

最近质心分类器

第8章

k最近邻分类

第9章

朴素贝叶斯分类

贝叶斯定理

优化问题

算法特征

分类

树形结构

优化问题

决策边界

决策树

第13章

高斯判别分析

算法

六类协方差矩阵

线性判别分析

二次判别分析

第10章

线性

核技巧

支持向量机

第11,12章

学习地图 | 第3板块

08

k-nearest neighbors algorithm
*k***最近邻分类**
小范围投票，少数服从多数

如果一台计算机能够欺骗人类，让人类相信它也是人类一员；那么，这台计算机值得被称作智能机器。

A computer would deserve to be called intelligent if it could deceive a human into believing that it was human.

—— 艾伦·图灵 (Alan Turing) | 英国计算机科学家、数学家，人工智能之父 | 1912 — 1954年

◀　enumerate() 函数用于将一个可遍历的数据对象，如列表、元组或字符串等，组合为一个索引序列，同时列出数据和数据下标，一般用在 for 循环当中

◀　matplotlib.pyplot.contour() 绘制等高线图

◀　matplotlib.pyplot.contourf() 绘制填充等高线图

◀　matplotlib.pyplot.scatter() 绘制散点图

◀　numpy.array() 创建 array 数据类型

◀　numpy.c_() 按列叠加两个矩阵

◀　numpy.diag() 如果 A 为方阵，numpy.diag(A) 函数提取对角线元素，以向量形式输入结果；如果 a 为向量，numpy.diag(a) 函数将向量展开成方阵，方阵对角线元素为 a 向量元素

◀　numpy.linalg.inv() 计算逆矩阵

◀　numpy.linalg.norm() 计算范数

◀　numpy.linspace() 产生连续均匀向量数值

◀　numpy.meshgrid() 创建网格化数据

◀　numpy.r_() 按行叠加两个矩阵

◀　numpy.ravel() 将矩阵扁平化

◀　sklearn.neighbors.KNeighborsClassifier 为 *k*-NN 分类算法函数；函数常用的方法为 fit(X, y) 和 predit(q)；fit(X, y) 用来加载样本数据，predit(q) 用来预测查询点 q 的分类

◀　sklearn.neighbors.NearestCentroid 最近质心分类算法函数

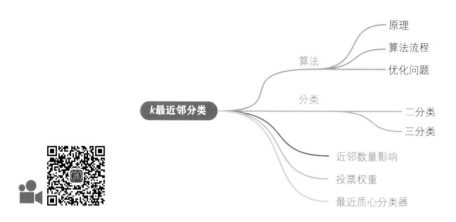

8.1 k 最近邻分类原理：近朱者赤，近墨者黑

k 最近邻算法 (k-nearest neighbors algorithm，k-NN) 是最基本监督学习方法之一。这种算法的优点是简单易懂，不需要训练过程，对于非线性分类问题表现良好。

然而，它也存在一些缺点，例如需要大量存储训练集、预测速度较慢、对于高维数据容易出现维数灾难等。此外，在选择 k 值时需要进行一定的调参工作，以保证算法的准确性和泛化能力。

> ⚠ 注意：k-NN 中的 k 指的是"近邻"的数量。

原理

k-NN 思路很简单——"近朱者赤，近墨者黑"。更准确地说，小范围投票，**少数服从多数** (majority rule)，如图 8.1 所示。

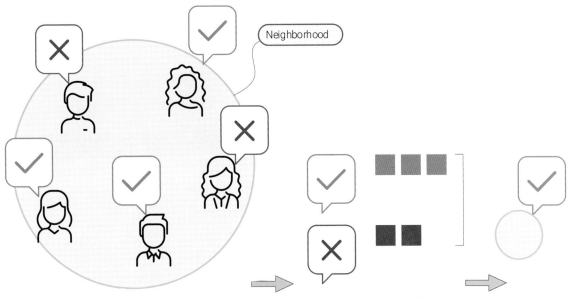

图8.1 k最近邻分类核心思想——小范围投票，少数服从多数

算法流程

给定样本数据X ($x^{(1)}$, $x^{(2)}$, $\cdots$, $x^{(n)}$)，分别对应已知标签y ($y^{(1)}$, $y^{(2)}$, $\cdots$, $y^{(n)}$)。**查询点** (query point) q 标签未知，待预测分类。

k-NN近邻算法流程如下：

◀计算样本数据X任意一点x和查询点q之间的距离；
◀找X中距离查询点q最近的k个样本，即k个"近邻"；
◀根据k个邻居已知标签，直接投票或加权投票；k个邻居出现数量最多的标签即为查询点q预测分类结果。

优化问题

用公式表示，k-NN算法的优化目标如下，**预测分类** (predicted classification) $\hat{y}$：

$$\hat{y}(q) = \arg\max_{C_k} \sum_{i \in kNN(q)} I\left(y^{(i)} = C_k\right) \tag{8.1}$$

其中，k-NN(q)为查询点q近邻构成的集合，C_k为标签为C_k的样本数据集合，k = 1, 2, $\cdots$, K。I为**指示函数** (indicator function)，表示"一人一票"；当$y^{(i)} = C_k$成立时，I = 1；否则，I = 0。

下面以二分类为例，和大家讲解如何理解k-NN算法。

8.2 二分类: 非红，即蓝

平面可视化

假设，数据X有两个特征，即$D = 2$；X的两个特征分别为x_1和x_2。也就是说，在x_1x_2平面上，X的第一列数值为横坐标，X的第二列数值为纵坐标。

y有两类标签$K = 2$，即C_1和C_2；红色 • 表示C_1，蓝色 • 表示C_2。

X和y数据形式及平面可视化如图8.2所示。

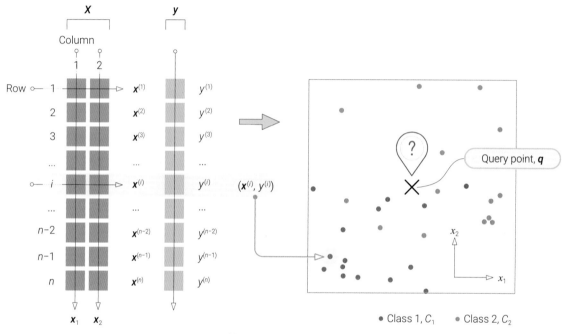

图8.2　两特征 $(D = 2)$ 含标签样本数据可视化

显然这是个**二分类** (binary classification或bi-class classification) 问题，查询点 q的分类可能是C_1 (红色 •)，或者C_2 (蓝色 •)。

四个近邻投票

对于二分类问题，即$K = 2$，可以写成:

$$\hat{y}\left(q\right) = \max_{C_1, C_2}\left\{\sum_{i \in kNN(q)} I\left(y^{(i)} = C_1\right), \sum_{i \in kNN(q)} I\left(y^{(i)} = C_2\right)\right\} \tag{8.2}$$

在图8.3所示平面上，✕ 为查询点q，以行向量表达。

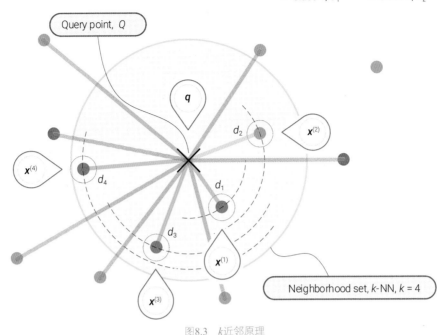

图8.3　k近邻原理

　　如果设定"近邻"数量 $k = 4$，那么以查询点q为圆心圈定的圆形"近邻社区"里就有4个样本数据点 ($x^{(1)}$、$x^{(2)}$、$x^{(3)}$ 和 $x^{(4)}$)。4个点中，样本点$x^{(1)}$ 距离查询点q的距离d_1最近，样本点$x^{(4)}$ 距离查询点q的距离d_4最远。

　　显然，查询点q近邻社区四个查询点中，投票为"三比一"——3个"近邻"标签为C_1 (红色 ●)，1个"近邻"标签为C_2 (蓝色 ●)。也就是：

$$\sum_{i \in kNN(q)} I\left(y^{(i)} = C_1\right) = 3$$
$$\sum_{i \in kNN(q)} I\left(y^{(i)} = C_2\right) = 1 \tag{8.3}$$

　　将具体分类标签代入式 (8.2)，可以得到：

$$\hat{y}\left(q\right) = \max_{C_1, C_2}\left\{3_{(C_1)}, 1_{(C_2)}\right\} = C_1 \tag{8.4}$$

　　由于近邻不分远近，投票权相同。图8.3中距离线段线宽代表投票权。少数服从多数，在$k = 4$的条件下，红色 ● "胜出"！因此，查询点q的预测分类为C_1 (红色 ●)。

　　需要引起注意的是，近邻数量k是自定义输入；观察图8.3可以发现，当k增大时，查询点q的预测分类可能会发生变化。

　　下一节将会讨论近邻数量k如何影响分类预测结果。

sklearn.neighbors.KNeighborsClassifier为Scikit-Learn工具包k-NN分类算法函数。函数默认的近邻数量n_neighbors为5，默认距离度量metric为欧氏距离 (Euclidean distance)。这个函数常用的方法为 fit(X, y) 和 predit(q)；fit(X, y)用来拟合样本数据，predit(q)用来预测查询点q的分类。

《数据有道》专门总结了机器学习中常见距离度量。

8.3 三分类：非红，要么蓝，要么灰

鸢尾花分类问题为三分类问题，即$K = 3$。图8.4中每个圆点 ● 代表一个数据点。其中，● 代表 setosa (C_1, $y = 0$)，● 代表 versicolor (C_2, $y = 1$)，● 代表virginica (C_3, $y = 2$)。

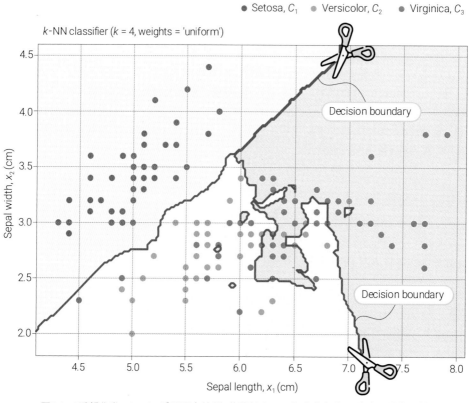

图8.4 k近邻分类，$k = 4$，采用两个特征 (花萼长度 x_1, 和花萼宽度x_2) 分类三种鸢尾花

图8.4所示为利用KNeighborsClassifier获得的鸢尾花分类结果。输入数据选取鸢尾花数据的两个特征——花萼长度 x_1和花萼宽度x_2。用户输入的近邻数量n_neighbors为4。请大家注意，图8.4中，一些位置数据点存在叠合，也就是说一个圆点代表不止一个数据点。

注意：欧几里德距离，也称欧氏距离，是最常见的距离度量，本章出现的距离均为欧氏距离。此外，本节使用直接投票(等权重投票)，而本章第三节将讲解加权投票原理。

决策边界

图8.4中深蓝色曲线为**决策边界** (decision boundary)。如果决策边界是直线、平面或超平面，那么这个分类问题是线性的，分类是线性可分的；否则，分类问题是非线性的。如图8.4所示，k-NN算法决策边界杂乱无章，肯定是非线性的，甚至不可能用某个函数来近似。

很多分类算法获得的决策边界都可以通过简单或者复杂函数来描述，如一次函数、二次函数、二次曲线等；这类模型也称**参数模型** (parametric model)。与之对应的是，类似k-NN这样的学习算法得到的决策边界为**非参数模型** (non-parametric model)。

k-NN基于训练数据，更准确地说是把训练数据以一定的形式存储起来完成学习任务，而不是泛化得到某个解析解进行数据分析或预测。

所谓**泛化能力** (generalization ability) 是指机器学习算法对全新样本的适应能力。适应能力越强，泛化能力越强；否则，泛化能力弱。

举个简单例子解释"泛化能力弱"这一现象：一个学生平时做了很多练习题，每道练习题目都烂熟于心；这个学生虽然刻苦练习，可惜他就题论题，不能举一反三，考试做新题时，分数总是很低。

每当遇到一个新查询点，k-NN分类器分析这个新查询点与早前存储样本数据之间的关系，并据此把一个预测分类值赋给新查询点。值得注意的是，这些样本数据是以树形结构存储起来的，常见的算法是kd树。

请大家注意，学习每一种学习算法时，注意观察决策边界形状特点，并总结规律。

Bk7_Ch08_01.ipynb中的代码可以用来实现本节分类问题，并绘制图8.4。下面讲解其中关键语句。

代码8.1　用sklearn.neighbors.KNeighborsClassifier()分类 | ⊕ Bk7_Ch08_01.ipynb

```
# 近邻数量
ⓐ k_neighbors = 4

# k-NN 分类器
ⓑ clf = neighbors.KNeighborsClassifier (k_neighbors)

# 拟合数据
ⓒ clf.fit(X, y)

# 查询点
ⓓ q = np.c_[xx1.ravel(), xx2.ravel()];

# 预测
ⓔ y_predict = clf.predict(q)

# 规整形状
ⓕ y_predict = y_predict.reshape(xx1.shape)
```

ⓐ定义近邻的数量为4，请大家尝试其他近邻数量。

ⓑ用sklearn.neighbors.KNeighborsClassifier()创建k-NN分类对象。

ⓒ调用k-NN分类对象，并拟合数据。

ⓓ将网格坐标转化为二维数组。

ⓔ对网格数据进行分类预测。

ⓕ将预测结果规整为和网格数据相同的形状，以便于后续可视化。

8.4 近邻数量k影响投票结果

近邻数量k为用户输入值，而k值直接影响查询点分类结果；因此，选取合适k值格外重要。本节和大家探讨近邻数量k对分类结果的影响。

图8.5所示为，k取四个不同值时，查询点q预测分类结果的变化情况。如图8.5 (a) 所示，当 $k = 4$ 时，查询点q 近邻中，3个近邻为 ● (C_1)，1个近邻为 ● (C_2)；等权重投票条件下，查询点q预测标签为 ● (C_1)。

当近邻数量k提高到8时，近邻社区中，4个近邻为 ● (C_1)，4个近邻为 ● (C_2)，如图8.5 (b) 所示；等权重投票条件下，两个标签各占50%。因此$k = 8$时，查询点q恰好在决策边界上。

如图8.5 (c) 所示，当 $k = 12$时，查询点q近邻中5个为 ● (C_1)，7个为 ● (C_2)；等权重投票条件下，查询点q预测标签为 ● (C_2)。当 $k = 16$时，如图8.5 (d) 所示，查询点q预测标签同样为 ● (C_2)。

k-NN算法选取较小的k值虽然能准确捕捉训练数据的分类模式；但是，缺点也很明显，容易受到噪声影响。

影响决策边界形状

图8.6所示为，k选取不同值时，对鸢尾花分类的影响。观察图8.6可以发现，当k逐步增大时，局部噪声样本对边界的影响逐渐减小，边界形状趋于平滑。

较大的k是会抑制噪声的影响，但是使得分类界限不明显。举个极端例子，如果选取k值为训练样本数量，即$k = n$，采用等权重投票，这种情况不管查询点q在任何位置，预测结果仅有一个。这种训练得到的模型过于简化，忽略了样本数据中有价值的信息。

图8.7所示为用Streamlit搭建的App，其展示k对k-NN聚类结果的影响。

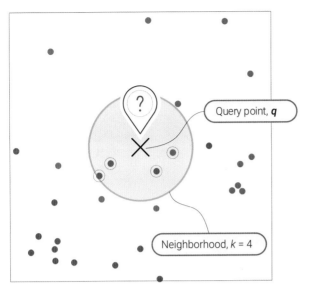

(a) $k = 4$;　● C_1 (3/4, 75%);　● C_2 (1/4, 25%)

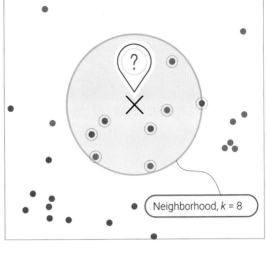

(b) $k = 8$;　● C_1 (4/8, 50%);　● C_2 (4/8, 50%)

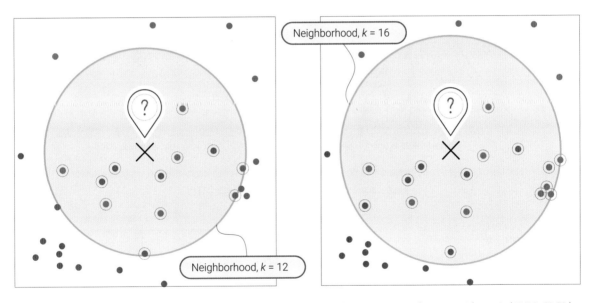

(c) $k = 12$;　● C_1 (5/12, 41.67%);　● C_2 (7/12, 58.33%)

(d) $k = 16$;　● C_1 (6/16, 37.5%);　● C_2 (10/16, 62.5%)

图8.5　近邻数量k值影响查询点的分类结果

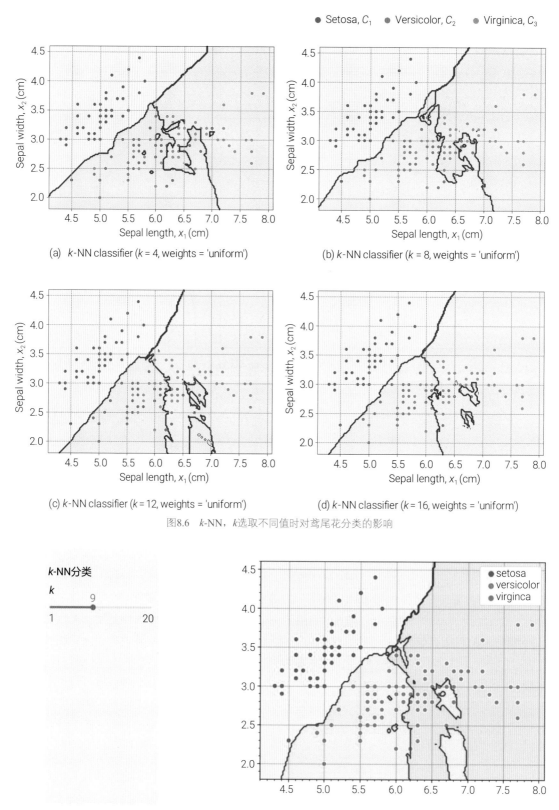

● Setosa, C_1 ● Versicolor, C_2 ● Virginica, C_3

(a) k-NN classifier ($k = 4$, weights = 'uniform')

(b) k-NN classifier ($k = 8$, weights = 'uniform')

(c) k-NN classifier ($k = 12$, weights = 'uniform')

(d) k-NN classifier ($k = 16$, weights = 'uniform')

图8.6　k-NN，k选取不同值时对鸢尾花分类的影响

图8.7　展示k对k-NN聚类结果影响的App，Streamlit搭建 ｜ ⊕ Streamlit_Bk7_Ch08_02.py

8.5 投票权重：越近，影响力越高

本章前文强调过，在"近邻社区"投票时，采用的是"等权重"方式；也就是说，只要在"近邻社区"之内，无论距离远近，一人一票，少数服从多数。

前文中，k近邻分类函数，默认为等权重投票，默认值 weights = 'uniform'。但是，在很多k近邻分类问题中，采用加权投票则更有效。

如图8.8所示，每个近邻的距离线段线宽w_i代表各自投票权重。距离查询点越近的近邻，投票权重w_i越高；相反，越远的近邻，投票权重w_i越低。

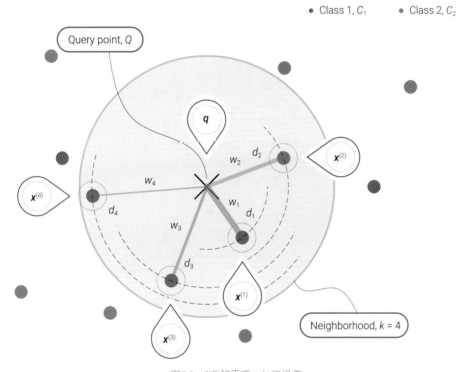

图8.8 k近邻原理，加权投票

对应的优化问题变成：

$$\hat{y}(\boldsymbol{q}) = \arg\max_{C_k} \sum_{i \in kNN(\boldsymbol{q})} w_i \cdot I\left(y^{(i)} = C_k\right) \tag{8.5}$$

sklearn.neighbors.KNeighborsClassifier函数中，可以设定投票权重与查询点距离成反比，即weights = 'distance'。

此外，近邻投票权w_i还可以通过**归一化** (normalization) 处理，如下式：

$$w_i = \frac{\max(d_{NN}) - d_i}{\max(d_{NN}) - \min(d_{NN})} \tag{8.6}$$

d_{NN}为所有近邻距离构成的集合，$\max(d_{NN})$ 和 $\min(d_{NN})$ 分别为计算得到的近邻距离最大和最小值。加权投票权重还可以采用距离平方的倒数，这种权重随着距离增大衰减越快。

使用Scikit-Learn的k-NN分类器时，大家可以自定义加权投票权重函数。

决策边界

图8.9所示为，近邻数量 $k = 50$条件下，weights = 'distance'时，k近邻分类算法获得决策边界。

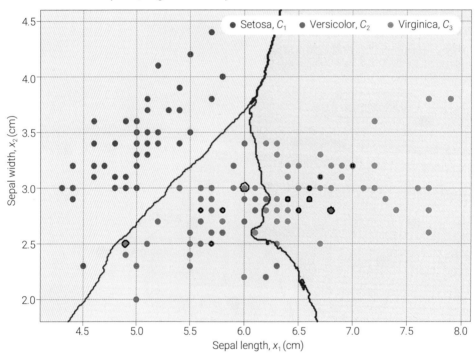

图8.9 $k = 50$时，鸢尾花分类决策边界，投票权重与查询点距离成反比

8.6 最近质心分类：分类边界为中垂线

最近质心分类器 (Nearest Centroid Classifier，NCC) 思路类似k-NN。

本章前文讲过，k-NN以查询点为中心，圈定k个近邻，近邻投票。而最近质心分类器，先求解得到不同类别样本数据簇质心位置$\boldsymbol{\mu}_m$ ($m = 1, 2, \cdots, K$)；查询点$\boldsymbol{q}$距离哪个分类质心更近，其预测分类则被划定为哪一类。因此，最近质心分类器不需要设定最近邻数量k。

《矩阵力量》第22章已经讨论过**数据质心** (centroid) 这个概念，它的具体定义如下：

$$\boldsymbol{\mu}_k = \frac{1}{\text{count}(C_k)} \sum_{i \in C_k} \boldsymbol{x}^{(i)} \tag{8.7}$$

其中，count() 计算某个标签为C_k的子集样本数据点的数量。

注意，上式中假定$\boldsymbol{x}^{(i)}$和$\boldsymbol{\mu}_k$均为列向量。

分类函数

Python工具包完成最近质心分类的函数为sklearn.neighbors.NearestCentroid。图8.10所示为通过最近质心分类得到的鸢尾花分类决策边界。图8.10中$\boldsymbol{\mu}_1$、$\boldsymbol{\mu}_2$和$\boldsymbol{\mu}_3$三点分别为 ● setosa (C_1, $y = 0$)、● versicolor (C_2, $y = 1$)和 ● virginica (C_3, $y = 2$) 的质心所在位置。

大家可能已经发现，图8.10中每段决策边界都是两个质心的中垂线！

《矩阵力量》第19章讲解过中垂线，请大家回顾。

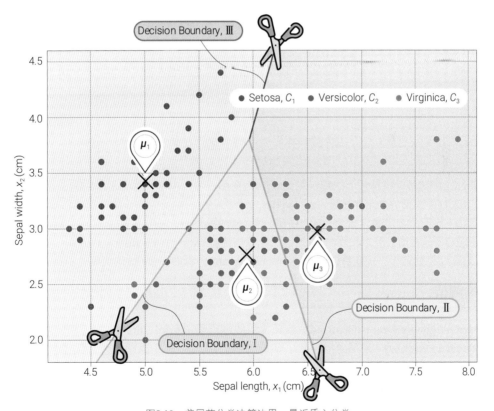

图8.10　鸢尾花分类决策边界，最近质心分类

图解原理

图8.11所示为最近质心分类器边界划分原理图。

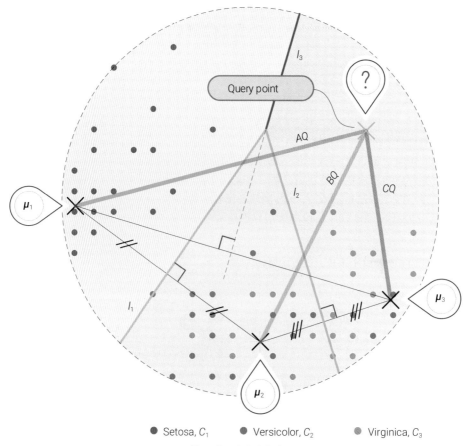

● Setosa, C_1 ● Versicolor, C_2 ● Virginica, C_3

图8.11　最近质心分类决策边界原理

平面上，A和B两点中垂线上的每一点到A和B距离都相等。中垂线垂直于AB线段，并经过AB线段的中点。图8.11中决策边界无非就是，μ_1、μ_2和μ_3三个质心点任意两个构造的中垂线。

如图8.11所示，为了确定查询点q的预测分类，计算q到μ_1、μ_2和μ_3三个质心点距离度量。比较AQ、BQ和CQ三段距离长度，发现CQ最短，因此查询点q预测分类为 ● virginica (C_3)。

图8.11有专门的名字——**沃罗诺伊图** (Voronoi diagram)。本书将会在K均值聚类一章介绍。

收缩阈值

sklearn.neighbors.NearestCentroid函数还提供**收缩阈值** (shrink threshold)，获得**最近收缩质心** (nearest shrunken centroid)。说得通俗一点，根据收缩阈值大小，每个类别数据质心向样本数据总体质心μ_x有不同程度的靠拢。图8.12展示的是随着收缩阈值不断增大，分类数据质心不断向μ_x靠拢，分类边界不断变化的过程。

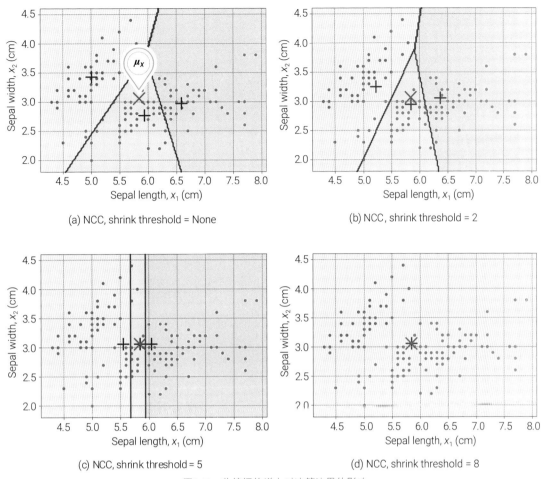

(a) NCC, shrink threshold = None

(b) NCC, shrink threshold = 2

(c) NCC, shrink threshold = 5

(d) NCC, shrink threshold = 8

图8.12　收缩阈值增大对决策边界的影响

NearestCentroid函数定义收缩阈值如何工作。对此感兴趣的话，大家可以自行打开NearestCentroid函数，查找if self.shrink_threshold对应的一段。

Bk7_Ch08_03.ipynb中绘制了图8.12所示四幅图像。

8.7 k-NN回归：非参数回归

本章前文的k-NN分类算法针对离散标签，比如C_1 (红色 ●) 和C_2 (蓝色 ●)。当输出值y为连续数据时，监督学习便是回归问题。本节讲解如何利用k-NN求解回归问题。

对分类问题，一个查询点的标签预测是由它附近k个近邻中占多数的标签决定的；同样，某个查询点的回归值，也是由其附近k个近邻的输出值决定的。

采用等权重条件下，查询点q的回归值$\hat{y}$可以通过下式计算获得：

$$\hat{y}(q) = \frac{1}{k} \sum_{i \in kNN(q)} y^{(i)} \tag{8.8}$$

其中，k-NN(q) 为查询点q的k个近邻构成的集合。

举个例子

如图8.13所示，当 $k = 3$ 时，查询点Q附近三个近邻$x^{(1)}$、$x^{(2)}$ 和$x^{(3)}$ 标记为蓝色 ●。这三个点对应的连续输出值分别为$y^{(1)}$、$y^{(2)}$和$y^{(3)}$。根据式 (8.8) 计算$y^{(1)}$、$y^{(2)}$ 和$y^{(3)}$ 平均值，得到查询点回归预测值$\hat{y}$：

$$\hat{y}(q) = \frac{1}{3}\left(y^{(1)} + y^{(2)} + y^{(3)}\right) = \frac{1}{3}(5 + 3 + 4) = 4 \tag{8.9}$$

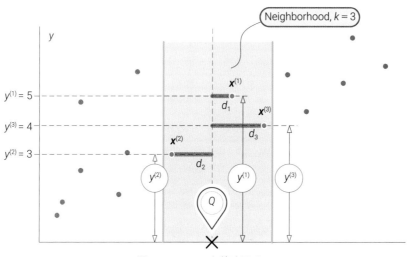

图8.13　k-NN回归算法原理

函数

sklearn.neighbors.KNeighborsRegressor函数完成k-NN回归问题求解。默认等权重投票，weights = 'uniform'。

如果k-NN回归中考虑近邻投票权重，查询点q的回归值$\hat{y}$可以通过下式计算获得：

$$\hat{y}(q) = \frac{1}{\sum\limits_{i \in kNN(q)} w_i} \sum_{i \in kNN(q)} w_i y^{(i)} \tag{8.10}$$

类似k-NN分类，可以通过weights = 'distance'设置样本数据权重与到查询点距离成反比。

图8.14所示为利用k-NN回归得到的不同种类鸢尾花花萼长度 x_1和花萼宽度x_2的回归关系。花萼宽度x_2相当于式 (8.10) 中y。图8.14 (a) 采用等权重投票，图8.14 (b) 中投票权重与查询点距离成反比。

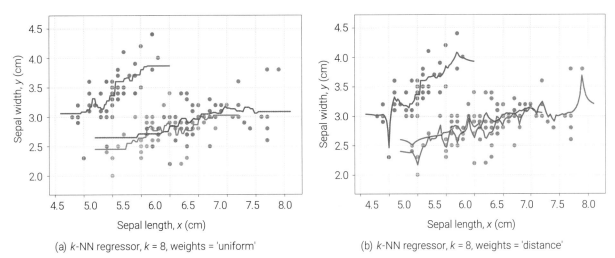

(a) k-NN regressor, $k = 8$, weights = 'uniform'　　(b) k-NN regressor, $k = 8$, weights = 'distance'

图8.14　k-NN回归，不同种类鸢尾花花萼长度和花萼宽度的回归关系

Bk7_Ch08_04.ipynb中完成了k-NN回归，并绘制了图8.14两幅图像。

　　本章探讨了最简单的监督学习方法之一——k-NN。k-NN可以用于分类问题，也可以用于回归问题。本书后文将介绍如何用k-NN完成回归任务。使用k-NN算法时，要注意近邻k值选择、距离度量，以及是否采用加权投票。

　　此外，最近质心分类(NCC)可以看作k-NN的简化版本，NCC利用某一类成员质心表示该类别数据，不需要用户提供近邻数量k值，决策边界为中垂线。

　　最近邻这一思路是很多其他机器学习算法的基础，比如**DBSCAN** (Density-Based Spatial Clustering of Applications with Noise)、**流形学习** (manifold learning) 和**谱聚类** (spectral clustering) 也是基于最近邻思想。

　　本章给出的例子中距离度量均为欧氏距离；而实际应用中，距离度量种类繁多，需要大家理解不同距离度量的具体定义以及优缺点。

09

Naive Bayes Classifier
朴素贝叶斯分类
假设特征之间条件独立，最大化后验概率

大家使用朴素贝叶斯分类器时，假设特征 (条件) 独立。之所以称之"朴素"，是因为那真是个"天真"的假设。

A learner that uses Bayes' theorem and assumes the effects are independent given the cause is called a Naïve Bayes classifier. That's because, well, that's such a naïve assumption.

—— 佩德罗·多明戈斯 (Pedro Domingos) | 《终极算法》作者，华盛顿大学教授 | 1965 —

◀ matplotlib.axes.Axes.contour() 绘制平面和空间等高线图
◀ matplotlib.Axes3D.plot_wireframe() 绘制三维单色网格图
◀ matplotlib.pyplot.bar() 绘制直方图
◀ matplotlib.pyplot.contour() 绘制等高线图
◀ matplotlib.pyplot.contourf() 绘制填充等高线图
◀ matplotlib.pyplot.scatter() 绘制散点图
◀ numpy.array() 创建 array 数据类型
◀ numpy.c_() 按列叠加两个矩阵
◀ numpy.linspace() 产生连续均匀向量数值
◀ numpy.meshgrid() 创建网格化数据
◀ numpy.r_() 按行叠加两个矩阵
◀ numpy.ravel() 将矩阵扁平化
◀ seaborn.barplot() 绘制直方图
◀ seaborn.displot() 绘制一元和二元条件边际分布
◀ seaborn.jointplot() 同时绘制分类数据散点图、分布图和边际分布图
◀ seaborn.scatterplot() 绘制散点图
◀ sklearn.datasets.load_iris() 加载鸢尾花数据集
◀ sklearn.naive_bayes.GaussianNB 高斯朴素贝叶斯分类算法函数

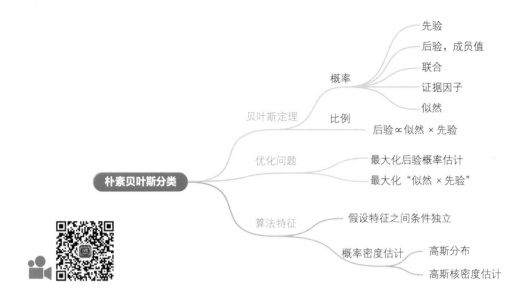

贝叶斯定理
概率
- 先验
- 后验，成员值
- 联合
- 证据因子
- 似然

比例
- 后验 ∝ 似然 × 先验

优化问题
- 最大化后验概率估计
- 最大化"似然 × 先验"

算法特征
- 假设特征之间条件独立

概率密度估计
- 高斯分布
- 高斯核密度估计

朴素贝叶斯分类

9.1 重逢贝叶斯

本章，贝叶斯定理将专门用来解决数据分类问题。这种分类方法叫作**朴素贝叶斯分类** (naive bayes classification)。简单来说，朴素贝叶斯分类是一种基于贝叶斯定理和特征条件独立假设的分类方法，其原理是利用已知分类标记的训练数据，计算每个类别的条件概率分布，并根据贝叶斯定理计算未知样本属于每个类别的后验概率，最终将样本分配给具有最高概率的类别。

> 贝叶斯是我们的老朋友，《统计至简》"薄"频率派，"厚"贝叶斯派，这本书用了很大篇幅介绍了**贝叶斯定理** (Bayes' theorem) 和应用。《统计至简》第18、19章介绍贝叶斯分类的理论基础，第20、21、22章介绍贝叶斯统计推断。

朴素贝叶斯分类优点包括算法简单、计算高效、在处理大规模数据时表现良好，适用于多分类问题和高维数据；缺点是对特征的条件独立性要求较高，可能导致分类准确度下降，同时对于连续型变量的处理也存在一定困难。

分类原理

朴素贝叶斯分类核心思想是比较后验概率大小。

比如，对于二分类问题 ($K = 2$)，就是比较某点x处，**后验概率** (posterior) $f_{Y|X}(C_1 \mid x)$ 和 $f_{Y|X}(C_2 \mid x)$ 的大小。

后验概率$f_{Y|X}(C_1 \mid x)$ 和 $f_{Y|X}(C_2 \mid x)$ 本质上是**条件概率** (conditional probability)。通俗地说，$f_{Y|X}(C_1 \mid x)$ 代表"给定x被分类为C_1的概率"，$f_{Y|X}(C_2 \mid x)$ 代表"给定x被分类为C_2的概率"。

如果$f_{Y|\chi}(C_1\,|\,\boldsymbol{x}) > f_{Y|\chi}(C_2\,|\,\boldsymbol{x})$，$\boldsymbol{x}$被预测分类为$C_1$；反之，$f_{Y|\chi}(C_1\,|\,\boldsymbol{x}) < f_{Y|\chi}(C_2\,|\,\boldsymbol{x})$，$\boldsymbol{x}$就被预测分类为$C_2$。倘若$f_{Y|\chi}(C_1\,|\,\boldsymbol{x}) = f_{Y|\chi}(C_2\,|\,\boldsymbol{x})$，该点便在**决策边界** (decision boundary) 上。

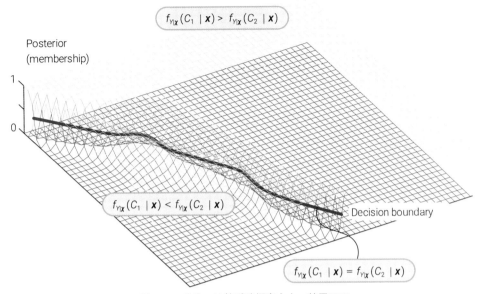

图9.1　二分类，比较后验概率大小，基于KDE

比较图9.1所示$f_{Y|\chi}(C_1\,|\,\boldsymbol{x})$和$f_{Y|\chi}(C_2\,|\,\boldsymbol{x})$两个曲面。大家肯定已经发现，$f_{Y|\chi}(C_1\,|\,\boldsymbol{x})$和$f_{Y|\chi}(C_2\,|\,\boldsymbol{x})$的取值在 [0, 1] 之间。实际上，$f_{Y|\chi}(C_1\,|\,\boldsymbol{x})$和$f_{Y|\chi}(C_2\,|\,\boldsymbol{x})$并不是概率密度，它们本身就是概率值。《统计至简》一册几次强调过这一点。

根据$f_{Y|\chi}(C_1\,|\,\boldsymbol{x})$和$f_{Y|\chi}(C_2\,|\,\boldsymbol{v})$两个曲面高度值，即概率值，我们可以确定决策边界 (图9.1中深蓝色实线)。

此外，对于二分类问题，$f_{Y|\chi}(C_1\,|\,\boldsymbol{x})$和$f_{Y|\chi}(C_2\,|\,\boldsymbol{x})$之和为1，下面简单证明一下。

全概率定理、贝叶斯定理

对于二分类问题，根据**全概率定理** (law of total probability) 和**贝叶斯定理** (Bayes' theorem)，$f_\chi(\boldsymbol{x})$可以通过下式计算得到：

$$
\begin{aligned}
f_\chi(\boldsymbol{x}) &= f_{\chi,Y}(\boldsymbol{x}, C_1) + f_{\chi,Y}(\boldsymbol{x}, C_2) \\
&= f_{Y|\chi}(C_1|\boldsymbol{x}) f_\chi(\boldsymbol{x}) + f_{Y|\chi}(C_2|\boldsymbol{x}) f_\chi(\boldsymbol{x})
\end{aligned}
\tag{9.1}
$$

$f_\chi(\boldsymbol{x})$不为0时，左右消去$f_\chi(\boldsymbol{x})$，得到：

$$
1 = f_{Y|\chi}(C_1|\boldsymbol{x}) + f_{Y|\chi}(C_2|\boldsymbol{x})
\tag{9.2}
$$

通俗地讲，对于二分类问题，某点$\boldsymbol{x}$要么属于C_1，要么属于C_2。

成员值：比较大小

后验概率值$f_{Y|\chi}(C_1\,|\,\boldsymbol{x})$和$f_{Y|\chi}(C_2\,|\,\boldsymbol{x})$取值在 [0, 1] 之间，且满足式(9.2)；因此，后验概率也常被称作**成员值** (membership score)。

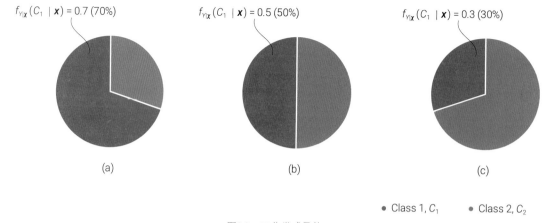

图9.2 二分类成员值

如图9.2 (a) 所示，$f_{Y|\chi}(C_1 \mid \boldsymbol{x}) = 0.7\ (70\%)$，也就是说$\boldsymbol{x}$属于$C_1$的可能性为70%，即成员值为0.7。这种情况，$\boldsymbol{x}$预测分类为$C_1$。

$f_{Y|\chi}(C_1 \mid \boldsymbol{x}) = 0.5\ (50\%)$ 时，对于二分类问题，$\boldsymbol{x}$应该位于决策边界上，相当于"骑墙派"，如图9.2 (b) 所示。

若$f_{Y|\chi}(C_1 \mid \boldsymbol{x}) = 0.3\ (30\%)$，$\boldsymbol{x}$属于$C_1$成员值为0.3。显然，$\boldsymbol{x}$应该被预测分类为$C_2$，如图9.2 (c) 所示。

仅对于二分类问题，如果$f_{Y|\chi}(C_1 \mid \boldsymbol{x}) > 0.5$，可以预测$\boldsymbol{x}$分类为$C_1$。

联合概率：比较大小

根据贝叶斯定理，对于二分类问题，证据因子$f_\chi(\boldsymbol{x})$不为0时，后验概率$f_{Y|\chi}(C_1 \mid \boldsymbol{x})$和$f_{Y|\chi}(C_2 \mid \boldsymbol{x})$为：

$$
\begin{cases}
\underbrace{f_{Y|\chi}\left(C_1 \mid \boldsymbol{x}\right)}_{\text{Posterior}} = \dfrac{\overbrace{f_{\chi,Y}\left(\boldsymbol{x}, C_1\right)}^{\text{Joint}}}{\underbrace{f_\chi\left(\boldsymbol{x}\right)}_{\text{Evidence}}} \\[4mm]
\underbrace{f_{Y|\chi}\left(C_2 \mid \boldsymbol{x}\right)}_{\text{Posterior}} = \dfrac{\overbrace{f_{\chi,Y}\left(\boldsymbol{x}, C_2\right)}^{\text{Joint}}}{\underbrace{f_\chi\left(\boldsymbol{x}\right)}_{\text{Evidence}}}
\end{cases}
\tag{9.3}
$$

观察式 (9.3)，发现分母上均为证据因子$f_\chi(\boldsymbol{x})$。这说明，后验概率$f_{Y|\chi}(C_1 \mid \boldsymbol{x})$和$f_{Y|\chi}(C_2 \mid \boldsymbol{x})$正比于**联合概率** (joint probability或joint)$f_{Y,\chi}(C_1, \boldsymbol{x})$和$f_{Y,\chi}(C_2, \boldsymbol{x})$，即：

$$
\begin{cases}
\underbrace{f_{Y|\chi}\left(C_1 \mid \boldsymbol{x}\right)}_{\text{Posterior}} \propto \underbrace{f_{\chi,Y}\left(\boldsymbol{x}, C_1\right)}_{\text{Joint}} \\[4mm]
\underbrace{f_{Y|\chi}\left(C_2 \mid \boldsymbol{x}\right)}_{\text{Posterior}} \propto \underbrace{f_{\chi,Y}\left(\boldsymbol{x}, C_2\right)}_{\text{Joint}}
\end{cases}
\tag{9.4}
$$

对于二分类问题，比较联合概率$f_{Y,\chi}(C_1, \boldsymbol{x})$和$f_{Y,\chi}(C_2, \boldsymbol{x})$的大小，便可以预测分类！

图9.3给出的是某个二分类问题中，联合概率$f_{Y,\chi}(C_1, \boldsymbol{x})$和$f_{Y,\chi}(C_2, \boldsymbol{x})$两个曲面。通过比较$f_{Y,\chi}(C_1, \boldsymbol{x})$和$f_{Y,\chi}(C_2, \boldsymbol{x})$两个曲面高度，我们可以得出和图9.1一样的分类结论。

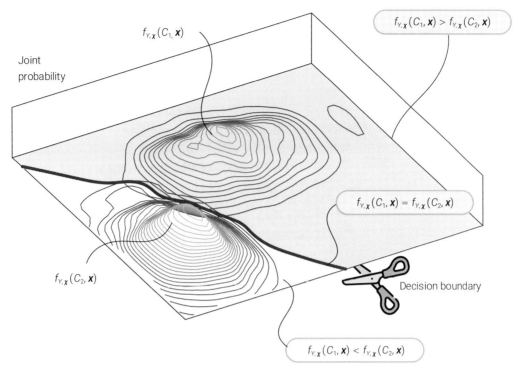

图9.3　二分类，比较联合概率大小，基于KDE

推广：从二分类到多分类

根据前文分析，我们可以总结得到朴素贝叶斯分类优化问题——最大化后验概率：

$$\hat{y} = \arg\max_{C_k} f_{Y|\chi}\left(C_k \,\middle|\, \boldsymbol{x}\right) \tag{9.5}$$

其中，$k = 1,2,\cdots,K$。

证据因子$f_\chi(\boldsymbol{x})$不为0时，后验概率正比于联合概率，即：

$$\underbrace{f_{Y|\chi}\left(C_k \,\middle|\, \boldsymbol{x}\right)}_{\text{Posterior}} \propto \underbrace{f_{\chi,Y}\left(\boldsymbol{x}, C_k\right)}_{\text{Joint}} \tag{9.6}$$

因此，等价于：

$$\hat{y} = \arg\max_{C_k} f_{\chi,Y}\left(\boldsymbol{x}, C_k\right) \tag{9.7}$$

由于后验 $\propto$ 似然 $\times$ 先验，最大化后验概率等价于最大化"似然 $\times$ 先验"。

至此，我们解决了朴素贝叶斯分类的"贝叶斯"部分，下一节讨论何谓"朴素"。

阅读这一节感到吃力的话，请大家回顾《统计至简》第18、19章内容。

9.2 朴素贝叶斯的"朴素"之处

朴素贝叶斯分类，何以谓之"朴素"？

本章副标题已经给出答案——假设特征之间**条件独立** (conditional independence)！

独立指两个事件A、B之间没有任何关联，即A的发生与B的发生互不影响，可以表示为$\Pr(A \cap B) = \Pr(A) \times \Pr(B)$。条件独立指在已知某些条件下，两个事件$A$、$B$之间没有任何关联，比如给定条件$C$下，$A$的发生与$B$的发生互不影响，可以表示为$\Pr(A \cap B \mid C) = \Pr(A \mid C) \times \Pr(B \mid C)$。

特征独立

对于x_1和x_2两特征情况，"特征独立"指的是：

$$f_\chi(\boldsymbol{x}) = f_{X_1, X_2}(x_1, x_2) = f_{X_1}(x_1) f_{X_2}(x_2) \tag{9.8}$$

$f_{X_1}(x_1)$和$f_{X_2}(x_2)$为两个特征上的边际概率密度函数，如图9.4所示。

推广到D个特征情况，"特征独立"指的是：

$$f_\chi(\boldsymbol{x}) = f_{X_1}(x_1) f_{X_2}(x_2) \cdots f_{X_D}(x_D) = \prod_{j=1}^{D} f_{X_j}(x_j) \tag{9.9}$$

图9.4中等高线为"特征独立"条件下，证据因子$f_\chi(\boldsymbol{x})$概率密度分布。不知道大家看到这幅图时，是否想到《矩阵力量》中讲过的向量张量积。

$f_{X_1}(x_1)$和$f_{X_2}(x_2)$描述X_1和X_2两特征的分布还比较准确。但是，假设特征独立，用式 (9.8) 估算证据因子概率密度$f_\chi(\boldsymbol{x})$时，偏差很大。比较图9.4中等高线和散点分布就可以看出来。

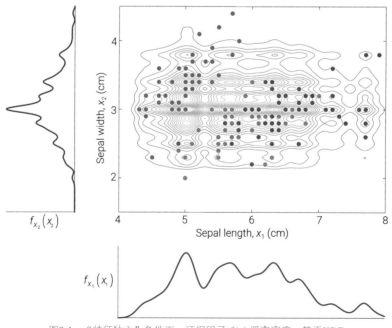

图9.4 "特征独立"条件下，证据因子$f_\chi(\boldsymbol{x})$概率密度，基于KDE

特征条件独立

对于两特征 $(D = 2)$、两分类 $(K = 2)$ 情况，"特征条件独立"指的是：

$$
\begin{cases}
\underbrace{f_{X_1, X_2 | Y}\left(x_1, x_2 | C_1\right)}_{\text{Likelihood}} = \underbrace{f_{X_1 | Y}\left(x_1 | C_1\right) f_{X_2 | Y}\left(x_2 | C_1\right)}_{\text{Conditional independence}} \\
\underbrace{f_{X_1, X_2 | Y}\left(x_1, x_2 | C_2\right)}_{\text{Likelihood}} = \underbrace{f_{X_1 | Y}\left(x_1 | C_2\right) f_{X_2 | Y}\left(x_2 | C_2\right)}_{\text{Conditional independence}}
\end{cases}
\tag{9.10}
$$

推广到 D 个特征情况，"特征条件独立"假设下，似然概率为：

$$
\underbrace{f_{\boldsymbol{\chi} | Y}\left(\boldsymbol{x} | C_k\right)}_{\text{Likelihood}} = f_{X_1 | Y}\left(x_1 | C_k\right) f_{X_2 | Y}\left(x_2 | C_k\right) \cdots f_{X_D | Y}\left(x_D | C_k\right) = \prod_{j=1}^{D} f_{X_j | Y}\left(x_j | C_k\right)
\tag{9.11}
$$

⚠️

> 注意：A 和 B 相互独立，无法推导得到 A 和 B 条件独立。而 A 和 B 条件独立，也无法推导得到 A 和 B 相互独立。《统计至简》第3章专门介绍过条件独立。

特征条件独立 → 联合概率

根据贝叶斯定理，联合概率为：

$$
\underbrace{f_{\boldsymbol{\chi}, Y}\left(\boldsymbol{x}, C_k\right)}_{\text{Joint}} = \underbrace{p_Y\left(C_k\right)}_{\text{Prior}} \underbrace{f_{\boldsymbol{\chi} | Y}\left(\boldsymbol{x} | C_k\right)}_{\text{Likelihood}}
\tag{9.12}
$$

⚠️

> 注意：先验概率 $p_Y(C_k)$ 为概率质量函数 (Probability Mass Function，PMF)。这是因为 Y 是离散随机变量，Y 的取值为分类标签 C_1、C_2、$\cdots$、C_K，并非连续。

将式 (9.11) 代入式 (9.12)，可以得到"特征条件独立"条件下，联合概率为：

$$
\underbrace{f_{\boldsymbol{\chi}, Y}\left(\boldsymbol{x}, C_k\right)}_{\text{Joint}} = \underbrace{p_Y\left(C_k\right)}_{\text{Prior}} \underbrace{f_{\boldsymbol{\chi} | Y}\left(\boldsymbol{x} | C_k\right)}_{\text{Likelihood}} = \underbrace{p_Y\left(C_k\right)}_{\text{Prior}} \underbrace{\prod_{j=1}^{D} f_{X_j | Y}\left(x_j | C_k\right)}_{\text{Conditional independence}}
\tag{9.13}
$$

"朴素"贝叶斯优化问题

有了本节分析，基于式 (9.13)，式 (9.7) 所示朴素贝叶斯优化问题可以写成：

$$
\hat{y} = \underset{C_k}{\arg\max}\, p_Y\left(C_k\right) \prod_{j=1}^{D} f_{X_j | Y}\left(x_j | C_k\right)
\tag{9.14}
$$

这样，我们便解决了"朴素贝叶斯"中的"朴素"部分！

朴素贝叶斯分类流程

图9.5所示为朴素贝叶斯分类流程图，图中散点数据为鸢尾花前两个特征——花萼长度、花萼宽度。

图9.5中概率密度基于**核密度估计** (Kernel Density Estimation，KDE)。《统计至简》第17章介绍过KDE方法。

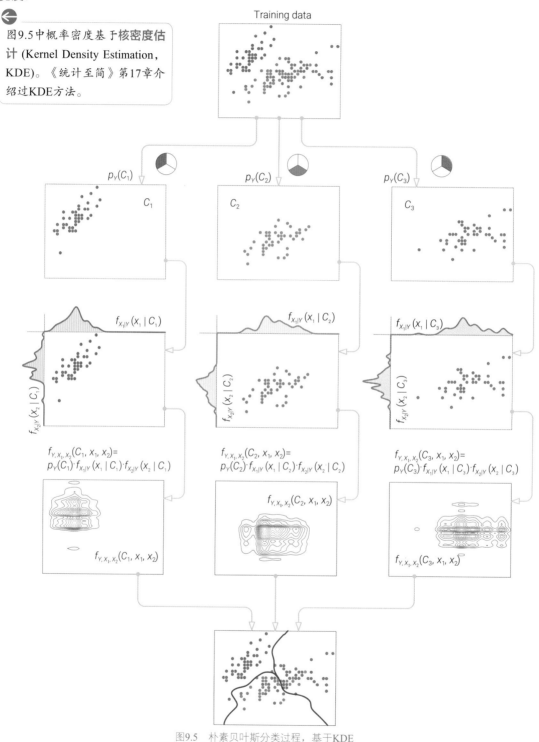

图9.5　朴素贝叶斯分类过程，基于KDE

请大家现在快速浏览这幅图，完成本章学习之后，再回过头来仔细观察图9.5中的细节。

先验概率

先验概率计算最为简单。鸢尾花数据C_1、C_2和C_3三类对应的先验概率为：

$$p_Y(C_1) = \frac{\text{count}(C_1)}{\text{count}(\Omega)}, \quad p_Y(C_2) = \frac{\text{count}(C_2)}{\text{count}(\Omega)}, \quad p_Y(C_3) = \frac{\text{count}(C_3)}{\text{count}(\Omega)} \tag{9.15}$$

鸢尾花数据共有150个数据点，$\text{count}(\Omega) = 150$；而$C_1$、$C_2$和$C_3$三类各占50，因此，

$$p_Y(C_1) = p_Y(C_2) = p_Y(C_3) = \frac{50}{150} = \frac{1}{3} \tag{9.16}$$

图9.6所示为鸢尾花数据先验概率结果。

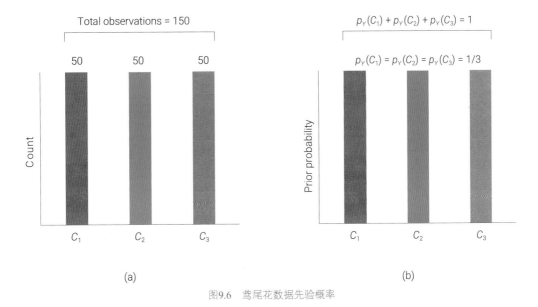

图9.6　鸢尾花数据先验概率

> 注意：一般情况下，各类数据先验概率并不相等。

似然概率

根据前两节所述，朴素贝叶斯分类算法核心在于三方面：① 贝叶斯定理建立了似然概率、先验概率和后验概率三者之间的联系；② 估算似然概率时，假设特征之间条件独立；③ 优化目标为，最大化后验概率，或最大化联合概率 (似然 × 先验)。

根据式 (9.13)，想要获得联合概率，就先需要利用"特征条件独立"计算得到似然概率。

下面，我们利用花萼长度 (x_1) 和花萼宽度 (x_2) 两个特征 $(D = 2)$，解决鸢尾花三分类 ($K = 3$，C_1、C_2和C_3) 问题。本节先讨论如何获得C_1、C_2和C_3似然概率密度。

C_1的似然概率

图9.7所示为求解似然概率密度$f_{\chi|Y}(\boldsymbol{x}\,|\,C_1)$的过程。只考虑setosa $(C_1, y = 0)$ 样本数据点●，分别估算两个特征的条件边际分布$f_{X_1|Y}(x_1\,|\,C_1)$ 和 $f_{X_2|Y}(x_2\,|\,C_1)$。

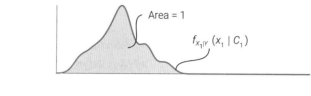

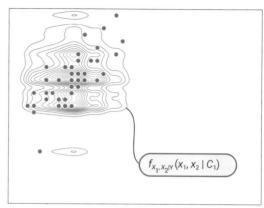

图9.7　分类C_1样本数据，鸢尾花花萼长度x_1和花萼宽度x_2条件独立，得到似然概率密度$f_{X_1,X_2|Y}(x_1, x_2\,|\,C_1)$

需要特别注意的是，图9.7中，$f_{X_1|Y}(x_1\,|\,C_1)$ 和 $f_{X_2|Y}(x_2\,|\,C_1)$ 曲线覆盖阴影区域面积均为1。

根据式 (9.11)，似然概率 $f_{X_1,X_2|Y}(x_1, x_2\,|\,C_1)$ 可以通过下式计算得到：

$$f_{\boldsymbol{\chi}|Y}\left(\boldsymbol{x}\,\middle|\,C_1\right) = f_{X_1,X_2|Y}\left(x_1, x_2\,\middle|\,C_1\right) = f_{X_1|Y}\left(x_1\,\middle|\,C_1\right) \cdot f_{X_2|Y}\left(x_2\,\middle|\,C_1\right) \tag{9.17}$$

得到的$f_{X_1,X_2|Y}(x_1, x_2\,|\,C_1)$ 结果对应图9.7中等高线。而$f_{X_1,X_2|Y}(x_1, x_2\,|\,C_1)$ 曲面和水平面围成几何体的体积为1，也就是说，$f_{X_1,X_2|Y}(x_1, x_2\,|\,C_1)$ 在 $\mathbb{R}^2$ 的二重积分结果为1，这个值是概率。而$f_{X_1,X_2|Y}(x_1, x_2\,|\,C_1)$ 的"偏积分"为条件边际分布$f_{X_1|Y}(x_1\,|\,C_1)$ 或 $f_{X_2|Y}(x_2\,|\,C_1)$，它们还是概率密度，并非概率值。

《数学要素》第14章聊过"偏求和"，第18章聊过"偏积分"，建议大家回顾。

本节估算条件边际分布时用的是高斯核密度估计方法。下一节则采用**高斯分布** (Gaussian distribution) 来估算条件边际分布。因此，下一节的分类算法被称作，**高斯朴素贝叶斯分类** (Gaussian Naïve Bayes classification)。

C_2和C_3的似然概率

类似式 (9.17)，C_2和C_3似然概率可以通过下式估算得到：

$$\begin{cases} f_{X_1,X_2|Y}\left(x_1, x_2\,\middle|\,C_2\right) = f_{X_1|Y}\left(x_1\,\middle|\,C_2\right) \cdot f_{X_2|Y}\left(x_2\,\middle|\,C_2\right) \\ f_{X_1,X_2|Y}\left(x_1, x_2\,\middle|\,C_3\right) = f_{X_1|Y}\left(x_1\,\middle|\,C_3\right) \cdot f_{X_2|Y}\left(x_2\,\middle|\,C_3\right) \end{cases} \tag{9.18}$$

图9.8和图9.9中等高线分别对应似然概率密度函数$f_{X_1,X_2|Y}(x_1, x_2 \mid C_2)$和$f_{X_1,X_2|Y}(x_1, x_2 \mid C_3)$结果。有了上一节的先验概率和本节得到的似然概率密度，我们可以求解联合概率。

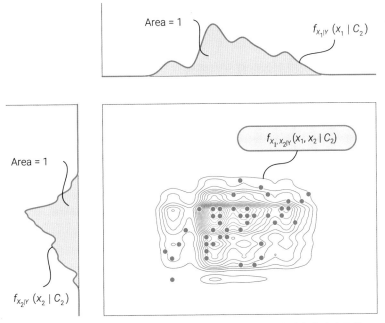

图9.8　分类C_2样本数据，鸢尾花花萼长度x_1和花萼宽度x_2条件独立，得到似然概率密度函数$f_{X_1,X_2|Y}(x_1, x_2 \mid C_2)$

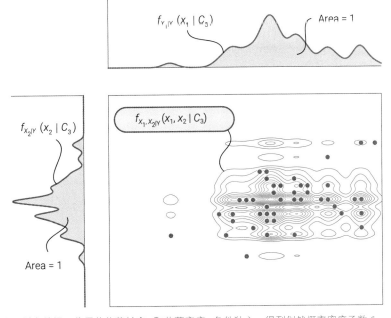

图9.9　分类C_3样本数据，鸢尾花花萼长度x_1和花萼宽度x_2条件独立，得到似然概率密度函数$f_{X_1,X_2|Y}(x_1, x_2 \mid C_3)$

C_1的联合概率

根据式 (9.13) 可以计算得到联合概率。对于鸢尾花三分类问题，假设"特征条件独立"，利用贝叶斯定理，联合概率 $f_{X_1,X_2,Y}(x_1, x_2, C_1)$ 可以通过下式得到：

$$
\underbrace{f_{X_1,X_2,Y}(x_1,x_2,C_1)}_{\text{Joint}} = \underbrace{f_{X_1,X_2|Y}(x_1,x_2|C_1)}_{\text{Likelihood}}\underbrace{p_Y(C_1)}_{\text{Prior}}
$$

$$
= \underbrace{f_{X_1|Y}(x_1|C_1)\cdot f_{X_2|Y}(x_2|C_1)}_{\text{Conditional independence}}\underbrace{p_Y(C_1)}_{\text{Prior}} \tag{9.19}
$$

利用式 (9.17)，我们已经得到似然概率密度曲面 $f_{X_1,X_2|Y}(x_1, x_2 \mid C_1)$。式 (9.16) 给出了先验概率 $p_Y(C_1)$，代入式 (9.19) 可以求得联合概率 $f_{X_1,X_2,Y}(x_1, x_2, C_1)$：

$$
\underbrace{f_{X_1,X_2,Y}(x_1,x_2,C_1)}_{\text{Joint}} = \underbrace{f_{X_1,X_2|Y}(x_1,x_2|C_1)}_{\text{Likelihood}} \times \underbrace{\frac{1}{3}}_{\text{Prior}} \tag{9.20}
$$

容易发现，先验概率 $p_Y(C_1)=1/3$ 相当于一个缩放系数。

图9.10所示为联合概率 $f_{X_1,X_2,Y}(x_1, x_2, C_1)$ 概率密度曲面。图9.10的z轴数值为概率密度值，并非概率。

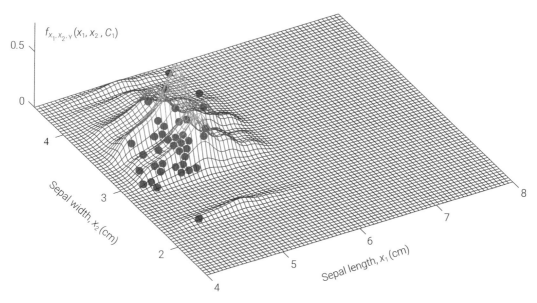

图9.10　$f_{X_1,X_2,Y}(x_1, x_2, C_1)$ 概率密度曲面，基于KDE

我们知道似然概率密度曲面 $f_{X_1,X_2|Y}(x_1, x_2 \mid C_1)$ 和水平面围成三维形状的体积为1。而图9.10中联合概率 $f_{X_1,X_2|Y}(x_1, x_2, C_1)$ 和水平面围成体积为 $p_Y(C_1)=1/3$。也就是说，$f_{X_1,X_2|Y}(x_1, x_2, C_1)$ 在 $\mathbb{R}^2$ 的二重积分结果为1/3，这个值是概率值。

C_2和C_3的联合概率

类似地，我们可以计算得到另外两个联合概率 $f_{X_1,X_2,Y}(x_1, x_2, C_2)$ 和 $f_{X_1,X_2,Y}(x_1, x_2, C_3)$，对应曲面分别如图9.11和图9.12所示。

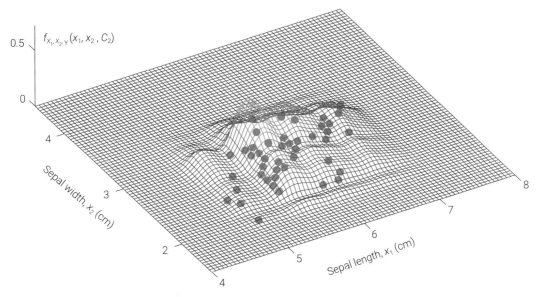

图9.11　$f_{X_1,X_2,Y}(x_1, x_2, C_2)$ 概率密度曲面，基于KDE

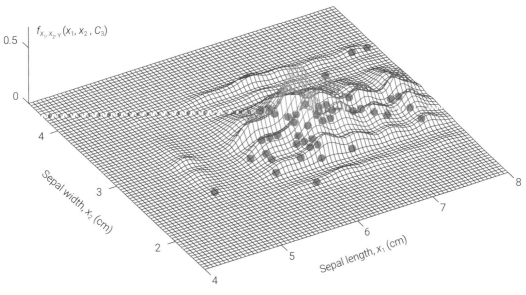

图9.12　$f_{X_1,X_2,Y}(x_1, x_2, C_3)$ 概率密度曲面，基于KDE

分类

　　至此，根据式 (9.7) 我们可以比较上述三个联合概率密度曲面高度，从而获得决策边界。图9.13所示为采用朴素贝叶斯分类算法，基于KDE估算条件边际概率密度，得到的鸢尾花三分类边界。

　　请大家注意，目前Python的Scikit-Learn工具包暂时不支持基于KDE的朴素贝叶斯分类。Scikit-Learn提供基于高斯分布的朴素贝叶斯分类器，这是下一节要介绍的内容。另外，KDE朴素贝叶斯分类得到的决策边界不存在解析解。而高斯朴素贝叶斯分类得到的决策边界存在解析解。

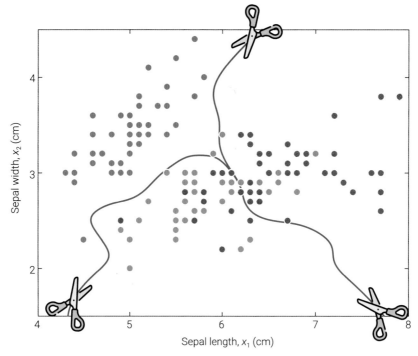

图9.13 朴素贝叶斯决策边界，基于核密度估计KDE

利用式(9.7) 思想——比较联合概率大小——我们已经完成分类问题。但是，一般情况下，我们都会求出证据因子，并求得后验概率。如前文所述，后验概率又叫成员值，可以直接表达分类可能性百分比，便于可视化和解释结果。根据贝叶斯公式，要想得到后验概率，需要求得证据因子，这是下一节介绍的内容。

证据因子

假设特征条件独立，利用全概率定理和式 (9.13)，证据因子 $f_\chi(\boldsymbol{x})$ 概率密度可以通过下式计算得到：

$$\underbrace{f_\chi(\boldsymbol{x})}_{\text{Evidence}} = \sum_{k=1}^{K}\left\{\underbrace{f_{\chi,Y}(\boldsymbol{x},C_k)}_{\text{Joint}}\right\} = \sum_{k=1}^{K}\left\{\underbrace{p_Y(C_k)}_{\text{Prior}}\underbrace{f_{\chi|Y}(\boldsymbol{x}|C_k)}_{\text{Likelihood}}\right\} = \sum_{k=1}^{K}\left\{\underbrace{p_Y(C_k)}_{\text{Prior}}\underbrace{\prod_{j=1}^{D}f_{X_j|Y}(x_j|C_k)}_{\text{Conditional independence}}\right\} \quad (9.21)$$

两特征、三分类问题

当 $K = 3$ 时，对于两特征分类问题，证据因子 $f_{X_1,X_2}(x_1,x_2)$ 可以利用下式求得：

$$\underbrace{f_{X_1,X_2}(x_1,x_2)}_{\text{Evidence}} = \underbrace{f_{X_1,X_2,Y}(x_1,x_2,C_1)}_{\text{Joint}} + \underbrace{f_{X_1,X_2,Y}(x_1,x_2,C_2)}_{\text{Joint}} + \underbrace{f_{X_1,X_2,Y}(x_1,x_2,C_3)}_{\text{Joint}}$$

$$= \underbrace{p_Y(C_1)}_{\text{Prior}}\underbrace{f_{X_1,X_2|Y}(x_1,x_2|C_1)}_{\text{Likelihood}} + \underbrace{p_Y(C_2)}_{\text{Prior}}\underbrace{f_{X_1,X_2|Y}(x_1,x_2|C_2)}_{\text{Likelihood}} + \underbrace{p_Y(C_3)}_{\text{Prior}}\underbrace{f_{X_1,X_2|Y}(x_1,x_2|C_3)}_{\text{Likelihood}}$$

$$(9.22)$$

这步计算很容易理解，对于鸢尾花数据，上一节得到的三个联合概率曲面 (见图9.10 ~ 图9.12) 叠加便得到证据因子$f_{X_1,X_2}(x_1,x_2)$概率密度曲面。图9.14所示为运算过程。图9.14实际上也是一种概率密度估算的方法。

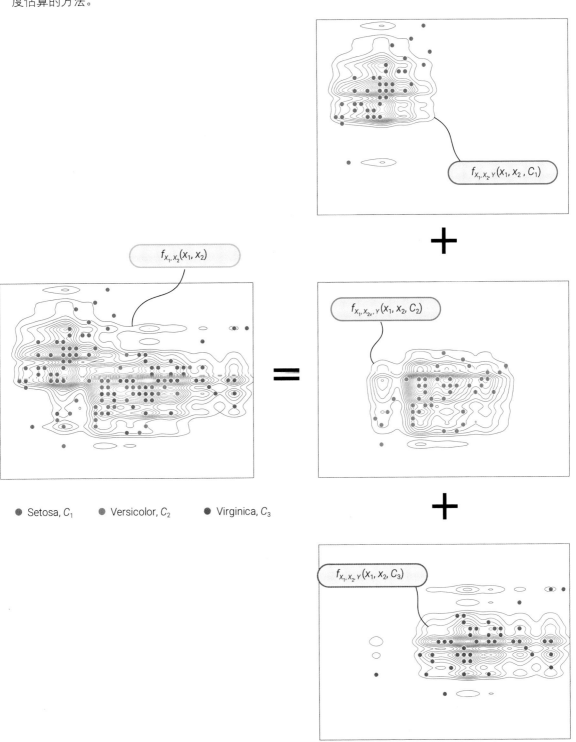

● Setosa, C_1 ● Versicolor, C_2 ● Virginica, C_3

图9.14 估算证据因子概率密度，基于KDE

概率密度估算

图9.15所示为利用"特征条件独立"构造得到的证据因子$f_{X_1,X_2}(x_1, x_2)$概率密度曲面。$f_{X_1,X_2}(x_1, x_2)$概率密度曲面和水平面构成的几何形体体积为1。

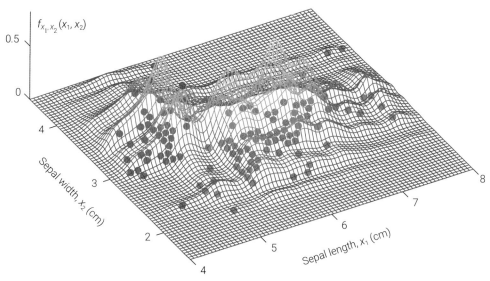

图9.15 估算得到的概率密度曲面，特征条件独立，基于KDE

图9.4所示为假设"特征条件独立"估算的证据因子概率密度曲面。前文提过，图9.4这个曲面没有准确捕捉样本数据分布特点；然而，图9.15曲面较为准确描述了样本数据分布。

后验概率：成员值

前两节计算得到了联合概率和证据因子，本节我们计算后验概率。

当$K = 3$时，如果证据因子$f_{X_1,X_2}(x_1, x_2)$不为0，后验概率$f_{Y|X_1,X_2}(C_1 | x_1, x_2)$可以通过下式得到：

$$\underbrace{f_{Y|X_1,X_2}\left(C_1 | x_1, x_2\right)}_{\text{Posterior}} = \frac{\overbrace{f_{X_1,X_2,Y}\left(x_1, x_2, C_1\right)}^{\text{Joint}}}{\underbrace{f_{X_1,X_2}\left(x_1, x_2\right)}_{\text{Evidence}}} \tag{9.23}$$

通俗地讲，后验概率$f_{Y|X_1,X_2}(C_1 | x_1, x_2)$的含义是，给定$(x_1, x_2)$的具体值时，分类标签为$C_1$的可能性多大？所以，$f_{Y|X_1,X_2}(C_1 | x_1, x_2)$并不是概率密度，$f_{Y|X_1,X_2}(C_1 | x_1, x_2)$是概率。

图9.16所示为后验概率$f_{Y|X_1,X_2}(C_1 | x_1, x_2)$曲面，容易发现曲面高度在 [0, 1] 之间。

同理，可以计算得到另外两个后验概率$f_{Y|X_1,X_2}(C_2 | x_1, x_2)$和$f_{Y|X_1,X_2}(C_3 | x_1, x_2)$，如图9.17和图9.18所示。比较三个后验概率曲面高度关系，可以得到和图9.13完全一致的决策边界。

对于三分类问题，后验概率 (成员值) 存在以下关系：

$$\underbrace{f_{Y|X_1,X_2}\left(C_1 | x_1, x_2\right)}_{\text{Posterior}} + \underbrace{f_{Y|X_1,X_2}\left(C_2 | x_1, x_2\right)}_{\text{Posterior}} + \underbrace{f_{Y|X_1,X_2}\left(C_3 | x_1, x_2\right)}_{\text{Posterior}} = 1 \tag{9.24}$$

通俗地说，给定平面上任意一点 (x_1, x_2)，它的分类可能性只有三个——C_1、C_2、C_3。因此，上式中，三个条件概率之和为1。

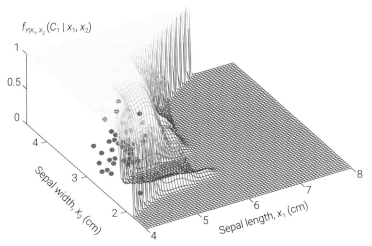

图9.16　$f_{Y|X_1, X_2}(C_1 \mid x_1, x_2)$ 后验概率曲面，基于KDE

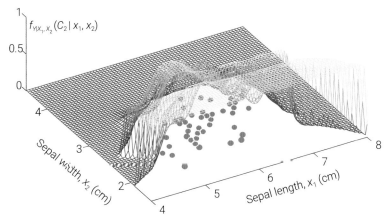

图9.17　$f_{Y|X_1, X_2}(C_2 \mid x_1, x_2)$ 后验概率曲面，基于KDE

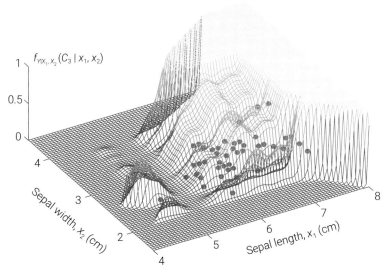

图9.18　$f_{Y|X_1, X_2}(C_3 \mid x_1, x_2)$ 后验概率曲面，基于KDE

请大家特别注意以下几点:

◀ 贝叶斯定理和全概率定理是朴素贝叶斯分类器的理论基础;
◀ 朴素贝叶斯分类器的"朴素"来自假设"特征条件独立";
◀ 后验 ∝ 似然 × 先验;
◀ 比较联合概率 (似然 × 先验) 大小,可以预测分类;
◀ 假设"特征条件独立",联合概率叠加得到证据因子,这是一种概率密度估算方法;
◀ 后验概率,本身就是概率值,取值范围在 [0, 1] 内;
◀ 比较后验概率大小,同样可以预测分类。

9.3 高斯,你好

高斯的足迹几乎踏遍了数学的每个角落,他所到之处都留下了自己的名字。哪怕在机器学习算法中,"高斯"这个金字招牌也反复出现。比如,本书提到的几种算法:

◀ 高斯朴素贝叶斯 (Gaussian Naive Bayes)
◀ 高斯判别分析 (Gaussian discriminant analysis)
◀ 高斯过程 (Gaussian process)
◀ 高斯混合模型 (Gaussian mixture model)

并不是高斯发明了这些算法;而是,后来人在创造这些算法时,都利用了**高斯分布** (Gaussian distribution)。

卡尔·弗里德里希·高斯 (Carl Friendrich Gauss)
德国数学家、物理学家、天文学家 | 1777—1855年
常被称作"数学王子",在数学的每个领域开疆拓土。丛书关键词:●等差数列 ●高斯分布 ●最小二乘法 ●高斯朴素贝叶斯 ●高斯判别分析 ●高斯过程 ●高斯混合模型 ●高斯核函数

原理

本章前文介绍了朴素贝叶斯分类,这种分类算法思路核心在于以下三点:

◀ 贝叶斯定理;
◀ 假设特征之间条件独立 (朴素之处);
◀ 优化目标为最大化后验概率,或最大化联合概率 (似然 × 先验)。

本章前文在估算单一特征条件边际分布时,采用高斯核密度估计KDE。而本节介绍的**高斯朴素贝叶斯** (Gaussian Naive Bayes) 最大不同在于,采用了高斯分布估计单一特征条件边际分布。

最大化后验概率

朴素贝叶斯分类的优化目标可以是最大化后验概率。对于二分类问题,直接比较 $f_{Y|X}(C_1 \mid \pmb{x})$ 和

198

$f_{Y|X}(C_2 \mid \boldsymbol{x})$ 两个后验概率大小，就可以预测分类。

图9.19所示为基于高斯分布得到的$f_{Y|X}(C_1 \mid \boldsymbol{x})$ 和 $f_{Y|X}(C_2 \mid \boldsymbol{x})$ 两个后验概率曲面。比较上一章基于KDE的后验概率曲面，可以发现高斯后验概率曲面非常平滑。图9.19中深蓝色曲线就是决策边界。这条决策边界实际上是二次曲线。

这一点，我们将会在下一章讲解高斯判别分析 (Gaussian Discriminant Analysis，GDA) 时深入介绍。

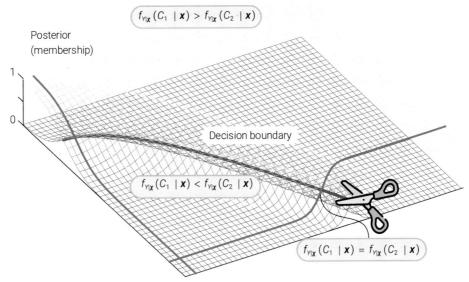

图9.19　二分类，比较后验概率大小，基于高斯分布

最大化联合概率

本章前文提到过，朴素贝叶斯分类的优化目标同样可以是最大化联合概率。原因是，联合概率正比于后验概率。如图9.20所示，二分类问题中，比较联合概率$f_{Y,X}(C_1, \boldsymbol{x})$ 和 $f_{Y,X}(C_2, \boldsymbol{x})$ 两个曲面高度，可以获得相同的决策边界。

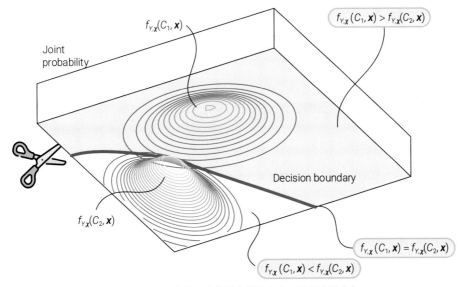

图9.20　二分类，比较联合概率大小，基于高斯分布

流程

图9.21所示为高斯朴素贝叶斯分类流程图。这一流程和本章前文介绍的朴素贝叶斯分类流程完全一致。前文已经指出，高斯朴素贝叶斯分类器的特点是，估算特征条件边际分布时，高斯朴素贝叶斯分类采用高斯分布。

为方便大家学习，本节采用和前文几乎一样的结构。建议大家对照边际分布曲线变化趋势，比较各种概率曲面特征，特别是对比决策边界形态。此外，本节帮助读者回顾高斯分布，让大家了解到在机器学习算法中如何引入高斯分布，以及明白高斯分布对决策边界形态有怎样的影响。

贝叶斯定理、贝叶斯分类、贝叶斯推断中有两个重要概念——**先验概率** (prior probability或prior)、**后验概率** (posterior probability或posterior)。

先验概率是指在考虑任何新证据之前，我们对一个事件或假设的概率的初始估计。它基于以前的经验、先前的观察或领域知识。这种概率是"先验"的，因为它不考虑新数据或新证据，只是基于我们事先已经了解的信息。

假设我们要研究某地区的流感发病率。在流感季节之前，我们可能会查阅历史数据、了解流感传播的模式以及人口的健康状况，从而得出在流感季节中某人患上流感的初始估计概率，这就是先验概率。

后验概率是指在考虑了新证据或新数据后，我们对一个事件或假设的概率进行更新后的估计。在得到新证据或新数据后，我们根据贝叶斯定理来更新先验概率，以得到后验概率。贝叶斯定理将先验概率和新证据或新数据结合起来，提供了一个更准确的概率估计。

在流感季节中，我们开始收集实际发病数据，比如每天有多少人确诊患上流感。根据这些新数据，我们可以使用贝叶斯定理来更新先前的先验概率，得到一个更准确的后验概率，以更好地预测未来发病率，进而做出相关决策。

图9.21所示为高斯朴素贝叶斯分类的流程图。

高斯朴素贝叶斯分类假设每个特征在给定类别下是条件独立的，即给定类别的情况下，每个特征与其他特征之间条件独立。这便是高斯朴素贝叶斯分类中"朴素"两个字的来由。然后，将每个类别的特征分布建模为高斯分布，这则是高斯朴素贝叶斯分类中"高斯"两个字的来由。

以图9.21为例，给定标签为C_1 (红色点)，分别独立获得$f_{X_1|Y}(x_1 \mid C_1)$和$f_{X_2|Y}(x_2 \mid C_1)$。假设条件独立，$f_{Y,X_1,X_2}(C_1, x_1, x_2) = p_Y(C_1) \cdot f_{X_1|Y}(x_1 \mid C_1) \cdot f_{X_2|Y}(x_2 \mid C_1)$。

大家如果对上述内容有疑惑的话，请参考《统计至简》第18、19章。

在训练时，算法从训练数据中学习每个类别各个特征的 (条件) 均值和方差，用于计算每个特征在该类别下的概率密度函数，即**似然概率** (likelihood)。

当有新的未标记样本输入时，算法将计算该样本在每个类别下的条件概率 (后验概率)，并选择具有最高概率的类别作为预测结果。

高斯朴素贝叶斯分类算法的优点是简单快速、易于实现和适用于高维数据。它还能够处理连续型数据，因为它假设数据分布是高斯分布。

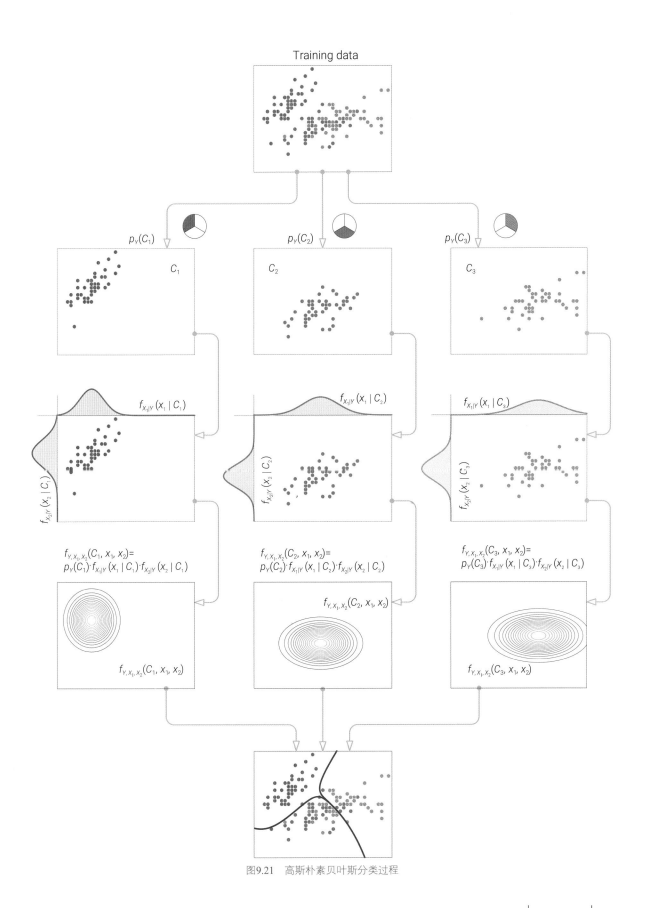

图9.21 高斯朴素贝叶斯分类过程

似然概率

朴素贝叶斯分类算法在估算似然概率时，假设特征之间条件独立：

$$\underbrace{f_{X|Y}\left(x|C_k\right)}_{\text{Likelihood}} = \prod_{j=1}^{D} f_{X_j|Y}\left(x_j|C_k\right) \tag{9.25}$$

比如，式 (9.26) 计算 C_1 似然概率密度：

$$\underbrace{f_{X_1,X_2|Y}\left(x_1,x_2|C_1\right)}_{\text{Likelihood}} = \underbrace{f_{X_1|Y}\left(x_1|C_1\right) f_{X_2|Y}\left(x_2|C_1\right)}_{\text{Conditional independence}} \tag{9.26}$$

引入高斯分布

高斯朴素贝叶斯中条件边际分布采用的是高斯分布估计。比如，式 (9.26) 中的 $f_{X_1|Y}(x_1 \mid C_1)$ 和 $f_{X_2|Y}(x_2 \mid C_1)$ 可以写成：

$$\begin{cases} f_{X_1|Y}\left(x_1|C_1\right) = \dfrac{1}{\sqrt{2\pi}\sigma_{1|C_1}} \exp\left(-\dfrac{1}{2}\left(\dfrac{x_1-\mu_{1|C_1}}{\sigma_{1|C_1}}\right)^2\right) \\[4mm] f_{X_2|Y}\left(x_2|C_1\right) = \dfrac{1}{\sqrt{2\pi}\sigma_{2|C_1}} \exp\left(-\dfrac{1}{2}\left(\dfrac{x_2-\mu_{2|C_1}}{\sigma_{2|C_1}}\right)^2\right) \end{cases} \tag{9.27}$$

对于鸢尾花数据，$\mu_{1|C_1}$ 为标签为 C_1 数据在花萼长度 x_1 特征上的均值，$\sigma_{1|C_1}$ 为 C_1 数据在 x_1 特征上标准差；$\mu_{2|C_1}$ 为标签为 C_1 数据在花萼宽度 x_2 特征上的均值，$\sigma_{2|C_1}$ 为 C_1 数据在 x_2 特征上标准差。

图9.22中给出了 $f_{X_1|Y}(x_1 \mid C_1)$ 和 $f_{X_2|Y}(x_2 \mid C_1)$ 两个概率密度函数曲线，以及 $\mu_{1|C_1}$ 和 $\mu_{2|C_2}$ 所在位置。

将式 (9.27) 代入式 (9.17)，可以得到 $f_{X_1,X_2|Y}(x_1, x_2 \mid C_1)$：

$$\begin{aligned} f_{X_1,X_2|Y}\left(x_1,x_2|C_1\right) \cdot &= f_{X_1|Y}\left(x_1|C_1\right) \cdot f_{X_2|Y}\left(x_2|C_1\right) \\[3mm] &= \frac{\exp\left(-\dfrac{1}{2}\left(\dfrac{x_1-\mu_{1|C_1}}{\sigma_{1|C_1}}\right)^2\right)}{\sqrt{2\pi}\sigma_{1|C_1}} \times \frac{\exp\left(-\dfrac{1}{2}\left(\dfrac{x_2-\mu_{2|C_1}}{\sigma_{2|C_1}}\right)^2\right)}{\sqrt{2\pi}\sigma_{2|C_1}} \\[3mm] &= \frac{\exp\left(-\dfrac{1}{2}\left(\dfrac{\left(x_1-\mu_{1|C_1}\right)^2}{\sigma_{1|C_1}^2}+\dfrac{\left(x_2-\mu_{2|C_1}\right)^2}{\sigma_{2|C_1}^2}\right)\right)}{\left(\sqrt{2\pi}\right)^2 \sigma_{1|C_1}\sigma_{2|C_1}} \end{aligned} \tag{9.28}$$

图9.22中等高线便是 $f_{X_1,X_2|Y}(x_1, x_2 \mid C_1)$ 曲面等高线。

大家可能已经发现，图9.22中等高线为正椭圆！对于本节情况，正椭圆说明特征条件独立。

图9.23和图9.24所示为似然概率 $f_{X_1,X_2|Y}(x_1, x_2 \mid C_2)$ 和 $f_{X_1,X_2|Y}(x_1, x_2 \mid C_3)$ 的结果。

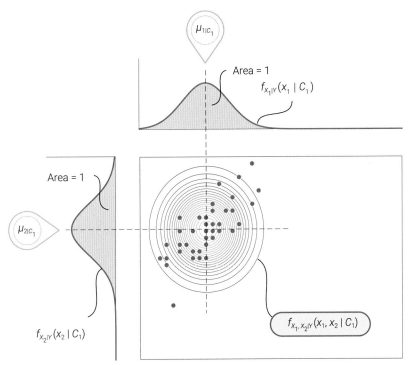

图9.22 分类C_1样本数据，假设鸢尾花花萼长度x_1和花萼宽度x_2条件独立，得到似然概率$f_{X_1,X_2|Y}(x_1,x_2\,|\,C_1)$，基于高斯分布

再次提醒大家注意，"特征条件独立"不同于"特征独立"

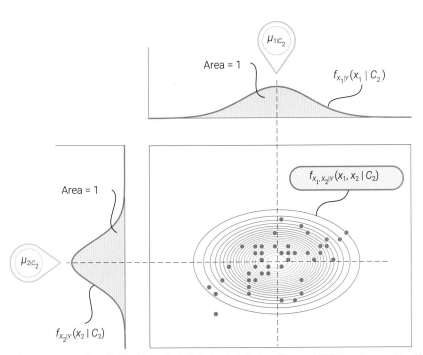

图9.23 分类C_2样本数据，假设鸢尾花花萼长度x_1和花萼宽度x_2条件独立，得到似然概率$f_{X_1,X_2|Y}(x_1,x_2\,|\,C_2)$，基于高斯分布

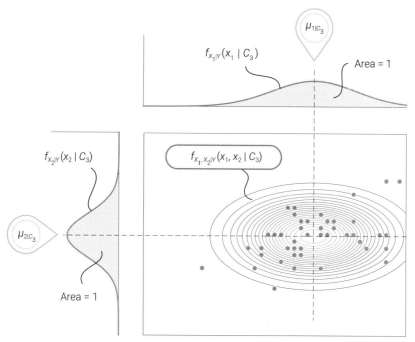

图9.24 分类C_3样本数据，假设鸢尾花花萼长度x_1和花萼宽度x_2条件独立，得到似然概率$f_{X_1, X_2|Y}(x_1, x_2 \mid C_3)$，基于高斯分布

联合概率

这一节利用下式估算联合概率：

$$\underbrace{f_{\boldsymbol{\chi}, Y}\left(\boldsymbol{x}, C_k\right)}_{\text{Joint}} = \underbrace{p_Y\left(C_k\right)}_{\text{Prior}} \underbrace{f_{\boldsymbol{\chi}|Y}\left(\boldsymbol{x}|C_k\right)}_{\text{Likelihood}} = \underbrace{p_Y\left(C_k\right)}_{\text{Prior}} \underbrace{\prod_{j=1}^{D} f_{X_j|Y}\left(x_j|C_k\right)}_{\text{Conditional independence}} \tag{9.29}$$

三分类问题

对于鸢尾花三分类 $(K = 3)$ 问题，联合概率$f_{X_1, X_2, Y}(x_1, x_2, C_k)$ $(k = 1, 2, 3)$ 可以通过下式得到：

$$\underbrace{f_{X_1, X_2, Y}\left(x_1, x_2, C_k\right)}_{\text{Joint}} = \underbrace{f_{X_1, X_2|Y}\left(x_1, x_2 | C_k\right)}_{\text{Likelihood}} \underbrace{p_Y\left(C_k\right)}_{\text{Prior}} = \underbrace{f_{X_1|Y}\left(x_1|C_k\right) \cdot f_{X_2|Y}\left(x_2|C_k\right)}_{\text{Conditional independence}} \underbrace{p_Y\left(C_k\right)}_{\text{Prior}} \tag{9.30}$$

再次注意，先验概率$p_Y(C_k)$ 相当于一个缩放系数。

图9.25 ~ 图9.27所示为$f_{X_1, X_2, Y}(x_1, x_2, C_1)$、$f_{X_1, X_2, Y}(x_1, x_2, C_2)$和$f_{X_1, X_2, Y}(x_1, x_2, C_3)$三个联合概率密度函数曲面。

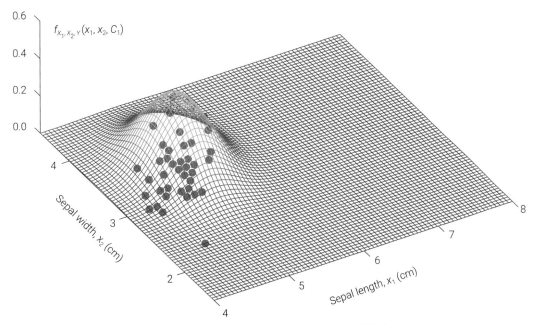

图9.25 $f_{X_1, X_2, Y}(x_1, x_2, C_1)$ 概率密度曲面，基于高斯分布

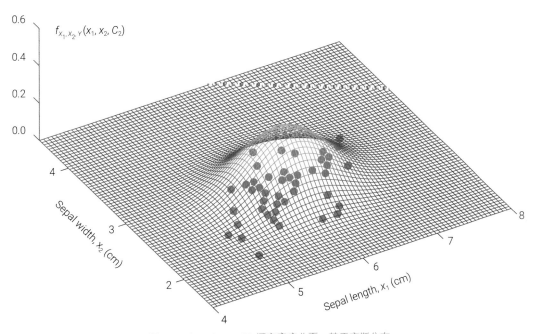

图9.26 $f_{X_1, X_2, Y}(x_1, x_2, C_2)$ 概率密度曲面，基于高斯分布

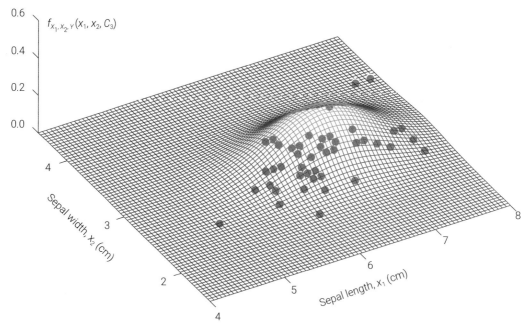

图9.27　$f_{X_1,X_2,Y}(x_1, x_2, C_3)$ 概率密度曲面，基于高斯分布

分类依据：最大化联合概率

根据本章前文介绍的高斯朴素贝叶斯优化目标之一——最大化联合概率；考虑到特征条件独立这一假设，高斯朴素贝叶斯目标函数为：

$$\hat{y} = \arg\max_{C_k} p_Y\left(C_k\right) \prod_{j=1}^{D} f_{X_j|Y}\left(x_j \middle| C_k\right) \tag{9.31}$$

因此，比较图9.25 ~ 图9.27三个曲面高度，可以进行鸢尾花分类预测。

Sklearn工具包高斯朴素贝叶斯分类算法的函数为sklearn.naive_bayes.GaussianNB。同样，这个函数常用的方法为fit(X, y) 和 predit(q)。fit(X, y)用来加载样本数据，predit(q)用来预测查询点q的分类。

通过Sklearn高斯朴素贝叶斯分类算法得到分类预测和决策边界。比较本章前文的决策边界，可以发现高斯朴素贝叶斯分类算法得到的决策边界，形态上更简洁。图9.28中决策边界实际上是二次曲线。也就是说，协方差矩阵为对角阵，即特征条件独立时，高斯判别分析算法得到的决策边界等同于高斯朴素贝叶斯。这一点，下一章将详细讲解。

Bk7_Ch09_01.ipynb中的代码利用高斯朴素贝叶斯分类了鸢尾花数据集，并绘制了图9.28。下面讲解其中关键语句。

ⓐ 用sklearn.naive_bayes.GaussianNB()创建朴素贝叶斯分类对象。

ⓑ 调用朴素贝叶斯分类对象，并使用fit()方法拟合数据。

ⓒ 构造网格查询点的二维数组。

ⓓ 预测网格查询点的分类标签。

ⓔ 将结果规整为和网格坐标同一形状，以便后续可视化。

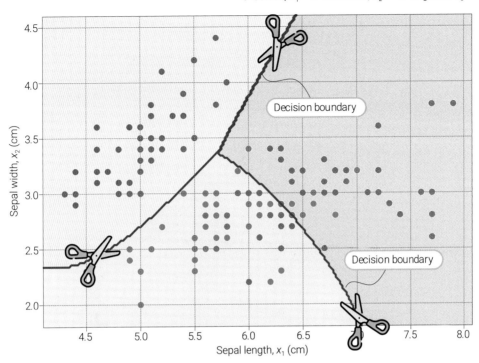

图9.28　鸢尾花分类预测，朴素贝叶斯决策边界，基于高斯分布

```
# 朴素贝叶斯分类器
a  gnb = GaussianNB()

# 拟合数据
b  gnb.fit(X, y)

# 查询点
c  q = np.c_[xx1.ravel(), xx2.ravel()];

# 预测
d  y_predict = gnb.predict(q)

# 规整形状
e  y_predict = y_predict.reshape(xx1.shape)
```

证据因子：一种概率估算方法

根据全概率定理以及假设特征条件独立，证据因子 $f(x)$ 可以通过下式计算：

$$\underbrace{f_{\chi}(\boldsymbol{x})}_{\text{Evidence}} = \sum_{k=1}^{K}\left\{\underbrace{p_Y(C_k)}_{\text{Prior}}\underbrace{\prod_{j=1}^{D}f_{X_j|Y}(x_j|C_k)}_{\text{Conditional independence}}\right\} \tag{9.32}$$

本章前文提到过，上式本身是一种概率密度估算方法，具体如图9.29所示。

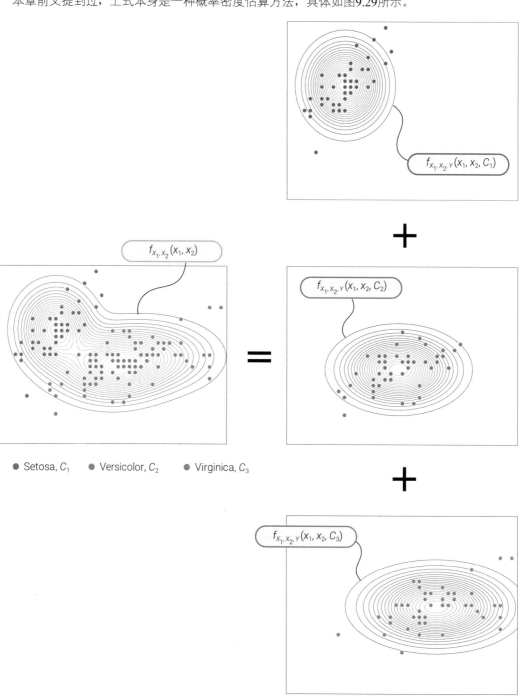

图9.29 估算证据因子概率密度，基于高斯分布

图9.30所示为估算得到的二元概率密度曲面$f_{X_1,X_2}(x_1,x_2)$。注意，这个概率密度曲面主要基于以下两点：① 假设特征条件独立；② 条件边际概率通过一元高斯分布估计。

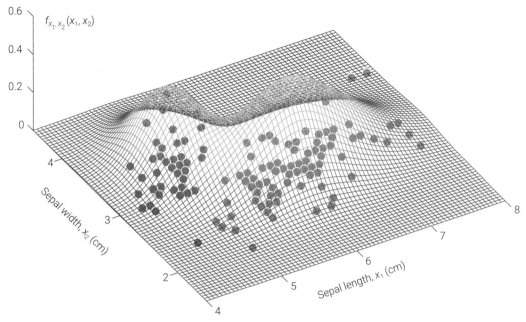

图9.30　估算得到的二元概率密度曲面，特征条件独立，基于高斯分布

后验概率：成员值

利用先验概率、似然概率和证据因子，根据贝叶斯定理计算得到后验概率，即成员值：

$$\underbrace{f_{Y|\chi}\left(C_k|\boldsymbol{x}\right)}_{\text{Posterior}}=\frac{\overbrace{f_{\chi|Y}\left(\boldsymbol{x}|C_k\right)}^{\text{Likelihood}}\overbrace{p_Y\left(C_k\right)}^{\text{Prior}}}{\underbrace{f_{\chi}\left(\boldsymbol{x}\right)}_{\text{Evidence}}} \tag{9.33}$$

其中，假设分母中的证据因子不为0。

如果假设"特征条件独立"，上式可以写成：

$$\underbrace{f_{Y|\chi}\left(C_k|\boldsymbol{x}\right)}_{\text{Posterior}}=\frac{\overbrace{\prod_{j=1}^{D}f_{X_j|Y}\left(x_j|C_k\right)}^{\text{Likelihood}}\overbrace{p_Y\left(C_k\right)}^{\text{Prior}}}{\underbrace{f_{\chi}\left(\boldsymbol{x}\right)}_{\text{Evidence}}} \tag{9.34}$$

本章前文介绍过，朴素贝叶斯分类优化目标也可以是最大化后验概率：

$$\hat{y}=\underset{C_k}{\arg\max}\,f_{Y|\chi}\left(C_k|\boldsymbol{x}\right) \tag{9.35}$$

图9.31 ~ 图9.33所示为$f_{Y|X_1,X_2}(C_1|x_1,x_2)$、$f_{Y|X_1,X_2}(C_2|x_1,x_2)$和$f_{Y|X_1,X_2}(C_3|x_1,x_2)$三个后验概率曲面。

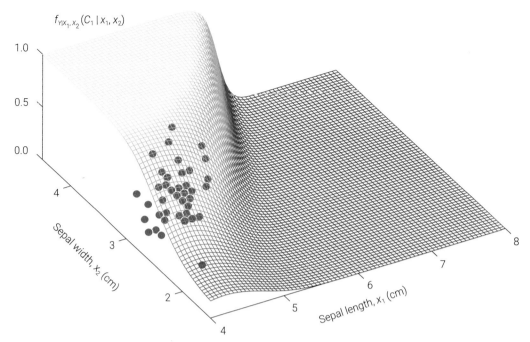

图9.31　$f_{Y|X_1,X_2}(C_1 \mid x_1, x_2)$ 后验概率曲面，基于高斯分布

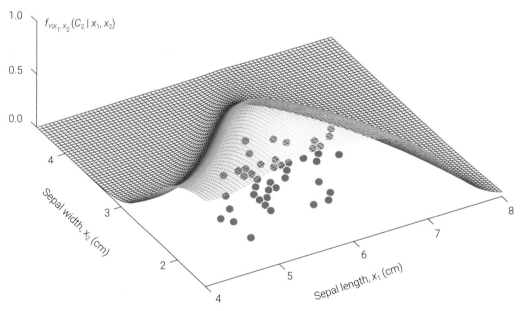

图9.32　$f_{Y|X_1,X_2}(C_2 \mid x_1, x_2)$ 后验概率曲面，基于高斯分布

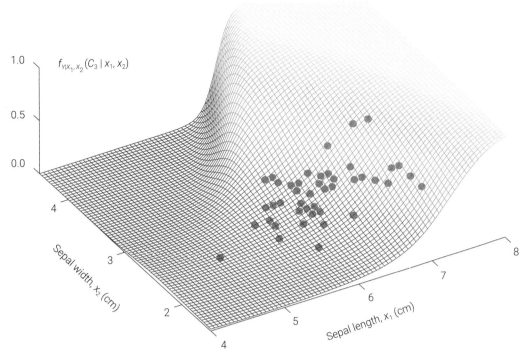

图9.33 $f_{Y|X_1, X_2}(C_3 \mid x_1, x_2)$ 后验概率曲面，基于高斯分布

对于鸢尾花三分类问题，如图**9.34**所示，比较$f_{Y|X_1, X_2}(C_1 \mid x_1, x_2)$、$f_{Y|X_1, X_2}(C_2 \mid x_1, x_2)$ 和 $f_{Y|X_1, X_2}(C_3 \mid x_1, x_2)$ 三个后验概率密度曲面高度，可以预测分类，并获得决策边界。

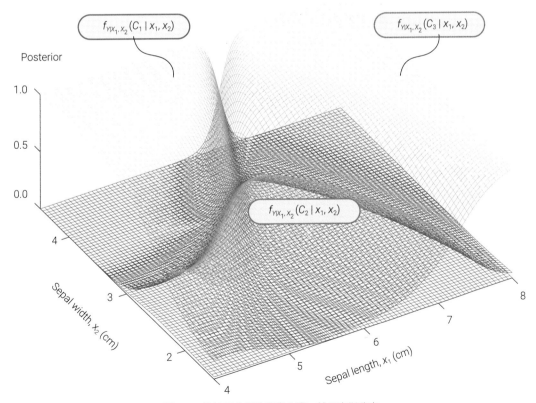

图9.34 比较三个后验概率曲面，基于高斯分布

贝叶斯定理是机器学习和深度学习中重要的概率论工具，广泛应用于分类、聚类、推荐系统等领域。本章介绍的朴素贝叶斯分类是贝叶斯定理的众多应用之一。

　　贝叶斯派思想强调我们对未知事物的认识应该是不断修正和更新的。它通过贝叶斯定理将已有的先验知识和新的实验数据结合起来，不断修正我们对未知事件的概率估计，以实现对真实概率的逼近。贝叶斯派思想应用于机器学习和人工智能领域，可以用于推断和预测，解决实际问题，如自然语言处理、图像识别、推荐系统等。贝叶斯派思想的优点是可以有效处理不确定性和噪声，具有广泛的应用前景。

10 Gaussian Discriminant Analysis
高斯判别分析
假设后验概率为高斯分布，最小化分类错误

> 唯有勇敢者，才能洞见科学的壮美。
>
> ***The enchanting charms of this sublime science reveal themselves in all their beauty only to those***
> ***who have the courage to go deeply into it.***
>
> —— 卡尔·弗里德里希·高斯 (Carl Friedrich Gauss) | 德国数学家、物理学家、天文学家 | 1777 — 1855年

- ◀ matplotlib.pyplot.contour() 绘制等高线图
- ◀ matplotlib.pyplot.contourf() 绘制填充等高线图
- ◀ matplotlib.pyplot.scatter() 绘制散点图
- ◀ numpy.array() 创建array数据类型
- ◀ numpy.c_() 按列叠加两个矩阵
- ◀ numpy.linspace() 产生连续均匀向量数值
- ◀ numpy.meshgrid() 创建网格化数据
- ◀ numpy.r_() 按行叠加两个矩阵
- ◀ numpy.ravel() 将矩阵扁平化
- ◀ seaborn.scatterplot() 绘制散点图
- ◀ sklearn.datasets.load_iris() 加载鸢尾花数据集
- ◀ sklearn.discriminant_analysis.LinearDiscriminantAnalysis 线性判别分析函数
- ◀ sklearn.discriminant_analysis.QuadraticDiscriminantAnalysis 二次判别分析函数

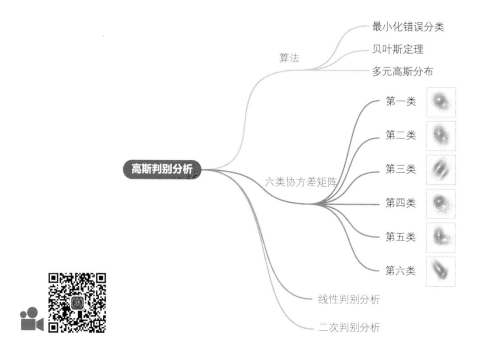

10.1 又见高斯

本章介绍**高斯判别分析** (Gaussian Discriminant Analysis，GDA)。高斯判别分析中，似然概率采用高斯多元分布估计，这便是其名称的由来。GDA是一种监督学习算法，用于分类和判别问题。它基于假设，即每个类别的数据都服从高斯分布。

具体来说，对于每个类别，GDA通过估计该类别的均值和协方差矩阵来建模该类别的高斯分布。在训练过程中，算法学习这些参数，并使用它们来计算给定输入数据点属于哪个类别的后验概率。之后，在测试时，算法使用这些后验概率来进行分类。

原理

图10.1所示为高斯判别分析的原理，大家可能已经发现六幅子图椭圆等高线呈现不同形态，这代表着高斯多元分布展现不同特点。

此外，图中决策边界包含一次函数和圆锥曲线。相信图10.1中各种细节已经引起了大家好奇心，对此本章将为大家一一解密。

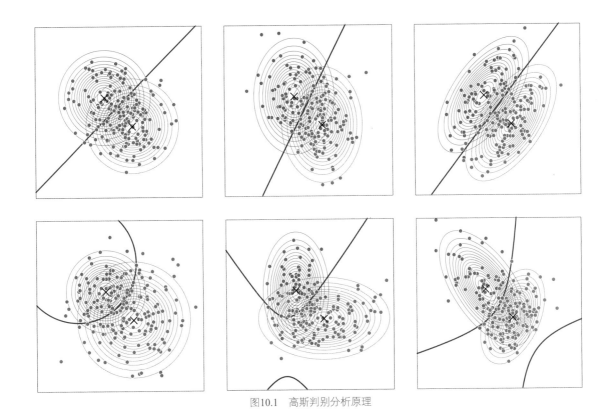

图10.1 高斯判别分析原理

分类

高斯判别分析，又细分为**线性判别分析** (Linear Discriminant Analysis，LDA) 和**二次判别分析** (Quadratic Discriminant Analysis，QDA)。

高斯判别分析算法得到的决策边界有解析解。从它们各自的名字上就可以看出，LDA和QDA决策边界分别为线性式和二次式。

此外，二次判别分析QDA和上一章介绍的**高斯朴素贝叶斯** (gaussian naïve bayes) 有着紧密关系。高斯判别分析分类算法和本书后文介绍的**高斯混合模型** (Gaussian Mixture Model，GMM) 也有千丝万缕的联系。

优化问题

高斯判别分析优化目标如下，**预测分类** (predicted classification) $\hat{y}$ 可以通过下式求得：

$$\hat{y} = \arg\min_{C_m} \sum_{k=1}^{K} f_{Y|\chi}\left(C_k \middle| \boldsymbol{x}\right) \cdot c\left(C_m \middle| C_k\right) \tag{10.1}$$

其中，K 为类别数量，m 和 k 均为类别序数——1, 2, $\cdots$, K。

$f_{Y|\chi}\left(C_k \middle| \boldsymbol{x}\right)$ 为任意一点 $\boldsymbol{x}$ 被预测分类为 C_k 类的**后验概率** (posterior)。

$c(C_m \mid C_k)$ 为惩罚因子，代表 $\boldsymbol{x}$ 正确分类为 C_k，但被预测分类为 C_m 对应的代价，具体计算如下：

$$c\left(C_m \mid C_k\right) = \begin{cases} 1 & m \neq k \\ 0 & m = k \end{cases} \tag{10.2}$$

$m \neq k$时，也就是当某一点真实类别为C_k，但是却被错误地分类为C_m时，$c(C_m \mid C_k) = 1$。而当分类正确，即$m = k$时，$c(C_m \mid C_k) = 0$。

式(10.1)中蕴含着高斯判别分析重要的思路——最小化错误分类。这个思路和朴素贝叶斯恰好相反。

计算后验概率

根据**贝叶斯定理** (bayes theorem)，后验概率$f_{Y \mid \chi}\left(C_k \mid \boldsymbol{x}\right)$可以通过下式计算获得：

$$\underbrace{f_{Y \mid \chi}\left(C_k \mid \boldsymbol{x}\right)}_{\text{Posterior}} = \frac{\overbrace{f_{\chi, Y}\left(\boldsymbol{x}, C_k\right)}^{\text{Joint}}}{\underbrace{f_\chi\left(\boldsymbol{x}\right)}_{\text{Evidence}}} = \frac{\overbrace{f_{\chi \mid Y}\left(\boldsymbol{x} \mid C_k\right)}^{\text{Likelihood}} \overbrace{p_Y\left(C_k\right)}^{\text{Prior}}}{\underbrace{f_\chi\left(\boldsymbol{x}\right)}_{\text{Evidence}}} \tag{10.3}$$

证据因子$f_\chi\left(\boldsymbol{x}\right)$可以通过下式求得：

$$f_\chi\left(\boldsymbol{x}\right) = \sum_{k=1}^{K} \overbrace{f_{\chi \mid Y}\left(\boldsymbol{x} \mid C_k\right)}^{\text{Likelihood}} \overbrace{p_Y\left(C_k\right)}^{\text{Prior}} \tag{10.4}$$

和本书之前介绍的朴素贝叶斯一样，证据因子$f_\chi\left(\boldsymbol{x}\right)$也可以不求，后验 $\propto$ 似然 $\times$ 先验：

$$\underbrace{f_{Y \mid \chi}\left(C_k \mid \boldsymbol{x}\right)}_{\text{Posterior}} \propto \underbrace{f_{\chi, Y}\left(\boldsymbol{x}, C_k\right)}_{\text{Joint}} \tag{10.5}$$

证据因子$f_\chi\left(\boldsymbol{x}\right)$相当于对$f_{\chi, Y}\left(\boldsymbol{x}, C_k\right)$进行归一化处理。

引入多元高斯分布

高斯判别分析假设，似然概率$f_{\chi \mid Y}\left(\boldsymbol{x} \mid C_k\right)$服从多元高斯分布，因此$f_{\chi \mid Y}\left(\boldsymbol{x} \mid C_k\right)$具体表达式如下：

$$f_{\chi \mid Y}\left(\boldsymbol{x} \mid C_k\right) = \frac{\exp\left(-\frac{1}{2}\left(\boldsymbol{x} - \boldsymbol{\mu}_k\right)^{\mathrm{T}} \boldsymbol{\Sigma}_k^{-1}\left(\boldsymbol{x} - \boldsymbol{\mu}_k\right)\right)}{\sqrt{\left(2\pi\right)^D \left|\boldsymbol{\Sigma}_k\right|}} \tag{10.6}$$

其中，D为特征数量，$\boldsymbol{x}$为列向量，$\boldsymbol{\mu}_k$为C_k类数据质心位置，$\boldsymbol{\Sigma}_k$为C_k类样本协方差矩阵。

可以说，此处便是高斯判别分析和高斯朴素贝叶斯分道扬镳之处！

10.2 六类协方差矩阵

高斯朴素贝叶斯，假设"特征条件独立"。

然而，高斯判别分析，根据Σ_k形态将算法分成六个类别。这六个类别中，有些特征条件独立，有些特征满足特殊条件。表10.1总结了六类高斯判别分析对应的协方差矩阵特点。

表10.1 根据协方差矩阵特点将高斯判别分析问题分成六类

Σ_k		特征方差 (Σ_k对角线元素)	Σ_k特点	似然概率PDF等高线	决策边界
第一类	相同	相同	对角阵 (特征条件独立)	正圆，形状相同	直线
第二类		不限制		正椭圆，形状相同	
第三类			非对角阵	任意椭圆，形状相同	
第四类	不同	相同	对角阵 (特征条件独立)	正圆	正圆
第五类		不限制		正椭圆	正圆锥曲线
第六类			非对角阵	任意椭圆	圆锥曲线

如图10.2所示，六大类判别分析高斯分布椭圆形状。

前三类：决策边界为直线

前三类（Ⅰ、Ⅱ和Ⅲ）GDA有一个共同特点，假设各个类别协方差矩阵Σ_k，完全一致；因此，这三类的决策边界为直线，进而它们被称作线性判别分析LDA。这一点，本章后续将展开讲解；这里先给大家结论，希望读者学完本章回过头来再看一遍。

◀**第一类GDA**的重要特点是，Σ_k为对角阵 (除主对角线之外元素为0)，即特征之间"条件独立"。并且，Σ_k对角线元素相同，即假设各个特征方差相同。因此，图10.2所示第一类GDA中，红色和蓝色PDF等高线为正圆，且大小相同。

◀**第二类GDA**，Σ_k为对角阵，特征条件独立；但是，对Σ_k对角线元素大小不做限制。如图10.2所示，红色和蓝色PDF等高线为大小相等的正椭圆。

◀**第三类GDA**，仅仅假设各个类别协方差矩阵Σ_k，完全一致。方差和条件独立不做任何限制。如图10.2所示，红色和蓝色PDF等高线为大小相等的旋转椭圆。

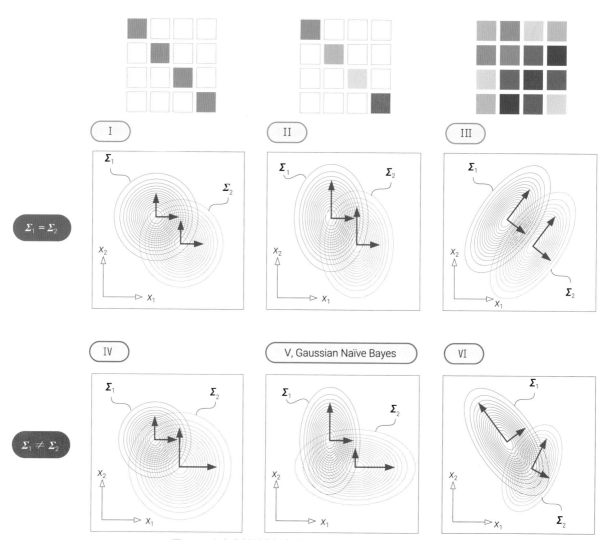

图10.2 六大类判别分析高斯分布椭圆形状，$K = 2$，$D = 2$

后三类：决策边界为二次曲线

后三类 (IV、V和VI) GDA，各个类别协方差矩阵$\boldsymbol{\Sigma}_k$不相同；这三类GDA决策边界为二次曲线，因此被称作二次判别分析QDA。

◀ **第四类GDA**，$\boldsymbol{\Sigma}_k$为对角阵，也假设特征之间"条件独立"；同时假设每个类别协方差矩阵$\boldsymbol{\Sigma}_k$对角线元素相同，即假设类别内样本数据各个特征方差相同。如图10.2所示，第四类GDA中，红色和蓝色PDF等高线为正圆，但是大小不同。

◀ **第五类GDA**，$\boldsymbol{\Sigma}_k$为对角阵，特征条件独立；不限制$\boldsymbol{\Sigma}_k$对角线元素大小；如图10.2所示，红色和蓝色PDF等高线为正椭圆，但是大小不同。可以发现，第五类 (V) 对应高斯朴素贝叶斯分类。从几何图像上解释，高斯朴素贝叶斯中，条件概率曲面等高线为正椭圆。

◀ **第六类GDA**，对$\boldsymbol{\Sigma}_k$不做任何限制。如图10.2所示，红色和蓝色PDF等高线为旋转椭圆，大小不等。

218

此外，非监督学习中**高斯混合模型** (Gaussian Mixture Model，GMM) 也会使用到本章介绍的协方差矩阵特点和决策边界关系。

10.3 决策边界解析解

本节将推导决策边界解析解一般形式。

判别函数

定义 C_k 类判别函数 $g_k(\boldsymbol{x})$ 如下：

$$
\begin{aligned}
g_k(\boldsymbol{x}) &= \ln\left(f_{\chi,Y}(\boldsymbol{x}, C_k)\right) = \ln\left(f_{\chi|Y}(\boldsymbol{x}|C_k)\, p_Y(C_k)\right) \\
&= \ln\left(\frac{\exp\left(-\dfrac{1}{2}(\boldsymbol{x}-\boldsymbol{\mu}_k)^{\mathrm{T}}\boldsymbol{\Sigma}_k^{-1}(\boldsymbol{x}-\boldsymbol{\mu}_k)\right)}{\sqrt{(2\pi)^D|\boldsymbol{\Sigma}_k|}}\, p_Y(C_k)\right) \\
&= -\frac{1}{2}(\boldsymbol{x}-\boldsymbol{\mu}_k)^{\mathrm{T}}\boldsymbol{\Sigma}_k^{-1}(\boldsymbol{x}-\boldsymbol{\mu}_k) - \frac{D}{2}\ln(2\pi) - \frac{1}{2}\ln|\boldsymbol{\Sigma}_k| + \ln p_Y(C_k)
\end{aligned}
\tag{10.7}
$$

判别函数就是联合概率密度函数的自然对数。通俗地说，这个运算是为了去掉多元高斯分布中的 exp()。

两特征、两分类问题

为了方便讨论，本章以两个特征 (D = 2) 二分类 (K = 2) 为例。C_1 和 C_2 的判别函数分别为：

$$
\begin{cases}
g_1(\boldsymbol{x}) = -\dfrac{1}{2}(\boldsymbol{x}-\boldsymbol{\mu}_1)^{\mathrm{T}}\boldsymbol{\Sigma}_1^{-1}(\boldsymbol{x}-\boldsymbol{\mu}_1) - \dfrac{D}{2}\ln(2\pi) - \dfrac{1}{2}\ln|\boldsymbol{\Sigma}_1| + \ln p_Y(C_1) \\[2mm]
g_2(\boldsymbol{x}) = -\dfrac{1}{2}(\boldsymbol{x}-\boldsymbol{\mu}_2)^{\mathrm{T}}\boldsymbol{\Sigma}_2^{-1}(\boldsymbol{x}-\boldsymbol{\mu}_2) - \dfrac{D}{2}\ln(2\pi) - \dfrac{1}{2}\ln|\boldsymbol{\Sigma}_2| + \ln p_Y(C_2)
\end{cases}
\tag{10.8}
$$

其中

$$
\boldsymbol{x} = \begin{bmatrix} x_1 \\ x_2 \end{bmatrix}
\tag{10.9}
$$

对于二分类 (K = 2) 问题，高斯判别分析的决策边界取决于如下等式：

$$
g_1(\boldsymbol{x}) = g_2(\boldsymbol{x})
\tag{10.10}
$$

将式 (10.8) 代入式 (10.10) 并整理得到决策边界对应的解析式：

$$\frac{1}{2}(\boldsymbol{x}-\boldsymbol{\mu}_1)^{\mathrm{T}}\boldsymbol{\Sigma}_1^{-1}(\boldsymbol{x}-\boldsymbol{\mu}_1)-\frac{1}{2}(\boldsymbol{x}-\boldsymbol{\mu}_2)^{\mathrm{T}}\boldsymbol{\Sigma}_2^{-1}(\boldsymbol{x}-\boldsymbol{\mu}_2)=\ln p_Y(C_1)-\ln p_Y(C_2)+\left(\frac{1}{2}\ln|\boldsymbol{\Sigma}_2|-\frac{1}{2}\ln|\boldsymbol{\Sigma}_1|\right) \quad (10.11)$$

容易发现上式为二次式，甚至是一次式。决策边界解析解次数和具体参数，和两个协方差矩阵（$\boldsymbol{\Sigma}_1$和$\boldsymbol{\Sigma}_2$）取值直接相关。而先验概率$p_Y(C_1)$和$p_Y(C_2)$影响常数项。

决策边界形态

图10.3所示为用Streamlit搭建的展示高斯判别分析边界的App。

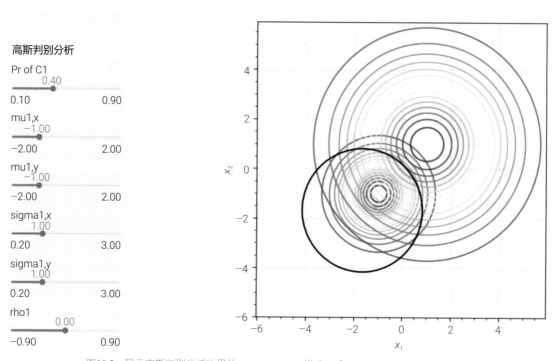

图10.3　展示高斯判别分析边界的App，Streamlit搭建 | ⊕ Streamlit_Bk7_Ch10_01.py

Streamlit_Bk7_Ch10_01.py中搭建了图10.3中App，请大家自行学习。

图10.4所示为各种高斯判别分析QDA二分类常见决策边界形态。观察图10.4可以发现，决策边界可以是直线、正圆、椭圆、抛物线、双曲线，以及各种蜕化二次曲线。下一节开始讲逐个讲解各类QDA。

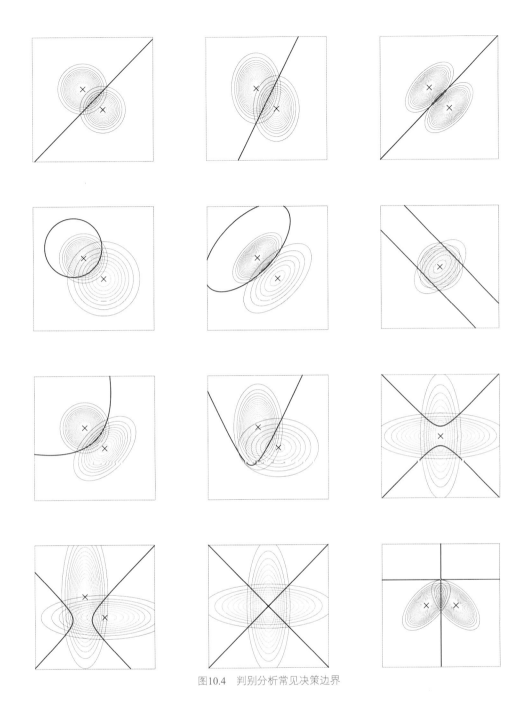

图10.4 判别分析常见决策边界

10.4 第一类

第一类高斯判别分析，假设数据特征条件独立，协方差矩阵Σ_k为对角阵，即相关系数为0；且假设Σ_k对角元素相同，即特征方差相同。

两特征、两分类

如下例 ($K = 2$ 且 $D = 2$)：

$$\boldsymbol{\Sigma}_1 = \boldsymbol{\Sigma}_2 = \begin{bmatrix} \sigma^2 & 0 \\ 0 & \sigma^2 \end{bmatrix} = \sigma^2 \begin{bmatrix} 1 & 0 \\ 0 & 1 \end{bmatrix} = \sigma^2 \boldsymbol{I} \tag{10.12}$$

两个协方差矩阵 ($\boldsymbol{\Sigma}_1$ 和 $\boldsymbol{\Sigma}_2$) 的逆矩阵如下：

$$\boldsymbol{\Sigma}_1^{-1} = \boldsymbol{\Sigma}_2^{-1} = \frac{1}{\sigma^2} \begin{bmatrix} 1 & 0 \\ 0 & 1 \end{bmatrix} = \frac{\boldsymbol{I}}{\sigma^2} \tag{10.13}$$

将式 (10.13) 代入式 (10.11) 得到：

$$\begin{aligned} &\frac{1}{2}(\boldsymbol{x} - \boldsymbol{\mu}_1)^{\mathrm{T}} \frac{\boldsymbol{I}}{\sigma^2}(\boldsymbol{x} - \boldsymbol{\mu}_1) - \frac{1}{2}(\boldsymbol{x} - \boldsymbol{\mu}_2)^{\mathrm{T}} \frac{\boldsymbol{I}}{\sigma^2}(\boldsymbol{x} - \boldsymbol{\mu}_2) = \ln p_Y(C_1) - \ln p_Y(C_2) \\ &\Rightarrow (\boldsymbol{x} - \boldsymbol{\mu}_1)^{\mathrm{T}}(\boldsymbol{x} - \boldsymbol{\mu}_1) - (\boldsymbol{x} - \boldsymbol{\mu}_2)^{\mathrm{T}}(\boldsymbol{x} - \boldsymbol{\mu}_2) = 2\sigma^2 \left(\ln p_Y(C_1) - \ln p_Y(C_2) \right) \end{aligned} \tag{10.14}$$

决策边界

整理得到的决策边界解析解如下：

$$(\boldsymbol{\mu}_2 - \boldsymbol{\mu}_1)^{\mathrm{T}} \boldsymbol{x} - \left[\sigma^2 \left(\ln p_Y(C_1) - \ln p_Y(C_2) \right) + \frac{1}{2} \left(\boldsymbol{\mu}_2^{\mathrm{T}} \boldsymbol{\mu}_2 - \boldsymbol{\mu}_1^{\mathrm{T}} \boldsymbol{\mu}_1 \right) \right] = 0 \tag{10.15}$$

回忆《矩阵力量》介绍的空间直线矩阵运算表达式：

$$\boldsymbol{w}^{\mathrm{T}} \boldsymbol{x} + b = 0 \tag{10.16}$$

$\boldsymbol{w}$ 为该直线法向量，也是梯度向量。比较式 (10.15) 和式 (10.16) 可以得到直线参数：

$$\begin{cases} \boldsymbol{w} = (\boldsymbol{\mu}_2 - \boldsymbol{\mu}_1) \\ b = -\left[\sigma^2 \left(\ln p_Y(C_1) - \ln p_Y(C_2) \right) + \frac{1}{2} \left(\boldsymbol{\mu}_2^{\mathrm{T}} \boldsymbol{\mu}_2 - \boldsymbol{\mu}_1^{\mathrm{T}} \boldsymbol{\mu}_1 \right) \right] \end{cases} \tag{10.17}$$

先验概率

特别地，当 $p_Y(C_1) = p_Y(C_2)$，且 $\boldsymbol{\mu}_1 \neq \boldsymbol{\mu}_2$ 时，代入式 (10.15) 可以得到：

$$\begin{aligned} &(\boldsymbol{\mu}_2 - \boldsymbol{\mu}_1)^{\mathrm{T}} \boldsymbol{x} - \frac{1}{2} \left(\boldsymbol{\mu}_2^{\mathrm{T}} \boldsymbol{\mu}_2 - \boldsymbol{\mu}_1^{\mathrm{T}} \boldsymbol{\mu}_1 \right) = 0 \\ &\Rightarrow (\boldsymbol{\mu}_2 - \boldsymbol{\mu}_1)^{\mathrm{T}} \boldsymbol{x} - \frac{1}{2} (\boldsymbol{\mu}_2 - \boldsymbol{\mu}_1)^{\mathrm{T}} (\boldsymbol{\mu}_2 + \boldsymbol{\mu}_1) = 0 \\ &\Rightarrow (\boldsymbol{\mu}_2 - \boldsymbol{\mu}_1)^{\mathrm{T}} \left[\boldsymbol{x} - \frac{1}{2} (\boldsymbol{\mu}_2 + \boldsymbol{\mu}_1) \right] = 0 \end{aligned} \tag{10.18}$$

特别提醒读者的是，式 (10.18) 中 $(\boldsymbol{\mu}_2 - \boldsymbol{\mu}_1)^{\mathrm{T}}$ 不能消去。

当 $p_Y(C_1) = p_Y(C_2)$ 时，观察式 (10.18) 可以发现，决策边界直线通过 $\boldsymbol{\mu}_1$ 和 $\boldsymbol{\mu}_2$ 两点的中点 $(\boldsymbol{\mu}_2 + \boldsymbol{\mu}_1)/2$，并垂直于两点连线，对应 $(\boldsymbol{\mu}_2 - \boldsymbol{\mu}_1)$ 向量。也就是说，决策边界为 C_1 和 C_2 类质心 $\boldsymbol{\mu}_1$ 和 $\boldsymbol{\mu}_2$ 中垂线。

再次注意，因为 $p_Y(C_1) = p_Y(C_2)$，所以决策边界距离 C_1 和 C_2 两类样本数据质心 ($\boldsymbol{\mu}_1$ 和 $\boldsymbol{\mu}_2$) 等距。给大家提一个小问题，如果 $p_Y(C_1) > p_Y(C_2)$，决策边界更靠近 C_1，还是 C_2？

举个例子

采用如下具体数值讨论第一类高斯判别分析：

$$\boldsymbol{\mu}_1 = \begin{bmatrix} 2 \\ 0 \end{bmatrix}, \quad \boldsymbol{\mu}_2 = \begin{bmatrix} -2 \\ 0 \end{bmatrix}, \quad p_Y(C_1) = 0.6, \quad p_Y(C_2) = 0.4, \quad \boldsymbol{\Sigma}_1 = \boldsymbol{\Sigma}_2 = \begin{bmatrix} 1 & 0 \\ 0 & 1 \end{bmatrix} \tag{10.19}$$

图10.5直接比较了 $f_{Y,\mathcal{X}}(C_1, \boldsymbol{x})$ 和 $f_{Y,\mathcal{X}}(C_2, \boldsymbol{x})$ 曲面高度，任意一点 $\boldsymbol{x}$，如果 $f_{Y,\mathcal{X}}(C_1, \boldsymbol{x}) > f_{Y,\mathcal{X}}(C_2, \boldsymbol{x})$，则该点分类可以被判定为 C_1；反之，$f_{Y,\mathcal{X}}(C_1, \boldsymbol{x}) < f_{Y,\mathcal{X}}(C_2, \boldsymbol{x})$，则该点分类可以被判定为 C_2。$f_{Y,\mathcal{X}}(C_1, \boldsymbol{x}) = f_{Y,\mathcal{X}}(C_2, \boldsymbol{x})$ 处便是决策边界。

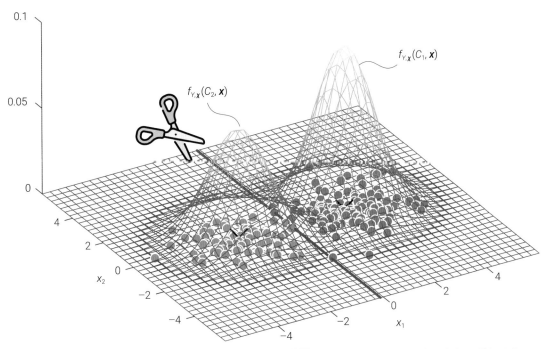

图10.5 第一类高斯判别分析，比较 $f_{Y,\mathcal{X}}(C_1, \boldsymbol{x})$ 和 $f_{Y,\mathcal{X}}(C_2, \boldsymbol{x})$ 曲面，$\boldsymbol{\Sigma}_1 = \boldsymbol{\Sigma}_2 = [1\ 0;\ 0\ 1]$，$p_Y(C_1) = 0.6$，$p_Y(C_2) = 0.4$

平面等高线更方便探讨高斯分布形状和决策边界。图10.6 (a) 比较了 $f_{Y,\mathcal{X}}(C_1, \boldsymbol{x})$ 和 $f_{Y,\mathcal{X}}(C_2, \boldsymbol{x})$ 两个曲面等高线；两个曲面交线便是决策边界 (图10.6 (a) 中深蓝色线)。$p_Y(C_1)$ 大于 $p_Y(C_2)$，因此 C_1 类数据的影响更大，决策边界便远离质心 $\boldsymbol{\mu}_1$；也就是说 C_1 "势力" 更大。

观察图10.6 (a) 等高线，发现 $f_{Y,\mathcal{X}}(C_1, \boldsymbol{x})$ 和 $f_{Y,\mathcal{X}}(C_2, \boldsymbol{x})$ 同心圆大小不同。再次，注意图10.6 (a) 等高线为联合概率密度函数，而图10.2为似然概率。

由于每一类数据在每个特征上方差相同，且条件独立；因此 $f_{Y,\mathcal{X}}(C_1, \boldsymbol{x})$ 和 $f_{Y,\mathcal{X}}(C_2, \boldsymbol{x})$ 等高线为正圆。

图10.6 (b) 比较了后验概率 $f_{Y,\mathcal{X}}(C_1 \mid \boldsymbol{x})$ 和 $f_{Y,\mathcal{X}}(C_2 \mid \boldsymbol{x})$ 曲面。由于图10.6所示为二分类问题，因此只要 $f_{Y,\mathcal{X}}(C_1 \mid \boldsymbol{x}) > 0.5$，则可判定 $\boldsymbol{x}$ 分类为 C_1。

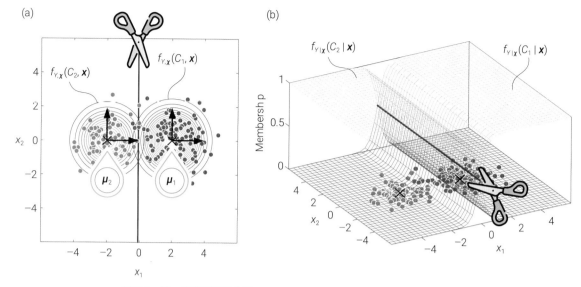

图10.6　第一类高斯判别分析，$\Sigma_1 = \Sigma_2 = [1\ 0;\ 0\ 1]$，$p_Y(C_1) = 0.6$，$p_Y(C_2) = 0.4$

10.5 第二类

第二类高斯判别分析，Σ_k相等且为对角阵 (协方差矩阵除主对角线外，其他元素为0，即特征条件独立)；但是，主对角线元素不相等。

两特征、两分类

对于$D = 2$，$K = 2$的情况，Σ_1 和 Σ_2可以写成如下形式：

$$\Sigma_1 = \Sigma_2 = \begin{bmatrix} \sigma_1^2 & 0 \\ 0 & \sigma_2^2 \end{bmatrix} \tag{10.20}$$

其中，$\sigma_1 \neq \sigma_2$。

由于Σ_1 和 Σ_2相等，代入式 (10.11)，可以发现二次项消去；因此，确定第二类高斯判别分析的决策边界也是直线。

举个例子

下面，举个例子分析第二类高斯判别：

$$\mu_1 = \begin{bmatrix} -1 \\ 1 \end{bmatrix}, \quad \mu_2 = \begin{bmatrix} 1 \\ -1 \end{bmatrix}, \quad p_Y(C_1) = 0.4, \quad p_Y(C_2) = 0.6, \quad \Sigma_1 = \Sigma_2 = \begin{bmatrix} 1 & 0 \\ 0 & 2 \end{bmatrix} \tag{10.21}$$

图10.7比较了$f_{Y,\chi}(C_1, \boldsymbol{x})$ 和$f_{Y,\chi}(C_2, \boldsymbol{x})$ 曲面，这两个曲面的交线为决策边界；$p_Y(C_2) > p_Y(C_1)$，$f_{Y,\chi}(C_2, \boldsymbol{x})$ 曲面高度高于$f_{Y,\chi}(C_1, \boldsymbol{x})$。

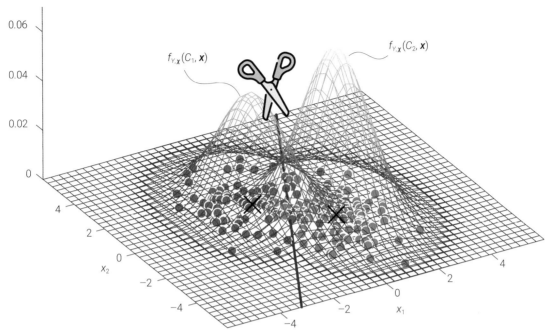

图10.7　比较$f_{Y,\chi}(C_1, \boldsymbol{x})$ 和 $f_{Y,\chi}(C_2, \boldsymbol{x})$ 曲面；第二类高斯判别分析，$\boldsymbol{\Sigma}_1 = \boldsymbol{\Sigma}_2 = [1\ 0; 0\ 2]$，$p_Y(C_1) = 0.4$，$p_Y(C_2) = 0.6$

观察图10.8 (a)，发现$f_{Y,\chi}(C_1, \boldsymbol{x})$ 和 $f_{Y,\chi}(C_2, \boldsymbol{x})$ 曲面等高线为形状相似的正椭圆。图10.8 (b) 所示为 $f_{Y|\chi}(C_1\,|\,\boldsymbol{x})$ 和$f_{Y|\chi}(C_2\,|\,\boldsymbol{x})$ 后验概率曲面，以及两个曲面交线，即决策边界。

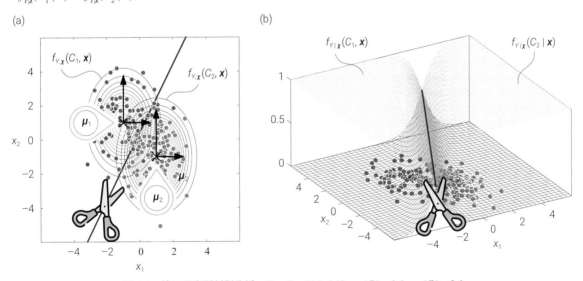

图10.8　第二类高斯判别分析，$\boldsymbol{\Sigma}_1 = \boldsymbol{\Sigma}_2 = [1\ 0; 0\ 2]$，$p_Y(C_1) = 0.4$，$p_Y(C_2) = 0.6$

10.6 第三类

第三类高斯判别分析特点是，仅假设类别协方差矩阵Σ_k完全一致；对方差和条件独立不做任何限制。

举个例子

$$\mu_1 = \begin{bmatrix} -1 \\ 1 \end{bmatrix}, \quad \mu_2 = \begin{bmatrix} 1 \\ -1 \end{bmatrix}, \quad p_Y(C_1) = 0.5, \quad p_Y(C_2) = 0.5, \quad \Sigma_1 = \Sigma_2 = \begin{bmatrix} 1 & 0.8 \\ 0.8 & 2 \end{bmatrix} \tag{10.22}$$

图10.9比较了$f_{Y,\chi}(C_1, \boldsymbol{x})$ 和$f_{Y,\chi}(C_2, \boldsymbol{x})$。根据$\Sigma_1 = \Sigma_2$这个条件，可以判定决策边界为直线。由于假设$p_Y(C_1) = p_Y(C_2)$，$f_{Y,\chi}(C_1, \boldsymbol{x})$ 曲面和$f_{Y,\chi}(C_2, \boldsymbol{x})$ 高度相等。

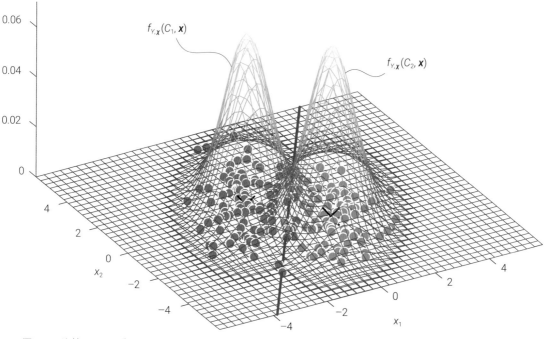

图10.9　比较$f_{Y,\chi}(C_1, \boldsymbol{x})$ 和$f_{Y,\chi}(C_2, \boldsymbol{x})$ 曲面；第三类高斯判别分析，$\Sigma_1 = \Sigma_2 = [1\ 0.8;\ 0.8\ 2]$，$p_Y(C_1) = 0.5$，$p_Y(C_2) = 0.5$

观察图10.10 (a) 可以发现，$f_{Y,\chi}(C_1, \boldsymbol{x})$ 和$f_{Y,\chi}(C_2, \boldsymbol{x})$ 等高线为旋转椭圆，这是因为Σ_1和Σ_2两个矩阵协方差不为0。图10.10 (b) 所示为$f_{Y|\chi}(C_1 \mid \boldsymbol{x})$ 和$f_{Y|\chi}(C_2 \mid \boldsymbol{x})$ 两个后验概率曲面，以及决策边界。

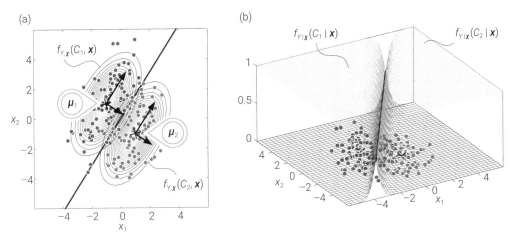

图10.10 第三类高斯判别分析，$\boldsymbol{\Sigma}_1 = \boldsymbol{\Sigma}_2 = [1\ 0.8;\ 0.8\ 2]$，$p_Y(C_1) = 0.5$，$p_Y(C_2) = 0.5$

10.7 第四类

第四类高斯判别分析，$\boldsymbol{\Sigma}_k$ 为对角阵 (除主对角线之外元素为0)，即类别内特征"条件独立"；并且，$\boldsymbol{\Sigma}_k$ 各自对角线元素相同。不同于第一类，第四类不同类别 $\boldsymbol{\Sigma}_k$ 不同。

举个例子

给定如下条件：

$$\boldsymbol{\mu}_1 = \begin{bmatrix} -1 \\ 1 \end{bmatrix}, \quad \boldsymbol{\mu}_2 = \begin{bmatrix} 1 \\ -1 \end{bmatrix}, \quad p_Y(C_1) = 0.3, \quad p_Y(C_2) = 0.7, \quad \boldsymbol{\Sigma}_1 = \begin{bmatrix} 1 & 0 \\ 0 & 1 \end{bmatrix}, \quad \boldsymbol{\Sigma}_2 = \begin{bmatrix} 3 & 0 \\ 0 & 3 \end{bmatrix} \quad (10.23)$$

图10.11比较了 $f_{Y,\boldsymbol{\chi}}(C_1, \boldsymbol{x})$ 和 $f_{Y,\boldsymbol{\chi}}(C_2, \boldsymbol{x})$ 曲面。投影在 $x_1 x_2$ 平面上，第四类高斯判别分析的决策边界为正圆，如图10.12 (a) 所示。图10.12 (b) 比较了两个后验曲面高度。

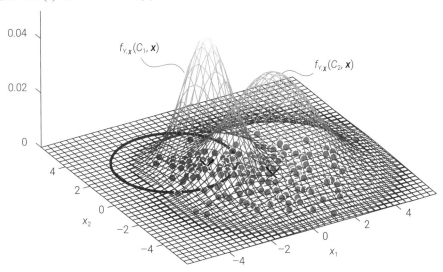

图10.11 比较 $f_{Y,\boldsymbol{\chi}}(C_1, \boldsymbol{x})$ 和 $f_{Y,\boldsymbol{\chi}}(C_2, \boldsymbol{x})$ 曲面；第四类高斯判别分析，$\boldsymbol{\Sigma}_1 = [1\ 0;\ 0\ 1]$，$\boldsymbol{\Sigma}_2 = [3\ 0;\ 0\ 3]$，$p_Y(C_1) = 0.3$，$p_Y(C_2) = 0.7$

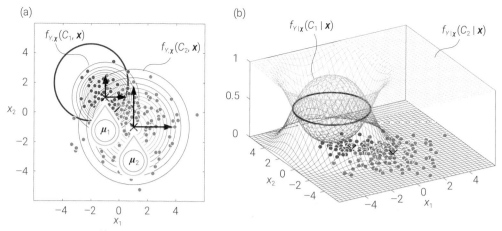

图10.12　第四类高斯判别分析，$\Sigma_1 = [1\ 0;\ 0\ 1]$，$\Sigma_2 = [3\ 0;\ 0\ 3]$，$p_Y(C_1) = 0.3$，$p_Y(C_2) = 0.7$

10.8 第五类

第五类高斯判别分析，不同类别Σ_k不同；Σ_k为对角阵，类别内特征条件独立。但是，第五类高斯判别分析对Σ_k对角线元素大小不做限制。

再次请大家注意，第五类高斯判别分析对应高斯朴素贝叶斯分类。大家可以自己推导第五类高斯判别分析决策边界一般式。

举个例子

下面举个例子方便可视化：

$$\boldsymbol{\mu}_1 = \begin{bmatrix} -1 \\ 1 \end{bmatrix}, \quad \boldsymbol{\mu}_2 = \begin{bmatrix} 1 \\ -1 \end{bmatrix}, \quad p_Y(C_1) = 0.4, \quad p_Y(C_2) = 0.6, \quad \Sigma_1 = \begin{bmatrix} 1 & 0 \\ 0 & 3 \end{bmatrix}, \quad \Sigma_2 = \begin{bmatrix} 4 & 0 \\ 0 & 2 \end{bmatrix} \quad (10.24)$$

由于Σ_1和Σ_2均为对角阵，决策边界解析式中没有x_1x_2项。因此，决策边界为正圆锥曲线，如图10.13所示。图10.14 (a) 比较了$f_{Y,\boldsymbol{X}}(C_1, \boldsymbol{x})$和$f_{Y,\boldsymbol{X}}(C_2, \boldsymbol{x})$曲面等高线；图10.14 (b) 比较了后验曲面等高线。

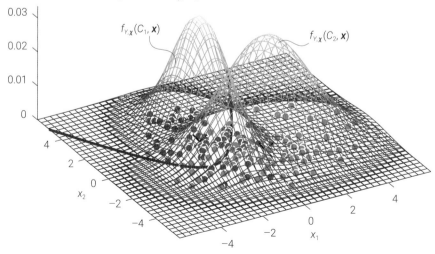

图10.13　比较$f_{Y,\boldsymbol{X}}(C_1, \boldsymbol{x})$和$f_{Y,\boldsymbol{X}}(C_2, \boldsymbol{x})$曲面；第五类高斯判别分析，$\Sigma_1 = [1\ 0;\ 0\ 3]$，$\Sigma_2 = [4\ 0;\ 0\ 2]$，$p_Y(C_1) = 0.4$，$p_Y(C_2) = 0.6$

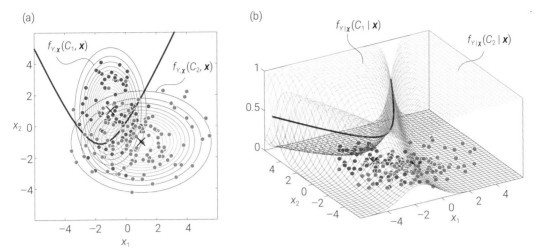

图10.14　第五类高斯判别分析，$\Sigma_1 = [1\ 0;\ 0\ 3]$，$\Sigma_2 = [4\ 0;\ 0\ 2]$，$p_Y(C_1) = 0.4$，$p_Y(C_2) = 0.6$

10.9 第六类

第六类高斯判别分析对Σ_k不做任何限制。后验概率PDF等高线为任意椭圆。第六类高斯判别分析的决策边界可以是单条直线、平行直线、椭圆、双曲线、蜕化双曲线、抛物线等。下面看几个例子。

椭圆

如下参数条件得到的决策边界为椭圆：

$$\boldsymbol{\mu}_1 = \begin{bmatrix} -1 \\ 1 \end{bmatrix}, \quad \boldsymbol{\mu}_2 = \begin{bmatrix} 1 \\ -1 \end{bmatrix}, \quad \begin{cases} p_Y(C_1) = 0.2 \\ p_Y(C_2) = 0.8 \end{cases} \quad \boldsymbol{\Sigma}_1 = \begin{bmatrix} 1 & 0.6 \\ 0.6 & 1 \end{bmatrix}, \quad \boldsymbol{\Sigma}_2 = \begin{bmatrix} 3 & 1.8 \\ 1.8 & 3 \end{bmatrix} \tag{10.25}$$

如图10.15所示，对应决策边界为椭圆。

双曲线

下例给出的参数条件可以得到双曲线决策边界，如图10.16所示：

$$\boldsymbol{\mu}_1 = \begin{bmatrix} 0 \\ 0 \end{bmatrix}, \quad \boldsymbol{\mu}_2 = \begin{bmatrix} 0 \\ 0 \end{bmatrix}, \quad \begin{cases} p_Y(C_1) = 0.4 \\ p_Y(C_2) = 0.6 \end{cases} \quad \boldsymbol{\Sigma}_1 = \begin{bmatrix} 1 & -0.6 \\ -0.6 & 1 \end{bmatrix}, \quad \boldsymbol{\Sigma}_2 = \begin{bmatrix} 1 & 0.6 \\ 0.6 & 1 \end{bmatrix} \tag{10.26}$$

有了以上铺垫，本章最后介绍线性判别分析和二次判别分析。

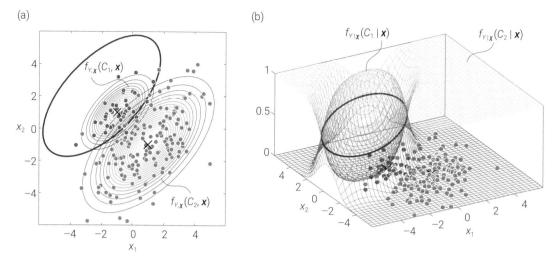

图10.15　决策边界为椭圆

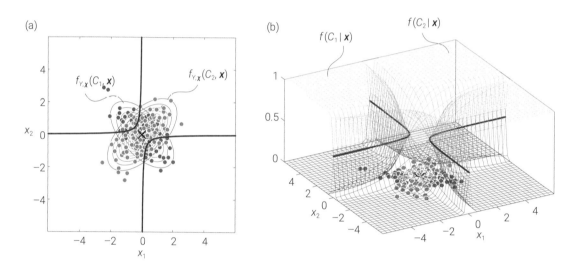

图10.16　决策边界为双曲线

$\boxed{10.10}$ 线性和二次判别分析

　　线性判别分析 (Linear Discriminant Analysis，LDA) 是一种监督学习算法，用于分类和降维问题。它基于假设，即每个类别的数据都满足高斯分布，并且不同类别之间的协方差矩阵相等。具体来说，LDA通过寻找一个投影方向，可以将数据从高维空间投影到低维空间，并最大程度地保留不同类别之间的差异，同时最小化同一类别内部的方差。

　　这个投影方向可以被认为是一条线，称为"判别线"，可以用于分类或降维。在训练过程中，算法学习这个判别线，并使用它来计算给定输入数据点属于哪个类别的后验概率。LDA是GDA的一种特殊形式。

投影

本节先以"降维"这种思路讨论线性判别分析。

如图10.17所示，采用高斯分布描述$f_{YX}(C_1, \boldsymbol{x})$ 和$f_{YX}(C_2, \boldsymbol{x})$ 这两个联合概率。四个参数刻画$f_{YX}(C_1, \boldsymbol{x})$ 和$f_{YX}(C_2, \boldsymbol{x})$ —— ① C_1质心位置$\boldsymbol{\mu}_1$；② C_2质心位置$\boldsymbol{\mu}_2$；③ C_1形状$\boldsymbol{\Sigma}_1$；④ C_2形状$\boldsymbol{\Sigma}_2$。

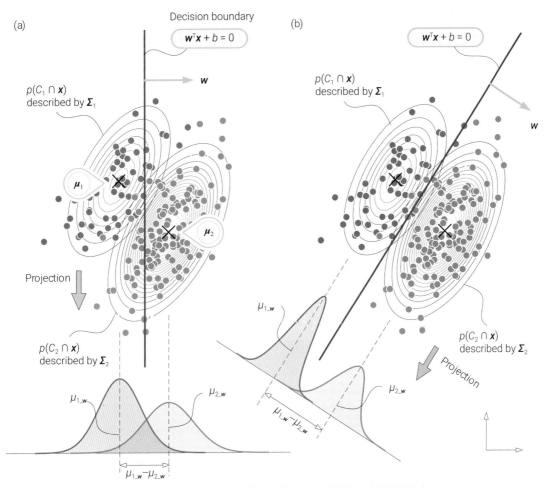

图10.17　从投影角度解释线性判别分析，两个子图中$\boldsymbol{w}$代表不同方向

决策边界的解析式为：

$$\boldsymbol{w}^{\mathrm{T}}\boldsymbol{x} + b = 0 \tag{10.27}$$

其中，$\boldsymbol{w}$为直线梯度向量，且为单位矩阵。

C_1质心位置$\boldsymbol{\mu}_1$和C_2质心位置$\boldsymbol{\mu}_2$沿着决策边界方向投影，也就是向$\boldsymbol{w}$投影，可以得到：

$$\mu_{1\_w} = \boldsymbol{w}^{\mathrm{T}}\boldsymbol{\mu}_1, \quad \mu_{2\_w} = \boldsymbol{w}^{\mathrm{T}}\boldsymbol{\mu}_2 \tag{10.28}$$

$\boldsymbol{\Sigma}_1$和$\boldsymbol{\Sigma}_2$向$\boldsymbol{w}$向量方向投影，得到：

$$\sigma_{1\_w}^2 = \boldsymbol{w}^{\mathrm{T}}\boldsymbol{\Sigma}_1\boldsymbol{w}, \quad \sigma_{2\_w}^2 = \boldsymbol{w}^{\mathrm{T}}\boldsymbol{\Sigma}_2\boldsymbol{w} \tag{10.29}$$

比较图10.17中两个子图，可以发现图10.17 (b) 的分类效果更好。线性判别分析相当于样本数据投影后，最大化类间差异 ($\mu_{1\_w} - \mu_{2\_w}$)，且最小化类内差异 ($\sigma_{1\_w}^2 + \sigma_{2\_w}^2$)。

目标函数

从投影角度，线性判别分析的目标函数为：

$$\arg \max_{w} \frac{\left(\mu_{1\_w} - \mu_{2\_w}\right)^2}{\sigma_{1\_w}^2 + \sigma_{2\_w}^2} \tag{10.30}$$

将式 (10.28) 和式 (10.29) 代入式 (10.30)，得到：

$$\arg \max_{w} \frac{w^{\mathrm{T}}\left(\mu_1 - \mu_2\right)\left(\mu_1 - \mu_2\right)^{\mathrm{T}} w}{w^{\mathrm{T}}\left(\Sigma_1 + \Sigma_2\right) w} \tag{10.31}$$

式(10.31) 分子描述的是类间距离，分母描述的是类内聚集程度。看到这个公式，大家是否眼前一亮？

 《矩阵力量》从瑞利商、特征值分解、拉格朗日乘子法几个不同角度讲解过上式，建议大家回顾。

分类器函数

sklearn.discriminant_analysis.LinearDiscriminantAnalysis为线性判别分析函数。这个函数采用本章第三类GDA，即仅仅假设各个类别协方差矩阵Σ_k完全一致；对方差和条件独立不做任何限制。

sklearn.discriminant_analysis.QuadraticDiscriminantAnalysis为二次判别分析算法函数。这个函数采用本章介绍的第六类GDA，对Σ_k不做任何限制。

图10.18和图10.19分别展示采用线性判别分析(LDA)和二次判别分析(QDA)分类鸢尾花结果。简单来说，二次判别分析是一种监督学习算法，用于分类问题。它基于假设，即每个类别的数据都满足二次高斯分布，且每个类别的协方差矩阵都不相等。具体来说，QDA通过估计每个类别的均值和协方差矩阵来建模该类别的二次高斯分布。

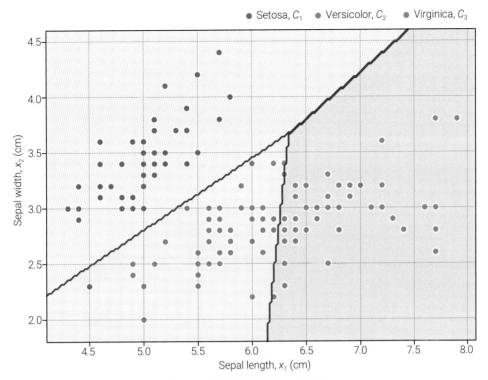

图10.18 线性判别分析分类鸢尾花

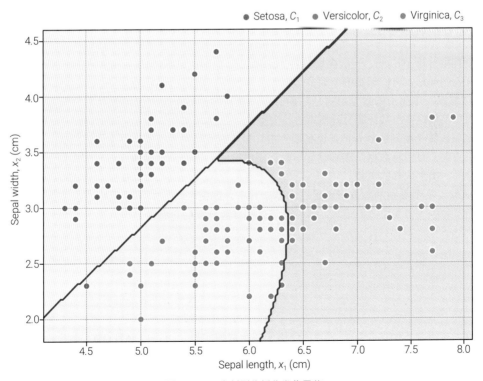

图10.19 二次判别分析分类鸢尾花

Bk7_Ch10_02.ipynb中利用判别分析分类器分类了鸢尾花数据，并绘制了图10.18和图10.19。代码10.1是完成线性判别分析的部分核心代码，请大家阅读注释并自行学习。

```python
from sklearn.discriminant_analysis import LinearDiscriminantAnalysis
from sklearn import datasets

# 导入鸢尾花数据
iris = datasets.load_iris()
X = iris.data[:, 0:2]
y = iris.target

# 线性判别分析模型
lda = LinearDiscriminantAnalysis ()

# 拟合数据
lda.fit(X, y)

# 查询点
q = np.c_[xx1.ravel(), xx2.ravel()]

# 预测
y_predict_LDA = lda.predict(q)
y_predict_LDA = y_predict_LDA.reshape(xx1.shape)
```

(a) `lda = LinearDiscriminantAnalysis ()`

(b) `lda.fit(X, y)`

(c) `q = np.c_[xx1.ravel(), xx2.ravel()]`

(d) `y_predict_LDA = lda.predict(q)`

高斯判别分析 (GDA)、一次判别分析 (LDA)、二次判别分析 (QDA) 是常见的监督学习算法，用于分类和判别问题。它们都基于不同的假设和数学模型。LDA、QDA相当于GDA的特殊形式。

GDA假设每个类别的数据都服从高斯分布，然后估计每个类别的均值和协方差矩阵来建模高斯分布，最后使用这些参数计算后验概率进行分类。

LDA假设每个类别的数据都满足高斯分布，并且不同类别之间的协方差矩阵相等。然后，它寻找一个投影方向，可以将数据从高维空间投影到低维空间，并最大程度地保留不同类别之间的差异，同时最小化同一类别内部的方差。

QDA假设每个类别的数据都满足二次高斯分布，即每个类别的协方差矩阵都不相等。然后，它估计每个类别的均值和协方差矩阵，最后使用这些参数计算后验概率进行分类。

建议大家研究下面这个官方示例。示例代码生成随机数，进行LDA和QDA分析，并绘制旋转椭圆来表达数据的协方差矩阵形状。

◀ https://scikit-learn.org/stable/auto_examples/classification/plot_lda_qda.html

11 Support Vector Machine
支持向量机
间隔最大化，支持向量确定决策边界

没有什么比精巧理论更实用的了。
Nothing is more practical than a good theory.

—— 弗拉基米尔·万普尼克 (Vladimir Vapnik) | 俄罗斯统计学家、数学家 | 1936 —

◀ `numpy.hstack()` 水平方向将数组堆叠起来
◀ `numpy.vstack()` 竖直方向将数组堆叠起来
◀ `sklearn.svm.SVC` 支持向量机算法函数

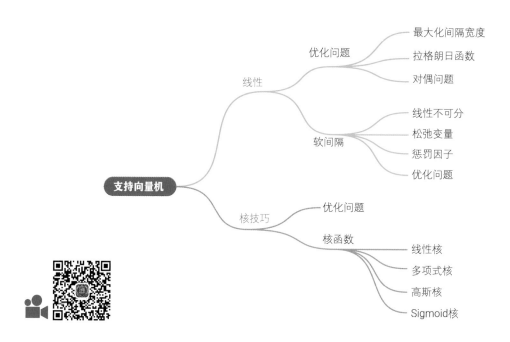

11.1 支持向量机

　　弗拉基米尔・万普尼克 (Vladimir Vapnik) 和他的同事们发明并且完善了**支持向量机 (Support Vector Machine，SVM)**。SVM是一种用于分类和回归问题的监督学习算法。SVM的主要思想是找到一个可以将不同类别分隔开的最优超平面，该超平面具有最大间隔，即离最近的数据点的距离最大。超平面可以被认为是一个决策边界，可以用于预测新的未知数据点的类别。

　　在实践中，SVM使用内积核函数将原始输入数据映射到高维空间，从而能够处理非线性问题。一些常见的内积核函数包括线性核函数，多项式核函数和径向基函数核函数。

　　SVM是一个非常强大的算法，因为它可以处理高维空间和非线性问题，并且能够有效地避免过拟合。而SVM的缺点是它对于大型数据集的计算成本很高，以及内积核函数的选择和调整需要一定的经验和技巧。

　　弗拉基米尔・万普尼克为机器学习发展奠定了大量理论基础，大家有兴趣的话可以翻看他的作品——*The Nature of Statistical Learning Theory*。

原理

图11.1所示为支持向量机核心思路。如图11.1所示，一片湖面左右散布着蓝色 ● 红色 ● 礁石，游戏规则是，皮划艇以直线路径穿越水道，保证船身恰好紧贴礁石。寻找一条路径，让该路径通过的皮划艇宽度最大。很明显，图 11.1 (b) 中规划的路径好于图 11.1 (a)。

图11.1 (b) 中加黑圈 ○ 的五个点，就是所谓的**支持向量** (support vector)。

图11.1中深蓝色线，便是**决策边界**，也称**分离超平面** (separating hyperplane)。本书为了统一称呼，下文中将使用决策边界。特别提醒大家注意一点，加黑圈 ○ 支持向量确定决策边界位置；其他数据并没有起到任何作用。因此，SVM对于数据特征数量远高于数据样本量的情况也有效。

图11.1中两条虚线之间宽度叫作**间隔** (margin)。正如，本章副标题所言，支持向量机的优化目标为间隔最大化。

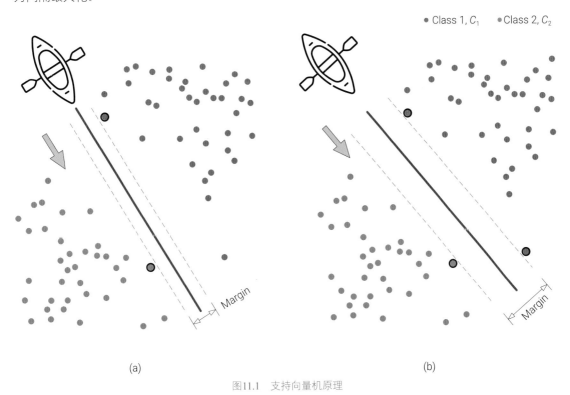

(a)   (b)

图11.1　支持向量机原理

线性可分、线性不可分

从数据角度，图11.1两类数据用一条直线便可以分隔开来，这种数据叫作**线性可分** (linearly separable)。线性可分问题采用**硬间隔** (hard margin)；通俗地说，硬间隔指的是，间隔内没有数据点。

实践中，并不是所有数据都是线性可分的。多数时候，数据**线性不可分** (non-linearly separable)。如图11.2所示，不能找到一条直线将蓝色 ● 红色 ● 数据分离。

对于线性不可分问题，就要引入两种方法——**软间隔** (soft margin) 和**核技巧** (kernel trick)。

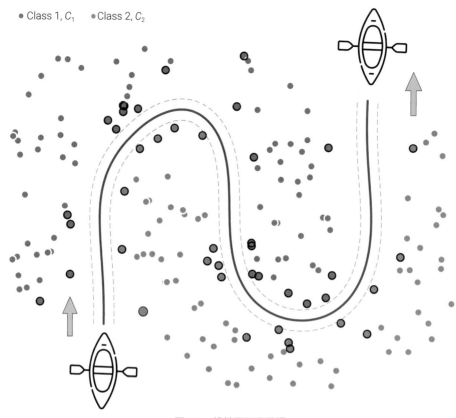

图11.2　线性不可分数据

软间隔

通俗地说，如图11.3所示，软间隔相当于一个**缓冲区** (buffer zone)。软间隔存在，且用决策边界分离数据时，有数据点侵入间隔，甚至超越间隔带。

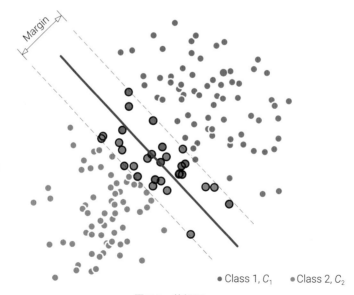

图11.3　软间隔

核技巧

核技巧将数据映射到高维特征空间，是一种数据升维。如图11.4所示，样本数据有两个特征，用平面可视化数据点位置。很明显图11.4给出的原始数据线性不可分。

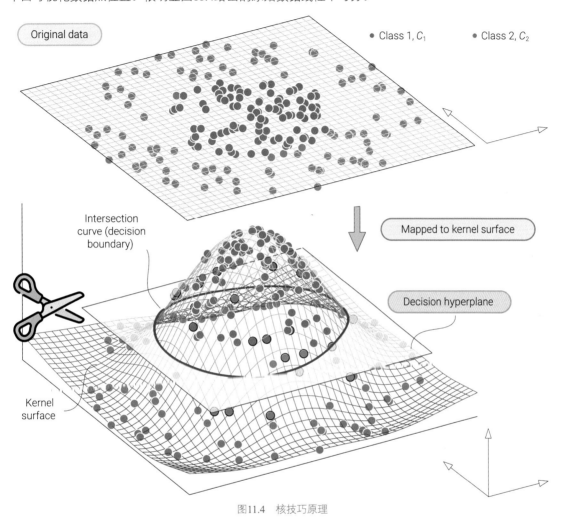

图11.4　核技巧原理

采用核技巧，将图11.4二维数据，投射到三维核曲面上；很明显，在这个高维特征空间，容易找到某个水平面，将蓝色 • 红色 • 数据分离。利用核技巧，分离线性不可分数据变得更容易。

通常，采用支持向量机解决线性不可分问题，需要并用软间隔和核技巧。如图11.5所示，SVM分类环形数据中，核技巧配合软间隔。

《矩阵力量》第19章为本章提供大量数学工具，建议大家回顾。

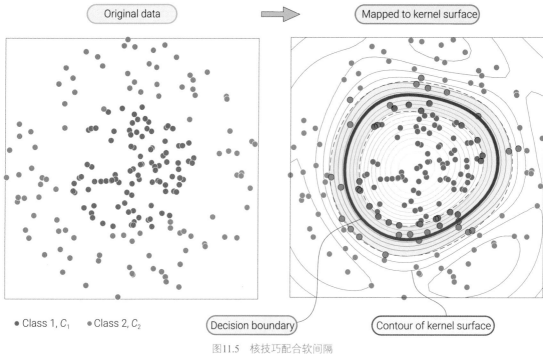

图11.5 核技巧配合软间隔

另外，支持向量机也可以用来处理回归问题，对应的方法为**支持向量回归** (Support Vector Regression，SVR)。本章将主要介绍硬间隔、支持向量和软间隔；下一章，将介绍核技巧。本章和下一章有一定比例的公式推导，这对理解支持向量机原理有帮助，希望大家耐心阅读。

11.2 硬间隔：处理线性可分

支持向量机中硬间隔方法用来处理线性可分数据。利用《矩阵力量》一册讲解的向量几何知识，这一节将构造SVM中支持向量、决策边界、分类标签和间隔等元素之间的数学关系。

决策边界

如图11.6所示，决策边界定义如下：

$$f(x) = w^{\mathrm{T}} x + b = 0 \tag{11.1}$$

其中，w和b为模型参数；w为$f(x)$ 的梯度向量，形式为列向量。式(11.1)中，列向量w和x行数均为特征数D。

很明显式(11.1) 为**超平面** (hyperplane)。注意，图11.6所示间隔宽度为$2h$ ($h > 0$)。

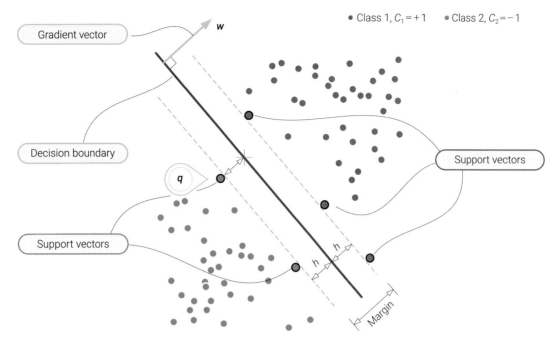

图11.6 硬间隔SVM处理二分类问题

可以展开为：

$$f(\boldsymbol{x}) = w_1 x_1 + w_2 x_2 + \cdots + w_D x_D + b = 0 \tag{11.2}$$

特别地，对于 $D = 2$ 时，决策边界形式为：

$$w_1 x_1 + w_2 x_2 + b = 0 \tag{11.3}$$

分类

对于二分类 $(K = 2)$ 问题，决策边界"上方"的数据点满足：

$$f(\boldsymbol{x}) = \boldsymbol{w}^{\mathrm{T}} \boldsymbol{x} + b > 0 \tag{11.4}$$

展开式 (11.4) 得到：

$$w_1 x_1 + w_2 x_2 + \cdots + w_D x_D + b > 0 \tag{11.5}$$

决策边界"下方"的数据点满足：

$$f(\boldsymbol{x}) = \boldsymbol{w}^{\mathrm{T}} \boldsymbol{x} + b < 0 \tag{11.6}$$

展开式 (11.6) 得到：

$$w_1 x_1 + w_2 x_2 + \cdots + w_D x_D + b < 0 \tag{11.7}$$

准确地说，以式 (11.1) 中 $f(\boldsymbol{x}) = 0$ 为基准，"上方"对应 $f(\boldsymbol{x}) > 0$；"下方"对应 $f(\boldsymbol{x}) < 0$。

决策函数

对任意查询点q，二分类决策函数$p(q)$则可以表达为：

$$p(q) = \text{sign}\left(w^{\text{T}}q + b\right) \tag{11.8}$$

其中，sign() 为**符号函数** (sign function)。

如图11.6所示，对于二分类 ($K = 2$) 问题，决策边界"上方"的数据点，预测分类为+1；决策边界"下方"的数据点，预测分类为-1。

支持向量到决策边界距离

图11.6中，某一支持向量坐标位置用列向量q表达。支持向量q到式 (11.1) 对应的决策边界的距离为：

$$d = \frac{\left|w^{\text{T}}q + b\right|}{\|w\|} = \frac{|w \cdot q + b|}{\|w\|} \tag{11.9}$$

对于上式陌生的读者，请回顾《矩阵力量》第19章第6节。

一般情况下，点线距离不考虑正负。但是，对于分类问题，考虑距离正负便于判断点和超平面关系。

式 (11.9) 去掉分子绝对值符号得到：

$$d = \frac{w^{\text{T}}q + b}{\|w\|} = \frac{w \cdot q + b}{\|w\|} \tag{11.10}$$

$d > 0$ 时，点在超平面上方；$d < 0$ 时，点在超平面下方。如图11.7所示，q_1位于直线上方；而q_2位于直线下方。

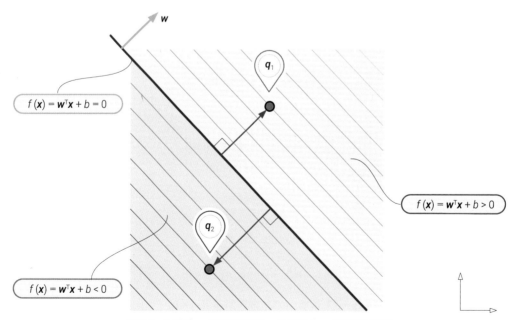

图11.7　直线外一点到直线距离，和平面外一点到平面距离

支持向量到硬间隔距离

如图11.8所示，硬间隔"下边界"为l_1，l_1到决策边界距离为$-h$。而支持向量C在l_1上，因此满足：

$$\frac{\boldsymbol{w}^\mathrm{T}\boldsymbol{x}+b}{\|\boldsymbol{w}\|} = -h \tag{11.11}$$

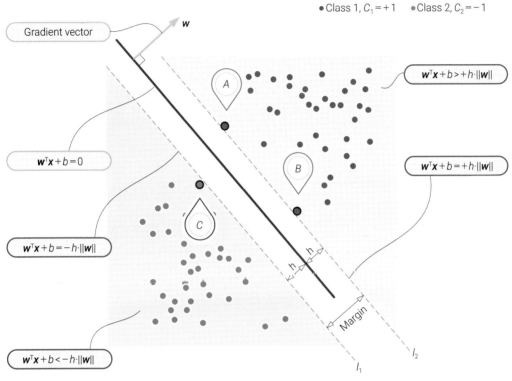

图11.8　硬间隔、决策边界和支持向量之间关系

硬间隔"上边界"为l_2，l_2到决策边界距离为$+h$。支持向量A、B在l_2上，因此满足：

$$\frac{\boldsymbol{w}^\mathrm{T}\boldsymbol{x}+b}{\|\boldsymbol{w}\|} = +h \tag{11.12}$$

如图11.8所示，决策边界 (深蓝色线) 成功分离样本数据。距离决策边界大于等于h的样本点，标记为$y=+1$；距离决策边界小于等于$-h$的样本点，标记为$y=-1$，即：

$$\begin{cases} \dfrac{\boldsymbol{w}^\mathrm{T}\boldsymbol{x}+b}{\|\boldsymbol{w}\|} \geq +h, & y=+1 \\[3mm] \dfrac{\boldsymbol{w}^\mathrm{T}\boldsymbol{x}+b}{\|\boldsymbol{w}\|} \leq -h, & y=-1 \end{cases} \tag{11.13}$$

整理式 (11.13)，得到：

$$
\begin{cases}
\dfrac{\boldsymbol{w}^{\mathrm{T}}\boldsymbol{x}+b}{\|\boldsymbol{w}\|h} \geqslant +1, & y=+1 \\[3mm]
\dfrac{\boldsymbol{w}^{\mathrm{T}}\boldsymbol{x}+b}{\|\boldsymbol{w}\|h} \leqslant -1, & y=-1
\end{cases}
\tag{11.14}
$$

合并式 (11.14) 两式可以得到：

$$
\frac{\left(\boldsymbol{w}^{\mathrm{T}}\boldsymbol{x}+b\right)y}{\|\boldsymbol{w}\|h} \geqslant 1
\tag{11.15}
$$

特别地，图11.8中三个支持向量点A、B、C满足式 (11.16)：

$$
\frac{\left(\boldsymbol{w}^{\mathrm{T}}\boldsymbol{x}+b\right)y}{\|\boldsymbol{w}\|h} = 1
\tag{11.16}
$$

进一步简化运算

令

$$
\|\boldsymbol{w}\|h = 1
\tag{11.17}
$$

式(11.15) 可以简化为：

$$
\left(\boldsymbol{w}^{\mathrm{T}}\boldsymbol{x}+b\right)y \geqslant 1
\tag{11.18}
$$

利用内积可以表达为：

$$
\left(\boldsymbol{w}\cdot\boldsymbol{x}+b\right)y \geqslant 1
\tag{11.19}
$$

将式 (11.17) 代入式 (11.11) 和式 (11.12)，可以得到间隔上下边界的解析式：

$$
\begin{cases}
\boldsymbol{w}^{\mathrm{T}}\boldsymbol{x}+b = +1 \\
\boldsymbol{w}^{\mathrm{T}}\boldsymbol{x}+b = -1
\end{cases}
\tag{11.20}
$$

根据式 (11.17)，间隔宽度$2h$可以用$\boldsymbol{w}$表达为：

$$
2h = \frac{2}{\|\boldsymbol{w}\|}
\tag{11.21}
$$

11.3 构造优化问题

支持向量机的核心思想为最大化间隔。本节利用**拉格朗日乘子法** (method of Lagrange multipliers) 构造并求解支持向量机优化问题。本节内容相对来说"很不友好",但是极其重要,建议大家耐心读完。

对拉格朗日乘子法感到陌生的话,请回顾《矩阵力量》第18章。

最大化间隔宽度

以w和b为优化变量,最大化式 (11.21) 给出的间隔宽度:

$$\underset{w,b}{\arg\max} \quad \frac{2}{\|w\|}$$
$$\text{且满足} \left(x^{(i)}w + b\right)y^{(i)} \geq 1, \quad i = 1, 2, 3, \cdots, n \tag{11.22}$$

其中,i为样本数据点序数,$i = 1, 2, \cdots, n$。n为样本数据数量。

最小化问题

式(11.22) 等价于如下最小化问题:

$$\underset{w,b}{\arg\min} \quad \frac{\|w\|^2}{2} = \frac{w^{\mathrm{T}}w}{2} = \frac{w \cdot w}{2}$$
$$\text{且满足} \left(x^{(i)}w + b\right)y^{(i)} \geq 1, \quad i = 1, 2, 3, \cdots, n \tag{11.23}$$

拉格朗日函数

构造**拉格朗日函数** (Lagrangian function) $L(w, b, \lambda)$:

$$L\left(w, b, \lambda\right) = \frac{w \cdot w}{2} + \sum_{i=1}^{n} \lambda_i \left(1 - y^{(i)} \left(x^{(i)}w + b\right)\right) \tag{11.24}$$

其中,λ为拉格朗日乘子构造的列向量:

$$\lambda = \begin{bmatrix} \lambda_1 & \lambda_2 & \cdots & \lambda_n \end{bmatrix}^{\mathrm{T}} \tag{11.25}$$

这样可以将含不等式约束优化问题,转化为一个无约束优化问题。

偏导

$L(w, b, \lambda)$ 对w和b偏导为0,因此可以得到如下一系列等式:

$$
\begin{cases}
\dfrac{\partial L\left(\boldsymbol{w}, b, \boldsymbol{\lambda}\right)}{\partial \boldsymbol{w}} = \boldsymbol{w} - \displaystyle\sum_{i=1}^{n} \lambda_i y^{(i)} \boldsymbol{x}^{(i)\mathrm{T}} = \boldsymbol{0} \\[4mm]
\dfrac{\partial L\left(\boldsymbol{w}, b, \boldsymbol{\lambda}\right)}{\partial b} = \displaystyle\sum_{i=1}^{n} \lambda_i y^{(i)} = 0
\end{cases}
\tag{11.26}
$$

这部分内容用到了《矩阵力量》第17章介绍的多元微分相关数学工具。

整理式 (11.26) 可以得到:

$$
\begin{cases}
\boldsymbol{w} = \displaystyle\sum_{i=1}^{n} \lambda_i y^{(i)} \boldsymbol{x}^{(i)\mathrm{T}} \\[4mm]
\displaystyle\sum_{i=1}^{n} \lambda_i y^{(i)} = 0
\end{cases}
\tag{11.27}
$$

注意,$\boldsymbol{w}$ 为列向量,而 $\boldsymbol{x}^{(i)}$ 为行向量。

简化拉格朗日函数

将式 (11.27) 代入式 (11.24),消去式中 $\boldsymbol{w}$ 和 b,可以得到:

$$
\begin{aligned}
L\left(\boldsymbol{w}, b, \boldsymbol{\lambda}\right) &= \frac{\boldsymbol{w}^{\mathrm{T}}\boldsymbol{w}}{2} + \sum_{i=1}^{n} \lambda_i \left(1 - y^{(i)}\left(\boldsymbol{x}^{(i)}\boldsymbol{w} + b\right)\right) \\[2mm]
&= \frac{\left(\displaystyle\sum_{i=1}^{n} \lambda_i y^{(i)} \boldsymbol{x}^{(i)}\right)^{\mathrm{T}} \left(\displaystyle\sum_{j=1}^{n} \lambda_j y^{(j)} \boldsymbol{x}^{(j)}\right)}{2} + \sum_{i=1}^{n} \lambda_i \left(1 - y^{(i)}\left(\left(\sum_{j=1}^{n} \lambda_j y^{(j)} \boldsymbol{x}^{(j)}\right) \cdot \boldsymbol{x}^{(i)} - y^{(i)} b\right)\right) \\[2mm]
&= \frac{\displaystyle\sum_{j=1}^{n}\sum_{i=1}^{n} \lambda_i \lambda_j y^{(i)} y^{(j)} \left(\boldsymbol{x}^{(i)} \cdot \boldsymbol{x}^{(j)}\right)}{2} - \sum_{j=1}^{n}\sum_{i=1}^{n} \lambda_i \lambda_j y^{(i)} y^{(j)} \left(\boldsymbol{x}^{(i)} \cdot \boldsymbol{x}^{(j)}\right) + \sum_{i=1}^{n} \lambda_i - b\sum_{i=1}^{n} \lambda_i y^{(i)} \\[2mm]
&= \sum_{i=1}^{n} \lambda_i - \frac{\displaystyle\sum_{j=1}^{n}\sum_{i=1}^{n} \lambda_i \lambda_j y^{(i)} y^{(j)} \left(\boldsymbol{x}^{(i)} \cdot \boldsymbol{x}^{(j)}\right)}{2}
\end{aligned}
\tag{11.28}
$$

拉格朗日函数 $L(\boldsymbol{w}, b, \boldsymbol{\lambda})$ 简化为 $L(\boldsymbol{\lambda})$:

$$
L\left(\boldsymbol{\lambda}\right) = \sum_{i=1}^{n} \lambda_i - \frac{\displaystyle\sum_{j=1}^{n}\sum_{i=1}^{n} \lambda_i \lambda_j y^{(i)} y^{(j)} \left(\boldsymbol{x}^{(i)} \cdot \boldsymbol{x}^{(j)}\right)}{2}
\tag{11.29}
$$

对偶问题

利用拉格朗日乘子法，这样便将式 (11.23) 优化问题转化成一个以 λ 为变量的优化问题：

$$
\underset{\lambda}{\arg\max} \quad \sum_{i=1}^{n} \lambda_i - \frac{\sum_{j=1}^{n}\sum_{i=1}^{n} \lambda_i \lambda_j y^{(i)} y^{(j)} \left(\boldsymbol{x}^{(i)} \cdot \boldsymbol{x}^{(j)} \right)}{2} \tag{11.30}
$$

$$
\text{且满足} \begin{cases} \sum_{i=1}^{n} \lambda_i y^{(i)} = 0 \\ \lambda_i \geq 0, \quad i, j = 1, 2, 3, \cdots, n \end{cases}
$$

这个优化问题常被称作**拉格朗日对偶问题** (Lagrange duality)，也称**对偶问题** (duality)。

发现二次型、格拉姆矩阵

大家是否发现式 (11.29) 中的二次型？

对二次型陌生的读者，请回顾《矩阵力量》第5章。

举个例子，当 $n = 2$，即两个样本数据时，式(11.29) 可以展开为：

$$
L(\lambda) = (\lambda_1 + \lambda_2) - \frac{1}{2}\left(\lambda_1\lambda_1 y^{(1)} y^{(1)} \left(\boldsymbol{x}^{(1)} \cdot \boldsymbol{x}^{(1)}\right) + 2\lambda_1\lambda_2 y^{(1)} y^{(2)} \left(\boldsymbol{x}^{(1)} \cdot \boldsymbol{x}^{(2)}\right) + \lambda_2\lambda_2 y^{(2)} y^{(2)} \left(\boldsymbol{x}^{(2)} \cdot \boldsymbol{x}^{(2)}\right)\right) \tag{11.31}
$$

式(11.31) 整理为如下二次型：

$$
L(\lambda) = (\lambda_1 + \lambda_2) - \frac{1}{2}\begin{bmatrix} \lambda_1 y^{(1)} & \lambda_2 y^{(2)} \end{bmatrix} \begin{bmatrix} \boldsymbol{x}^{(1)} \cdot \boldsymbol{x}^{(1)} & \boldsymbol{x}^{(1)} \cdot \boldsymbol{x}^{(2)} \\ \boldsymbol{x}^{(2)} \cdot \boldsymbol{x}^{(1)} & \boldsymbol{x}^{(2)} \cdot \boldsymbol{x}^{(2)} \end{bmatrix} \begin{bmatrix} \lambda_1 y^{(1)} \\ \lambda_2 y^{(2)} \end{bmatrix} \tag{11.32}
$$

类似地，式(11.29) 可以整理为：

$$
L(\lambda) = \sum_{i=1}^{n} \lambda_i - \frac{1}{2}\begin{bmatrix} \lambda_1 y^{(1)} \\ \lambda_2 y^{(2)} \\ \vdots \\ \lambda_n y^{(n)} \end{bmatrix}^{\mathrm{T}} \underbrace{\begin{bmatrix} \langle \boldsymbol{x}^{(1)}, \boldsymbol{x}^{(1)} \rangle & \langle \boldsymbol{x}^{(1)}, \boldsymbol{x}^{(2)} \rangle & \cdots & \langle \boldsymbol{x}^{(1)}, \boldsymbol{x}^{(n)} \rangle \\ \langle \boldsymbol{x}^{(2)}, \boldsymbol{x}^{(1)} \rangle & \langle \boldsymbol{x}^{(2)}, \boldsymbol{x}^{(2)} \rangle & \cdots & \langle \boldsymbol{x}^{(2)}, \boldsymbol{x}^{(n)} \rangle \\ \vdots & \vdots & \ddots & \vdots \\ \langle \boldsymbol{x}^{(n)}, \boldsymbol{x}^{(1)} \rangle & \langle \boldsymbol{x}^{(n)}, \boldsymbol{x}^{(2)} \rangle & \cdots & \langle \boldsymbol{x}^{(n)}, \boldsymbol{x}^{(n)} \rangle \end{bmatrix}}_{\text{Gram matrix}} \begin{bmatrix} \lambda_1 y^{(1)} \\ \lambda_2 y^{(2)} \\ \vdots \\ \lambda_n y^{(n)} \end{bmatrix} \tag{11.33}
$$

相信大家已经在上式中看到了久违的**格拉姆矩阵** (Gram matrix)，如图11.9所示。

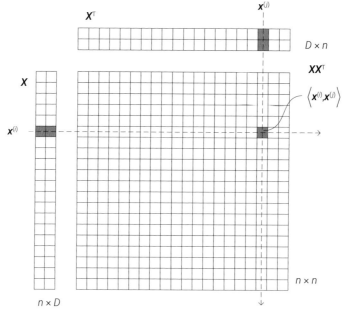

图11.9　格拉姆矩阵，线性核

决策边界

利用式 (11.27)，决策边界可以整理为：

$$f(\boldsymbol{x}) = \boldsymbol{w}^{\mathrm{T}}\boldsymbol{x} + b = \underbrace{\left(\sum_{i=1}^{n} \lambda_i y^{(i)} \boldsymbol{x}^{(i)}\right)}_{\text{Coefficients}} \boldsymbol{x} + b = 0 \tag{11.34}$$

需要大家注意区分，行向量 $\boldsymbol{x}^{(i)}$ 为第 i 个数据点，$\boldsymbol{x}$ 为未知量构成的列向量。也就是说，$\sum_{i=1}^{n} \lambda_i y^{(i)} \boldsymbol{x}^{(i)}$ 求和结果为行向量。

分类决策函数 $p(\boldsymbol{x})$ 为：

$$p(\boldsymbol{x}) = \mathrm{sign}\left(\boldsymbol{w}^{\mathrm{T}}\boldsymbol{x} + b\right) = \mathrm{sign}\left(\underbrace{\left(\sum_{i=1}^{n} \lambda_i y^{(i)} \boldsymbol{x}^{(i)}\right)}_{\text{Coefficients}} \boldsymbol{x} + b\right) \tag{11.35}$$

11.4 支持向量机处理二分类问题

本节利用具体实例介绍如何实现硬间隔支持向量机算法。

实例

图11.10所示为20个样本数据，容易发现样本数据线性可分，下面利用支持向量机进行预测分类。

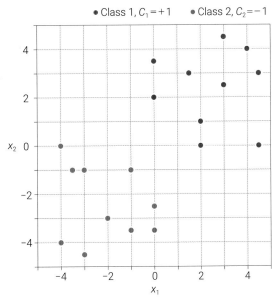

图11.10　20个样本数据点平面位置

决策边界

对于$D = 2$的情况，将式 (11.1) 展开：

$$w_1 x_1 + w_2 x_2 + b = 0 \tag{11.36}$$

$w_2 \neq 0$时，将式 (11.36) 写成大家熟悉的一次函数形式：

$$x_2 = -\frac{w_1}{w_2} x_1 - \frac{b}{w_2} \tag{11.37}$$

硬间隔

根据式 (11.20)，硬间隔"上边界"l_1对应的函数为：

$$w_1 x_1 + w_2 x_2 + b = 1 \quad \Rightarrow \quad x_2 = -\frac{w_1}{w_2} x_1 - \frac{b-1}{w_2} \tag{11.38}$$

间隔"下边界"l_2对应的函数为：

$$w_1 x_1 + w_2 x_2 + b = -1 \quad \Rightarrow \quad x_2 = -\frac{w_1}{w_2} x_1 - \frac{b+1}{w_2} \tag{11.39}$$

再次注意，因为式 (11.37) 中w_2不能为0，因此式 (11.37) 存在局限性。这种表达方式仅为方便大家理解。

分类结果

图11.11为分类结果。容易发现，一共存在三个支持向量——A $(0, 2)$、B $(2, 0)$ 和C $(-1, -1)$。而剩余17个样本数据对决策边界没有丝毫影响。

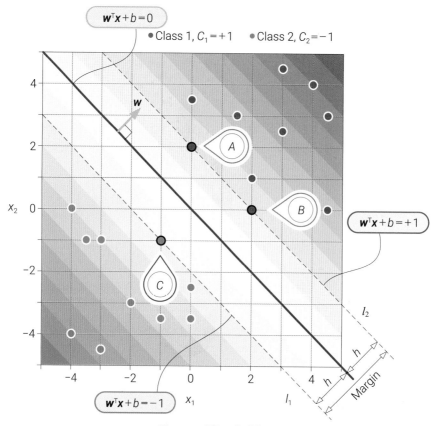

图11.11　硬间隔分类结果

图11.11中深蓝色直线为决策边界，对应解析式为：

$$\frac{x_1}{2} + \frac{x_2}{2} = 0 \quad \Rightarrow \quad x_1 + x_2 = 0 \quad \Rightarrow \quad x_2 = -x_1 \tag{11.40}$$

分类决策函数 $p(\boldsymbol{x})$ 为：

$$p(x_1, x_2) = \text{sign}(x_1 + x_2) \tag{11.41}$$

间隔"上"边界l_1对应的函数为：

$$\frac{x_1}{2} + \frac{x_2}{2} = 1 \quad \Rightarrow \quad x_2 = -x_1 + 2 \tag{11.42}$$

间隔"下"边界l_2对应的函数为：

$$\frac{x_1}{2} + \frac{x_2}{2} = -1 \quad \Rightarrow \quad x_2 = -x_1 - 2 \tag{11.43}$$

预测分类

将 (4, 4) 代入式 (11.41)，可以判断 (4, 4) 的预测分类为+1：

$$p(4,4) = \text{sign}(4+4) = +1 \tag{11.44}$$

将 (−2, −3) 代入式 (11.41)，可以判断 (−2, −3) 的预测分类为−1：

$$p(-2,-3) = \text{sign}(-2-3) = -1 \tag{11.45}$$

将 (3, −3) 代入式 (11.41)，结果为0，可以判断 (3, −3) 位于决策边界上：

$$p(3,-3) = \text{sign}(3-3) = 0 \tag{11.46}$$

支持向量影响决策边界

图11.12所示为删除点A后，支持向量变化，以及决策边界和间隔位置。再次强调，支持向量算法中，除支持向量之外的样本数据对决策边界没有影响。

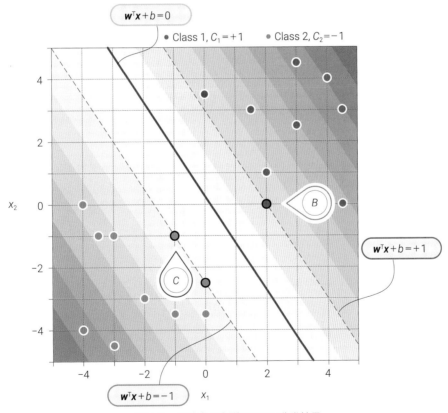

图11.12　删除点A后硬间隔SVM分类结果

11.5 软间隔：处理线性不可分

本章第一节提到，支持向量机可以采用**软间隔** (soft margin) 处理**线性不可分** (non-linearly separable data)。通俗地说，**硬间隔** (hard margin) 处理"泾渭分明"的分类数据，即一条直线将样本数据彻底分离，如图11.13 (a) 所示。而软间隔处理的数据呈现"你中有我，我中有你"，如图11.13 (b) 所示。

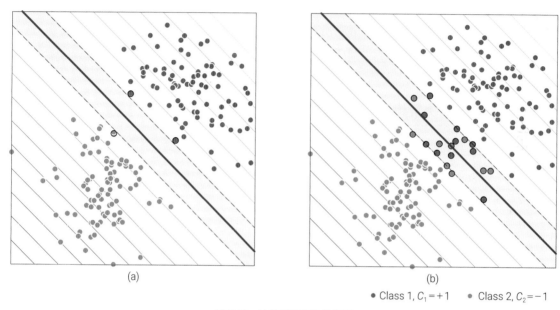

(a)　　　　　　　　　　　　　　　　(b)

● Class 1, $C_1 = +1$　　● Class 2, $C_2 = -1$

图11.13　比较硬间隔和软间隔

软间隔SVM方法的核心思想是牺牲部分数据点分类准确性，来换取更宽的间隔。

软间隔有两个重要参数：

◀ **松弛变量** (slack variable) ξ，一般读作 /ksaɪ/
◀ **惩罚因子** (penalty parameter) C

松弛变量

松弛变量用来模糊间隔边界，图11.14所示为原理图。

引入松弛变量 ξ，被改造为：

$$(\boldsymbol{w} \cdot \boldsymbol{x} + b)y \geq 1 - \xi \tag{11.47}$$

当 $y = +1$ 时，

$$(\boldsymbol{w} \cdot \boldsymbol{x} + b) \geq 1 - \xi \tag{11.48}$$

当 $y = -1$ 时，

$$(\boldsymbol{w} \cdot \boldsymbol{x} + b) \leqslant -1 + \xi \tag{11.49}$$

如图11.14所示，当 $\xi = 0$ 时，样本数据位于正确分类区域内或正确间隔边界上；当 $\xi > 0$ 时，样本数据位于软间隔范围之内，甚至在错误的分类区域内。图11.14中，红色带对应松弛变量 ξ 较大区域，蓝色带对应松弛变量 ξ 较小区域。

图11.14中，软间隔内任一数据点 $\boldsymbol{x}^{(i)}$ 距离各自边界距离为：

$$d_i = \frac{\xi_i}{\|\boldsymbol{w}\|} \tag{11.50}$$

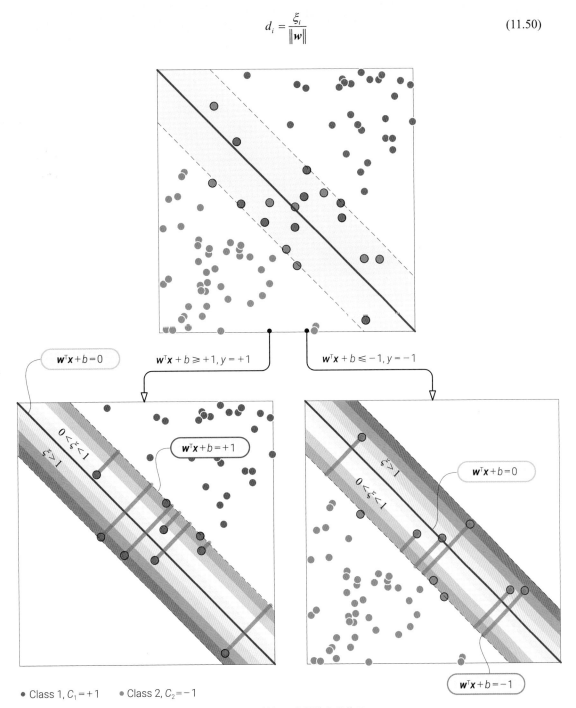

图11.14　软间隔中松弛变量作用

优化问题

下面，在式 (11.23) 基础上引入惩罚因子C，构造软间隔SVM优化问题：

$$\underset{\boldsymbol{w},b,\boldsymbol{\xi}}{\arg\min} \quad \frac{\boldsymbol{w}\cdot\boldsymbol{w}}{2}+C\sum_{i=1}^{n}\xi_i$$

$$\text{且满足} \quad \begin{cases} y^{(i)}\left(\boldsymbol{x}^{(i)}\boldsymbol{w}+b\right)\geq 1-\xi_i, & i=1,2,3,\cdots,n \\ \xi_i \geq 0 \end{cases} \tag{11.51}$$

惩罚因子C为用户设定参数，它可以调整松弛变量惩罚项的影响力。C较大时，优化问题更在意分类准确性，牺牲间隔宽度；间隔可以窄一些，分类错误少犯一些。C较小时，间隔更宽一些，间隔内的样本数据较多，分类错误可以多一点。

也可以采用L^2范数来构造松弛变量惩罚项，此时式 (11.51) 被改造成：

$$\underset{\boldsymbol{w},b}{\arg\min} \quad \frac{\boldsymbol{w}\cdot\boldsymbol{w}}{2}+C\sum_{i=1}^{n}\xi_i^2$$

$$\text{且满足} \quad \begin{cases} y^{(i)}\left(\boldsymbol{w}\cdot\boldsymbol{x}^{(i)}+b\right)\geq 1-\xi_i, & i=1,2,3,\cdots,n \\ \xi_i \geq 0 \end{cases} \tag{11.52}$$

惩罚因子影响分类结果

图11.15所示为惩罚因子C取不同值时，支持变量、决策边界和间隔宽度变化。

Bk7_Ch11_01.ipynb中利用SVM实现了分类，并绘制了图11.11、图11.12和图11.15。图11.16所示为用Streamlit搭建的展示惩罚因子对软间隔和决策边界影响的App。请大家自行学习Streamlit_Bk7_Ch11_02.py中的代码。

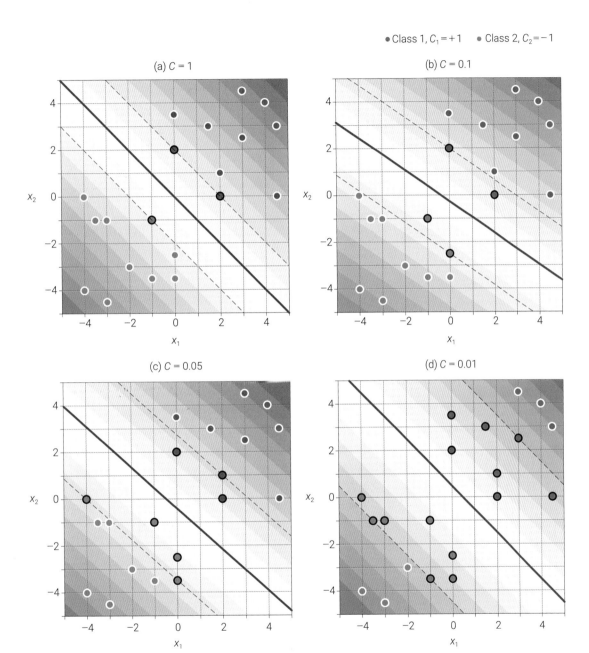

(a) $C = 1$

(b) $C = 0.1$

(c) $C = 0.05$

(d) $C = 0.01$

图11.15　惩罚因子对软间隔宽度和决策边界的影响

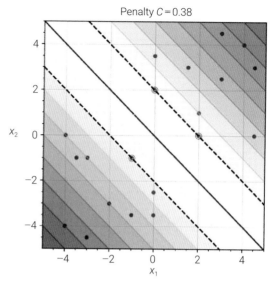

图11.16　展示惩罚因子对软间隔和决策边界影响的App，Streamlit搭建 | ⊕ Streamlit_Bk7_Ch11_02.py

　　支持向量机的目标是找到一个能够将两个类别线性分隔的最优超平面。而SVM通过优化一个约束条件下的目标函数来寻找最优超平面。优化问题分为硬间隔和软间隔两种情况，硬间隔要求数据能够完全被分隔，软间隔则允许一定程度的分类误差。此外，优化目标函数可以转化为一个凸二次规划问题，可以通过拉格朗日乘子法来解决。

　　在实践中，SVM使用核技巧将输入数据映射到高维空间，以便能够处理非线性问题。常用的核函数有线性核函数、多项式核函数和径向基函数核函数等。这种核技巧可以有效地提高SVM的性能和灵活性，因为它可以将低维输入空间中的非线性分类问题转化为高维空间中的线性分类问题。

　　SVM是一种强大的分类模型，因为它可以处理高维空间和非线性问题，并且能够有效地避免过拟合。但是，SVM的计算成本较高，选择和调整核函数也需要一定的经验和技巧。下一章将专门介绍SVM中的核函数。本章和下一章共用一个思维导图。

　　利用支持向量机完成回归，请参考：

◀ https://scikit-learn.org/stable/auto_examples/svm/plot_svm_regression.html

12 Kernel Trick
核技巧
将数据映射到高维特征空间

> 复杂理论，花拳绣腿；简单算法，立竿见影。
>
> ***Complex theories do not work; simple algorithms do.***
>
> —— 弗拉基米尔·万普尼克 (Vladimir Vapnik) | 俄罗斯统计学家、数学家 | 1936 —

- ◀ `sklearn.datasets.make_circles` 生成环形数据
- ◀ `sklearn.datasets.make_moons` 生成月牙形数据
- ◀ `sklearn.svm.SVC` 支持向量机函数

12.1 映射函数：实现升维

上一章简要介绍了支持向量机**核技巧** (kernel trick) 原理——将样本数据映射到高维特征空间中，使数据在高维空间中线性可分。常用的核函数有线性核函数、多项式核函数和径向基函数核函数等。这种核技巧可以有效地提高SVM的性能和灵活性，因为它可以将低维输入空间中的非线性分类问题转化为高维空间中的线性分类问题。通过使用核技巧，SVM能够处理非线性问题并且具有更好的泛化能力。

核技巧应用广泛，本章依托SVM，展开讲解核技巧及常用的几种核函数。

 请大家回顾《数据有道》介绍的高斯过程中的核函数和先验协方差的关系。

映射函数

首先，大家需要了解**映射函数** (mapping function) 这个概念。x经过**特征映射** (feature map) 后得到$\phi(x)$ 向量，$\phi()$ 叫映射函数。如图12.1所示，从x到$\phi(x)$ 的过程便是一个升维过程。在原始数据特征空间线性不可分的数据，在新特征空间中变得线性可分。

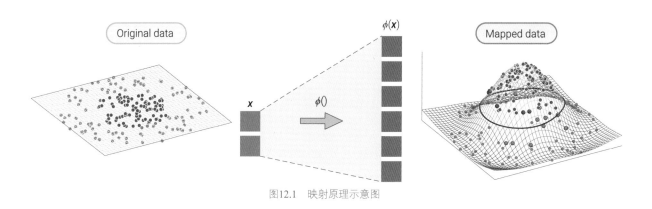

图12.1 映射原理示意图

丛书前文一再提及**降维** (dimensionality reduction)，而核技巧则采用升维解决分类问题；这一点，听着有点不可思议。下面举几个例子进行解释。

第一个例子

图12.2所示为两组单一特征数据。图12.2 (a) 中，原始数据左右两侧各4个点标签为 ●；中间9个点标签为 ●。

在x_1这个单一维度上，样本数据不能直接线性分类；但是，经过类似二次函数映射后，在全新二维空间中，样本数据便很容易被分类。

$$x = \begin{bmatrix} x_1 \end{bmatrix} \xrightarrow{\phi()} \phi(x) = \begin{bmatrix} x_1 & x_1^2 \end{bmatrix}^{\mathrm{T}} \tag{12.1}$$

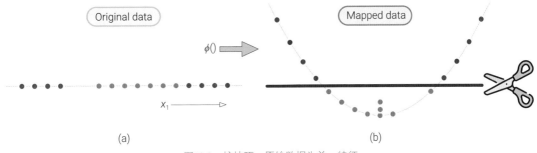

(a)   (b)

图12.2 核技巧，原始数据为单一特征

第二个例子

图12.3 (a) 中原始数据标签交替出现。但是采用类似正弦函数映射到二维空间后，数据变得线性可分。

$$\boldsymbol{x} = \begin{bmatrix} x_1 \end{bmatrix} \xrightarrow{\phi()} \boldsymbol{\phi}(\boldsymbol{x}) = \begin{bmatrix} x_1 & \sin(x_1) \end{bmatrix}^{\mathrm{T}} \tag{12.2}$$

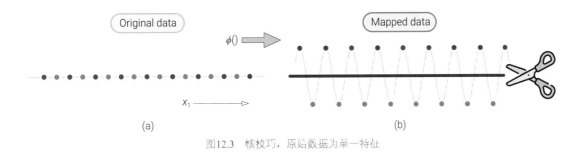

(a)   (b)

图12.3 核技巧，原始数据为单一特征

第三个例子

如图12.4所示，原始数据有两个特征，也是线性不可分的。但是利用XOR函数映射之后，数据便容易分离。

$$\boldsymbol{x} = \begin{bmatrix} x_1 & x_2 \end{bmatrix}^{\mathrm{T}} \xrightarrow{\phi()} \boldsymbol{\phi}(\boldsymbol{x}) = \begin{bmatrix} x_1 & x_2 & \mathrm{XOR}(x_1, x_2) \end{bmatrix}^{\mathrm{T}} \tag{12.3}$$

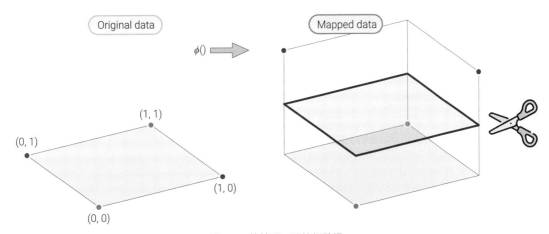

图12.4 核技巧，两特征数据

XOR为**逻辑异或** (exclusive or) 函数，真值表如图12.5所示。根据真值表，XOR(0, 1) = 1，XOR(1, 0) = 1；而XOR(1, 1) = 0，XOR(0, 0) = 0。

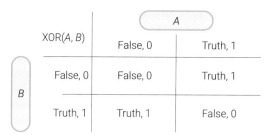

图12.5 XOR逻辑异或真值表

第四个例子

上一章已经展示过类似图12.6的环形数据，这种数据线性不可分。但是按照如下规则映射，在新的特征空间中，数据变得线性可分。

$$\boldsymbol{x} = \begin{bmatrix} x_1 & x_2 \end{bmatrix}^{\mathrm{T}} \xrightarrow{\ \phi()\ } \phi(\boldsymbol{x}) = \begin{bmatrix} x_1^2 & \sqrt{2}x_1x_2 & x_2^2 \end{bmatrix}^{\mathrm{T}} \tag{12.4}$$

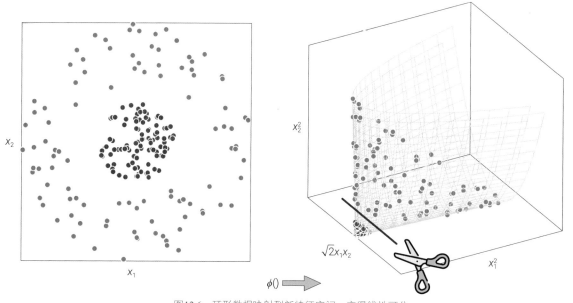

图12.6 环形数据映射到新特征空间，变得线性可分

改造支持向量机算法

通过上一章学习，我们知道SVM决策边界解析式为：

$$f(\boldsymbol{x}) = \boldsymbol{w}^{\mathrm{T}}\boldsymbol{x} + b = 0 \tag{12.5}$$

式(12.5) 解析式代表超平面。

经过特征映射后的，决策边界如下：

$$f(\boldsymbol{x}) = \boldsymbol{w}^{\mathrm{T}} \underbrace{\boldsymbol{\phi}(\boldsymbol{x})}_{\substack{\text{Mapping} \\ \text{function}}} + b = 0 \tag{12.6}$$

其中，$\boldsymbol{w}$和b为模型参数。决策边界具体为哪一类曲面，取决于$\boldsymbol{\phi}(\boldsymbol{x})$。注意，式 (12.5) 和式 (12.6) 中向量$\boldsymbol{w}$不同。此外，式 (12.6) 中，列向量$\boldsymbol{w}$和$\boldsymbol{\phi}(\boldsymbol{x})$ 行数一致。

一般情况下，$\boldsymbol{\phi}(\boldsymbol{x})$ 的特征数远多于原始数据$\boldsymbol{x}$。因此，式 (12.6) 中，列向量$\boldsymbol{w}$行数一般比$\boldsymbol{x}$特征数多。极端情况下，$\boldsymbol{\phi}(\boldsymbol{x})$ 的特征数量可能为无穷。

需要大家格外注意的是，$\boldsymbol{\phi}(\boldsymbol{x})$ 形式并不重要！我们关心的是$\boldsymbol{\phi}(\boldsymbol{x})$ 和自身内积结果。

有了映射函数的铺垫，下一节构造核技巧支持向量机优化问题。

12.2 核技巧SVM优化问题

在支持向量机中，核技巧将输入数据映射到高维空间中，使得原本的非线性问题转化为线性问题。这个转化的过程中，涉及一个最优化问题，即要找到一个最优的决策函数，使得分类边界最优化。因此，通过核技巧转化后的SVM问题就是求解一个最优化问题。而优化问题可以通过求解拉格朗日函数的最小值来解决。

优化问题

类似上一章硬间隔SVM，构建核技巧SVM优化问题如下：

$$\underset{\boldsymbol{w},b}{\arg\min} \quad \frac{\boldsymbol{w} \cdot \boldsymbol{w}}{2}$$

$$\text{且满足 } y^{(i)} \left(\boldsymbol{w} \cdot \underbrace{\boldsymbol{\phi}(\boldsymbol{x}^{(i)})}_{\substack{\text{Mapping} \\ \text{function}}} + b \right) \geq 1, \quad i = 1, 2, 3, \cdots, n \tag{12.7}$$

拉格朗日函数

同样，构造拉格朗日函数$L(\boldsymbol{w}, b, \boldsymbol{\lambda})$：

$$L(\boldsymbol{w}, b, \boldsymbol{\lambda}) = \frac{\boldsymbol{w} \cdot \boldsymbol{w}}{2} + \sum_{i=1}^{n} \lambda_i \left(1 - y^{(i)} \left(\boldsymbol{w} \cdot \boldsymbol{\phi}(\boldsymbol{x}^{(i)}) + b \right) \right) \tag{12.8}$$

偏导

$L(\boldsymbol{w}, b, \boldsymbol{\lambda})$ 对$\boldsymbol{w}$和b偏导为0，得到：

$$\begin{cases} \dfrac{\partial L(\boldsymbol{w}, b, \boldsymbol{\lambda})}{\partial \boldsymbol{w}} = \boldsymbol{w} - \sum_{i=1}^{n} \lambda_i y^{(i)} \phi(\boldsymbol{x}^{(i)}) = \boldsymbol{0} \\ \dfrac{\partial L(\boldsymbol{w}, b, \boldsymbol{\lambda})}{\partial b} = \sum_{i=1}^{n} \lambda_i y^{(i)} = 0 \end{cases} \tag{12.9}$$

整理式 (12.9) 得到：

$$\begin{cases} \boldsymbol{w} = \sum_{i=1}^{n} \lambda_i y^{(i)} \phi(\boldsymbol{x}^{(i)}) \\ \sum_{i=1}^{n} \lambda_i y^{(i)} = 0 \end{cases} \tag{12.10}$$

类似上一章推导过程，将式 (12.10) 两式代入式 (12.8)，消去式 (12.8) 中 $\boldsymbol{w}$ 和 b：

$$\begin{aligned} L(\boldsymbol{w}, b, \boldsymbol{\lambda}) &= \frac{\boldsymbol{w} \cdot \boldsymbol{w}}{2} + \sum_{i=1}^{n} \lambda_i \left(1 - y^{(i)}\left(\boldsymbol{w} \cdot \phi(\boldsymbol{x}^{(i)}) + b\right)\right) \\ &= \sum_{i=1}^{n} \lambda_i - \frac{\sum_{i=1}^{n} \sum_{j=1}^{n} \lambda_i \lambda_j y^{(i)} y^{(j)} \overbrace{\phi(\boldsymbol{x}^{(i)}) \cdot \phi(\boldsymbol{x}^{(j)})}^{\text{Kernel function}}}{2} \end{aligned} \tag{12.11}$$

核函数

式 (12.11) 中 $\phi(\boldsymbol{x}^{(j)}) \cdot \phi(\boldsymbol{x}^{(i)})$ 一项，可以记作：

$$\kappa(\boldsymbol{x}^{(i)}, \boldsymbol{x}^{(j)}) = \phi(\boldsymbol{x}^{(i)}) \cdot \phi(\boldsymbol{x}^{(j)}) = \left\langle \phi(\boldsymbol{x}^{(i)}), \phi(\boldsymbol{x}^{(j)}) \right\rangle \tag{12.12}$$

其中，$\kappa(\boldsymbol{x}^{(i)}, \boldsymbol{x}^{(j)})$ 被称作**核函数** (kernel function)。通俗地说，核函数按照某种规则完成 "向量 → 标量" 运算。

根据内积运算原理，下式成立：

$$\kappa(\boldsymbol{x}^{(i)}, \boldsymbol{x}^{(j)}) = \kappa(\boldsymbol{x}^{(j)}, \boldsymbol{x}^{(i)}) \tag{12.13}$$

简化拉格朗日函数

利用核函数记法，式 (12.11) 可以整理为 $L(\boldsymbol{\lambda})$：

$$L(\boldsymbol{\lambda}) = \sum_{i=1}^{n} \lambda_i - \frac{\sum_{i=1}^{n} \sum_{j=1}^{n} \lambda_i \lambda_j y^{(i)} y^{(j)} \overbrace{\kappa(\boldsymbol{x}^{(i)}, \boldsymbol{x}^{(j)})}^{\text{Kernel}}}{2} \tag{12.14}$$

二次型、格拉姆矩阵

特别地，当 $n = 2$，即两个样本数据时，式 (12.14) 可以展开为：

$$L(\boldsymbol{\lambda}) = (\lambda_1 + \lambda_2) - \frac{1}{2}\left(\lambda_1\lambda_1 y^{(1)}y^{(1)}\kappa\left(\boldsymbol{x}^{(1)}, \boldsymbol{x}^{(1)}\right) + 2\lambda_1\lambda_2 y^{(1)}y^{(2)}\kappa\left(\boldsymbol{x}^{(1)}, \boldsymbol{x}^{(2)}\right) + \lambda_2\lambda_2 y^{(2)}y^{(2)}\kappa\left(\boldsymbol{x}^{(2)}, \boldsymbol{x}^{(2)}\right)\right) \quad (12.15)$$

式 (12.15) 整理为如下二次型：

$$L(\boldsymbol{\lambda}) = (\lambda_1 + \lambda_2) - \frac{1}{2}\begin{bmatrix} \lambda_1 y^{(1)} & \lambda_2 y^{(2)} \end{bmatrix}\begin{bmatrix} \kappa\left(\boldsymbol{x}^{(1)}, \boldsymbol{x}^{(1)}\right) & \kappa\left(\boldsymbol{x}^{(1)}, \boldsymbol{x}^{(2)}\right) \\ \kappa\left(\boldsymbol{x}^{(2)}, \boldsymbol{x}^{(1)}\right) & \kappa\left(\boldsymbol{x}^{(2)}, \boldsymbol{x}^{(2)}\right) \end{bmatrix}\begin{bmatrix} \lambda_1 y^{(1)} \\ \lambda_2 y^{(2)} \end{bmatrix} \quad (12.16)$$

类似地，式 (12.14) 可以整理为：

$$L(\boldsymbol{\lambda}) = \sum_{i=1}^{n}\lambda_i - \frac{1}{2}\begin{bmatrix} \lambda_1 y^{(1)} \\ \lambda_2 y^{(2)} \\ \vdots \\ \lambda_n y^{(n)} \end{bmatrix}^{\mathrm{T}} \underbrace{\begin{bmatrix} \kappa\left(\boldsymbol{x}^{(1)}, \boldsymbol{x}^{(1)}\right) & \kappa\left(\boldsymbol{x}^{(1)}, \boldsymbol{x}^{(2)}\right) & \cdots & \kappa\left(\boldsymbol{x}^{(1)}, \boldsymbol{x}^{(n)}\right) \\ \kappa\left(\boldsymbol{x}^{(2)}, \boldsymbol{x}^{(1)}\right) & \kappa\left(\boldsymbol{x}^{(2)}, \boldsymbol{x}^{(2)}\right) & \cdots & \kappa\left(\boldsymbol{x}^{(2)}, \boldsymbol{x}^{(n)}\right) \\ \vdots & \vdots & \ddots & \vdots \\ \kappa\left(\boldsymbol{x}^{(n)}, \boldsymbol{x}^{(1)}\right) & \kappa\left(\boldsymbol{x}^{(n)}, \boldsymbol{x}^{(2)}\right) & \cdots & \kappa\left(\boldsymbol{x}^{(n)}, \boldsymbol{x}^{(n)}\right) \end{bmatrix}}_{\text{Gram matrix}}\begin{bmatrix} \lambda_1 y^{(1)} \\ \lambda_2 y^{(2)} \\ \vdots \\ \lambda_n y^{(n)} \end{bmatrix} \quad (12.17)$$

令**格拉姆矩阵** (Gram matrix) $\boldsymbol{K}$ 为：

$$\boldsymbol{K} = \underbrace{\begin{bmatrix} \kappa\left(\boldsymbol{x}^{(1)}, \boldsymbol{x}^{(1)}\right) & \kappa\left(\boldsymbol{x}^{(1)}, \boldsymbol{x}^{(2)}\right) & \cdots & \kappa\left(\boldsymbol{x}^{(1)}, \boldsymbol{x}^{(n)}\right) \\ \kappa\left(\boldsymbol{x}^{(2)}, \boldsymbol{x}^{(1)}\right) & \kappa\left(\boldsymbol{x}^{(2)}, \boldsymbol{x}^{(2)}\right) & \cdots & \kappa\left(\boldsymbol{x}^{(2)}, \boldsymbol{x}^{(n)}\right) \\ \vdots & \vdots & \ddots & \vdots \\ \kappa\left(\boldsymbol{x}^{(n)}, \boldsymbol{x}^{(1)}\right) & \kappa\left(\boldsymbol{x}^{(n)}, \boldsymbol{x}^{(2)}\right) & \cdots & \kappa\left(\boldsymbol{x}^{(n)}, \boldsymbol{x}^{(n)}\right) \end{bmatrix}}_{\text{Gram matrix}} \quad (12.18)$$

格拉姆矩阵如图12.7所示。

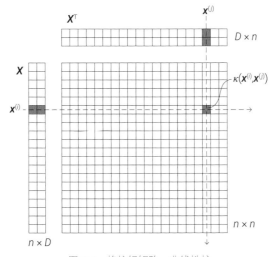

图12.7　格拉姆矩阵，非线性核

式 (12.17) 可以整理为：

$$L(\boldsymbol{\lambda}) = \sum_{i=1}^{n} \lambda_i - \frac{1}{2} \begin{bmatrix} \lambda_1 y^{(1)} \\ \lambda_2 y^{(2)} \\ \vdots \\ \lambda_n y^{(n)} \end{bmatrix}^{\mathrm{T}} \boldsymbol{K} \begin{bmatrix} \lambda_1 y^{(1)} \\ \lambda_2 y^{(2)} \\ \vdots \\ \lambda_n y^{(n)} \end{bmatrix} \tag{12.19}$$

线性核：最简单的核函数

式 (12.20) 是上一章获得的 $L(\boldsymbol{\lambda})$ 函数：

$$L(\boldsymbol{\lambda}) = \sum_{i=1}^{n} \lambda_i - \frac{\sum_{j=1}^{n} \sum_{i=1}^{n} \lambda_i \lambda_j y^{(i)} y^{(j)} \overbrace{\left(\boldsymbol{x}^{(i)} \cdot \boldsymbol{x}^{(j)} \right)}^{\text{Linear kernel}}}{2} \tag{12.20}$$

对比式 (12.14) 和式 (12.20)，可以发现 $\left(\boldsymbol{x}^{(i)} \cdot \boldsymbol{x}^{(j)} \right)$ 实际上也是一种核函数——**线性核** (linear kernel)，即最简单的核函数。

对偶问题

至此，我们得到核技巧SVM优化问题的对偶问题：

$$\underset{\boldsymbol{\lambda}}{\arg\max} \quad \sum_{i=1}^{n} \lambda_i - \frac{\sum_{j=1}^{n} \sum_{i=1}^{n} \lambda_i \lambda_j y^{(i)} y^{(j)} \overbrace{\phi\left(\boldsymbol{x}^{(i)} \right) \cdot \phi\left(\boldsymbol{x}^{(j)} \right)}^{\text{Kernel}}}{2}$$

$$\text{且满足} \quad \begin{cases} \sum_{i=1}^{n} \lambda_i y^{(i)} = 0 \\ \lambda_i \geq 0, \quad i, j = 1, 2, 3, \cdots, n \end{cases} \tag{12.21}$$

决策边界

整理得到核技巧SVM决策边界如下：

$$\begin{aligned} f(\boldsymbol{x}) &= \boldsymbol{w} \cdot \phi(\boldsymbol{x}) + b \\ &= \underbrace{\left(\sum_{i=1}^{n} \lambda_i y^{(i)} \phi\left(\boldsymbol{x}^{(i)} \right) \right)}_{\text{Coefficients}} \cdot \phi(\boldsymbol{x}) + b = 0 \end{aligned} \tag{12.22}$$

将 $\phi(\boldsymbol{x})$ 乘到求和符号 Σ 里，得到决策边界解析解为：

$$f(\boldsymbol{x}) = \sum_{i=1}^{n} \left(\lambda_i y^{(i)} \underbrace{\kappa\left(\boldsymbol{x}^{(i)}, \boldsymbol{x} \right)}_{\text{Kernel}} \right) + b = 0 \tag{12.23}$$

再次强调，$x^{(i)}$ 代表一个已知样本点，而 x 代表未知量。注意，以上推导过程不再区分行、列向量。

使用核技巧，二分类决策函数 $p(x)$ 则可以表达为：

$$
\begin{aligned}
p(x) &= \text{sign}\left(w \cdot \phi(x) + b\right) \\
&= \text{sign}\left(\sum_{i=1}^{n} \lambda_i y^{(i)} \underbrace{\kappa\left(x^{(i)}, x\right)}_{\text{Kernel}} + b\right)
\end{aligned}
\tag{12.24}
$$

对比线性核SVM分类决策函数：

$$
\begin{aligned}
p(x) &= \text{sign}\left(w \cdot x + b\right) \\
&= \text{sign}\left(\sum_{i=1}^{n} \lambda_i y^{(i)} \underbrace{\left(x^{(i)}x\right)}_{\text{Linear kernel}} + b\right)
\end{aligned}
\tag{12.25}
$$

请读者注意，Scikit-Learn中**决策函数** (decision function) 输出值指的是式 (12.23) 结果。

软间隔 + 核技巧

引入惩罚因子 C，可以构造软间隔核技巧SVM优化问题：

$$
\begin{aligned}
&\arg\min_{w,b} \quad \frac{w \cdot w}{2} + C\sum_{i=1}^{n} \xi_i \\
&\text{且满足} \quad
\begin{cases}
y^{(i)}\left(w \cdot \phi\left(x^{(i)}\right) + b\right) \geq 1 - \xi_i, \quad i = 1,2,3,\cdots,n \\
\xi_i \geq 0
\end{cases}
\end{aligned}
\tag{12.26}
$$

四种核函数

本章后面将逐一介绍四种核函数：

◂ **线性核** (linear kernel)
◂ **多项式核** (polynomial kernel)
◂ **高斯核** (Gaussian kernel)，也叫**径向基核RBF** (radial basis function kernel)
◂ **sigmoid核** (sigmoid kernel)

本章利用上述四种核函数求解图12.8所示三组数据——线性可分、月牙形和环形数据。请读者注意比较不同核函数优劣以及决策边界形状。

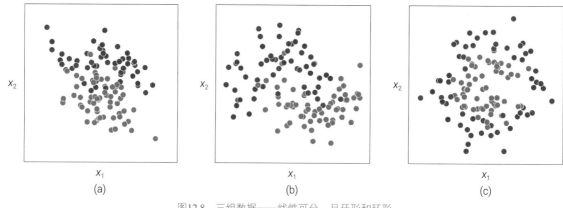

图12.8 三组数据——线性可分、月牙形和环形

12.3 线性核：最基本的核函数

线性核 (linear kernel) 是支持向量机SVM的标配！线性核形式为：

$$\kappa\left(\boldsymbol{x},\boldsymbol{q}\right) = \boldsymbol{x}\cdot\boldsymbol{q} = \left\langle\boldsymbol{x},\boldsymbol{q}\right\rangle \tag{12.27}$$

线性核SVM决策边界形式如下：

$$f\left(\boldsymbol{x}\right) = \sum_{i=1}^{n}\left(\overbrace{\underbrace{\lambda_i y^{(i)}\boldsymbol{x}^{(i)}}_{\text{Hyperplane}}\overbrace{\boldsymbol{x}}^{\text{Variables}}}^{\text{Coefficients}}\right) + b = 0 \tag{12.28}$$

其中，$(\boldsymbol{x}^{(i)}, y^{(i)})$ 为第 i 个样本数据点，λ_i 为求解得到的拉格朗日乘子具体值。反复强调，$\boldsymbol{x}$ 为变量构成的列向量。

超平面叠加

定义函数 $f_i(\boldsymbol{x})$ 为：

$$f_i\left(\boldsymbol{x}\right) = \overbrace{\lambda_i y^{(i)}\boldsymbol{x}^{(i)}}^{\text{Coefficients}}\boldsymbol{x} \tag{12.29}$$

此外，观察式 (12.29)，给定样本数据 $(\boldsymbol{x}^{(i)}, y^{(i)})$，优化得到的拉格朗日乘子 λ_i 相当于权重。相信通过丛书之前数学内容的学习，大家已经清楚，所示 $f_i(\boldsymbol{x})$ 空间形状为**超平面** (hyperplane)。

由此，式 (12.28) 可以记作：

$$f\left(\boldsymbol{x}\right) = \sum_{i=1}^{n}f_i\left(\boldsymbol{x}\right) + b = 0 \tag{12.30}$$

而式 (12.30) 告诉我们，线性核SVM决策边界由n个超平面叠加而成，如图12.9所示。因此，线性核决策边界是超平面。

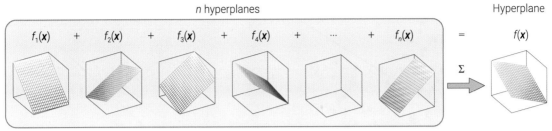

图12.9　线性核SVM决策超平面由n个超平面构造

决策边界

采用线性核预测图12.8所示三组形态不同数据分类。图12.10、图12.11和图12.12分别为线性可分、月牙形和环形数据预测分类结果。观察这三幅图，可以发现$f(\boldsymbol{x})$对应几何形状均为平面，决策边界$f(\boldsymbol{x})=0$为直线。

采用软间隔，线性核SVM尚可以分类图12.10所示样本数据。但是，对于图12.11和图12.12这种完全线性不可分数据，线性核SVM显得力不从心。

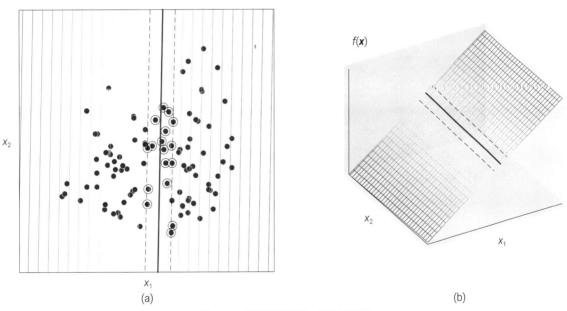

图12.10　线性可分数据，线性核SVM

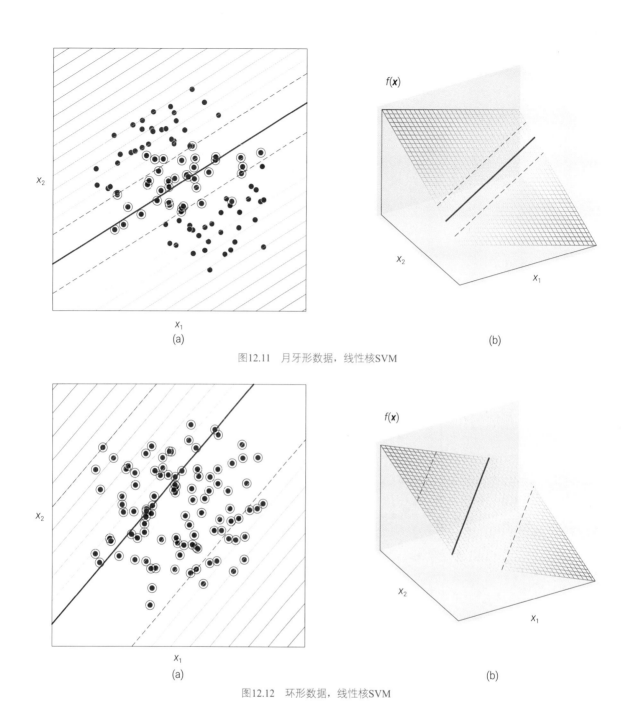

(a)

(b)

图12.11 月牙形数据，线性核SVM

(a)

(b)

图12.12 环形数据，线性核SVM

12.4 多项式核

多项式核 (polynomial kernel) 形式如下：

$$\kappa_{\mathrm{poly}(d)}\left(\boldsymbol{x},\boldsymbol{q}\right) = \left(\gamma \boldsymbol{x}\cdot\boldsymbol{q} + r\right)^d = \left(\gamma\left\langle\boldsymbol{x},\boldsymbol{q}\right\rangle + r\right)^d \tag{12.31}$$

其中，γ (gamma) 为系数，d 为多项式次数，r 为常数。

式 (12.31) 中 d 主导多项式核形态，因此最为重要。其中，线性核是多项式核特例，即次数 $d = 1$。而 $d = 2$ 时，为二次核；$d = 3$ 时，为三次核。

以二次核为例

系数 $\gamma = 1$，常数 $r = 0$，次数 $d = 2$，特征数 $D = 2$ 条件下，可以写作：

$$\kappa_{\mathrm{poly}(2)}\left(\boldsymbol{x},\boldsymbol{q}\right) = \left(\boldsymbol{x}\cdot\boldsymbol{q}\right)^2 \tag{12.32}$$

其中，

$$\boldsymbol{x} = \begin{bmatrix} x_1 & x_2 \end{bmatrix}^{\mathrm{T}} \quad \boldsymbol{q} = \begin{bmatrix} q_1 & q_2 \end{bmatrix}^{\mathrm{T}} \tag{12.33}$$

将式 (12.33) 代入式 (12.32)，整理得到：

$$\begin{aligned}
\kappa_{\mathrm{poly}(2)}\left(\boldsymbol{x},\boldsymbol{q}\right) &= \left(\boldsymbol{x}\cdot\boldsymbol{q}\right)^2 = \left(x_1 q_1 + x_2 q_2\right)^2 \\
&= x_1^2 q_1^2 + x_2^2 q_2^2 + 2 x_1 x_2 q_1 q_2 = x_1^2 \cdot q_1^2 + x_2^2 \cdot q_2^2 + \sqrt{2} x_1 x_2 \cdot \sqrt{2} q_1 q_2 \\
&= \phi\left(\boldsymbol{x}\right)\cdot\phi\left(\boldsymbol{q}\right)
\end{aligned} \tag{12.34}$$

其中，

$$\begin{aligned}
\phi\left(\boldsymbol{x}\right) &= \begin{bmatrix} x_1^2 & x_2^2 & \sqrt{2} x_1 x_2 \end{bmatrix}^{\mathrm{T}} \\
\phi\left(\boldsymbol{q}\right) &= \begin{bmatrix} q_1^2 & q_2^2 & \sqrt{2} q_1 q_2 \end{bmatrix}^{\mathrm{T}}
\end{aligned} \tag{12.35}$$

式 (12.34) 还可以写作：

$$\begin{aligned}
\kappa_{\mathrm{poly}(2)}\left(\boldsymbol{x},\boldsymbol{q}\right) &= x_1^2 \cdot q_1^2 + x_2^2 \cdot q_2^2 + x_1 x_2 \cdot q_1 q_2 + x_2 x_1 \cdot q_2 q_1 \\
&= \phi\left(\boldsymbol{x}\right)\cdot\phi\left(\boldsymbol{q}\right)
\end{aligned} \tag{12.36}$$

其中，

$$\begin{aligned}
\phi\left(\boldsymbol{x}\right) &= \begin{bmatrix} x_1^2 & x_2^2 & x_1 x_2 & x_2 x_1 \end{bmatrix}^{\mathrm{T}} \\
\phi\left(\boldsymbol{q}\right) &= \begin{bmatrix} q_1^2 & q_2^2 & q_1 q_2 & q_2 q_1 \end{bmatrix}^{\mathrm{T}}
\end{aligned} \tag{12.37}$$

比较式 (12.35) 和式 (12.37)，可以发现 $\phi()$ 映射规则并不唯一。或者说，$\phi()$ 的具体形式并不重要，我们关心的是映射规则和标量结果。而 $\phi(\boldsymbol{x})$ 搭建起从 $\boldsymbol{x}$ 到核函数桥梁，如图 12.13 所示。

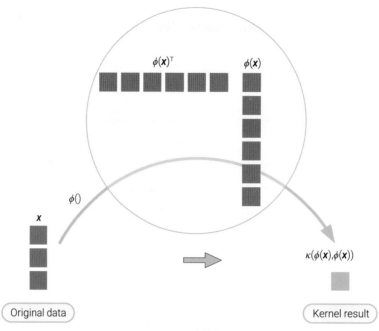

图12.13　映射原理

再看一个例子，系数$\gamma=1$，常数$r=1$，次数$d=2$，特征数$D=2$条件下，可以写作：

$$\kappa_{\mathrm{poly}(2)}\left(\boldsymbol{x},\boldsymbol{q}\right)=\left(\boldsymbol{x}\cdot\boldsymbol{q}+1\right)^2 \tag{12.38}$$

展开可以得到：

$$
\begin{aligned}
\kappa_{\mathrm{poly}(2)}\left(\boldsymbol{x},\boldsymbol{q}\right)&=\left(\boldsymbol{x}\cdot\boldsymbol{q}+1\right)^2\\
&=\left(x_1q_1+x_2q_2+1\right)^2\\
&=1+2x_1q_1+2x_2q_2+x_1^2q_1^2+x_2^2q_2^2+2x_1x_2q_1q_2\\
&=1\cdot 1+\sqrt{2}x_1\cdot\sqrt{2}q_1+\sqrt{2}x_2\cdot\sqrt{2}q_2+x_1^2\cdot q_1^2+x_2^2\cdot q_2^2+\sqrt{2}x_1x_2\cdot\sqrt{2}q_1q_2\\
&=\phi\left(\boldsymbol{x}\right)\cdot\phi\left(\boldsymbol{q}\right)
\end{aligned}
\tag{12.39}
$$

其中，

$$
\begin{aligned}
\phi\left(\boldsymbol{x}\right)&=\begin{bmatrix}1 & \sqrt{2}x_1 & \sqrt{2}x_2 & x_1^2 & x_2^2 & \sqrt{2}x_1x_2\end{bmatrix}^{\mathrm{T}}\\
\phi\left(\boldsymbol{q}\right)&=\begin{bmatrix}1 & \sqrt{2}q_1 & \sqrt{2}q_2 & q_1^2 & q_2^2 & \sqrt{2}q_1q_2\end{bmatrix}^{\mathrm{T}}
\end{aligned}
\tag{12.40}
$$

多项式核SVM决策边界解析式为：

$$f\left(\boldsymbol{x}\right)=\sum_{i=1}^{n}\left(\lambda_i y^{(i)}\left(\gamma\boldsymbol{x}^{(i)}\cdot\boldsymbol{x}+r\right)^d\right)+b=0 \tag{12.41}$$

类似式(12.29)，可以用n个$f_i(\boldsymbol{x})$函数构造决策边界解析式：

$$f(\boldsymbol{x}) = \sum_{i=1}^{n}\left(f_i(\boldsymbol{x})\right) + b = 0 \tag{12.42}$$

其中，

$$f_i(\boldsymbol{x}) = \lambda_i y^{(i)}\left(\gamma \boldsymbol{x}^{(i)} \cdot \boldsymbol{x} + r\right)^d \tag{12.43}$$

同理，可以解读为，多项式核**超曲面** (hypersurface) 相当于由n个超曲面构造而成。图12.14所示为这一过程。下面，我们用两节内容，分别介绍如何用二次核和三次核分类图12.8所示三组形数据。

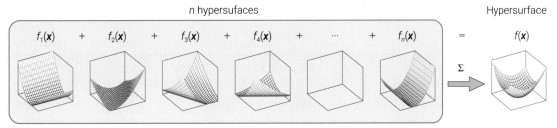

图12.14　多项式核超曲面相当于由n个超曲面构造

12.5 二次核：二次曲面

二次核形式如下：

$$\kappa_{\mathrm{poly}(d)}(\boldsymbol{x}, \boldsymbol{q}) = \left(\gamma \boldsymbol{x} \cdot \boldsymbol{q} + r\right)^2 = \left(\gamma \langle \boldsymbol{x}, \boldsymbol{q}\rangle + r\right)^2 \tag{12.44}$$

图12.15、图12.16和图12.17所示为二次核SVM对线性可分、月牙形和环形数据预测分类结果。图12.15的决策面为山谷面；图12.16为双曲抛物面；图12.17看似椭圆抛物面。

请大家翻阅《数学要素》，回顾常见的二次曲面，并温习《矩阵力量》中的正定性这个概念。

不难发现，二次核适用范围比较窄，分类效果一般。要想构造复杂曲面，就需要提高多项式核次数。

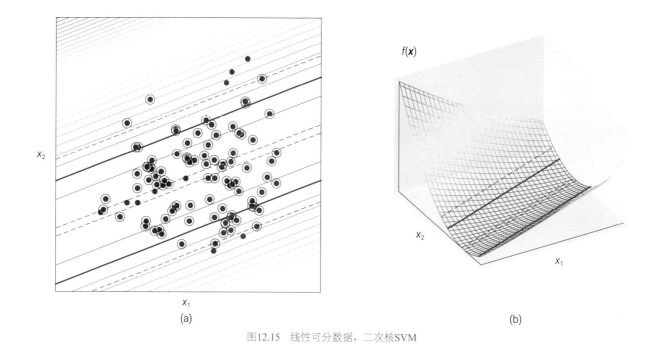

(a)   (b)

图12.15　线性可分数据，二次核SVM

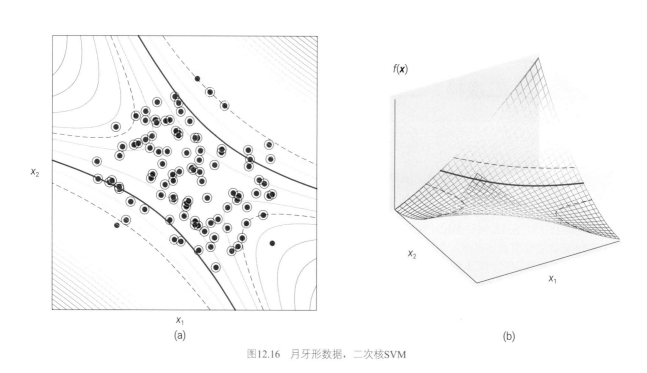

(a)   (b)

图12.16　月牙形数据，二次核SVM

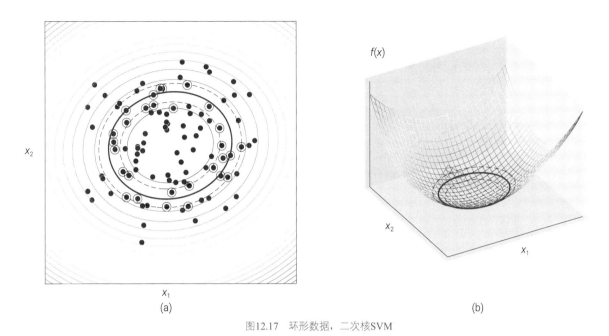

(a)   (b)

图12.17　环形数据，二次核SVM

12.6 三次核：三次曲面

三次核形式如下：

$$\kappa_{\text{poly}(3)}\left(\boldsymbol{x},\boldsymbol{q}\right)=\left(\gamma\boldsymbol{x}\cdot\boldsymbol{q}+r\right)^{3}=\left(\gamma\left\langle\boldsymbol{x},\boldsymbol{q}\right\rangle+r\right)^{3} \tag{12.45}$$

图12.18、图12.19和图12.20所示为三次核SVM分类线性可分、月牙形和环形数据结果。对比二次核SVM结果，可以发现三次核分类结果远好于二次核。本章最后给出代码，请读者尝试不断提高多项式核次数，并观察不同次数多项式核预测分类结果，以及决策边界形状。

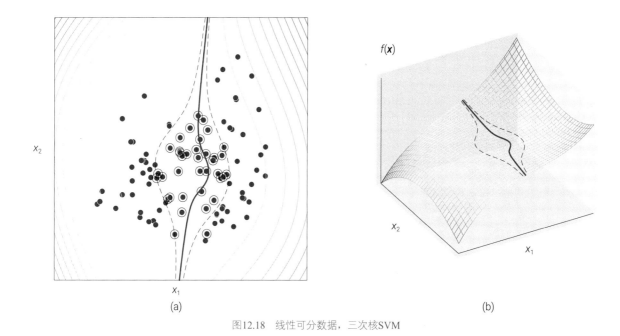

(a)   (b)

图12.18　线性可分数据，三次核SVM

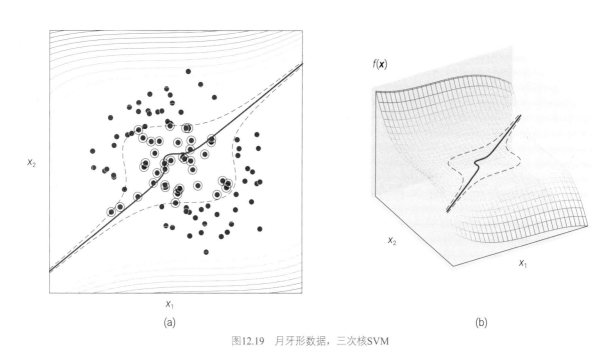

(a)   (b)

图12.19　月牙形数据，三次核SVM

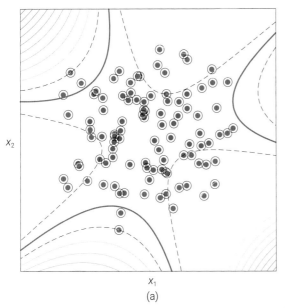

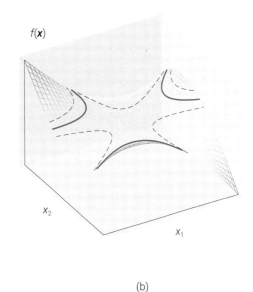

(a)   (b)

图12.20　环形数据，三次核SVM

多项式核次数不是越高越好；次数过高会带来**过拟合** (overfitting)、泛化能力低的问题。过拟合指的是机器学习模型在训练数据上表现良好，但在测试数据上表现不佳的现象。这是因为模型过拟合训练数据，学习了数据的噪声和细节，而忽略了数据的潜在模式。过拟合可能会导致模型的泛化性能下降，因此需要采用一些技术来避免过拟合。

12.7 高斯核：基于径向基函数

对于刚接触支持向量机的读者，高斯核是谜一样的存在。它看上去那么简单，又那么神秘。本节就帮助大家揭开高斯核的面纱一角。

高斯核 (Gaussian kernel)，也叫**径向基函数核函数** (Radial Basis Function kernel，RBF kernel)，具体形式为：

$$\kappa_{\mathrm{RBF}}\left(\boldsymbol{x},\boldsymbol{q}\right) = \exp\left(-\gamma\left\|\boldsymbol{x}-\boldsymbol{q}\right\|^2\right) \tag{12.46}$$

有一个参数，γ ($\gamma > 0$)；γ 决定高斯核函数曲面的开口大小。

形状

对于单特征 ($D = 1$)，且 $q = 0$ 时，可以写作：

$$\kappa_{\mathrm{RBF}}\left(x,0\right) = \exp\left(-\gamma x^2\right) \tag{12.47}$$

图12.21给出了γ对高斯核曲线的影响。

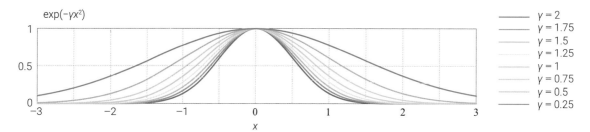

图12.21 γ 决定高斯核函数曲面的开口大小

试着找到映射函数

$\gamma = 1/2$时，

$$
\begin{aligned}
\kappa_{\mathrm{RBF}}\left(\boldsymbol{x},\boldsymbol{q}\right) &= \exp\left(-\frac{1}{2}\left\|\boldsymbol{x}-\boldsymbol{q}\right\|^2\right) \\
&= \exp\left(-\frac{1}{2}\left(\boldsymbol{x}-\boldsymbol{q}\right)\cdot\left(\boldsymbol{x}-\boldsymbol{q}\right)\right) \\
&= \exp\left(-\frac{1}{2}\left(\left\|\boldsymbol{x}\right\|^2+\left\|\boldsymbol{q}\right\|^2-2\boldsymbol{x}\cdot\boldsymbol{q}\right)\right) \\
&= \exp\left(-\frac{1}{2}\left(\left\|\boldsymbol{x}\right\|^2+\left\|\boldsymbol{q}\right\|^2\right)\right)\exp\left(\boldsymbol{x}\cdot\boldsymbol{q}\right)
\end{aligned}
\tag{12.48}
$$

对 $\exp\left(\boldsymbol{x}\cdot\boldsymbol{q}\right)$ 进行**泰勒展开** (Taylor expansion)：

$$
\begin{aligned}
\exp\left(\boldsymbol{x}\cdot\boldsymbol{q}\right) &= \sum_{j=0}^{\infty}\frac{\left(\boldsymbol{x}\cdot\boldsymbol{q}\right)^j}{j!} \\
&= 1\cdot1+\boldsymbol{x}\cdot\boldsymbol{q}+\frac{\left(\boldsymbol{x}\cdot\boldsymbol{q}\right)^2}{2}+\cdots
\end{aligned}
\tag{12.49}
$$

可以发现 $\exp\left(\boldsymbol{x}\cdot\boldsymbol{q}\right)$ 展开得到无限项。

$D = 2$时，仅考虑式 (12.49) 前三项， $\exp\left(\boldsymbol{x}\cdot\boldsymbol{q}\right)$ 可以展开并整理为：

$$
\exp\left(\boldsymbol{x}\cdot\boldsymbol{q}\right)\approx 1\cdot1+\left(x_1\cdot q_1+x_2\cdot q_2\right)+\frac{x_1^2\cdot q_1^2+x_2^2\cdot q_2^2+\sqrt{2}x_1x_2\cdot\sqrt{2}q_1q_2}{2}
\tag{12.50}
$$

将式 (12.50) 代入式 (12.48)，整理得到：

$$
\begin{aligned}
\kappa_{\mathrm{RBF}}\left(\boldsymbol{x},\boldsymbol{q}\right) &\approx \exp\left(-\frac{1}{2}\left\|\boldsymbol{x}\right\|^2\right)\exp\left(-\frac{1}{2}\left\|\boldsymbol{q}\right\|^2\right)\left(1\cdot1+\left(x_1\cdot q_1+x_2\cdot q_2\right)+\frac{x_1^2\cdot q_1^2+x_2^2\cdot q_2^2+\sqrt{2}x_1x_2\cdot\sqrt{2}q_1q_2}{2}\right) \\
&= \phi\left(\boldsymbol{x}\right)\cdot\phi\left(\boldsymbol{q}\right)
\end{aligned}
\tag{12.51}
$$

其中，两个映射函数可以记作：

$$
\phi(\boldsymbol{x}) = \exp\left(-\frac{1}{2}\|\boldsymbol{x}\|^2\right)\begin{bmatrix} 1 & x_1 & x_2 & \dfrac{x_1^2}{\sqrt{2}} & \dfrac{x_2^2}{\sqrt{2}} & x_1 x_2 \end{bmatrix}
$$

$$
\phi(\boldsymbol{q}) = \exp\left(-\frac{1}{2}\|\boldsymbol{q}\|^2\right)\begin{bmatrix} 1 & q_1 & q_2 & \dfrac{q_1^2}{\sqrt{2}} & \dfrac{q_2^2}{\sqrt{2}} & q_1 q_2 \end{bmatrix}
\tag{12.52}
$$

如上文所述，高斯核经过泰勒展开后，实际上映射函数有无数项。本书后文还会用到核技巧。

试着找到映射函数

高斯核SVM对应的决策边界解析式为：

$$
f(\boldsymbol{x}) = \sum_{i=1}^{n}\left(\lambda_i y^{(i)}\exp\left(-\gamma\left\|\boldsymbol{x}^{(i)}-\boldsymbol{x}\right\|^2\right)\right) + b = 0
\tag{12.53}
$$

和前文一样，用n个$f_i(\boldsymbol{x})$函数构造$f(\boldsymbol{x})$：

$$
f(\boldsymbol{x}) = \sum_{i=1}^{n}\left(f_i(\boldsymbol{x})\right) + b = 0
\tag{12.54}
$$

其中，

$$
f_i(\boldsymbol{x}) = \lambda_i y^{(i)}\exp\left(-\gamma\left\|\boldsymbol{x}^{(i)}-\boldsymbol{x}\right\|^2\right)
\tag{12.55}
$$

对于两特征$D=2$，可以展开得到：

$$
f_i(\boldsymbol{x}) = \lambda_i y^{(i)}\exp\left(-\gamma\left(\left(x_1-x_{i,1}\right)^2+\left(x_2-x_{i,2}\right)^2\right)\right)
\tag{12.56}
$$

其中，仅x_1和x_2为变量，$(x_{i,1}, x_{i,2})$决定曲面中心位置，γ决定曲面"胖瘦"，$\lambda_i y^{(i)}$决定曲面高矮。如图12.22所示。

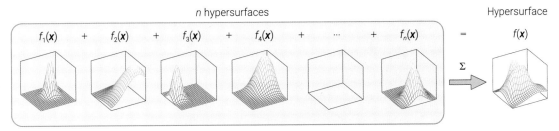

图12.22　高斯核SVM决策曲面相当于由n个"高斯核曲面"构造

分类结果

图12.23、图12.24和图12.25所示为高斯核SVM求解线性可分、月牙形和环形数据分类问题结果。可以发现高斯核SVM得到的决策边界形状丰富多样，分类预测结果要好于前文介绍的二次核和三次核。

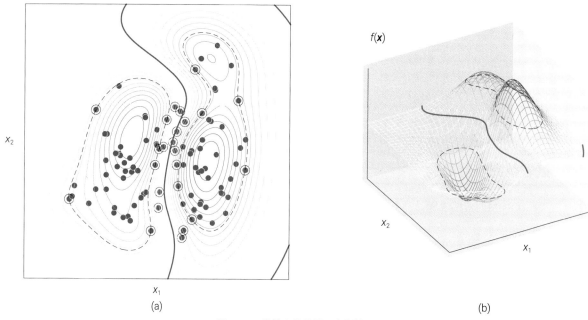

x_2

x_1

(a)

$f(\mathbf{x})$

x_2

x_1

(b)

图12.23 线性可分数据，高斯核SVM

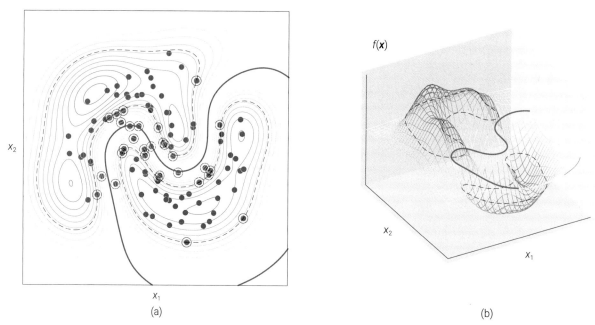

x_2

x_1

(a)

$f(\mathbf{x})$

x_2

x_1

(b)

图12.24 月牙形数据，高斯核SVM

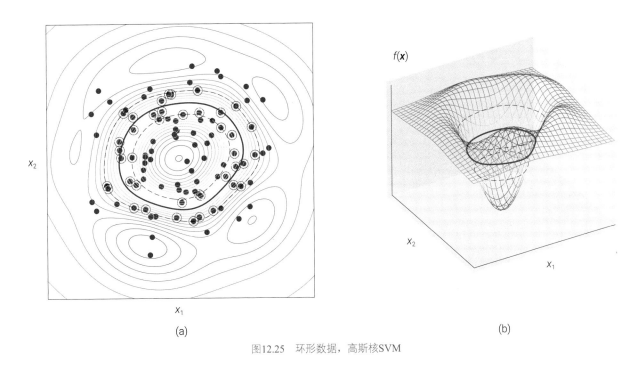

(a)

(b)

图12.25 环形数据，高斯核SVM

　　图12.26所示为用Streamlit搭建的展示Gamma对高斯核SVM分类影响的App。读过《编程不难》的读者对这个App应该很熟悉了。

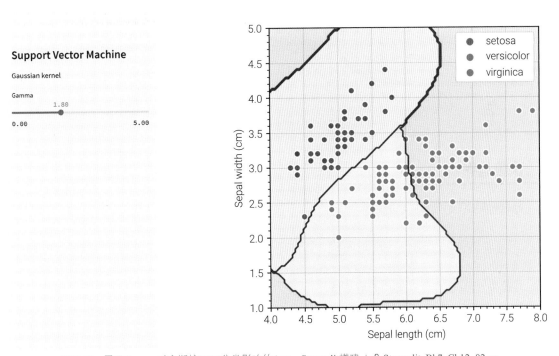

图12.26　展示Gamma对高斯核SVM分类影响的App，Streamlit搭建　|　⊕ Streamlit_Bk7_Ch12_02.py

12.8 Sigmoid核

Sigmoid核 (sigmoid kernel)，也叫S形核，形式如下：

$$\kappa_{\text{Sigmoid}}\left(\boldsymbol{x},\boldsymbol{q}\right) = \tanh\left(\gamma\boldsymbol{x}\cdot\boldsymbol{q}+r\right) \tag{12.57}$$

其中，tanh() 为**双曲正切函数** (hyperbolic tangent)。

形状

对于单特征 ($D=1$)，且 $q=1$、$r=0$时，可以写作：

$$\kappa_{\text{Sigmoid}}\left(x,1\right) = \tanh\left(\gamma x\right) \tag{12.58}$$

《数学要素》介绍过双曲正切函数，图12.27给出了γ对Sigmoid核曲线的影响。tanh() 是机器学习的常客，比如在神经网络中tanh()便是常用的激励函数之一。

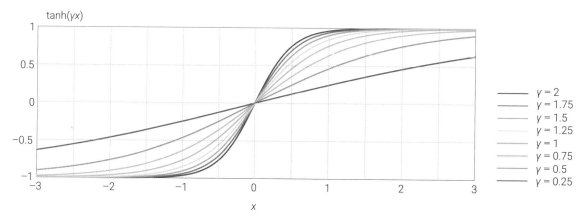

图12.27 γ 影响双曲正切函数形状

决策边界

Sigmoid核SVM决策边界解析式如下：

$$f\left(\boldsymbol{x}\right) = \sum_{i=1}^{n}\left(\lambda_{i}y^{(i)}\tanh\left(\gamma\boldsymbol{x}^{(i)}\boldsymbol{x}+r\right)\right)+b = 0 \tag{12.59}$$

和前文一样，$f(\boldsymbol{x})$ 可以由n个$f_i(\boldsymbol{x})$ 构造：

$$f\left(\boldsymbol{x}\right) = \sum_{i=1}^{n}\left(f_{i}\left(\boldsymbol{x}\right)\right)+b = 0 \tag{12.60}$$

其中,

$$f_i\left(\boldsymbol{x}\right) = \lambda_i y^{(i)} \tanh\left(\gamma \boldsymbol{x}^{(i)} \cdot \boldsymbol{x} + r\right) \tag{12.61}$$

如图12.28所示,Sigmoid核曲面可以由若干Sigmoid曲面构造得到。

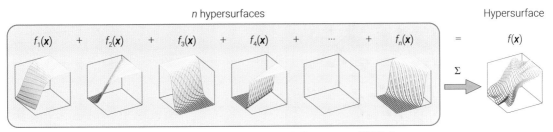

图12.28　Sigmoid核曲面可以由若干Sigmoid曲面构造

分类结果

图12.29、图12.30和图12.31所示为Sigmoid核SVM解决三组样本数据结果。类似高斯核,Sigmoid核能够构造比较复杂的曲面形状。

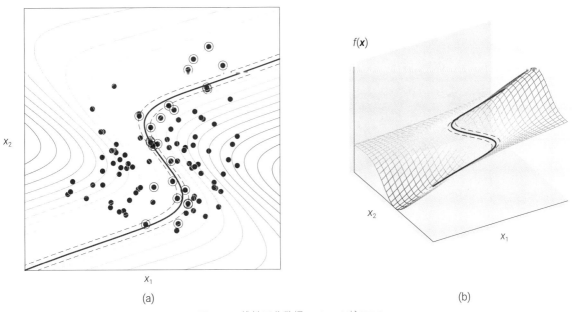

(a)   (b)

图12.29　线性可分数据,Sigmoid核SVM

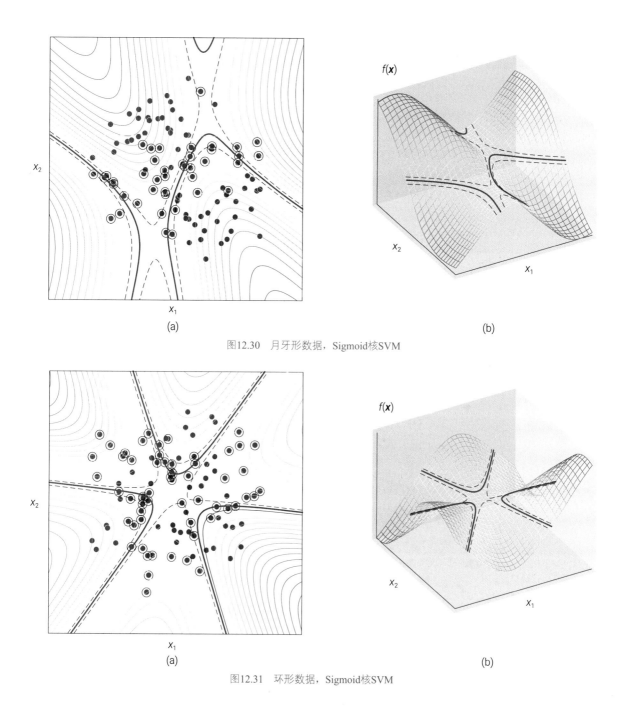

(a)   (b)

图12.30　月牙形数据，Sigmoid核SVM

(a)   (b)

图12.31　环形数据，Sigmoid核SVM

Bk7_Ch12_01.ipynb中可以获得本章线性可分、月牙形和环形数据，并且利用线性核、多项式核、高斯核和Sigmoid核求解这三类数据分类。下面讲解其中关键语句。

ⓐ用sklearn.datasets.make_classification() 生成样本数据。n_features=2代表两个特征。n_redundant 设置冗余特征数量，n_informative 设置信息特征数量，random_state 设置随机种子，n_clusters_per_class 设置每个类别中的簇数量。

ⓑ用 sklearn.preprocessing.StandardScaler() 将特征数据 X 进行标准化，使其均值为 0，方差为 1。

ⓒ用 sklearn.svm.SVC()创建一个径向基核的支持向量机分类器 (clf)，设置 gamma 值为 0.7，正则化参数为 3。

ⓓ使用 fit 方法训练支持向量机分类器，将标准化后的数据 X 和目标标签 y 传递给模型。

ⓔ使用决策函数方法 decision_function() 获取输入网格点的决策值 Z，其中 xx 和 yy 是网格的坐标。

ⓕ将决策值 Z 重新塑造成与网格坐标相同的形状，以便后续可视化。

ⓖ使用决策函数获取训练数据的决策函数值。

代码12.1　用 *sklearn.svm.SVC()* 完成分类 | ⊕ Bk7_Ch12_01.ipynb

```python
from sklearn.preprocessing import StandardScaler
from sklearn.datasets import make_classification
from sklearn import svm

# 生成数据
X, y = make_classification(n_features=2,
                           n_redundant=0,
                           n_informative=2,
                           random_state=1,
                           n_clusters_per_class=1)

# 标准化处理
X = StandardScaler().fit_transform(X)

# 创建SVM分类器
clf = svm.SVC(kernel='rbf', gamma=0.7, C=3)

# 训练数据
clf.fit(X, y)

# 计算网格点决策函数值
Z = clf.decision_function(np.c_[xx.ravel(), yy.ravel()])
Z = Z.reshape(xx.shape)

# 计算样本点决策函数值
Z_0 = clf.decision_function(X)

# 提取支持向量
x1_sp_vec = clf.support_vectors_[:, 0]
x2_sp_vec = clf.support_vectors_[:, 1]
```

ⓐ
ⓑ
ⓒ
ⓓ
ⓔ
ⓕ
ⓖ

在SVM中，核技巧可以将输入数据映射到高维空间中，使得原本的非线性问题转化为线性问题，从而提高模型的分类性能。常用的核函数包括线性核函数、多项式核函数和径向基函数核函数等。

线性核函数适用于线性可分的数据集，可以在低维空间中很好地工作，但在处理非线性问题时效果较差。多项式核函数可以处理一些简单的非线性问题，但需要调整多项式的次数。径向基函数核函数是最常用的核函数之一，能够处理更加复杂的非线性问题。

不同的核函数适用于不同的数据集和问题类型。选择适当的核函数和调整参数是使用SVM的关键。在实践中，可以使用交叉验证等技术来选择最佳的核函数和参数。

13 Decision Tree
决策树
数据纯度越高，不确定度越低，信息熵越小

热力学两个基本定理是整个宇宙的基本规律：1. 宇宙能量守恒；2. 宇宙的熵不断增大。

The fundamental laws of the universe which correspond to the two fundamental theorems of the mechanical theory of heat.

1. The energy of the universe is constant.

2. The entropy of the universe tends to a maximum.

—— 鲁道夫·克劳修斯 (Rudolf Clausius) | 德国物理学家 | 1822 — 1888年

◀ `matplotlib.pyplot.contour()` 绘制等高线图
◀ `matplotlib.pyplot.contourf()` 绘制填充等高线图
◀ `numpy.meshgrid()` 创建网格化数据
◀ `seaborn.scatterplot()` 绘制散点图
◀ `sklearn.datasets.load_iris()` 加载鸢尾花数据集
◀ `sklearn.tree.DecisionTreeClassifier` 决策树分类函数
◀ `sklearn.tree.plot_tree` 绘制决策树树形

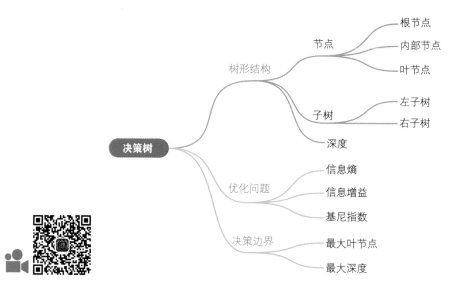

13.1 决策树：可以分类，也可以回归

决策树分类算法是一种常用的机器学习算法，通过构建树形结构来对数据进行分类。决策树分类算法具有易解释、易理解和易实现的优点，但在处理复杂问题时可能会出现过拟合的问题。因此，可以采用剪枝等技术来提高决策树的泛化能力。

决策树结构

决策树 (decision tree) 类似《数学要素》第20章介绍的**二叉树** (binomial tree)。如图13.1所示，决策树结构主要由**节点** (node) 和**子树** (branch) 构成；节点又分为**根节点** (root node)、**内部节点** (internal node) 和**叶节点** (leaf node)。其中，内部节点又叫**母节点** (parent node)，叶节点又叫**子节点** (child node)。

每一个根节点和内部节点可以生长出一层二叉树，其中包括**左子树** (left branch) 和**右子树** (right branch)；构造子树的过程也是将节点数据划分为两个子集的过程。

图13.1所示树形结构有4个叶节点。请大家格外注意叶节点数目；决策树算法可以输入**最大叶点数量** (maximum leaf nodes)，控制决策树大小，也称**剪枝** (pruning)。

此外，**深度** (depth) 也可以控制树形大小，所谓深度就是二叉树的层数。比如，图13.1除了根节点之外二叉树有三层，所以深度为3。深度也是决策树函数用户输入量之一。

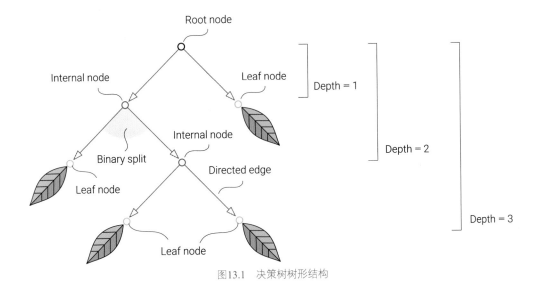

图13.1　决策树树形结构

如何用决策树分类

下面展开讲解决策树如何分类。

图13.2展示的决策树第一步划分：样本数据中 $x_1 \geq a$，被划分到右子树；样本数据中 $x_1 < a$，被划分到左子树。经过第一步二叉树划分，原始数据被划分为A和B两个区域。A区域以红色 ● (C_1) 为主，B区域以蓝色 ● (C_2) 为主。

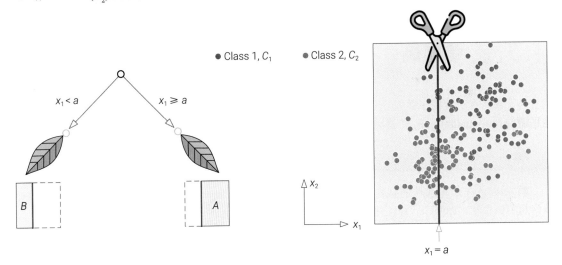

图13.2　决策树第一步划分

如图13.3所示，图13.2右子树内部节点生长出一个新的二叉树。样本数据中 $x_2 \geq b$，被划分到右子树；样本数据中 $x_2 < b$，被划分到左子树。经过第二步二叉树划分，A被划分为C和D两个区域。C区域以红色 ● (C_1) 为主，D区域以蓝色 ● (C_2) 为主。

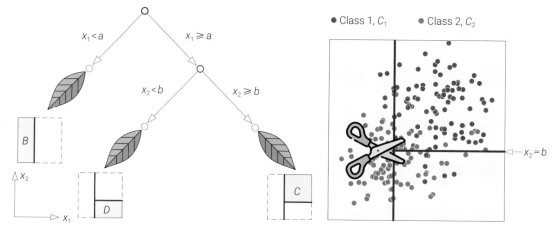

图13.3　决策树第二步划分

决策树分类算法有自己独特的优势。决策树的每个节点可以生长成一棵二叉树，这种基于某一特征的二分法很容易解释。此外，得到的决策树很方便可视化，本章后文将介绍如何可视化决策树树形结构。

如老子所言，"一生二，二生三，三生万物"，根据数据的复杂程度，决策树树形可以不断生长。数据结构越复杂，对应树形结构也就越复杂。但是，过于复杂的树形会导致过拟合，模型泛化能力变弱。这种情况需要控制叶节点数量或者最大深度来控制树形规模，从而避免过拟合。

有读者可能会问，依据什么标准选择划分的位置呢？比如，图13.2中，a应该选在什么位置？图13.3中的b又该选择什么位置？这就是下几节要回答的问题。

13.2 信息熵：不确定性度量

为了解决在决策树在哪划分节点的问题，需要介绍几个新概念：**信息熵** (information entropy)、**信息增益** (information gain) 和**基尼指数** (Gini index)。本节首先介绍信息熵。

熵

熵 (entropy) 是物理系统混乱程度的度量。系统越混乱，熵越大；系统越有序，熵越小。熵这个概念起源热力学。1854年，德国物理学家**鲁道夫·克劳修斯** (Rudolf Clausius) 引入了熵这一概念。

维纳过程 (Wiener process) 的提出者——**诺伯特·维纳** (Norbert Wiener)，认为随着熵的增加，宇宙以及宇宙中所有封闭系统都会自然地退化，并失去其独特性。

信息熵

在**信息论** (information theory) 中，信息的作用是降低不确定性。而**信息熵** (information entropy) 可以用来表示随机变量的不确定性度量。信息熵越大，不确定性越大。1948年，**香农** (Claude Shannon) 提出了信息熵这一概念，因此信息熵也常被称作**香农熵** (Shannon entropy)。

样本数据集合Ω的信息熵定义为:

$$\text{Ent}(\Omega) = -\sum_{k=1}^{n} p_k \log_2 p_k \tag{13.1}$$

其中,p_k 为Ω中第k类样本所占比例,即概率值。由于$\log_2 0$不存在,特别指定$0 \times \log_2 0 = 0$。

举个例子

当样本数据集合Ω只有两类,即$K = 2$时,类别序数$k = 1, 2$。
令

$$p_1 = p, \quad p_2 = 1-p \tag{13.2}$$

其中,p取值范围为 [0, 1]。
这种情况下,Ω的信息熵$\text{Ent}(\Omega)$ 为:

$$
\begin{aligned}
\text{Ent}(\Omega) &= -\sum_{k=1}^{2} p_k \log_2 p_k = -\left(p_1 \log_2 p_1 + p_2 \log_2 p_2 \right) \\
&= -p \log_2 p - (1-p) \log_2 (1-p)
\end{aligned}
\tag{13.3}
$$

其中,$p_1 = p$,$p_2 = 1-p$。
观察式 (13.3),可以发现 $\text{Ent}(\Omega)$ 是以p为变量的函数。
图13.4 告诉我们,在A和C点,当样本只属于某一特定类别时 ($p = 0$ 或 $p = 1$),数据纯度最高,不确定性最低,信息熵 $\text{Ent}(\Omega)$ 最小。
在B 点,两类样本数据各占一半 ($p = 0.5$),这时数据纯度最低,不确定性最高,信息熵 $\text{Ent}(D)$ 最大。
从A到B,信息熵不断增大;从B到C,信息熵不断减小。

K类标签

如果样本数据集合Ω分为K类时,即Ω = $\{C_1, C_2, \cdots, C_K\}$,各类标签样本数量之和等于Ω中所有样本总数,即下式:

$$\sum_{k=1}^{K} \text{count}(C_k) = \text{count}(\Omega) \tag{13.4}$$

其中,$\text{count}(C_k)$ 计算C_k类样本数量。
C_k类样本概率p_k可以通过下式计算获得:

$$p_k = \frac{\text{count}(C_k)}{\text{count}(\Omega)} \tag{13.5}$$

将式 (13.5) 代入式 (13.1),得到样本数据集合Ω的信息熵为:

$$\text{Ent}(\Omega) = -\sum_{k=1}^{K} p_k \log_2 p_k = -\sum_{k=1}^{K} \left\{ \frac{\text{count}(C_k)}{\text{count}(\Omega)} \log_2 \left(\frac{\text{count}(C_k)}{\text{count}(\Omega)} \right) \right\} \tag{13.6}$$

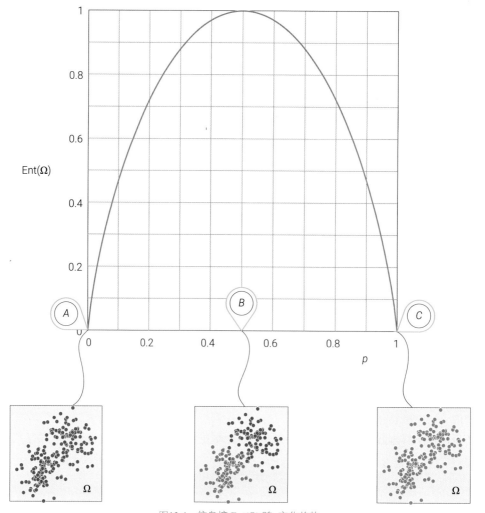

图13.4　信息熵 Ent(Ω) 随 p 变化趋势

13.3 信息增益：通过划分，提高确定度

假设存在某个特征 a 将 Ω 划分为 m 个子集，即：

$$\Omega = \left\{\Omega_1, \Omega_2, \cdots, \Omega_m\right\} \tag{13.7}$$

而子集 Ω_j $(j = 1, 2, \cdots, m)$ 中属于 C_k 类的样本集合为 $\Omega_{j,k}$：

$$\Omega_{j,k} = \Omega_j \bigcap C_k \tag{13.8}$$

类别C_k元素在Ω_j中占比为：

$$p_{j,k} = \frac{\text{count}(\Omega_{j,k})}{\text{count}(\Omega_j)} \tag{13.9}$$

计算子集Ω_j信息熵：

$$\text{Ent}(\Omega_j) = -\sum_{k=1}^{K} \left\{ \frac{\text{count}(\Omega_{j,k})}{\text{count}(\Omega_j)} \log_2 \left(\frac{\text{count}(\Omega_{j,k})}{\text{count}(\Omega_j)} \right) \right\} \tag{13.10}$$

而经过特征a划分后的集合Ω的信息熵为，m个子集Ω_j信息熵的加权和：

$$\underbrace{\text{Ent}(\Omega|a)}_{\substack{\text{Weighted sum of} \\ \text{entropy after split}}} = \sum_{j=1}^{m} \left\{ \frac{\text{count}(\Omega_j)}{\text{count}(\Omega)} \text{Ent}(\Omega_j) \right\} \tag{13.11}$$

将式 (13.10) 代入式 (13.11)，得到：

$$\text{Ent}(\Omega|a) = -\sum_{j=1}^{m} \left\{ \frac{\text{count}(\Omega_j)}{\text{count}(\Omega)} \sum_{k=1}^{K} \left\{ \frac{\text{count}(\Omega_{j,k})}{\text{count}(\Omega_j)} \log_2 \left(\frac{\text{count}(\Omega_{j,k})}{\text{count}(\Omega_j)} \right) \right\} \right\} \tag{13.12}$$

经过特征a划分后的Ω信息熵减小，确定度提高。

举个例子

如图13.5所示，数据集Ω有两个标签，C_1和C_2。特征a将数据集Ω划分为2个子集——Ω_1、Ω_2。

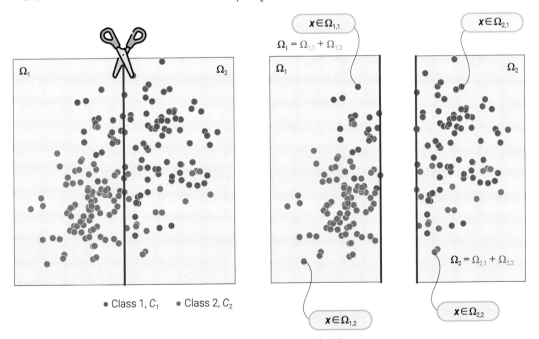

图13.5　数据集Ω划分为2个子集

根据式 (13.9) 类别C_1元素在Ω_1中占比为：

$$p_{1,1} = \frac{\text{count}\left(\Omega_{1,1}\right)}{\text{count}\left(\Omega_1\right)} \tag{13.13}$$

子集Ω_1信息熵为：

$$\text{Ent}\left(\Omega_1\right) = -\frac{\text{count}\left(\Omega_{1,1}\right)}{\text{count}\left(\Omega_1\right)}\log_2\left(\frac{\text{count}\left(\Omega_{1,1}\right)}{\text{count}\left(\Omega_1\right)}\right) - \frac{\text{count}\left(\Omega_{1,2}\right)}{\text{count}\left(\Omega_1\right)}\log_2\left(\frac{\text{count}\left(\Omega_{1,2}\right)}{\text{count}\left(\Omega_1\right)}\right) \tag{13.14}$$

同理，可以计算得到Ω_2子集信息熵。

信息增益

信息增益 (information gain) 量化划分前后信息熵变化：

$$\text{Gain}\left(D,a\right) = \underbrace{\text{Ent}\left(D\right)}_{\substack{\text{Entropy}\\\text{before split}}} - \underbrace{\text{Ent}\left(D|a\right)}_{\substack{\text{Weighted sum of}\\\text{entropy after split}}} \tag{13.15}$$

最佳划分a位置对应最大化信息增益：

$$\arg\max_a \text{Gain}\left(D,a\right) \tag{13.16}$$

13.4 基尼指数：指数越大，不确定性越高

类似信息熵，**基尼指数** (Gini index) 也可以用来表征样本数据集合Ω的纯度。注意，这个基尼指数不同于衡量国家或地区收入差距的基尼指数。

基尼指数$\text{Gini}(\Omega)$定义如下：

$$\text{Gini}\left(\Omega\right) = \sum_{i=1}^{n} p_i\left(1-p_i\right) = \sum_{i=1}^{n} p_i - \sum_{i=1}^{n} p_i^2 = 1 - \sum_{i=1}^{n} p_i^2 \tag{13.17}$$

类似上节，当样本数据集合Ω只有两类，即$K=2$时，$p_1 = p$，$p_2 = 1-p$。Ω的信息熵$\text{Gini}(\Omega)$为。

$$\begin{aligned}
\text{Ent}\left(D\right) &= 1 - \sum_{i=1}^{n} p_i^2 = 1 - p_1^2 - p_2^2 \\
&= 1 - p^2 - \left(1-p\right)^2 = -2p^2 + 2p
\end{aligned} \tag{13.18}$$

如图13.6 (a) 所示，$\text{Gini}(\Omega)$越大，不确定性越高，数据纯度越低。$\text{Gini}(\Omega)$最大值为$1/2$，对应图中$p = 0.5$，也就是说两类标签样本数据各占一半。图13.6 (b) 比较了$2 \times \text{Gini}(\Omega)$和$\text{Ent}(\Omega)$两图形关系。

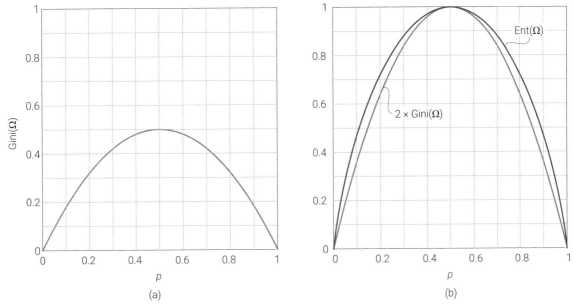

图13.6　比较信息熵和Gini指数图像

Scikit-Learn中决策树分类函数DecisionTreeClassifier，就是默认采用Gini指数最大化作为分割依据。

13.5 最大叶节点：影响决策边界

本节利用决策树算法分类鸢尾花样本数据，并着重展示最大叶节点数分类影响。Scikit-Learn工具包决策树分类函数为sklearn.tree.DecisionTreeClassifier；该函数可以用最大叶节点数max_leaf_nodes控制决策树树形大小。

同时，本节和下一节将利用sklearn.tree.plot_tree 绘制决策树。

最大叶节点数为2

图13.7所示为，当最大叶节点数$L = 2$时，鸢尾花数据分类情况。图13.7 (a) 所示，根据花萼长度x_1这一特征，特征平面被划分为两个区域——A和B。

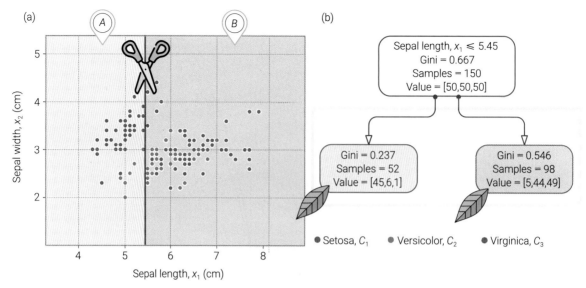

图13.7 最大叶节点数量为2

图13.7 (b) 树形图有大量重要信息。150个样本数据Gini指数为0.667，划分花萼长度x_1最佳位置为$x_1 = 5.45$。$x_1 \leqslant 5.45$为区域A；$x_1 > 5.45$为区域B。

区域A中，样本数据 为52；其中， ●$(C_1, y = 0)$ 为45个，●$(C_2, y = 1)$ 为6个，●$(C_3, y = 2)$ 为1个。显然，区域A预测分类为C_1。区域A的Gini指数为0.237。

区域B中，样本数据 为98；其中， ●$(C_1, y = 0)$ 为5个，●$(C_2, y = 1)$ 为44个，●$(C_3, y = 2)$ 为49个。显然，区域B预测分类为C_3。区域B的Gini指数为0.546。

根据式 (13.11)，可以计算得到特征x_1划分后信息熵：

$$\underbrace{\text{Ent}\left(\Omega \middle| x_1 = 5.45\right)}_{\substack{\text{Weighted sum of} \\ \text{entropy after split}}} = \frac{52}{150} \times 0.237 + \frac{98}{150} \times 0.546 = 0.4389 \tag{13.19}$$

根据式 (13.15) 信息增益为：

$$\text{Gain}\left(D, a\right) = \underbrace{\text{Ent}\left(D\right)}_{\substack{\text{Entropy} \\ \text{before split}}} - \underbrace{\text{Ent}\left(\Omega \middle| x_1 = 5.45\right)}_{\substack{\text{Weighted sum of} \\ \text{entropy after split}}} = 0.667 - 0.4389 = 0.228 \tag{13.20}$$

最大叶节点数为3

当最大叶节点数量L继续提高到$L = 3$时，图13.7 (b) 某一叶节点将会在某一特征基础上继续划分。图13.8所示为，当$L = 3$时，决策树分类鸢尾花结果。

观察图13.8 (a)，可以发现图13.7 (a) 中B区域沿着x_1方向进一步被划分为C和D。划分的位置为$x_1 = 6.15$。

区域C中，样本数据 为43；其中， ●$(C_1, y = 0)$ 为5个，●$(C_2, y = 1)$ 为28个，●$(C_3, y = 2)$ 为10个。显然，区域C预测分类为C_2。区域C的Gini指数为0.508。

区域D中，样本数据 为55；其中， ●$(C_1, y = 0)$ 为0个，●$(C_2, y = 1)$ 为16个，●$(C_3, y = 2)$ 为39个。显然，区域D预测分类为C_3。区域D的Gini指数为0.413。

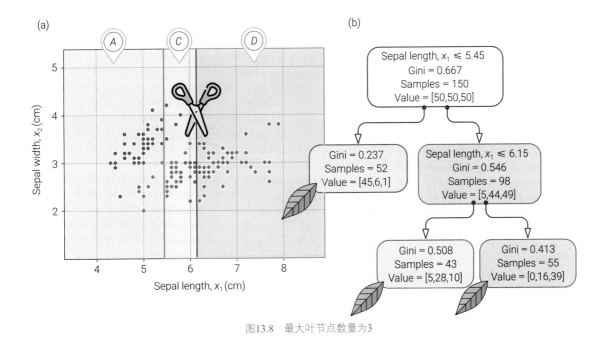

图13.8　最大叶节点数量为3

最大叶节点数为4

图13.9所示为，最大叶节点数量L = 4时，决策树分类结果和树形结构。可以发现图13.8中，A区沿x_2方向被进一步划分为两个区域；其中一个区域44个 ● （C_1, y = 0），1个 ● （C_2, y = 1），Gini指数进一步降低到0.043。请读者自行计算Gini指数变化。

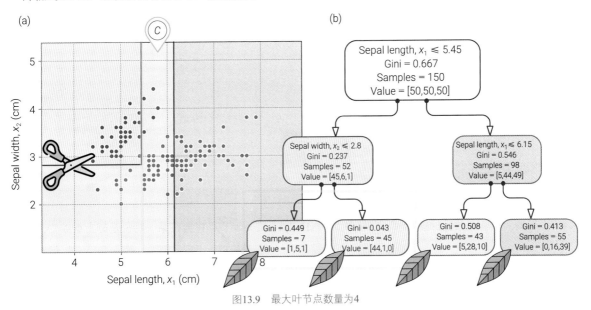

图13.9　最大叶节点数量为4

最大叶节点数为5

图13.10所示为，最大叶节点数量L = 5时，决策树分类结果和树形结构。比较图13.10和图13.9，C

区沿x_2方向被进一步划分为两个区域，得到的一个区域全部样本数据为 ● (C_1, $y = 0$)；因此，该区域的 Gini指数为0，纯度最高。

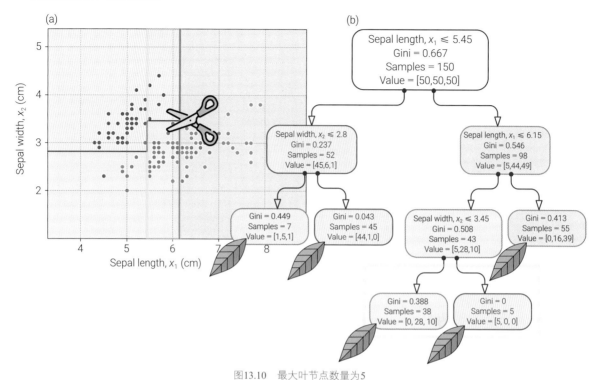

图13.10　最大叶节点数量为5

下一节提供获得本节图像的代码，代码中最大叶节点数量包括10、15和20等更大数值。请大家自行设定最大叶节点数量，比较决策边界和树形结构变化。

图13.11所示为用Streamlit搭建的展示最大叶节点数对决策树决策边界影响的App。

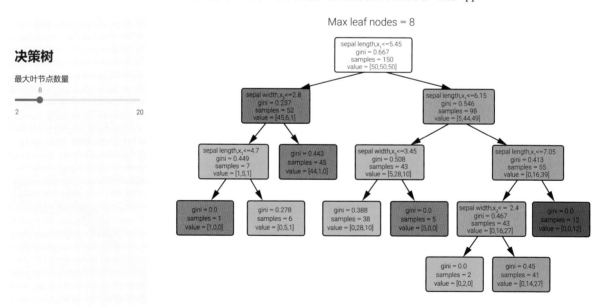

图13.11　展示最大叶节点数对决策树决策边界影响的App，Streamlit搭建 | ⊕ Streamlit_Bk7_Ch13_02.py

Streamlit_Bk7_Ch13_02.py中搭建了图13.11的App，请大家自行学习。

13.6 最大深度：控制树形大小

类似最大叶节点数量，最大深度从二叉树层数角度控制树形大小。sklearn.tree. DecisionTreeClassifier函数用max_depth改变最大深度。

图13.12所示为，最大深度为1时，鸢尾花的分类结果和树形图。可以发现，图13.12和图13.7结果完全一致。图13.13所示为，最大深度为2时，鸢尾花的分类结果和树形图。可以发现，图13.13和图13.9结果完全一致。

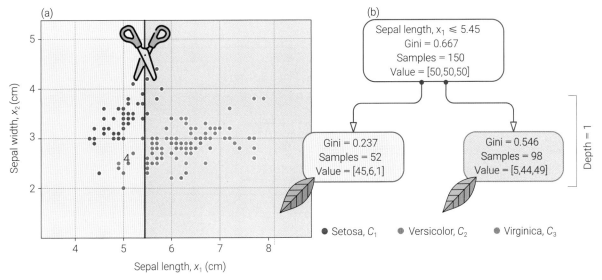

图13.12　最大深度为1

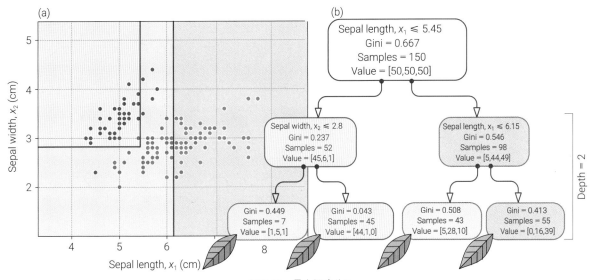

图13.13　最大深度为2

图13.14所示为，最大深度为3时，鸢尾花分类结果。如图13.15所示，树形结构有3层二叉树。注意，当最大深度不断增大时，如果某一区域样本数据为单一样本；则该区域Gini指数为0，无法进一步划分。图13.15中8个叶节点中，有4个纯度已经达到最高。

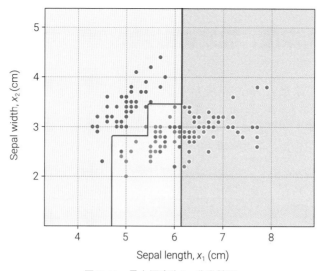

图13.14 最大深度为3，分类结果

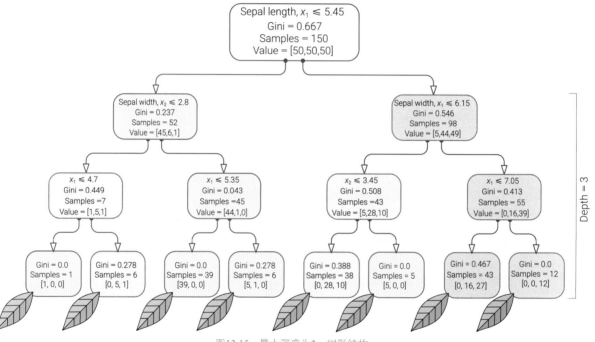

图13.15 最大深度为3，树形结构

Bk7_Ch13_01.ipynb中利用决策树方法分类了鸢尾花数据，并绘制了本节和上一节图像。下面讲解其中关键语句。

ⓐ用sklearn.tree.DecisionTreeClassifier()创建一个决策树分类器 (clf)，限制最大叶子节点数为 3；然后使用 fit(X,y) 方法拟合模型，其中 X 是特征数据，y 是目标标签。

ⓑ使用训练好的决策树模型 (clf) 对输入的网格数据进行预测。xx 和 yy 是网格的坐标；ravel()方法将多维数组展开成一维；np.c_() 是将两个数组按列连接的 NumPy 方法。

ⓒ用sklearn.tree.plot_tree()绘制决策树。

```python
from sklearn.tree import DecisionTreeClassifier, plot_tree

# 创建一个决策树分类器
clf = DecisionTreeClassifier(max_leaf_nodes=3).fit(X, y)

# 对输入的网格数据进行预测
Z = clf.predict(np.c_[xx.ravel(), yy.ravel()])

# 规整结果
Z = Z.reshape(xx.shape)

# 可视化树
fig, ax = plt.subplots()

plot_tree(clf, filled=True,
          feature_names=[names[0],names[1]],
          rounded = True)
```

(a) `clf = DecisionTreeClassifier(max_leaf_nodes=3).fit(X, y)`

(b) `Z = clf.predict(np.c_[xx.ravel(), yy.ravel()])`

(c) `plot_tree(clf, filled=True, ...)`

图13.16所示为用Streamlit搭建展示最大深度对决策树决策边界影响的App。请大家自行学习Streamlit_Bk7_Ch13_03.py。

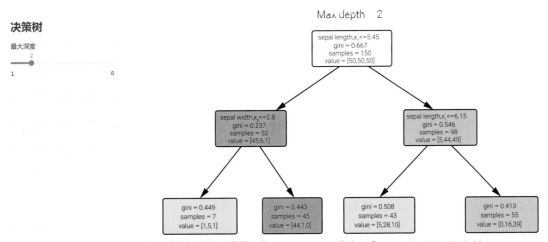

图13.16 展示最大深度对决策树决策边界影响的App，Streamlit搭建 | ⊕ Streamlit_Bk7_Ch13_03.py

决策树是一种基于树形结构的分类算法，其核心思想是通过一系列的问题来判断输入数据属于哪个类别。在构建决策树时，需要选择合适的划分特征和划分点。为了进行这些选择，常用的指标包括信息熵、信息增益和基尼指数。

　　信息熵是衡量样本纯度的指标，熵越高表示样本的混乱程度越高。信息增益是在使用某个特征进行分裂时，熵减少的程度，信息增益越大表示使用该特征进行划分所带来的纯度提升越大。基尼指数是另一种用于衡量样本纯度的指标，可以用来评估每个候选分裂点的优劣程度。

　　在构建决策树时，通常使用信息增益或基尼指数作为指标来选择最优的划分特征和划分点。不同的指标适用于不同的数据集和问题类型。在实践中，可以通过交叉验证等技术来选择最佳的指标。

　　利用决策树完成回归，请参考：

◀ https://scikit-learn.org/stable/auto_examples/tree/plot_tree_regression.html

Section 04

降　维

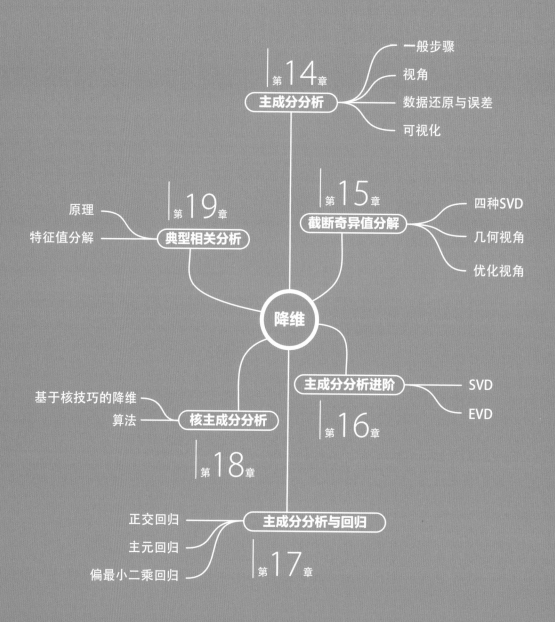

第14章
主成分分析
—— 一般步骤
—— 视角
—— 数据还原与误差
—— 可视化

第19章
典型相关分析
原理 ——
特征值分解 ——

第15章
截断奇异值分解
—— 四种SVD
—— 几何视角
—— 优化视角

降维

主成分分析进阶
—— SVD
—— EVD
第16章

基于核技巧的降维 ——
算法 ——
核主成分分析
第18章

正交回归 ——
主元回归 ——
偏最小二乘回归 ——
主成分分析与回归
第17章

学习地图 | 第4板块

14 Principal Component Analysis
主成分分析
处理多维数据，通过降维发现数据隐藏规律

忽视数学会损害所有知识，因为不了解数学的人无法了解世界上的其他科学或事物。更糟糕的是，那些无知的人无法感知自己的无知，因此不寻求补救。

Neglect of mathematics work injury to all knowledge, since he who is ignorant of it cannot know the other sciences or things of this world. And what is worst, those who are thus ignorant are unable to perceive their own ignorance, and so do not seek a remedy.

—— 罗吉尔·培根 (Roger Bacon) | 英国哲学家 | 1214—1294年

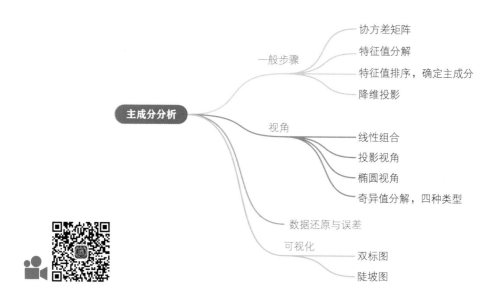

一般步骤
- 协方差矩阵
- 特征值分解
- 特征值排序，确定主成分
- 降维投影

主成分分析

视角
- 线性组合
- 投影视角
- 椭圆视角
- 奇异值分解，四种类型

数据还原与误差

可视化
- 双标图
- 陡坡图

14.1 主成分分析

几何视角

主成分分析 (Principal Component Analysis，PCA) 最初由**卡尔·皮尔逊** (Karl Pearson) 在1901年提出。PCA是数据降维的重要方法之一。通过线性变换，PCA将原始多维数据投影到一个新的正交坐标系，将原始数据中的最大方差成分提取出来。

读过《编程不难》的读者对图14.1应该很熟悉。如图14.1所示，平面散点朝16个不同方向投影，并计算投影结果的方差值。

从图14.1中每个投影结果的分布宽度，用标准差量化，我们就可以得知C、K这两个方向就是我们要找的第一主成分方向。G、O这两个方向也值得我们关注，因为这两个方向上投影结果的方差 (标准差的平方) 最小。

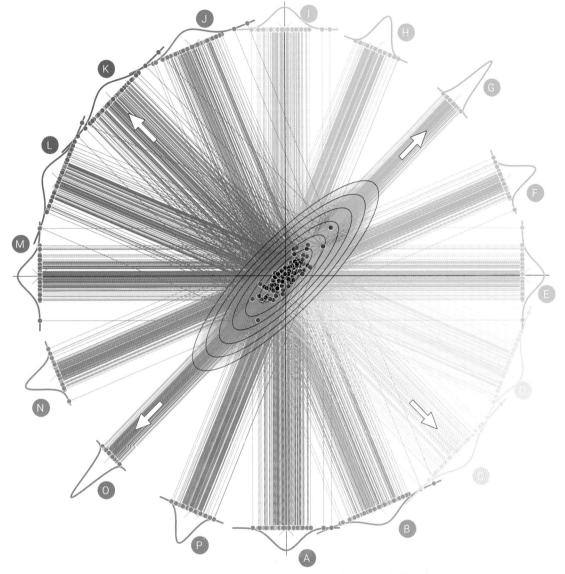

图14.1　二维数据分别朝16个不同方向投影 (图片来源：《编程不难》)

　　请大家格外注意，图14.1中样本数据质心位于原点，也就是说数据经过中心化，即去均值。比较 A、E 两个方向，我们可以发现标准差几乎相同；我们可以认为数据经过了标准化。

　　更通俗地讲，PCA实际上是在寻找数据在主元空间内的投影。图14.2所示杯子是一个3D物体。在一张图展示杯子，而且尽可能多地展示杯子细节，就需要从空间多个角度观察杯子并找到合适角度。这个过程实际上是将三维数据投影到二维平面过程。这也是一个降维过程，即从三维变成二维。

　　图14.3展示了杯子在六个平面上的投影结果。

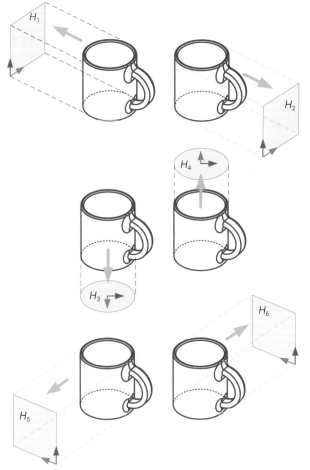

图14.2　杯子六个投影方向

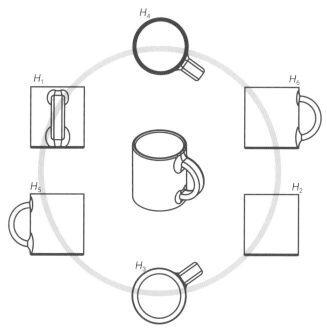

图14.3　杯子在六个方向投影图像

14.2 原始数据

本章以鸢尾花数据为例介绍如何利用主成分分析处理数据。图14.4所示为鸢尾花原始数据矩阵X构成的热图。数据矩阵X有150个数据点，即150行；矩阵X有4个特征，即4列。

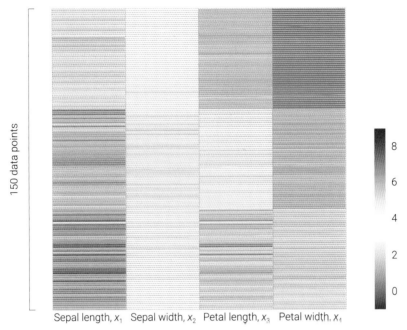

图14.4 鸢尾花数据，原始数据矩阵X

对原始数据进行统计分析。首先以行向量表达数据矩阵X质心：

$$\boldsymbol{\mu_X} = \begin{bmatrix} \underbrace{5.843}_{\text{Sepal length, } x_1} & \underbrace{3.057}_{\text{Sepal width, } x_2} & \underbrace{3.758}_{\text{Petal length, } x_3} & \underbrace{1.199}_{\text{Petal width, } x_4} \end{bmatrix} \tag{14.1}$$

鸢尾花数据在四个特征上的均值如图14.5所示。

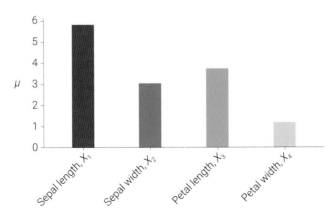

图14.5 鸢尾花数据四个特征上均值

然后，计算X每一列均方差，以行向量表达：

$$\boldsymbol{\sigma}_X = \left[\underbrace{0.825}_{\text{Sepal length, } x_1} \quad \underbrace{0.434}_{\text{Sepal width, } x_2} \quad \underbrace{1.759}_{\text{Petal length, } x_3} \quad \underbrace{0.759}_{\text{Petal width, } x_4} \right] \tag{14.2}$$

X的第三个特征，也就是花瓣长度x_3对应的均方差最大。图14.6所示为KDE估计得到的鸢尾花四个特征分布图。

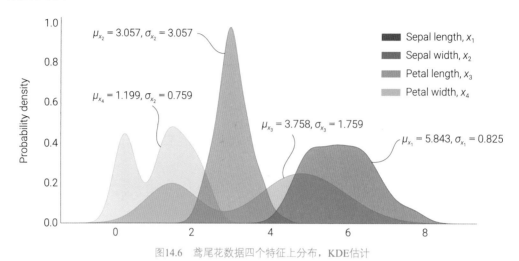

图14.6 鸢尾花数据四个特征上分布，KDE估计

利用seaborn.pairplot() 函数可以绘制如图14.7所示成对特征分析图；成对特征分析图方便展示每一对数据特征之间的关系，而对角线图像则展示每一个特征单独的统计规律。

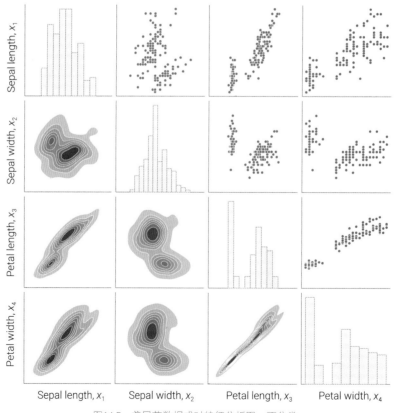

图14.7 鸢尾花数据成对特征分析图，不分类

由于鸢尾花数据存在三个分类，所以可以利用seaborn.pairplot() 函数展示具有分类特征的成对分析图，具体如图14.8所示。图14.8让我们看到了每一类别数据特征之间和自身的分布规律。

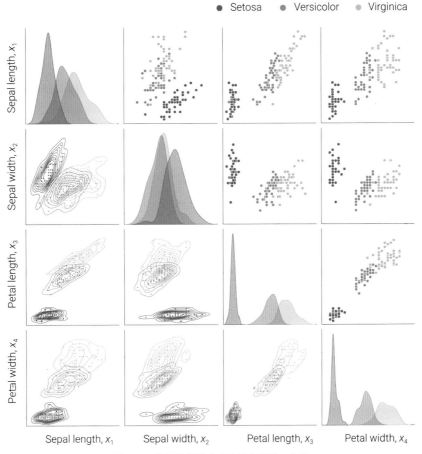

图14.8　鸢尾花数据成对特征分析图，分类

计算数据矩阵X协方差矩阵Σ:

$$\Sigma = \begin{bmatrix} 0.686 & -0.042 & 1.274 & 0.516 \\ -0.042 & 0.190 & -0.330 & -0.122 \\ 1.274 & -0.330 & 3.116 & 1.296 \\ \underline{0.516} & \underline{-0.122} & \underline{1.296} & \underline{0.581} \end{bmatrix} \begin{matrix} \leftarrow \text{Sepal length, } x_1 \\ \leftarrow \text{Sepal width, } x_2 \\ \leftarrow \text{Petal length, } x_3 \\ \leftarrow \text{Petal width, } x_4 \end{matrix} \quad (14.3)$$

接下来，协方差矩阵Σ将用于特征值分解。

在PCA中，有时候会对数据进行标准化是因为不同特征的单位和尺度不同，可能会对PCA的结果产生影响。如果不进行标准化处理，那么在协方差矩阵的计算过程中，某些特征的方差较大，将会对PCA的结果产生更大的影响，而这些特征不一定是最重要的。因此，为了消除这种影响，我们需要对数据进行标准化处理。

标准化的目的是将不同特征的值域缩放到相同的范围，使得所有特征的平均值为0，标准差为1，从而消除不同特征间的单位和尺度差异，使得所有特征具有相同的重要性。原始数据标准化的结果是Z分数。Z分数的协方差矩阵实际上是原始数据的相关性系数矩阵。

总结来说，在进行PCA之前，如果数据中的特征具有不同的度量单位，或者特征值的范围变化很大，那么就应该考虑进行标准化。标准化可以使得PCA的结果更加准确和可靠，避免某些特征在PCA中被过度强调或者忽略。但是需要注意的是，有些情况下，标准化并不适用于所有数据集，例如当数据中的特征已经被精心设计或处理过时，标准化可能会使得信息损失或降低PCA的效果。

计算数据矩阵X的相关性系数矩阵P：

$$P = \begin{bmatrix} 1.000 & -0.118 & 0.872 & 0.818 \\ -0.118 & 1.000 & -0.428 & -0.366 \\ 0.872 & -0.428 & 1.000 & 0.963 \\ \underline{0.818} & \underline{-0.366} & \underline{0.963} & \underline{1.000} \end{bmatrix} \begin{matrix} \leftarrow \text{Sepal length, } x_1 \\ \leftarrow \text{Sepal width, } x_2 \\ \leftarrow \text{Petal length, } x_3 \\ \leftarrow \text{Petal width, } x_4 \end{matrix} \tag{14.4}$$

观察相关性系数矩阵P，可以发现花萼长度x_1和花萼宽度x_2线性负相关，花瓣长度x_3和花萼宽度x_2线性负相关，花瓣宽度x_4和花萼宽度x_2线性负相关。

14.3 特征值分解

对Σ特征值分解得到：

$$\Sigma = V\Lambda V^{-1} \tag{14.5}$$

其中，V是正交矩阵，满足$VV^{\mathrm{T}} = I$。实际上Σ为对称矩阵，因此上式为谱分解，即$\Sigma = V\Lambda V^{\mathrm{T}}$。特征值矩阵$\Lambda$为：

$$\Lambda = \begin{bmatrix} 4.228 & & & \\ & 0.242 & & \\ & & 0.078 & \\ & & & 0.023 \end{bmatrix} \tag{14.6}$$

特征向量构成的矩阵V为：

$$V = \begin{bmatrix} v_1 & v_2 & v_3 & v_4 \end{bmatrix}$$

$$= \begin{bmatrix} v_{1,1} & v_{1,2} & v_{1,3} & v_{1,4} \\ v_{2,1} & v_{2,2} & v_{2,3} & v_{2,4} \\ v_{3,1} & v_{3,2} & v_{3,3} & v_{3,4} \\ v_{4,1} & v_{4,2} & v_{4,3} & v_{4,4} \end{bmatrix} \begin{matrix} \leftarrow \text{Sepal length, } x_1 \\ \leftarrow \text{Sepal width, } x_2 \\ \leftarrow \text{Petal length, } x_3 \\ \leftarrow \text{Petal width, } x_4 \end{matrix} = \begin{bmatrix} 0.361 & 0.656 & -0.582 & -0.315 \\ -0.084 & 0.730 & 0.597 & 0.319 \\ 0.856 & -0.173 & 0.076 & 0.479 \\ \underline{0.358} & \underline{-0.075} & \underline{0.545} & \underline{-0.753} \end{bmatrix} \tag{14.7}$$

矩阵V每一列代表一个主成分，该主成分中每一个元素相当于原始数据特征的系数。图14.9所示为不同主成分的系数线图。

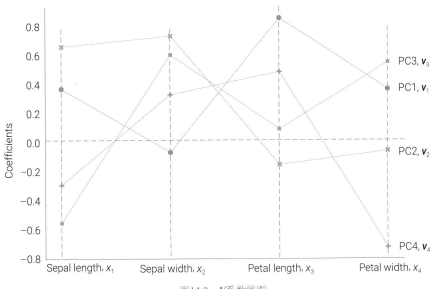

图14.9 V系数线图

如图14.10所示，V和自身转置V^{T}的乘积为单位阵I，即：

$$V^{\mathrm{T}}V = I \tag{14.8}$$

展开上式得到：

$$\begin{bmatrix} \boldsymbol{v}_1 & \boldsymbol{v}_2 & \boldsymbol{v}_3 & \boldsymbol{v}_4 \end{bmatrix}^{\mathrm{T}} \begin{bmatrix} \boldsymbol{v}_1 & \boldsymbol{v}_2 & \boldsymbol{v}_3 & \boldsymbol{v}_4 \end{bmatrix} = \begin{bmatrix} \boldsymbol{v}_1^{\mathrm{T}} \\ \boldsymbol{v}_2^{\mathrm{T}} \\ \boldsymbol{v}_3^{\mathrm{T}} \\ \boldsymbol{v}_4^{\mathrm{T}} \end{bmatrix} \begin{bmatrix} \boldsymbol{v}_1 & \boldsymbol{v}_2 & \boldsymbol{v}_3 & \boldsymbol{v}_4 \end{bmatrix}$$

$$= \begin{bmatrix} \boldsymbol{v}_1^{\mathrm{T}}\boldsymbol{v}_1 & \boldsymbol{v}_1^{\mathrm{T}}\boldsymbol{v}_2 & \boldsymbol{v}_1^{\mathrm{T}}\boldsymbol{v}_3 & \boldsymbol{v}_1^{\mathrm{T}}\boldsymbol{v}_4 \\ \boldsymbol{v}_2^{\mathrm{T}}\boldsymbol{v}_1 & \boldsymbol{v}_2^{\mathrm{T}}\boldsymbol{v}_2 & \boldsymbol{v}_2^{\mathrm{T}}\boldsymbol{v}_3 & \boldsymbol{v}_2^{\mathrm{T}}\boldsymbol{v}_4 \\ \boldsymbol{v}_3^{\mathrm{T}}\boldsymbol{v}_1 & \boldsymbol{v}_3^{\mathrm{T}}\boldsymbol{v}_2 & \boldsymbol{v}_3^{\mathrm{T}}\boldsymbol{v}_3 & \boldsymbol{v}_3^{\mathrm{T}}\boldsymbol{v}_4 \\ \boldsymbol{v}_4^{\mathrm{T}}\boldsymbol{v}_1 & \boldsymbol{v}_4^{\mathrm{T}}\boldsymbol{v}_2 & \boldsymbol{v}_4^{\mathrm{T}}\boldsymbol{v}_3 & \boldsymbol{v}_4^{\mathrm{T}}\boldsymbol{v}_4 \end{bmatrix} = \begin{bmatrix} 1 & 0 & 0 & 0 \\ 0 & 1 & 0 & 0 \\ 0 & 0 & 1 & 0 \\ 0 & 0 & 0 & 1 \end{bmatrix} = I \tag{14.9}$$

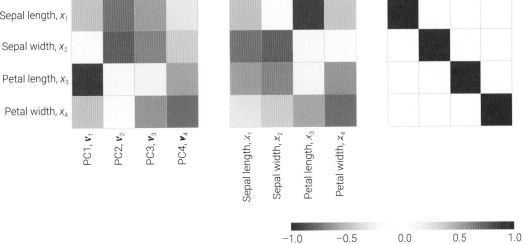

图14.10 特征矩阵V和自身转置的乘积为单位矩阵I

对相关性系数矩阵进行特征值分解得到的V为：

$$V = \begin{bmatrix} 0.521 & 0.377 & 0.720 & -0.261 \\ -0.269 & 0.923 & -0.244 & 0.124 \\ 0.580 & 0.024 & -0.142 & 0.801 \\ \underline{0.565} & \underline{0.067} & \underline{-0.634} & \underline{-0.524} \end{bmatrix} \begin{matrix} \leftarrow \text{Sepal length, } x_1 \\ \leftarrow \text{Sepal width, } x_2 \\ \leftarrow \text{Petal length, } x_3 \\ \leftarrow \text{Petal width, } x_4 \end{matrix}$$
$$\underset{\text{PC1, } v_1}{}\ \underset{\text{PC2, } v_2}{}\ \underset{\text{PC3, } v_3}{}\ \underset{\text{PC4, } v_4}{} \tag{14.10}$$

可以发现式 (14.7) 和式 (14.10) 明显不同，本书第16章将对比这两种技术路线。

14.4 正交空间

矩阵V有D个列向量，对应D个正交基，如下：

$$V = \begin{bmatrix} v_{1,1} & v_{1,2} & \cdots & v_{1,D-1} & v_{1,D} \\ v_{2,1} & v_{2,2} & \cdots & v_{2,D-1} & v_{2,D} \\ \vdots & \vdots & \ddots & \vdots & \vdots \\ v_{D-1,1} & v_{D-1,2} & \cdots & v_{D-1,D-1} & v_{D-1,D} \\ v_{D,1} & v_{D,2} & \cdots & v_{D,D-1} & v_{D,D} \end{bmatrix} = \begin{bmatrix} v_1 & v_2 & \dots & v_{D-1} & v_D \end{bmatrix} \tag{14.11}$$

任意列向量v_i每一个元素都包含X列向量 $[x_1, x_2, \cdots, x_D]$ 成分，即列向量v_i为 $[x_1, x_2, \cdots, x_D]$ 线性组合。

$$\begin{aligned} v_1 &= v_{1,1}x_1 + v_{2,1}x_2 + ... + v_{D-1,1}x_{D-1} + v_{D,1}x_D \\ v_2 &= v_{1,2}x_1 + v_{2,2}x_2 + ... + v_{D-1,2}x_{D-1} + v_{D,2}x_D \\ &\cdots \\ v_D &= v_{1,D}x_1 + v_{2,D}x_2 + ... + v_{D-1,D}x_{D-1} + v_{D,D}x_D \end{aligned} \tag{14.12}$$

图14.11所示为线性组合构造正交空间 $[v_1, v_2, \cdots, v_D]$。注意，$[x_1, x_2, \cdots, x_D]$ 类似于 $[e_1, e_2, \cdots, e_D]$，它们代表方向向量，而不是具体的数据。

如图14.12所示，以v_1为例，第一主成分方向上，v_1等价于由$v_{1,1}$比例x_1，$v_{2,1}$比例x_2，$v_{3,1}$比例x_3，……，$v_{D,1}$比例x_D线性组合构造。从另外一个角度看，$[x_1, x_2, \cdots, x_D]$ 在向量v_1上标量投影值分别为$v_{1,1}$，$v_{2,1}$，$\cdots$，$v_{D,1}$。图14.13所示为鸢尾花数据主成分分析第一主成分v_1的构造情况。

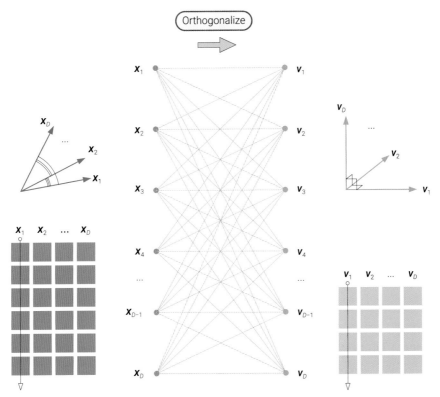

图14.11 线性组合构造正交空间 $[v_1, v_2, \cdots, v_D]$

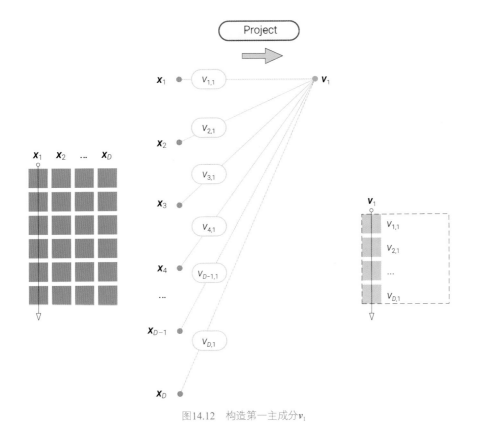

图14.12 构造第一主成分 v_1

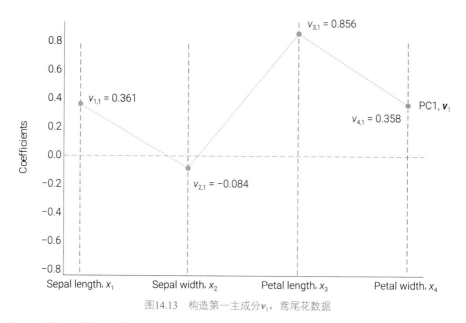

图14.13 构造第一主成分 v_1，鸢尾花数据

如图14.14所示，第二主成分 v_2 方向上，v_2 等价于由 $v_{1,2}$ 比例 x_1，$v_{2,2}$ 比例 x_2，$v_{3,2}$ 比例 x_3，……，$v_{D,2}$ 比例 x_D 线性组合构造。图14.15所示为鸢尾花数据主成分分析第二主成分 v_2 的构造情况。

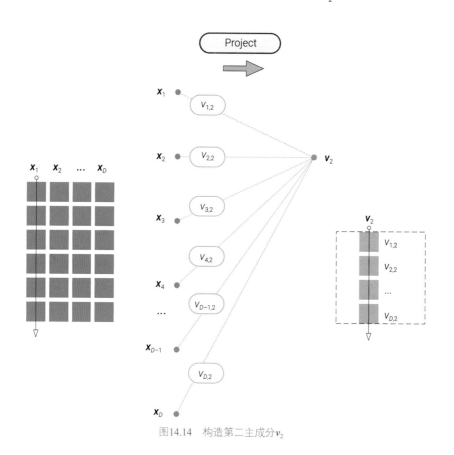

图14.14 构造第二主成分 v_2

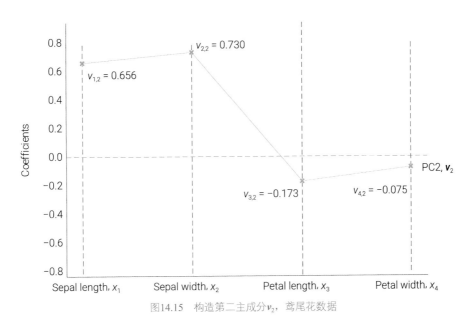

图14.15　构造第二主成分 v_2，鸢尾花数据

如图14.16所示，第三主成分 v_3 方向上， v_3 等价于由 $v_{1,3}$ 比例 x_1， $v_{2,3}$ 比例 x_2， $v_{3,3}$ 比例 x_3，……， $v_{D,3}$ 比例 x_D 线性组合构造。图14.17所示为鸢尾花数据主成分分析第三主成分 v_3 的构造情况。

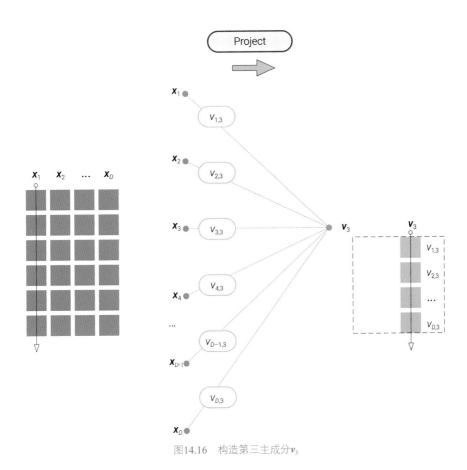

图14.16　构造第三主成分 v_3

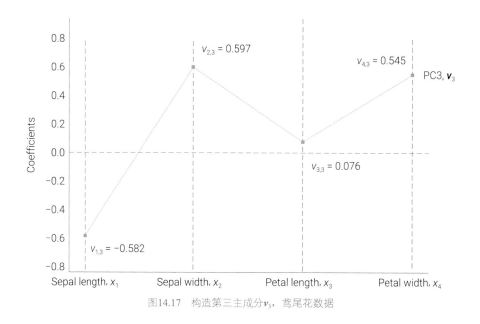

图14.17 构造第三主成分 v_3，鸢尾花数据

14.5 投影结果

图14.18所示为原始数据投影后得到的新特征数据矩阵 Z。这幅热图，蓝色色系数据接近0，红色色系数据接近8；可以发现矩阵 Z 四个新特征 $(z_1，z_2，z_3 和 z_4)$ 从左到右颜色差异逐渐减小，即方差不断减小。我们可以将原始数据投影到 V，也可以将中心化数据投影到 V。

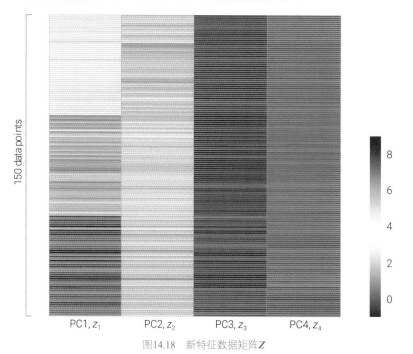

图14.18 新特征数据矩阵 Z

对转换数据$\boldsymbol{Z}$进行统计分析，以行向量表达数据矩阵$\boldsymbol{Z}$质心：

$$\boldsymbol{\mu_Z} = \begin{bmatrix} \underset{\text{PC1}, z_1}{5.502} & \underset{\text{PC2}, z_2}{5.326} & \underset{\text{PC3}, z_3}{-0.631} & \underset{\text{PC4}, z_4}{0.033} \end{bmatrix} \tag{14.13}$$

数据矩阵$\boldsymbol{Z}$的质心和原始数据矩阵$\boldsymbol{X}$的质心之间的关系如下所示：

$$\begin{aligned}
\boldsymbol{\mu_Z} &= \boldsymbol{\mu_X} \boldsymbol{V} \\[4pt]
&= \begin{bmatrix} \underset{\text{Sepal length, } x_1}{5.843} & \underset{\text{Sepal width, } x_2}{3.057} & \underset{\text{Petal length, } x_3}{3.758} & \underset{\text{Petal width, } x_4}{1.199} \end{bmatrix} \begin{bmatrix} 0.521 & 0.377 & 0.720 & -0.261 \\ -0.269 & 0.923 & -0.244 & 0.124 \\ 0.580 & 0.024 & -0.142 & 0.801 \\ \underset{\text{PC1}, v_1}{0.565} & \underset{\text{PC2}, v_2}{0.067} & \underset{\text{PC3}, v_3}{-0.634} & \underset{\text{PC4}, v_4}{-0.524} \end{bmatrix} \\[4pt]
&= \begin{bmatrix} \underset{\text{PC1}, z_1}{5.502} & \underset{\text{PC2}, z_2}{5.326} & \underset{\text{PC3}, z_3}{-0.631} & \underset{\text{PC4}, z_4}{0.033} \end{bmatrix}
\end{aligned} \tag{14.14}$$

> ⚠
> 注意：若使用sklearn.decomposition.PCA() 函数进行PCA，则会发现数据矩阵$\boldsymbol{Z}$质心均为0；这是因为数据已经标准化。

$\boldsymbol{Z}$每一列均方差，以行向量表达：

$$\boldsymbol{\sigma_Z} = \begin{bmatrix} \underset{\text{PC1}, z_1}{2.056} & \underset{\text{PC2}, z_2}{0.492} & \underset{\text{PC3}, z_3}{0.279} & \underset{\text{PC4}, z_4}{0.154} \end{bmatrix} \tag{14.15}$$

$\boldsymbol{Z}$每一列方差，以行向量表达：

$$\boldsymbol{\sigma_Z^2} = \begin{bmatrix} \underset{\text{PC1}, z_1}{4.228} & \underset{\text{PC2}, z_2}{0.242} & \underset{\text{PC3}, z_3}{0.078} & \underset{\text{PC4}, z_4}{0.023} \end{bmatrix} \tag{14.16}$$

图14.19所示为KDE估计得到的转换数据$\boldsymbol{Z}$的四个特征分布图。

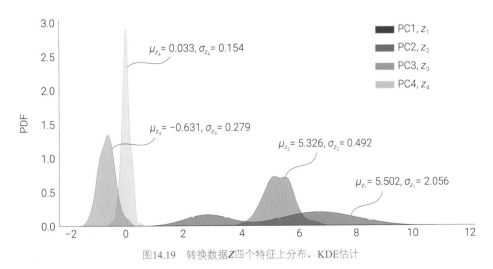

图14.19 转换数据$\boldsymbol{Z}$四个特征上分布，KDE估计

注意：**V**是通过对协方差矩阵特征值
分解得到的。

作为对比，图14.20所示为已经中心化的数据X_c朝**V**投影
的结果。对比图14.19和图14.20，我们可以发现方差没有变
化。唯一的区别是，图14.20中所有特征的均值均为0。

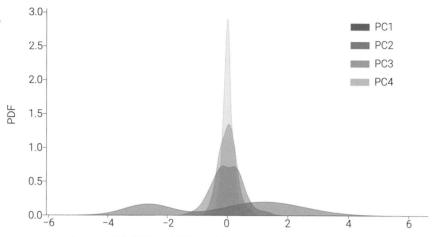

图14.20　转换数据**Z**四个特征上分布，KDE估计；数据已经中心化

图14.21所示为转换数据**Z**协方差矩阵和相关性系数矩阵热图。

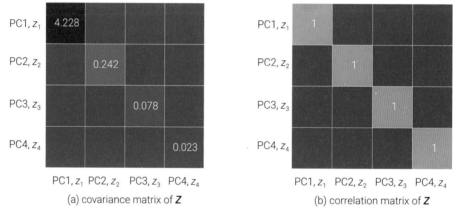

图14.21　转换数据**Z**协方差矩阵和相关性系数矩阵热图

图14.22所示为，不分类条件下，转换数据**Z**成对特征分析图；根据本节计算结果，可以知道转换
数据**Z**任意两列数据之间的线性相关性系数为0，也就是正交。图14.23所示为，分类条件下，转换数
据**Z**成对特征分析图。

Z的协方差矩阵$\mathbf{\Sigma}_z$和**X**的协方差矩阵$\mathbf{\Sigma}_X$之间关系如下：

$$\mathrm{var}(Z) = \mathbf{\Sigma}_z \tag{14.17}$$

有关协方差运算，请大家回
顾《统计至简》第14章。

图14.21所示为转换数据**Z**协方差矩阵和相关性系数矩阵热图。

图14.22所示为，不分类条件下，转换数据**Z**成对特征分析图；
根据本节计算结果，可以知道转换数据**Z**任意两列数据之间的线性相关性系数为0，也就是正交。
图14.23所示为，分类条件下，转换数据**Z**成对特征分析图。

本书第16章还会用椭圆代表散点的分布情况。

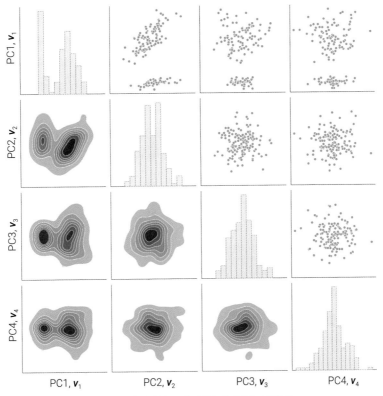

图14.22 转换数据$\boldsymbol{Z}$成对特征分析图，不分类

● Setosa　　● Versicolor　　● Virginica

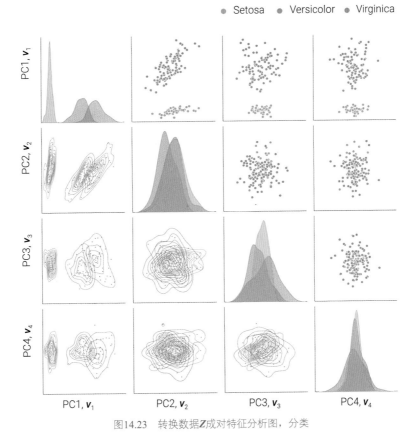

图14.23 转换数据$\boldsymbol{Z}$成对特征分析图，分类

14.6 还原

主成分 v_1 和 v_2 上的投影结果可以用来还原部分原始数据。残差数据矩阵 E_ε，即原始热图和还原热图色差，利用式(14.18)计算获得：

$$E_\varepsilon = X - \hat{X} \tag{14.18}$$

图14.24所示为 z_1 还原 X 部分数据。图14.25所示为 z_2 还原 X 部分数据。图14.26所示为 $[z_1, z_2]$ 还原 X 部分数据。

图14.24 z_1 还原 X 部分数据

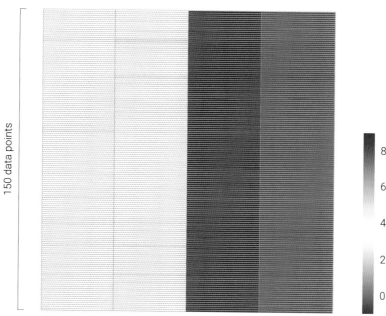

图14.25 z_2 还原 X 部分数据

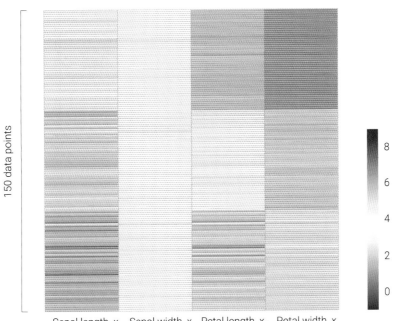

图14.26 $[z_1, z_2]$ 还原$\boldsymbol{X}$部分数据

比较原始数据和图14.26所示 $[z_1, z_2]$ 还原$\boldsymbol{X}$部分数据，可以得到误差热图，如图14.27所示。

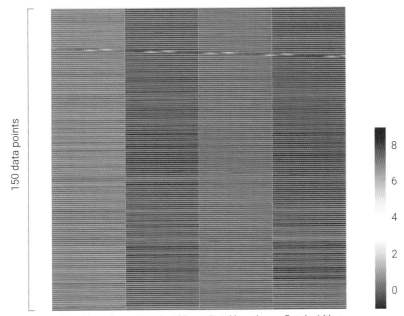

图14.27 误差$\boldsymbol{E}_\varepsilon$

读过《编程不难》的读者应该还记得图14.28和图14.29。这个例子中，我们对不同期限的利率数据进行了PCA，并找出了前3个主成分的得分。然后用这3个主成分还原原始数据。整个流程都是用Statsmodels库中函数完成的，强烈建议大家回顾这个例子，并结合本章内容加深对这个例子的理解。

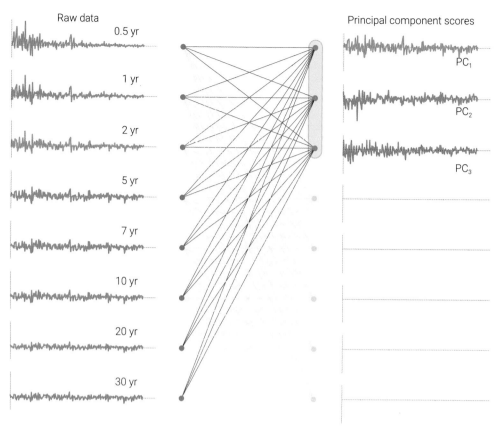

图14.28 从原始数据到主成分得分 (前3个主成分)

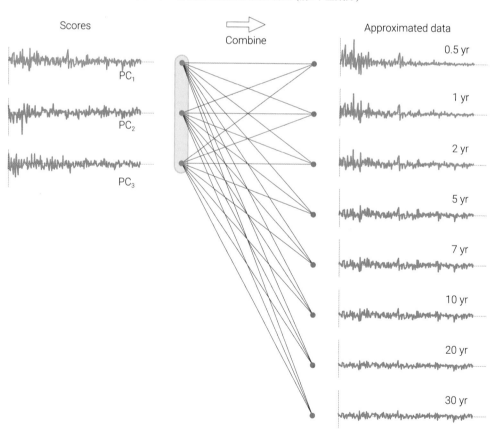

图14.29 从主成分得分 (前3个主成分) 到还原数据

14.7 双标图

双标图 (biplot) 是主成分分析中常用的可视化方案。它能够将高维数据投影到二维或三维空间中，并用散点图的形式展示出来，同时还能够显示原始数据和主成分的信息。

一般情况下，平面双标图的横坐标和纵坐标分别表示PCA的前两个主成分，每个点代表一个样本数据。

通过观察双标图，可以发现不同样本之间的相似性和差异性。如果两个点在双标图上非常接近，那么它们在原始数据中的特征值也可能非常接近，反之亦然。

同时，双标图还能够帮助我们找出数据中的异常值和离群点，这些点在双标图上往往会距离其他点较远。

除了用于可视化，双标图还能够用来评估PCA的效果。如果双标图中的数据点分布较为均匀且没有聚集在一起，那么说明PCA的效果较好，主成分能够较好地解释数据的方差；如果双标图中的数据点呈现出聚集或者明显的分块现象，那么说明PCA的效果可能不太理想，主成分并不能完全解释数据的方差。

如图14.30所示，双标图相当于原始数据特征向量向主成分构造的平面投影结果。

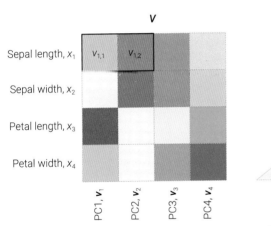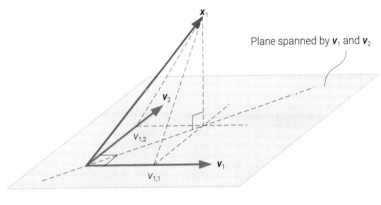

图14.30 双标图原理

比如，x_1向量向$v_1 v_2$平面投影，x_1在v_1方向投影得到的标量值为$v_{1,1}$，x_1在v_2方向投影得到的标量值为$v_{1,2}$。这两个值对应V矩阵第一行前两列数值。

图14.31所示为鸢尾花原始数据PCA分解后得到的双标图。该图横纵坐标分别是第一主成分v_1和第二主成分v_2。如图14.31所示，在双标图上，如果两个特征向量夹角越小，说明两个特征相似度越高，也就是相关性系数越高。

比如图14.31中，花瓣长度x_3、花瓣宽度x_4，在双标图上几乎重合，说明两者相关性极高，式(14.4)中给出的两者相关性高达0.963，这也印证了这一点。

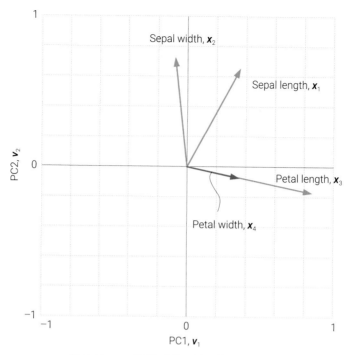

图14.31　$\boldsymbol{v}_1$-$\boldsymbol{v}_2$平面双标图，基于鸢尾花原始数据

图14.32所示为向量$\boldsymbol{x}_1$、$\boldsymbol{x}_2$、$\boldsymbol{x}_3$和$\boldsymbol{x}_4$向$\boldsymbol{v}_1$-$\boldsymbol{v}_2$平面投影结果和矩阵$\boldsymbol{V}$之间的数值关系。

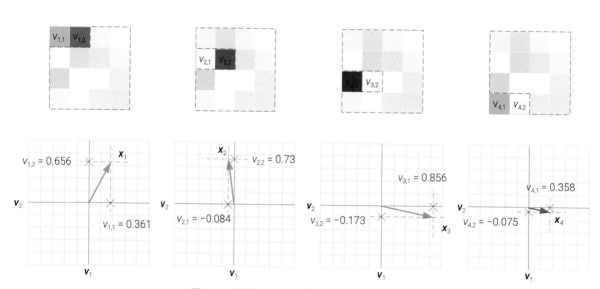

图14.32　向量$\boldsymbol{x}_1$、$\boldsymbol{x}_2$、$\boldsymbol{x}_3$和$\boldsymbol{x}_4$向$\boldsymbol{v}_1$-$\boldsymbol{v}_2$平面投影结果

图14.33所示为向量$\boldsymbol{x}_1$、$\boldsymbol{x}_2$、$\boldsymbol{x}_3$和$\boldsymbol{x}_4$向$\boldsymbol{v}_3$-$\boldsymbol{v}_4$平面投影的结果。

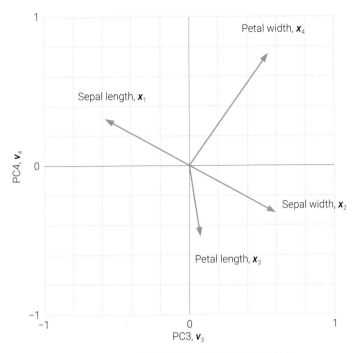

图14.33 v_3-v_4 平面双标图，基于鸢尾花原始数据

双标图还可以基于标准化后数据；图14.34所示为基于鸢尾花标准化数据后的双标图，投影值对应式 (14.10)。

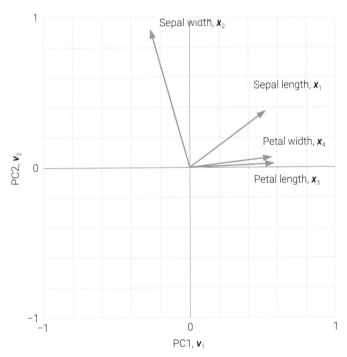

图14.34 平面双标图，基于鸢尾花标准化数据

此外，除了特征向量之外，双标图还会绘制数据点投影，如图14.35所示。图14.35采用 yellowbrick.features.PCA() 绘制。该函数绘制的双标图基于标准化鸢尾花数据。

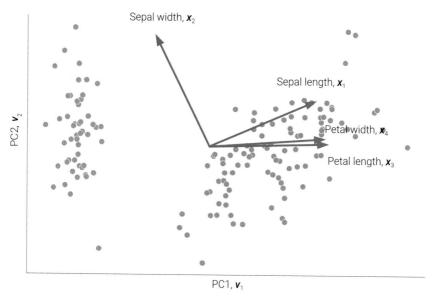

图14.35 平面双标图，标准化数据

　　双标图中，点与点之间的距离，反映它们对应的样本之间的差异大小，两点相距较远，对应样本差异大；两点相距较近，对应样本差异小，存在相似性。

　　图14.36给出的是由前三个主成分构造的空间，也就是将原始数据和它的四个特征向量投影到这个三维正交空间。该图也是采用**yellowbrick.features.PCA()** 绘制的。

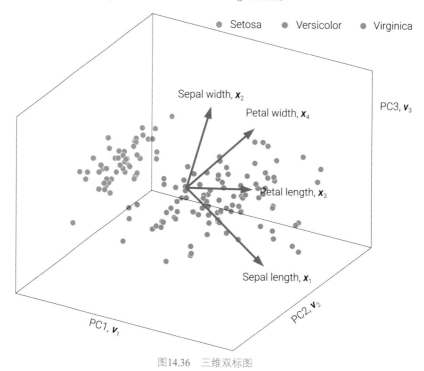

图14.36 三维双标图

14.8 陡坡图

《统计至简》第25章介绍过，第 j 个特征值 λ_j 对方差总和的贡献百分比为：

$$\frac{\lambda_j}{\sum_{i=1}^{D} \lambda_i} \times 100\% \tag{14.19}$$

式 (14.19) 分母是数据总方差。

> 协方差矩阵 Σ 的迹——方阵对角线元素之和——等于特征值之和，请大家回顾《统计至简》第13章。

式(14.9)这个比值可以用来衡量第 j 个主成分对数据的解释能力。如果已释方差较大，那么说明第 j 个主成分能够较好地解释数据的方差，即它包含了较多的信息。

如果已释方差较小，那么说明第 j 个主成分对数据的解释能力较弱，不足以对数据进行有效的降维和特征提取。

前 p 个特征值累积解释总方差的百分比为：

$$\frac{\sum_{j=1}^{p} \lambda_j}{\sum_{i=1}^{D} \lambda_i} \times 100\% \tag{14.20}$$

这个比值代表前 p 个主成分所能解释的已释方差之和占所有主成分已释方差之和的比例。累计已释方差和百分比能够用来评估PCA的降维效果，它衡量了前 p 个主成分能够解释数据方差的比例。

通常来说，我们希望通过选择适当的主成分数 p，使累计已释方差和百分比达到预设的阈值 (比如80%或90%)，以保留尽可能多的原始数据信息。

通过观察累计已释方差和百分比的变化趋势，我们可以得出选择适当主成分数的建议，以及对PCA的降维效果进行评估和比较。

图14.37给出图像可视化了式 (14.19) 和式 (14.20)。鸢尾花数据的PCA特征值如下：

$$\lambda_1 = 4.228, \quad \lambda_2 = 0.242, \quad \lambda_3 = 0.078, \quad \lambda_4 = 0.023 \tag{14.21}$$

PCA主成分顺序根据各个主成分维度方向方差贡献大小排序。第一主成分方向上的方差最大，也就是这个方向最有力地解释了数据的分布。

当第一主成分的方差贡献不足 (比如小于50%)，我们就要依次引入其他主成分。如图14.37所示，第一和第二主成分两者已释方差之和为72.5%。

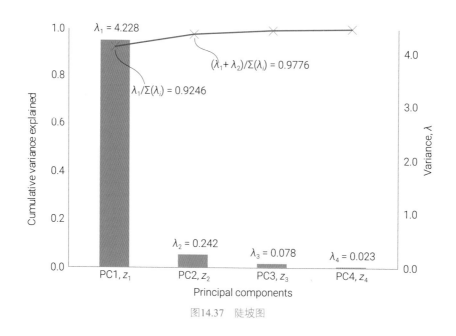

图14.37 陡坡图

Bk7_Ch14_01.ipynb中绘制了本章前文大部分图片。

读过《编程不难》的读者对图14.38中这个App都应该不陌生。这个App展示了主元数量对数据还原的影响，图中的数据为不同期限的利率数据。这个App中用来完成PCA的函数来自Statsmodels。

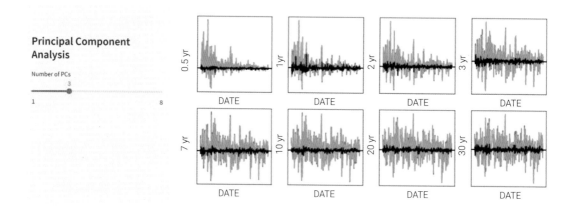

图14.38 展示主元数量对数据还原影响的App | ⊕ Streamlit_Bk7_Ch14_02.py

PCA是一种广泛使用的数据降维和特征提取技术，它可以将高维数据降至低维，同时保留数据的主要特征和结构。PCA通过寻找一组最能解释数据变异性的线性组合，即主成分，来实现数据降维和特征提取。主成分是原始特征的线性组合，它们的排序代表了它们的重要性。通常，我们只需要保留前几个主成分，因为它们可以解释大部分数据的变异性。

一般的PCA步骤包括：中心化 (标准化) 数据、计算协方差矩阵、计算特征值和特征向量、排序特征值和对应的特征向量、选择前p个主成分、计算投影矩阵并对数据进行降维。在计算特征值和特征向量时，我们通常使用特征值分解，当然也可以使用奇异值分解，这是下一章要介绍的内容。

PCA的投影可以帮助我们理解数据的结构和关系。投影到第一、二主成分方向上的投影数据通常成椭圆形状，其中椭圆的长轴方向表示最大的方差方向，短轴方向表示最小的方差方向。通过线性组合，我们可以将主成分重新组合成原始数据，并通过双标图和陡坡图来分析PCA的效果。双标图可以帮助我们了解主成分之间的相关性，陡坡图可以帮助我们了解主成分的贡献程度。

在PCA中，理解数据和分析结果的视角非常重要。这涉及如何选择主成分和如何解释它们，以及如何应用PCA的结果。选择主成分时，我们通常考虑主成分的贡献程度和解释能力，以及降维后的数据能否保留足够的信息。解释主成分时，我们需要考虑主成分的物理意义和应用背景。应用PCA的结果时，我们可以利用降维后的数据进行可视化、聚类、分类等分析。

总之，PCA是一种强大的数据降维和特征提取技术，它可以帮助我们更好地理解和分析数据。在应用PCA时，需要注意数据预处理、主成分选择和解释，以及降维后的数据应用等问题。本书第15章将介绍用截断奇异值分解完成PCA，而第16章将比较六种不同的PCA技术路线。

15 Truncated Singular Value Decomposition
截断奇异值分解
用截断型SVD完成主成分分析

给我一个立足之地，一个足够长的杠杆，我将撬动世界。

Give me a place to stand, and a lever long enough, and I will move the world.

—— 阿基米德 (Archimedes) ｜ 古希腊数学家、物理学家 ｜ 前287 —前212年

◄ `seaborn.heatmap()` 绘制数据热图
◄ `numpy.linalg.eig()` 特征值分解
◄ `numpy.linalg.svd()` 奇异值分解
◄ `sklearn.decomposition.TruncatedSVD()` 截断 SVD分解

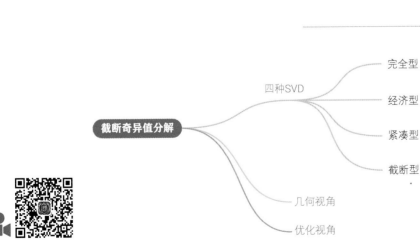

15.1 几何视角看奇异值分解

奇异值分解 (Singular Value Decomposition，SVD) 是机器学习重要的数学利器；因此，"鸢尾花书"从《编程不难》升始就从各个角度展示奇异值分解。

比如，《可视之美》介绍过4种不同形状矩阵 (2 × 2方阵、3 × 3方阵、3 × 2细高矩阵、2 × 3矮胖矩阵) SVD分解结果对应的几何变换。

下面，我们简单回顾图15.1所示3 × 2细高矩阵的完全型SVD分解的几何视角。

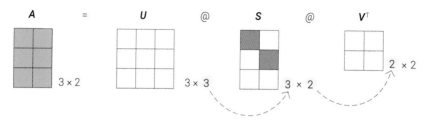

图15.1 细高型矩阵的完全型SVD分解

矩阵A的完全型SVD分解结果为。

$$A = USV^\mathrm{T} \tag{15.1}$$

其中，S为对角阵，其主对角线元素s_j $(j = 1, 2, \cdots, D)$ 为**奇异值** (singular value)。

U的列向量称作**左奇异向量** (left singular vector)。

V的列向量称作**右奇异向量** (right singular vector)。

SVD分解有四种主要形式，完全型是其中一种。

在完全型SVD分解中，U和V为正交矩阵，即$U @ U^\mathrm{T} = I$且$V @ V^\mathrm{T} = I$。

举个例子，对形状为3 × 2的矩阵A进行SVD分解：

$$A = \begin{bmatrix} 0 & 1 \\ 1 & 1 \\ 1 & 0 \end{bmatrix} = \underbrace{\begin{bmatrix} 1/\sqrt{6} & \sqrt{2}/2 & \sqrt{3}/3 \\ 2/\sqrt{6} & 0 & -\sqrt{3}/3 \\ 1/\sqrt{6} & -\sqrt{2}/2 & \sqrt{3}/3 \end{bmatrix}}_{U} @ \underbrace{\begin{bmatrix} \sqrt{3} & \\ & 1 \\ & \end{bmatrix}}_{S} @ \underbrace{\begin{bmatrix} \sqrt{2}/2 & \sqrt{2}/2 \\ -\sqrt{2}/2 & \sqrt{2}/2 \end{bmatrix}}_{V^\mathrm{T}} \tag{15.2}$$

从几何角度来看，图15.2中$Ax = y$完成的几何操作可以写成$USV^\mathrm{T}x = y$。

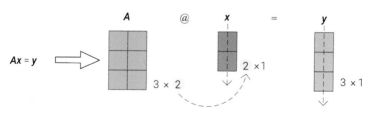

图15.2 列向量x在细高矩阵A映射下结果为列向量y

也就是说，矩阵A完成的几何变换可以拆解为三步——旋转 (V^T) → 缩放 (S) → 旋转 (U)。

如图15.3所示，V^T的旋转发生在$\mathbb{R}^2$，U的旋转则发生在$\mathbb{R}^3$。缩放 (S) 虽然将数据"升维"，但是结果还是在三维空间的一个 (过原点) 斜面上。

> 有关图15.3介绍的可视化方案，请大家参考《可视之美》；有关奇异值的数学原理请大家参考《矩阵力量》。

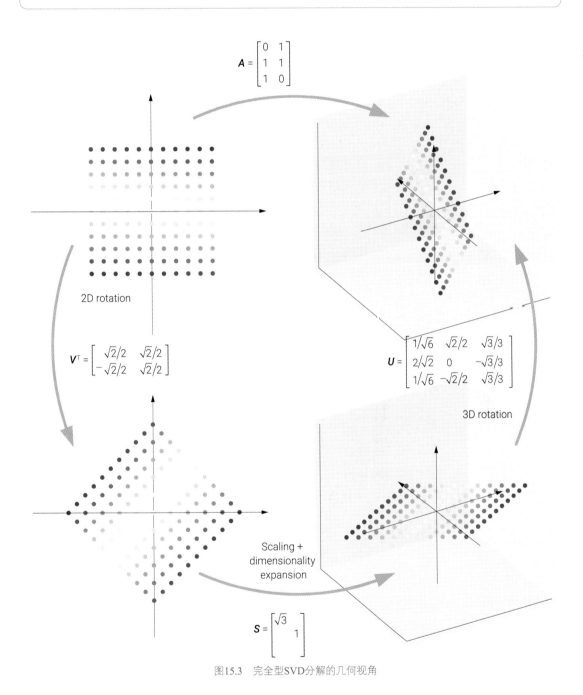

图15.3　完全型SVD分解的几何视角

15.2 四种SVD分解

《矩阵力量》第16章介绍了四种奇异值分解——**完全型** (full)、**经济型** (economy-size或thin)、**紧凑型** (compact)、**截断型** (truncated)。图15.4 ~ 图15.7展示了它们之间的关系。

图15.7中截断型SVD分解就是本章用于PCA的数学工具,并注意图中的约等号。请大家格外注意紧缩型SVD分解存在的前提。

sklearn.decomposition.TruncatedSVD() 这个函数就是用截断型SVD分解完成PCA。

请大家参考《矩阵力量》第16章,将推导过程写到对应图像上。

请大家顺便回顾《矩阵力量》第6章有关分块矩阵乘法相关内容。

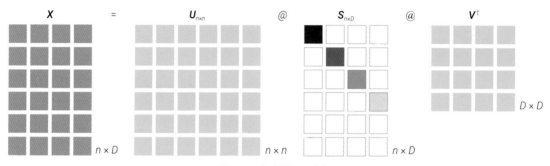

图15.4 完全型SVD分解

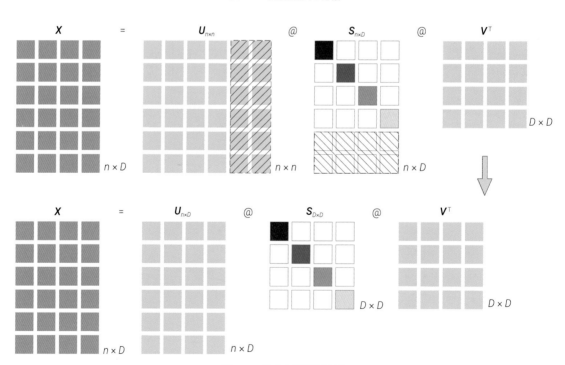

图15.5 从完全型到经济型

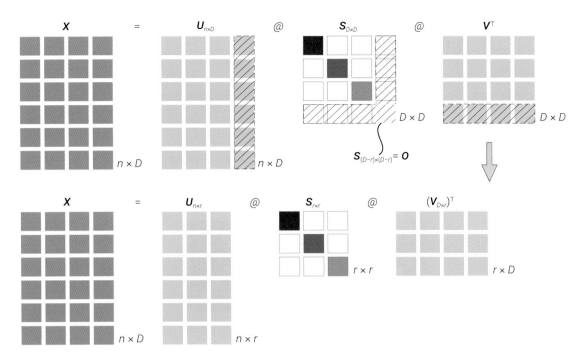

图15.6　从经济型到紧缩型

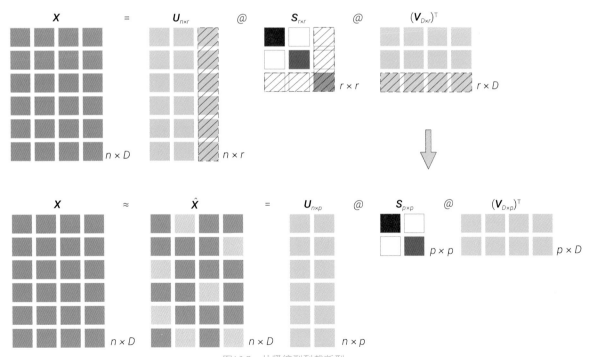

图15.7　从紧缩型到截断型

15.3 几何视角看截断型SVD

如图15.5下图所示，对于形状为$n \times D$原始数据矩阵X，其经济型SVD分解为：

$$X_{n \times D} = U_{n \times D} S_{D \times D} V_{D \times D}^{\mathrm{T}} \tag{15.3}$$

其中，U和X的形状相同，U的列向量为单位向量且两两正交；V还是$D \times D$方阵，V的列向量也是单位向量且两两正交。原始数据经济型SVD分解如图15.8所示。

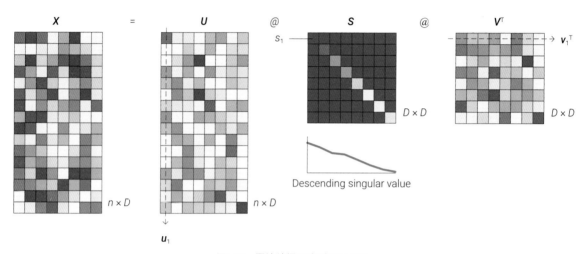

图15.8　原始数据经济型SVD分解

矩阵乘法第二视角

《矩阵力量》介绍过理解矩阵乘法的两个视角。根据矩阵乘法第二视角，原始数据矩阵X的经济型SVD分解可以展开写成D个矩阵相加，如式(15.4)和图15.9所示。

$$X_{n \times D} = \underbrace{\begin{bmatrix} u_1 & u_2 & \cdots & u_D \end{bmatrix}}_{U_{n \times D}} \underbrace{\begin{bmatrix} s_1 & & & \\ & s_2 & & \\ & & \ddots & \\ & & & s_D \end{bmatrix}}_{s_{D \times D}} \underbrace{\begin{bmatrix} v_1^{\mathrm{T}} \\ v_2^{\mathrm{T}} \\ \vdots \\ v_D^{\mathrm{T}} \end{bmatrix}}_{V_{D \times D}} = s_1 u_1 v_1^{\mathrm{T}} + s_2 u_2 v_2^{\mathrm{T}} + \cdots + s_D u_D v_D^{\mathrm{T}} = \sum_{j=1}^{D} s_j u_j v_j^{\mathrm{T}} \tag{15.4}$$

由于u_j和v_j都是单位向量，即L^2范数模都为1；它们之间只存在方向的分别，不存在大小的分别。因此，奇异值s_j的大小体现出主成分的重要性。

上一章在绘制陡坡图时采用的是特征值；当然，陡坡图也可以用奇异值来画，如图15.10所示。

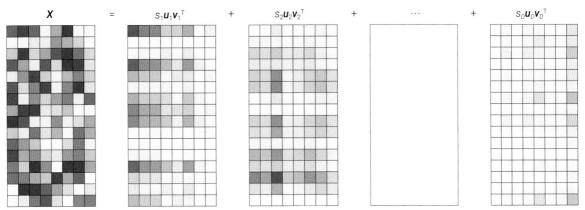

图15.9　原始数据相当于由D个形状相同矩阵求和的结果

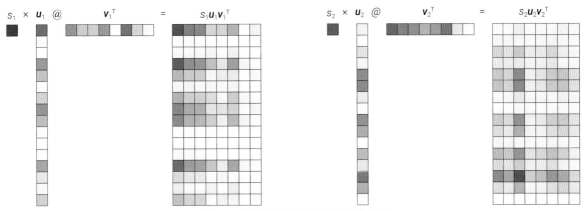

图15.10　前两个主成分还原部分原始数据

如果奇异值s_1、s_2、$\cdots$、s_D由小到大排列，v_1就是第一主成分载荷，u_1就是第一主成分因子得分。如图15.11所示，用前p个主成分还原原始数据：

$$X_{n\times D} \approx \hat{X}_{n\times D} = U_{n\times p}S_{p\times p}\left(V_{D\times p}\right)^{\mathrm{T}} = \sum_{j=1}^{p}s_j u_j v_j^{\mathrm{T}} \tag{15.5}$$

注意，假设前p个奇异值s_j均大于0，矩阵$\hat{X}_{n\times D}$的秩为p。也就是说，在s_j均大于0的前提下，上式中每叠加一层$s_j u_j v_j^{\mathrm{T}}$，$\hat{X}_{n\times D}$的秩就增大1。

举个例子，$\hat{X}_{n\times D} = s_1 u_1 v_1^{\mathrm{T}}$的秩为1；$\hat{X}_{n\times D} = s_1 u_1 v_1^{\mathrm{T}} + s_2 u_2 v_2^{\mathrm{T}}$的秩为2。

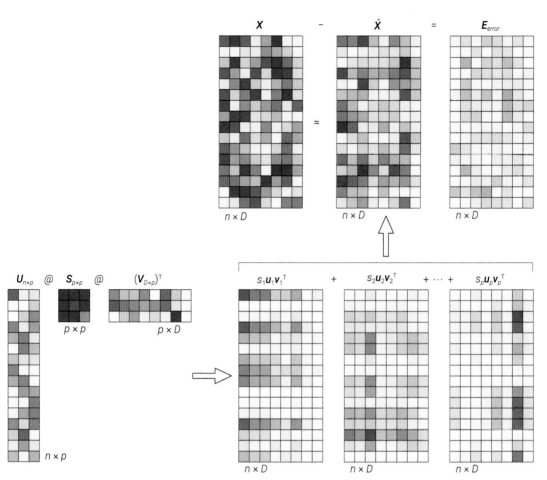

图15.11　用前 p 个主成分还原原始数据

投影视角

下面，我们再从投影视角理解截断型SVD分解。

将式 (15.3) 写成

$$\boldsymbol{X}_{n \times D} \boldsymbol{V}_{D \times D} = \boldsymbol{U}_{n \times D} \boldsymbol{S}_{D \times D} \tag{15.6}$$

上式相当于将 $\boldsymbol{X}$ 投影到 $\boldsymbol{V}$ 空间中，如图15.12所示。

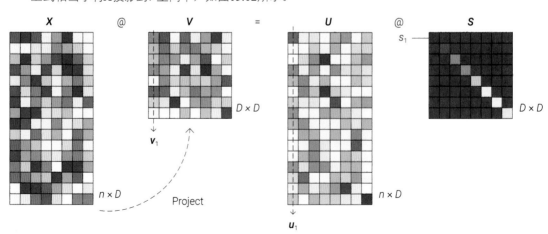

图15.12　原始数据向 $\boldsymbol{V}$ 投影

也用矩阵乘法第二视角，将式 (15.6) 写成

$$X_{n \times D} \underbrace{\begin{bmatrix} v_1 & v_2 & \cdots & v_D \end{bmatrix}}_{V_{D \times D}} = \underbrace{\begin{bmatrix} u_1 & u_2 & \cdots & u_D \end{bmatrix}}_{U_{n \times D}} \begin{bmatrix} s_1 & & & \\ & s_2 & & \\ & & \ddots & \\ & & & s_D \end{bmatrix} \tag{15.7}$$

进一步展开得到

$$\begin{bmatrix} Xv_1 & Xv_2 & \cdots & Xv_D \end{bmatrix} = \begin{bmatrix} s_1 u_1 & s_2 u_2 & \cdots & s_D u_D \end{bmatrix} \tag{15.8}$$

从几何角度看，X朝v_j投影结果为$s_j u_j$。

$$Xv_j = s_j u_j \tag{15.9}$$

图15.13所示为原始数据朝v_1投影结果为$s_1 u_1$。由于$\|u_j\| = 1$，所以$\|Xv_j\| = s_j$。

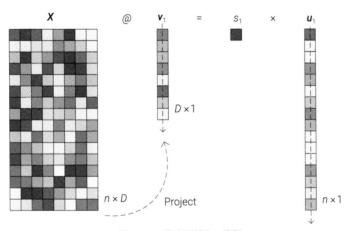

图15.13　原始数据向v_1投影

那么问题来了，如何找到v_1？这就需要构造优化问题。

15.4 优化视角看截断型SVD

有了上面的铺垫，我们便可以讨论奇异值分解中的优化问题。

最大L²范数

如图15.14所示，我们要在$\mathbb{R}^D$中找到一个单位向量v让投影结果$y = Xv$的L^2范数最大，即：

$$\begin{aligned} \underset{v}{\arg\max} & \|Xv\| \\ \text{且满足} & \|v\| = 1 \end{aligned} \tag{15.10}$$

而上式的最大值为奇异值s_1。

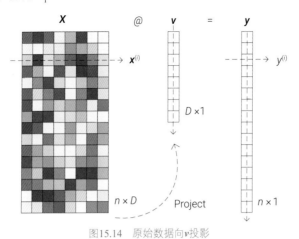

图15.14　原始数据向v投影

如图15.15所示，列向量y的元素$y^{(i)}$就是在v方向上$y^{(i)}$到原点的距离。

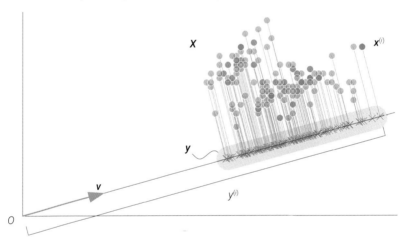

图15.15　几何角度来看原始数据向v投影

格拉姆矩阵最大特征值

将$\|Xv\|$平方后，式(15.10)等价于：

$$\underset{v}{\arg\max}\ \|Xv\|_2^2$$
$$\text{且满足}\ \|v\| = 1 \tag{15.11}$$

这便是最大化图15.15中投影结果平方和。

式(15.11) 相当于找到格拉姆矩阵$G = X^{\mathrm{T}}X$的最大特征值λ_1，即

$$\underset{v}{\arg\max}\ v^{\mathrm{T}}Gv$$
$$\text{且满足}\ \|v\| = 1 \tag{15.12}$$

显然，最大值特征值和最大奇异值之间的关系为 $\lambda_1 = s_1^2$。请大家回顾如何用拉格朗日乘子法求解上述优化问题。

瑞利商

《矩阵力量》第18章介绍过，式(15.12)等价于：

$$\arg\max_{x} \frac{x^{\mathrm{T}}Gx}{x^{\mathrm{T}}x} \tag{15.13}$$

其中，x 不为零向量。上式就是求解瑞利商的最大值。图15.16所示为理解瑞利商的两个视角，请大家自行回顾《可视之美》相关内容。

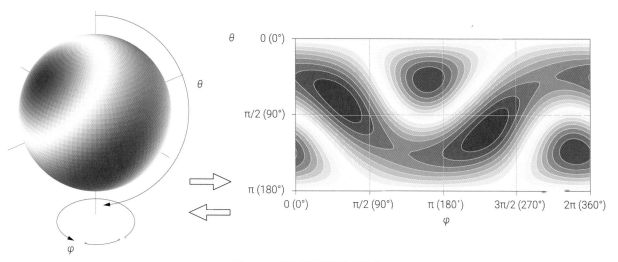

图15.16 两个理解瑞利商的视角

矩阵 F-范数

《矩阵力量》第18章专门介绍过矩阵的**弗罗贝尼乌斯范数** (Frobenius norm)，简称 F-范数：

$$\|A\|_F = \sqrt{\sum_{i=1}^{m}\sum_{j=1}^{n}|a_{i,j}|^2} \tag{15.14}$$

也就是说，矩阵 A 的 F-范数就是矩阵所有元素的平方和，再开方。

由于矩阵 A 的所有元素平方和就是 A 的格拉姆矩阵 ($A^{\mathrm{T}}A$) 的迹，即：

$$\|A\|_F = \sqrt{\sum_{i=1}^{m}\sum_{j=1}^{n}|a_{i,j}|^2} = \sqrt{\mathrm{tr}\left(A^{\mathrm{T}}A\right)} \tag{15.15}$$

而上述结果还可以写成：

$$\|\boldsymbol{A}\|_F = \sqrt{\sum_{i=1}^{\min(m,n)} \lambda_i} \tag{15.16}$$

其中，$\sqrt{\sum\limits_{i=1}^{\min(m,n)} \lambda_i}$ 为格拉姆矩阵 $\boldsymbol{A}^\mathrm{T}\boldsymbol{A}$ 的特征值之和。

由于，格拉姆矩阵 $\boldsymbol{A}^\mathrm{T}\boldsymbol{A}$ 的特征值和 $\boldsymbol{A}$ 的奇异值存在等式关系 $\lambda_i = s_i^2$，还可以写成：

$$\|\boldsymbol{A}\|_F = \sqrt{\sum_{i=1}^{n} \lambda_i} = \sqrt{\sum_{i=1}^{n} s_i^2} \tag{15.17}$$

如果矩阵 $\boldsymbol{A}$ 的奇异值分解为 $\boldsymbol{A} = \boldsymbol{USV}$，$\boldsymbol{A}$ 的 F-范数还可以写成：

$$\|\boldsymbol{A}\|_F = \|\boldsymbol{S}\|_F = \sqrt{\sum_{i=1}^{n} s_i^2} \tag{15.18}$$

有了矩阵 F-范数，我们便多了一个理解截断奇异值分解的视角。

对于数据矩阵 $\boldsymbol{X}$，$\hat{\boldsymbol{X}}$ 是其秩不超过 p 的最优近似，则：

$$\left\|\boldsymbol{X} - \hat{\boldsymbol{X}}\right\|_F = \sqrt{\sum_{i=p+1}^{D} s_i^2} = s_{p+1}^2 + s_{p+2}^2 + \cdots + s_D^2 \tag{15.19}$$

上式便代表降维数据相对原始数据的"信息损失"。

还是回到图15.15，我们可以发现式 (15.11) 是最大化投影结果的平方和；而上式则代表另外一个优化问题的解——最小化真实数据点和投影数据之间距离的平方和，如图15.17所示。

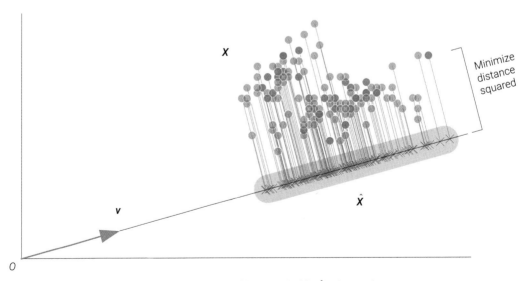

图15.17 最小化原始数据 $\boldsymbol{X}$ 和近似数据 $\hat{\boldsymbol{X}}$ 之间"距离"

数据是否中心化、标准化

如图15.18所示，当数据中心化后，其质心移动到了原点。对中心化数据进行SVD分解相当于对原始数据协方差矩阵的EVD分解。而当数据标准化后，对标准化数据进行SVD分解相当于对原始数据相关性系数矩阵的EVD分解。这是下一章要重点展开讨论的内容。

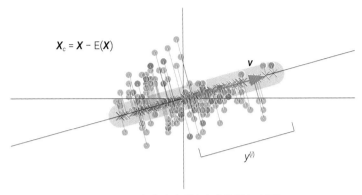

图15.18　几何角度来看中心化数据向v投影

15.5 分析鸢尾花照片

本节用截断奇异值分解分析鸢尾花照片。图15.19所示为作者拍的一张鸢尾花照片，经过黑白化处理后的每个像素都是 $[0, 1]$ 范围内的数字。所以整幅图片可以看成一个数据矩阵。

> 《可视之美》一册专门介绍过彩色和黑白图像之间转换。

图15.19　鸢尾花图片，经过黑白处理

图15.20所示为利用SVD分解得到的奇异值随主成分变化。图15.21所示为特征值随主成分变化。图15.22所示为累积解释方差百分比随主成分变化。我们可以发现前10个主成分已经解释超过90%的方差。

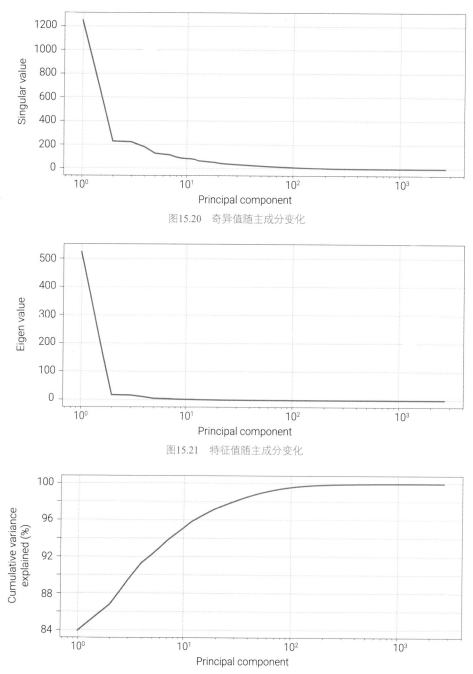

图15.20　奇异值随主成分变化

图15.21　特征值随主成分变化

图15.22　累积解释方差百分比随主成分变化

图15.23所示为利用第1主元还原的鸢尾花图片，左图为还原结果，右图为误差。左图中，鸢尾花还难觅踪影。图15.24所示为利用第1、2主元还原的鸢尾花照片。如图15.25所示，这幅图相当于由2个秩一矩阵 [**秩一矩阵** (rank-one matrix) 的矩阵秩为1] 叠加而成。图15.26所示为利用前4个主元还原的鸢尾花照片。这幅图相当于由4个秩一矩阵叠加而成，具体如图15.27所示。

图15.23 利用第1主元还原鸢尾花照片

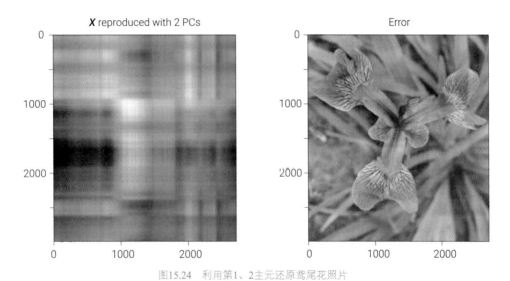

图15.24 利用第1、2主元还原鸢尾花照片

X reproduced
with 2 PCs　　=　　$s_1\boldsymbol{u}_1\boldsymbol{v}_1^\mathsf{T}$　　+　　$s_2\boldsymbol{u}_2\boldsymbol{v}_2^\mathsf{T}$

2 rank-one matrices

图15.25 前2个秩一矩阵叠加

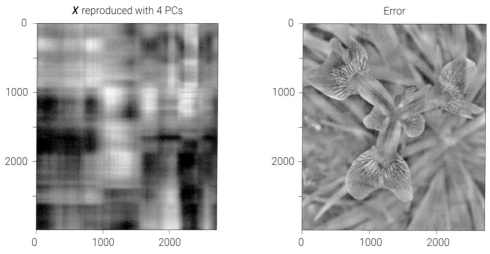

图15.26 利用第1、2、3、4主元还原鸢尾花照片

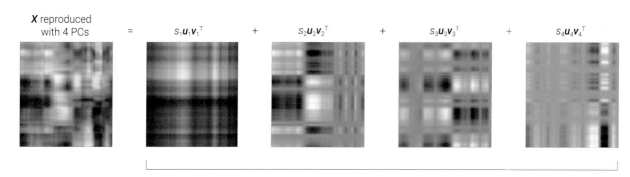

图15.27 前4个秩一矩阵叠加

在图15.24和图15.26的左图中我们仅仅能够看到"格子"。

图15.28的左图利用前16个主元还原照片，我们已经能够看到鸢尾花的样子。注意，这幅图的秩为16，也就是说它是由16个秩一矩阵叠加而成的。

图15.29所示为利用前64个主元还原的鸢尾花图片，图形已经很清晰。相比原图片，图15.29的数据发生大幅压缩，仅仅保留了大概2.5% (64/2714)。

这种利用PCA进行图像降维的方法用途很广泛。比如，在人脸识别中，**特征脸** (eigenface) 是一种基于PCA的特征提取方法，用于将人脸图像转换成低维特征向量进行分类或识别。特征脸是指由PCA分解出来的主成分图像，它们是一组基于训练数据集的线性组合，每个特征脸表示了一个数据集中的特定方向，可以看作是数据集的主要特征或重要性征。

特征脸的提取过程可以分为以下几步：① 对人脸图像进行预处理，如灰度化、尺度归一化、去除噪声等；②将预处理后的图像转换成向量形式；③将向量集合进行PCA降维，得到一组主成分向量，也就是特征脸；④将人脸图像向量投影到主成分向量上，得到每个人脸的特征向量。

特征脸在人脸识别中的作用是对人脸图像进行有效的特征提取和降维，使得原始图像数据被压缩到一个低维空间中，并且保留原始数据中的大部分信息。通过比较人脸图像的特征向量之间的相似度，可以进行人脸识别、验证等应用。

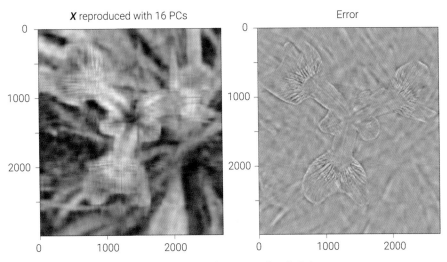

图15.28 利用前16个主元还原鸢尾花照片

图15.29 利用前64个主元还原鸢尾花照片

Bk7_Ch15_01.ipynb中绘制了本节图片，鸢尾花照片也在文件夹中。下面首先讲解代码15.1中关键语句。

ⓐ 用skimage.io.imread()先将照片读入，然后再用skimage.color.rgb2gray()将照片转化为灰度图片，数据保存在X中。矩阵X中元素的取值范围为 [0, 1]，代表灰度值。

利用X.shape大家可以知道矩阵X的形状为(2990, 2714)。

同时，利用np.linalg.matrix_rank(X)，我们可以知道数据矩阵的秩为2714。

ⓑ 用matplotlib.pyplot.imshow()可视化灰度照片，并指定颜色映射为灰度。

ⓒ 利用numpy.linalg.svd()对矩阵X进行SVD分解。

ⓓ 可视化奇异值变化。Bk7_Ch15_01.ipynb还给出代码展示特征值变化，请大家自行学习。

ⓔ 设置横轴为对数刻度以更清晰地显示奇异值的分布。

ⓕ 设定近似矩阵的秩为16，也就是用16层秩一矩阵叠加还原原始数据，计算过程对应ⓖ。

ⓗ 还是用matplotlib.pyplot.imshow()可视化近似矩阵。

ⓘ 可视化误差。

```python
from skimage import color
from skimage import io

# 读入照片，并将其转化为黑白
X = color.rgb2gray(io.imread('iris_photo.jpg'))

# 可视化照片
fig, axs = plt.subplots()

plt.imshow(X, cmap='gray')

# SVD分解
U, S, V = np.linalg.svd(X)

# 可视化奇异值
fig, ax = plt.subplots()

plt.plot(component_idx, S)
plt.grid()
ax.set_xscale('log')
plt.xlabel("Principal component")
plt.ylabel("Singular value")

rank = 16

# 近似数据
X_reconstruction = U[:, :rank] * S[:rank] @ V[:rank,:]

fig, axs = plt.subplots(1, 2)
axs[0].imshow(X_reconstruction, cmap='gray')
axs[0].set_title('X_reproduced with' +
                 str(rank) +
                 'PCs')

# 误差
axs[1].imshow(X - X_reconstruction, cmap='gray')
axs[1].set_title('Error')
```

代码15.2介绍如何使用sklearn.decomposition.TruncatedSVD() 完成截断奇异值分解。

ⓐ利用sklearn.decomposition.TruncatedSVD() 创建截断奇异值分解实例svd，并指定要保留的主成分数量为16 (n_components=16)。

ⓑ使用fit_transform方法对输入数据X进行降维，得到降维后的结果X_reduced。

ⓒ打印其形状。在这个例子中，降维后的数据矩阵的形状为(2990, 16)，即2990个样本，每个样本有16个特征。

ⓓ使用inverse_transform方法对降维后的数据进行反变换，得到近似原始数据X_approx。

ⓔ打印X_approx形状。在这个例子中，近似的原始数据矩阵的形状为(2990, 2714)，与原始数据的形状相同。

ⓕ用numpy.linalg.matrix_rank() 函数计算近似的原始数据矩阵X_approx的秩，打印结果为16。这表明近似的原始数据矩阵中确实只包含了截断SVD所保留的16个主成分。

```
from sklearn.decomposition import TruncatedSVD
svd = TruncatedSVD(n_components=16)

# 降维后的结果
X_reduced = svd.fit_transform(X)
print(X_reduced.shape)
# 结果为(2990, 16)

# 反变换，获取近似数据
X_approx = svd.inverse_transform(X_reduced)

print(X_approx.shape)
# 结果为(2990, 2714)

print(np.linalg.matrix_rank(X_approx))
# 结果为16
```

（a）（b）（c）（d）（e）（f）

　　我们还用Streamlit搭建了图15.30所示App，用来展示主元数量对图片还原的影响，请大家自行学习Streamlit_Bk7_Ch15_02.py。

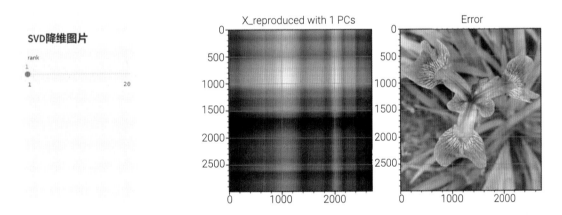

图15.30　展示主元还原图片的App，Streamlit搭建 | ⊕ Streamlit_Bk7_Ch15_02.py

　　本章介绍了如何用截断型SVD分解完成PCA。这一章也是回顾奇异值分解的好机会。此外，请大家注意EVD和SVD的联系。
　　下一章，我们将比较六种PCA技术路线。

Dive into Principal Component Analysis
主成分分析进阶
区分联系六条基本PCA技术路线

我发现了！

Eureka!

—— 阿基米德 (Archimedes) | 古希腊数学家、发明家、物理学家 | 前287 — 前212 年

◄ numpy.cov() 计算协方差矩阵
◄ numpy.linalg.eig() 特征值分解
◄ numpy.linalg.svd() 奇异值分解
◄ seaborn.heatmap() 绘制热图
◄ seaborn.kdeplot() 绘制KDE核概率密度估计曲线
◄ seaborn.pairplot() 绘制成对分析图
◄ sklearn.decomposition.PCA() 主成分分析函数

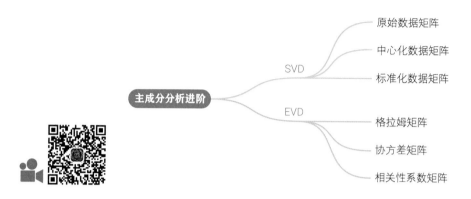

原始数据矩阵
中心化数据矩阵
标准化数据矩阵

SVD

主成分分析进阶

EVD

格拉姆矩阵
协方差矩阵
相关性系数矩阵

16.1 从"六条技术路线"说起

来自《矩阵力量》的表格

表16.1来自《矩阵力量》第25章，本章将讲解表16.1中六条主成分分析 (PCA) 技术路线的细节，并比较它们的差异。

表16.1　六条PCA技术路线，来自《矩阵力量》第25章

对象	方法	结果
原始数据矩阵 X	奇异值分解	$X = U_X S_X V_X^\mathsf{T}$
格拉姆矩阵 $G = X^\mathsf{T} X$ 本章中用"修正"的格拉姆矩阵 $G = \dfrac{X^\mathsf{T} X}{n-1}$	特征值分解	$G = V_X \Lambda_X V_X^\mathsf{T}$
中心化数据矩阵 $X_c = X - \mathrm{E}(X)$	奇异值分解	$X_c = U_c S_c V_c^\mathsf{T}$
协方差矩阵 $\Sigma = \dfrac{\left(X - \mathrm{E}(X)\right)^\mathsf{T} \left(X - \mathrm{E}(X)\right)}{n-1}$	特征值分解	$\Sigma = V_c \Lambda_c V_c^\mathsf{T}$
标准化数据矩阵 (z分数) $\begin{aligned} Z_X &= \left(X - \mathrm{E}(X)\right) D^{-1} \\ D &= \mathrm{diag}\left(\mathrm{diag}(\Sigma)\right)^{\frac{1}{2}} \end{aligned}$	奇异值分解	$Z_X = U_Z S_Z V_Z^\mathsf{T}$
相关性系数矩阵 $\begin{aligned} P &= D^{-1} \Sigma D^{-1} \\ D &= \mathrm{diag}\left(\mathrm{diag}(\Sigma)\right)^{\frac{1}{2}} \end{aligned}$	特征值分解	$P = V_Z \Lambda_Z V_Z^\mathsf{T}$

比较六个输入矩阵

表16.1中有六个输入矩阵，它们都衍生自原始数据矩阵X。如图16.1所示，原始数据矩阵X的形状为$n \times D$。

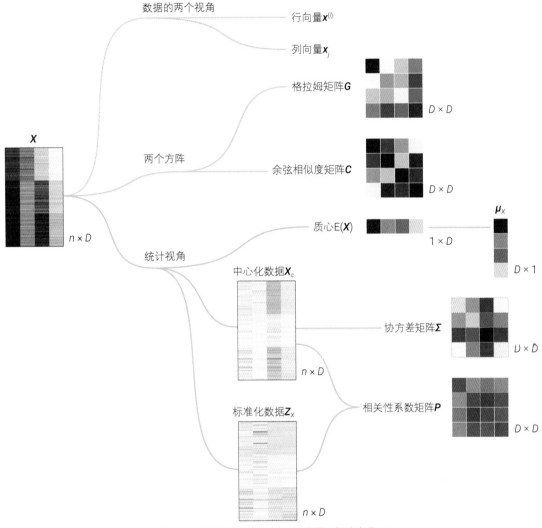

图16.1　X衍生得到的几个矩阵 (来源《矩阵力量》)

X的格拉姆矩阵G为：

$$G = X^{\mathrm{T}}X \tag{16.1}$$

格拉姆矩阵G形状为$D \times D$。G的主对角线元素是X的每一列向量L^2范数的平方。
中心化 (去均值) 矩阵X_c为：

$$X_c = X - \mathrm{E}(X) \tag{16.2}$$

即X的每一列分别减去各自的均值得到X_c。从几何角度看，X的质心位于$\mathrm{E}(X)$，X_c的质心则位于原点$\boldsymbol{0}$。

样本数据矩阵X的协方差矩阵$\boldsymbol{\Sigma}$为：

$$\boldsymbol{\Sigma} = \frac{X_c^{\mathrm{T}} X_c}{n-1} = \frac{\left(X - \mathrm{E}(X)\right)^{\mathrm{T}}\left(X - \mathrm{E}(X)\right)}{n-1} \tag{16.3}$$

容易发现，协方差相当于特殊的格拉姆矩阵。

请大家特别注意，为了方便和协方差比较，本章中G特别定义为：

$$G = \frac{X^{\mathrm{T}} X}{n-1} \tag{16.4}$$

标准化 (standardization或z-score normalization) 数据矩阵Z_X为：

$$Z_X = \left(X - \mathrm{E}(X)\right) D^{-1} \tag{16.5}$$

其中，D为对角方阵：

$$D = \mathrm{diag}\left(\mathrm{diag}(\boldsymbol{\Sigma})\right)^{\frac{1}{2}} = \begin{bmatrix} \sigma_1 & & & \\ & \sigma_2 & & \\ & & \ddots & \\ & & & \sigma_D \end{bmatrix} \tag{16.6}$$

式(16.5)中的每一列都是每个特征的Z分数。Z_X的质心也位于原点，不同的是Z_X每个特征的标准差都是1。

线性相关性系数矩阵P为：

$$P = D^{-1} \boldsymbol{\Sigma} D^{-1} \tag{16.7}$$

P实际上是Z_X的协方差，即：

$$P = \frac{Z_X^{\mathrm{T}} Z_X}{n-1} \tag{16.8}$$

比较SVD和EVD

PCA的核心数学工具为**奇异值分解** (Singular Value Decomposition，SVD) 和**特征值分解** (Eigen value Decomposition，EVD)。

《矩阵力量》强调过SVD和EVD在PCA中具有等价性，这也就是为什么表16.1看上去是六种技术路线，实际上可以归纳为三大类技术路线。下面简单说明。

对原始矩阵X进行经济型SVD分解：

$$X = U_X S_X V_X^{\mathrm{T}} \tag{16.9}$$

其中，S_X为对角方阵。

将式 (16.9) 代入式 (16.1)，得到：

$$G = V_X S_X^2 V_X^T \tag{16.10}$$

上式便是格拉姆 G 的特征值分解。

对中心化数据矩阵 X_c 进行经济型 SVD 分解：

$$X_c = U_c S_c V_c^T \tag{16.11}$$

而协方差矩阵 Σ 则可以写成：

$$\Sigma = V_c \frac{S_c^2}{n-1} V_c^T \tag{16.12}$$

相信大家在上式中能够看到协方差矩阵 Σ 的特征值分解。请大家注意式 (16.11) 中奇异值和式 (16.12) 中特征值关系：

$$\lambda_{c\_j} = \frac{s_{c\_j}^2}{n-1} \tag{16.13}$$

同样，对标准化数据矩阵 Z_X 进行经济型 SVD 分解：

$$Z_X = U_z S_z V_z^T \tag{16.14}$$

相关性系数矩阵 P 则可以写成：

$$P = V_z \frac{S_z^2}{n-1} V_z^T \tag{16.15}$$

上式相当于对 P 进行特征值分解。

本章下面将分别讲解特征值分解协方差矩阵、格拉姆矩阵、相关性系数矩阵，来完成 PCA 的过程。并利用如热图、饼图、直方图、陡坡图、双标图、椭圆等可视化工具分析三种路线。

本章以下三节将采用完全相似的结构，方便大家比较三大类 PCA 技术路线的异同。

16.2 协方差矩阵：中心化数据

本节讲解利用特征值分解协方差矩阵 Σ 完成 PCA。

特征值分解

图 16.2 所示为特征值分解协方差矩阵 Σ。Σ 的对角线元素为方差，其他元素为协方差。Σ 的迹代表方差之和：

$$\text{trace}(\Sigma) = \sigma_1^2 + \sigma_2^2 + \cdots + \sigma_D^2 = \sum_{j=1}^{D} \sigma_j^2 \tag{16.16}$$

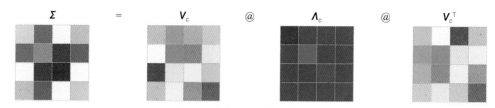

图16.2　特征值分解协方差矩阵$\boldsymbol{\Sigma}$

图16.2中$\boldsymbol{\Sigma}$为对称矩阵，因此对$\boldsymbol{\Sigma}$的特征值分解实际上是谱分解。

$\boldsymbol{\Lambda}_c$为对角矩阵，对角线元素为特征值，特征值从大到小排列。$\boldsymbol{X}_c$投影到规范正交基$\boldsymbol{V}_c$中得到$\boldsymbol{Y}_c$，即$\boldsymbol{Y}_c = \boldsymbol{X}_c\boldsymbol{V}_c$。$\boldsymbol{\Lambda}_c$主对角线上的特征值实际上是$\boldsymbol{Y}_c$的方差，也就是说$\boldsymbol{\Lambda}_c$是$\boldsymbol{Y}_c$的协方差矩阵。因此，在PCA中，特征值也叫主成分方差。

$\boldsymbol{Y}_c$的方差 (即$\boldsymbol{\Lambda}_c$中特征值) 之和为：

$$\operatorname{trace}\left(\boldsymbol{\Lambda}_c\right) = \lambda_1 + \lambda_2 + \cdots + \lambda_D = \sum_{j=1}^{D} \lambda_j \tag{16.17}$$

图16.3对比了协方差矩阵$\boldsymbol{\Sigma}$和$\boldsymbol{\Lambda}_c$。

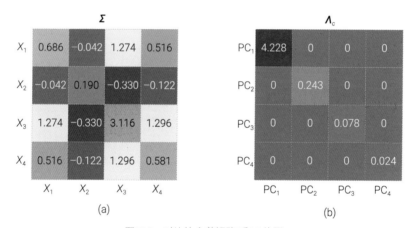

图16.3　对比协方差矩阵$\boldsymbol{\Sigma}$和$\boldsymbol{\Lambda}_c$热图

下面，我们进一步分析这两个矩阵。

分解前后

如图16.4所示，数据矩阵$\boldsymbol{X}$中第三列 (即X_3) 的方差最大，X_3对方差和trace($\boldsymbol{\Sigma}$) 贡献超过68%。

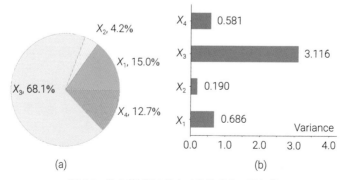

图16.4　协方差矩阵$\boldsymbol{\Sigma}$的主对角线成分，即方差

我们在《矩阵力量》第13章提过，特征值分解前后矩阵的迹不变，也就是说协方差矩阵$\boldsymbol{\Sigma}$的迹 trace($\boldsymbol{\Sigma}$) 等于的特征值方阵$\boldsymbol{\Lambda}_c$的迹trace($\boldsymbol{\Lambda}_c$)：

$$\text{trace}\left(\boldsymbol{\Sigma}\right) = \text{trace}\left(\boldsymbol{\Lambda}_c\right) \tag{16.18}$$

即：

$$\sum_{j=1}^{D}\sigma_j^2 = \sum_{j=1}^{D}\lambda_j \tag{16.19}$$

也就是说，PCA不改变数据各个特征方差总和。

而第j个特征值λ_j对trace($\boldsymbol{\Lambda}_c$)的贡献百分比为：

$$\frac{\lambda_j}{\sum_{i=1}^{D}\lambda_i}\times 100\% \tag{16.20}$$

如图16.5所示，第一主成分的贡献超过92%，解释了数据中大部分"方差"。数据分析中，如果原始数据特征很多，彼此之间又具有复杂的相关性，那么我们就可以考虑利用PCA对数据进行"降维"，减少特征的数量。而这个过程又保留了原始数据主要的信息。

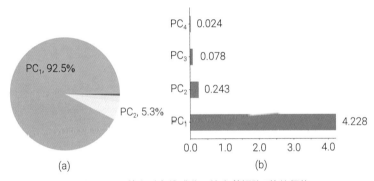

图16.5　$\boldsymbol{\Lambda}_c$的主对角线成分，协方差矩阵$\boldsymbol{\Sigma}$的特征值

陡坡图

上一章介绍过，我们经常用陡坡图可视化前p个主成分解释总方差的百分比，即累积贡献率：

$$\frac{\sum_{j=1}^{p}\lambda_j}{\sum_{i=1}^{D}\lambda_i}\times 100\% \tag{16.21}$$

图16.6所示为特征值分解协方差矩阵$\boldsymbol{\Sigma}$获得的陡坡图。观察陡坡图，可以帮助我们确定选取多少个主成分。

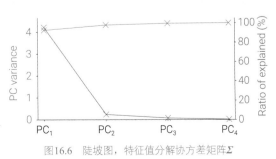

图16.6　陡坡图，特征值分解协方差矩阵$\boldsymbol{\Sigma}$

特征向量矩阵

图16.7所示为特征向量矩阵V_c热图。V_c的每一列便代表一个主成分的方向，即$V_c = [v_{c\_1}, v_{c\_2}, v_{c\_3}, v_{c\_4}]$从左到右分别是第一、二、三、四主成分。这些主成分方向两两正交。

在PCA中，V_c叫主成分系数，也称为**载荷** (loading)。注意，有一些参考文献中，载荷还要乘上特征值的平方根，即$v_j\sqrt{\lambda_j}$。

V_c也可以通过经济型SVD分解中心化矩阵X_c得到。

	V_c		
v_{c_1}	v_{c_2}	v_{c_3}	v_{c_4}
0.36	−0.66	−0.58	0.32
−0.085	−0.73	0.6	−0.32
0.86	0.17	0.076	−0.48
0.36	0.075	0.55	0.75
PC$_1$	PC$_2$	PC$_3$	PC$_4$

图16.7 特征向量矩阵V_c热图

投影

由于V_c为正交矩阵，满足$V_c^T V_c = V_c V_c^T = I$，因此$V_c$本身也是规范正交基。如图16.8所示，将中心化矩阵X_c投影到V_c这个规范正交基中得到数据矩阵Y_c，即$Y_c = X_c V_c$。通过图16.8中的Y_c每一列的色差，我们就可以看出来不同的次序主成分对数据总体方差的解释力度。

《矩阵力量》第18章介绍过SVD分解的优化视角。

利用L^2范数，V_c的第一列列向量实际上是如下优化问题的解：

$$v_{c\_1} = \arg\max_v \ \|X_c v\|$$
$$\text{且满足 } \|v\| = 1 \tag{16.22}$$

前文提过，Λ_x本身是Y_c的协方差矩阵。Λ_x为对角方阵，因此Y_c的任意两列之间线性相关系数为0。也就是说，V_c完成了X_c的正交化，注意不是原始数据矩阵X的正交化。

请大家思考Y_c的每一列的均值是多少？Y_c的质心位置是什么？为什么？

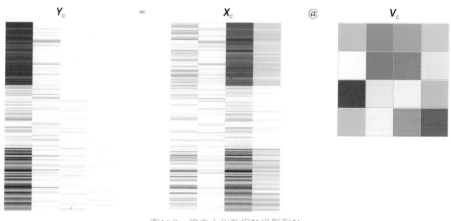

图16.8 将中心化数据X_c投影到V_c

双标图

如图16.9所示，双标图是可视化特征向量矩阵V_c的重要方法。

以图16.9中蓝色背景的双标图为例，中心化数据X_c投影到第一、二主成分平面内的结果如四个箭头所示。比如，X_1、X_2、X_3、X_4在PC1上贡献的分量分别为0.36、−0.085、0.86、0.36，这正是如图16.7

所示的 V_c 第一列 v_{c_1}。

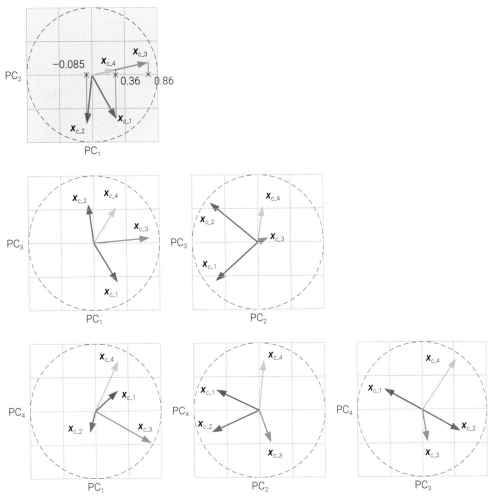

图16.9　V_c 双标图，特征值分解协方差矩阵 Σ

我们还可以把投影数据的散点图也画在双标图上，大家已经在上一章看过很多例子，本章不再重复。

数据还原、误差

将式 (16.11) 展开写成：

$$
X_c = \underbrace{\begin{bmatrix} u_{c\_1} & u_{c\_2} & \cdots & u_{c\_D} \end{bmatrix}}_{U_c} \underbrace{\begin{bmatrix} s_{c\_1} & & & \\ & s_{c\_2} & & \\ & & \ddots & \\ & & & s_{c\_D} \end{bmatrix}}_{s_c} \underbrace{\begin{bmatrix} v_{c\_1}{}^{\mathrm{T}} \\ v_{c\_2}{}^{\mathrm{T}} \\ \vdots \\ v_{c\_D}{}^{\mathrm{T}} \end{bmatrix}}_{V_c^{\mathrm{T}}} \tag{16.23}
$$

$$
= s_{c\_1} u_{c\_1} v_{c\_1}{}^{\mathrm{T}} + s_{c\_2} u_{c\_2} v_{c\_2}{}^{\mathrm{T}} + \cdots + s_{c\_D} u_{c\_D} v_{c\_D}{}^{\mathrm{T}} = \sum_{j=1}^{D} s_{c\_j} u_{c\_j} v_{c\_j}{}^{\mathrm{T}}
$$

如图16.10所示，用第一主成分逼近估计$\boldsymbol{X}_c$，即：

$$\hat{\boldsymbol{X}}_c = \underbrace{s_{c\_1}\boldsymbol{u}_{c\_1}\boldsymbol{v}_{c\_1}^{\mathrm{T}}}_{\text{First principal}}$$

(16.24)

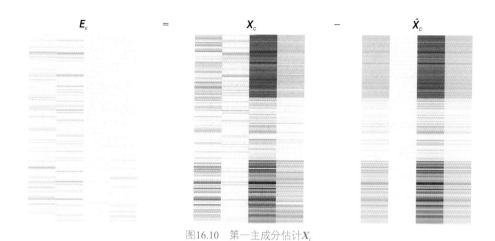

图16.10　第一主成分估计$\boldsymbol{X}_c$

图中可以看到，$\hat{\boldsymbol{X}}_c$和$\boldsymbol{X}_c$非常相似；虽然$\hat{\boldsymbol{X}}_c$是个150×4矩阵，但是$\hat{\boldsymbol{X}}_c$的秩还是1。请大家回顾如何用张量积计算$\hat{\boldsymbol{X}}_c$。图16.10中的$\boldsymbol{E}_\varepsilon$为误差，即$\boldsymbol{E}_\varepsilon = \boldsymbol{X}_c - \hat{\boldsymbol{X}}_c$。

要想还原原始数据$\boldsymbol{X}$，我们还需要考虑式 (16.2) 这个等式关系，即：

$$\boldsymbol{X} = \boldsymbol{X}_c + \mathrm{E}(\boldsymbol{X}) = \sum_{j=1}^{D} s_{c\_j}\boldsymbol{u}_{c\_j}\boldsymbol{v}_{c\_j}^{\mathrm{T}} + \mathrm{E}(\boldsymbol{X})$$

(16.25)

如果利用第一主成分估计原始数据矩阵$\boldsymbol{X}$的话，可以利用：

$$\boldsymbol{X} \approx s_{c\_1}\boldsymbol{u}_{c\_1}\boldsymbol{v}_{c\_1}^{\mathrm{T}} + \mathrm{E}(\boldsymbol{X})$$

(16.26)

上式中，$\mathrm{E}(\boldsymbol{X})$ 为行向量，且计算时用到了广播原则。

大家可能会问，图16.2中特征值分解仅仅获得了$\boldsymbol{V}_c$，没有$\boldsymbol{U}_c$。难道我们还需要再对$\boldsymbol{X}_c$做SVD分解？答案是不需要。

《矩阵力量》第10章介绍过"二次投影"，也就是说$\boldsymbol{X}_c$可以写成：

$$\boldsymbol{X}_c = \boldsymbol{X}_c\boldsymbol{I} = \boldsymbol{X}_c\boldsymbol{V}_c\boldsymbol{V}_c^{\mathrm{T}}$$

(16.27)

将$\boldsymbol{V}_c$展开，上式可以写成：

$$\boldsymbol{X}_c = \boldsymbol{X}_c\underbrace{\begin{bmatrix} \boldsymbol{v}_{c\_1} & \boldsymbol{v}_{c\_2} & \cdots & \boldsymbol{v}_{c\_D} \end{bmatrix}}_{\boldsymbol{V}_c}\underbrace{\begin{bmatrix} \boldsymbol{v}_{c\_1}^{\mathrm{T}} \\ \boldsymbol{v}_{c\_2}^{\mathrm{T}} \\ \vdots \\ \boldsymbol{v}_{c\_D}^{\mathrm{T}} \end{bmatrix}}_{\boldsymbol{V}_c^{\mathrm{T}}}$$

(16.28)

$$= \boldsymbol{X}_c\boldsymbol{v}_{c\_1}\boldsymbol{v}_{c\_1}^{\mathrm{T}} + \boldsymbol{X}_c\boldsymbol{v}_{c\_2}\boldsymbol{v}_{c\_2}^{\mathrm{T}} + \cdots + \boldsymbol{X}_c\boldsymbol{v}_{c\_D}\boldsymbol{v}_{c\_D}^{\mathrm{T}} = \boldsymbol{X}_c\sum_{j=1}^{D}\boldsymbol{v}_{c\_j}\boldsymbol{v}_{c\_j}^{\mathrm{T}}$$

所以，可以写成：

$$\hat{\boldsymbol{X}}_c = \boldsymbol{X}_c\boldsymbol{v}_{c\_1}\boldsymbol{v}_{c\_1}{}^{\mathrm{T}} = \boldsymbol{X}_c\boldsymbol{v}_{c\_1} \otimes \boldsymbol{v}_{c\_1} \tag{16.29}$$

则可以写成：

$$\boldsymbol{X} \approx \boldsymbol{X}_c\boldsymbol{v}_{c\_1} \otimes \boldsymbol{v}_{c\_1} + \mathrm{E}(\boldsymbol{X}) \tag{16.30}$$

如果用第一、二主成分还原$\boldsymbol{X}$，上式需要再加一项：

$$\boldsymbol{X} \approx \underbrace{\boldsymbol{X}_c\boldsymbol{v}_{c\_1} \otimes \boldsymbol{v}_{c\_1}}_{\text{First principal}} + \underbrace{\boldsymbol{X}_c\boldsymbol{v}_{c\_2} \otimes \boldsymbol{v}_{c\_2}}_{\text{Second principal}} + \underbrace{\mathrm{E}(\boldsymbol{X})}_{\text{Centroid}} \tag{16.31}$$

"鸢尾花书"在不同位置反复强调数据单位，也就是量纲。如果原始数据的每列数据的量纲不一致，如高度、质量、时间、温度、密度、百分比、股价、收益率、GDP等。利用特征值分解协方差矩阵完成PCA就会有麻烦，因为大家通过图16.9可以看到每一个主成分是若干特征的"线性融合"。哪怕每一列数据的量纲一致，比如鸢尾花前四列的单位都是厘米 (cm)，这种PCA技术路线还会受到不同特征方差大小影响。解决这些问题的方法是特征值分解线性相关系数矩阵，这是本章后文要讨论的话题。

椭圆：投影之前

如图16.11所示为协方差矩阵$\boldsymbol{\Sigma}$椭球 (马氏距离为1) 在六个平面上的投影。通过旋转椭圆的形状、位置、旋转角度，我们可以读出标准差、相关性系数等重要信息。

对椭圆、合并方差这些概念感到陌生的话，请回顾《统计至简》第13章。

图16.12比较了数据$\boldsymbol{X}$的分类和合并协方差矩阵对应的椭圆。

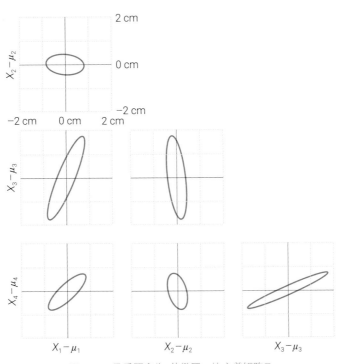

图16.11　马氏距离为1的椭圆，协方差矩阵$\boldsymbol{\Sigma}$

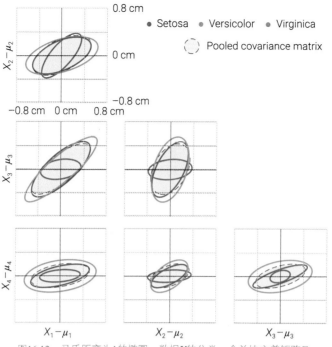

图16.12 马氏距离为1的椭圆，数据X的分类、合并协方差矩阵Σ

椭圆：投影之后

将中心化数据X_c投影到V_c得到的结果为Y_c：

$$Y_c = X_c V_c \tag{16.32}$$

Y_c的协方差矩阵就是X的协方差矩阵的特征值矩阵。图16.13所示为Y_c的协方差矩阵在六个平面上的投影，这些椭圆都是正椭圆。Y_c的协方差矩阵实际上就是Σ的特征值矩阵。

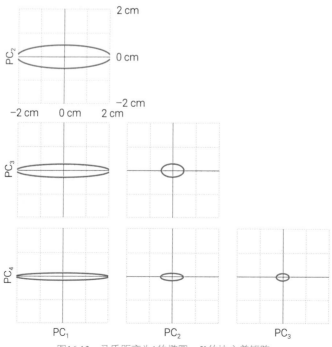

图16.13 马氏距离为1的椭圆，Y_c的协方差矩阵

图16.14比较了数据Y_c的分类和合并协方差矩阵对应的椭圆。

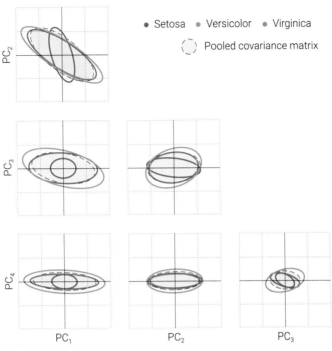

图16.14　马氏距离为1的椭圆，数据Y_c的分类、合并协方差矩阵Σ

16.3 格拉姆矩阵：原始数据

特征值分解

图16.15所示为特征值分解格拉姆矩阵G。

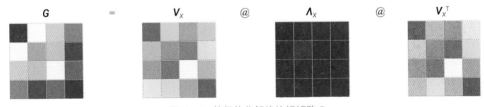

图16.15　特征值分解格拉姆矩阵G

⚠️

注意：前文提过为了便于和协方差矩阵比较，本章中用的格拉姆矩阵G实际上是$X^{\mathrm{T}}X/(n-1)$。

图16.15中的格拉姆矩阵G为对称矩阵，因此这个特征值分解同样是谱分解。

V_X为正交矩阵，满足$V_X^{\mathrm{T}}V_X = V_X V_X^{\mathrm{T}} = I$。$\Lambda_X$为对角矩阵，对角线元素为特征值，特征值从大到小排列。图16.16对比了格拉姆矩阵G和Λ_X。下面，我们进一步分析这两个矩阵。

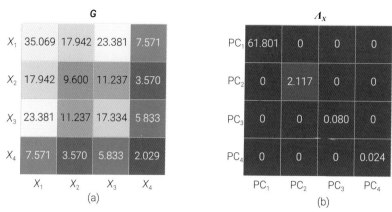

图16.16　对比G和Λ_X热图

分解前后

G和Λ_X的主对角线之和相同，即trace(G) = trace(Λ_X)。如图16.17所示，矩阵G的主对角成分为矩阵X的每一列向量的模除以$n-1$，代表某个特征相对于原点的分散情况，即"不去均值"的方差。

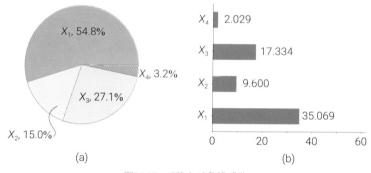

图16.17　G的主对角线成分

而trace(G) 相当于数据整体相对于原点的分散度量。如图16.17所示，矩阵X的第一列和第三列贡献最大。经过特征值分解之后，如图16.18所示，第一主成分解释了大部分数据分散情况，占比高达96.3%。

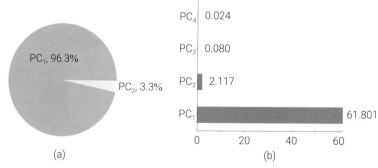

图16.18　Λ_X的主对角线成分，格拉姆矩阵G的特征值

陡坡图

图16.19所示为在特征值分解格拉姆矩阵G主成分分析的陡坡图。

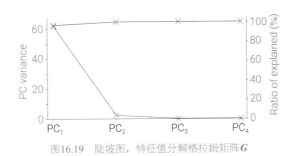

图16.19　陡坡图，特征值分解格拉姆矩阵G

特征向量矩阵

图16.20所示为特征向量矩阵V_X热图。显然，图16.20不同于图16.7。

V_X

v_{X_1}	v_{X_2}	v_{X_3}	v_{X_4}
0.75	0.28	0.5	0.32
0.38	0.55	−0.68	−0.32
0.51	−0.71	−0.06	−0.48
0.17	−0.34	−0.54	0.75
PC$_1$	PC$_2$	PC$_3$	PC$_4$

图16.20　特征向量矩阵V_X热图

投影

图16.21是将原始数据X投影到V_X，即$Y_X = XV_X$。Y_X的特点是其格拉姆矩阵为对角方阵，也就是说Y_X的列向量两两正交。

⚠ 注意：两两正交不代表线性无关。

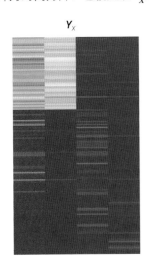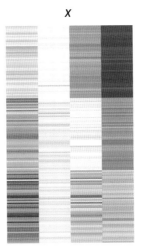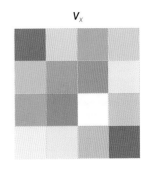

图16.21　将原始数据X投影到V_X

正交矩阵$\boldsymbol{V_X}$也是一个规范正交基，$\boldsymbol{V_X}$是因原始数据$\boldsymbol{X}$而生。前文提过，$\boldsymbol{V_c}$同样是一个规范正交基，但是$\boldsymbol{V_c}$是因中心化数据矩阵$\boldsymbol{X_c}$而生的。

我们当然可以将$\boldsymbol{X}$投影到$\boldsymbol{V_c}$这个规范正交基中，大家可以自行验证$\boldsymbol{XV_c}$的协方差和$\boldsymbol{X_cV_c}$相同，都是对角方阵。也就是说，$\boldsymbol{XV_c}$的列向量也是线性无关。但是，$\boldsymbol{XV_c}$的质心不再是原点。

双标图

图16.22所示为$\boldsymbol{V_X}$的双标图。请大家自行比较图16.9和图16.22。

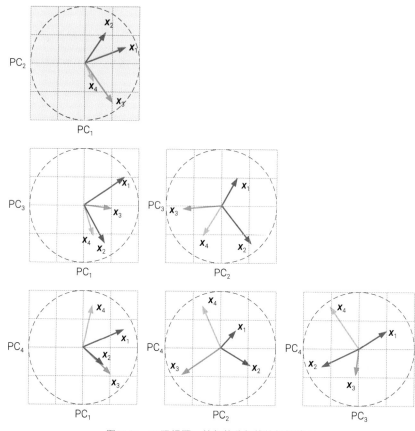

图16.22　$\boldsymbol{V_X}$双标图，特征值分解格拉姆矩阵$\boldsymbol{G}$

数据还原、误差

由于本节中PCA分析直接采用特征值分解格拉姆矩阵$\boldsymbol{G}$，根据式 (16.1)，利用第一主成分还原原始数据$\boldsymbol{X}$时我们不需要加入质心成分：

$$\boldsymbol{X} \approx \boldsymbol{X}\boldsymbol{v}_{X\_1} \otimes \boldsymbol{v}_{X\_1} \tag{16.33}$$

如果用第一、二主成分还原$\boldsymbol{X}$，上式也需要再加一项：

$$\boldsymbol{X} \approx \underbrace{\boldsymbol{X}\boldsymbol{v}_{X\_1} \otimes \boldsymbol{v}_{X\_1}}_{\text{First principal}} + \underbrace{\boldsymbol{X}\boldsymbol{v}_{X\_2} \otimes \boldsymbol{v}_{X\_2}}_{\text{Second principal}} \tag{16.34}$$

如图16.23所示。

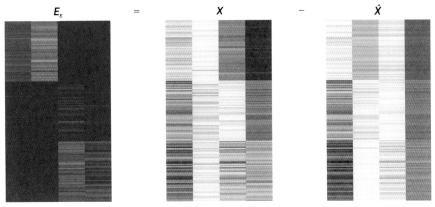

图16.23 第一主成分估计 X

椭圆：投影之前

图16.24所示为格拉姆矩阵 G 对应的旋转椭圆。G 相当于"不去均值"的协方差矩阵。观察图 16.24，我们发现椭圆的朝向都是一三象限，而且椭圆都细长。比较图16.11和图16.24，大家应该理解为什么需要去均值。

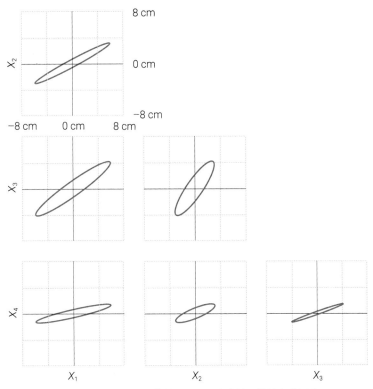

图16.24 马氏距离为1的椭圆，"不去均值"的协方差矩阵 Σ

椭圆：投影之后

经过 $Y_X = XV_X$ 投影之后，图16.25所示为 Y_X 协方差矩阵对应的椭圆。

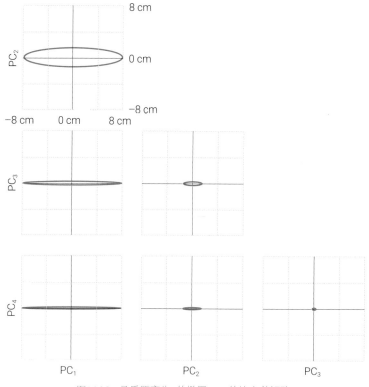

图16.25 马氏距离为1的椭圆，$\boldsymbol{Y}_x$的协方差矩阵

16.4 相关性系数矩阵：标准化数据

标准化数据$\boldsymbol{Z}_x$相当于是Z分数，因此消除了特征量纲影响。因此，特征值分解相关性系数矩阵不再受量纲影响。此外，标准化数据每一列特征数据均值均为0，方差均为1。这也消除了较大方差特征的影响。

特征值分解

图16.26所示为特征值分解相关性系数矩阵$\boldsymbol{P}$，$\boldsymbol{P}$的主对角线都是1，$\boldsymbol{P}$对角线之外的元素都是线性相关系数。图16.27对比了相关性系数矩阵$\boldsymbol{P}$和$\boldsymbol{\Lambda}_z$热图。同样地，$\boldsymbol{P}$和$\boldsymbol{\Lambda}_z$主对角线之和相同，即trace($\boldsymbol{P}$) = trace($\boldsymbol{\Lambda}_z$)。

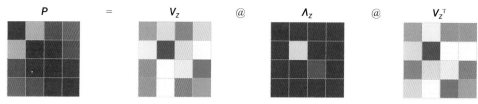

图16.26 特征值分解相关性系数矩阵$\boldsymbol{P}$

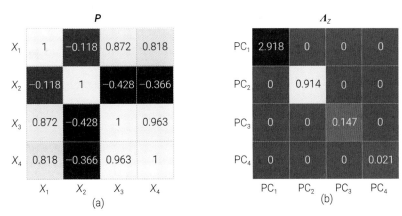

图16.27 对比相关性系数矩阵P和Λ_Z热图

分解前后

图16.4中，X_3对方差和trace(Σ) 贡献超过68%，而X_2的贡献却小于5%。而图16.28中每个特征经过标准化之后，贡献率完全相同。方差小特征也可能含有重要的信息，利用特征值分解相关性系数完成PCA，可以消除这种顾虑，如图16.29所示。

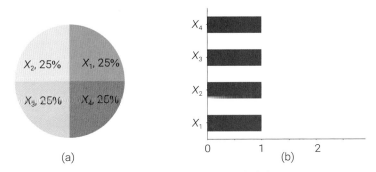

图16.28 相关性系数矩阵P主对角线成分

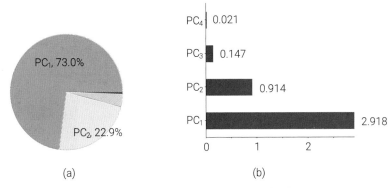

图16.29 Λ_Z的主对角线成分，相关性系数矩阵P特征值

陡坡图

图16.30所示为特征值分解相关性系数矩阵P主成分分析结果陡坡图。第一主成分贡献小于80%。

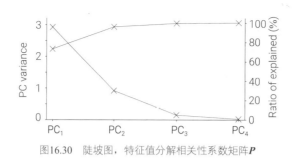

图16.30 陡坡图，特征值分解相关性系数矩阵 P

特征向量矩阵

图16.31所示为特征向量矩阵 V_Z 热图。这幅图和图16.7、图16.20均不同。

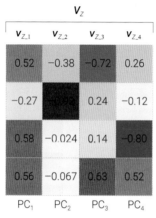

图16.31 特征向量矩阵 V_Z 热图

投影

如图16.32所示，标准化数据 Z 投影到 V_Z 得到数据矩阵 Y_Z。同样地，正交矩阵 V_Z 也是一个规范正交基，而 V_Z 是因中心化数据 Z_X 而生。

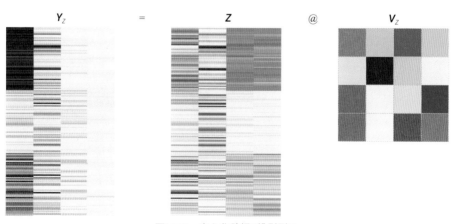

图16.32 中心化数据 Z 投影到 V_Z

请大家将原数据 X、中心化矩阵 X_c 也投影到 V_Z 中，并检验结果的协方差矩阵和质心。

双标图

图16.33所示为V_Z双标图，请大家比较本章三幅双标图。

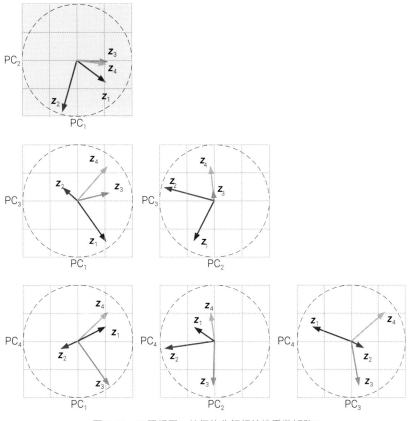

图16.33　V_Z双标图，特征值分解相关性系数矩阵P

数据还原、误差

图16.34所示为第一主成分估计Z_X：

$$Z_X \approx Z_X v_{X\_1} \otimes v_{X\_1} \tag{16.35}$$

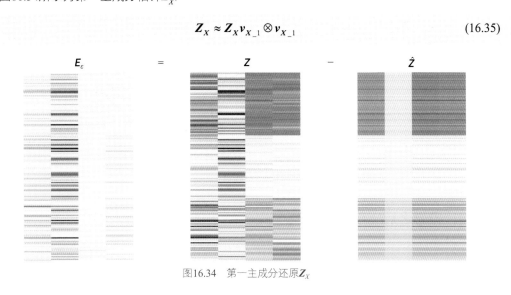

图16.34　第一主成分还原Z_X

Z_X可以写成：

$$Z_X = \left(X - \mathrm{E}(X)\right) D^{-1} = \sum_{j=1}^{D} Z_X v_{X\_j} \otimes v_{X\_j} \tag{16.36}$$

用V_Z还原X：

$$X = \left(\sum_{j=1}^{D} Z_X v_{X\_j} \otimes v_{X\_j}\right) D + \mathrm{E}(X) \tag{16.37}$$

用V_Z第一主成分估计X：

$$X \approx \underbrace{\left(Z_X v_{X\_1} \otimes v_{X\_1}\right)}_{\text{First principal}} D + \mathrm{E}(X) \tag{16.38}$$

其中，D起到缩放的作用，$\mathrm{E}(X)$ 是平移的作用。

椭圆：投影之前

图16.35所示为投影之前相关性系数矩阵P对应的椭圆。请比较前文协方差矩阵对应椭圆。

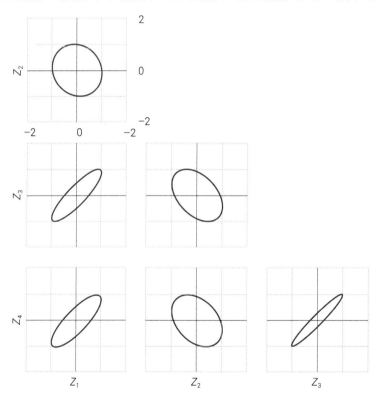

图16.35　马氏距离为1的椭圆，相关性系数矩阵P

椭圆：投影之后

图16.36所示为投影之后正椭圆的位置和形状。

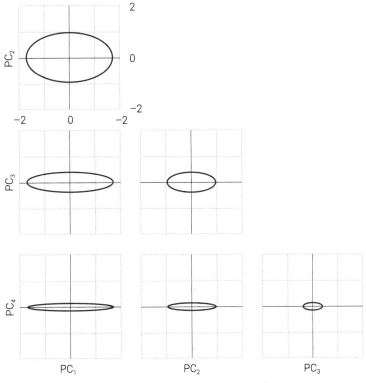

图16.36　马氏距离为1的椭圆，Y_Z的协方差矩阵

自定义函数

　　Bk7_Ch16_01.ipynb中绘制了本章大部分图片。这段代码文件自定义了很多函数，下面讲解代码16.1。这段代码为自定义函数，用来完成PCA。

⚠️ 注意：这个函数还可以进一步简化，这个任务留给大家完成。

　　ⓐ计算原始数据的格拉姆矩阵。为了在数值上和其他方法具有可比性，这个格拉姆矩阵每个元素除以$(n-1)$；其中，n为样本数。

　　ⓑ对数据去均值。

　　ⓒ计算原始数据的协方差矩阵。

　　ⓓ对数据标准化。

　　ⓔ计算原始数据的相关性系数矩阵。

　　请大家自行学习Bk7_Ch16_01.ipynb中剩余自定义函数。

代码16.1　自定义PCA函数 | ⊕ Bk7_Ch16_01.ipynb　　○○○

```
#%% self-defined PCA function

def PCA(X, method = 'demean'):

    n = len(X)
    # number of sample data
```

```python
if method == 'original':
    XX = X.dropna()
    GG = (XX.T @ XX)/(n - 1)
    # devided by (n-1) to make results comparable
    variance_V, V = np.linalg.eig(GG)

elif method == 'demean':
    XX = (X - X.mean()).dropna()
    GG = XX.T @ XX/(n - 1)
    variance_V, V = np.linalg.eig(GG)

elif method == 'normalize':
    XX = (X - X.mean())/X.std().dropna()
    GG = XX.T @ XX/(n - 1)
    variance_V, V = np.linalg.eig(GG)

else:
        print('Method does not exist. '
                'Choose from original, demean, and normalize' )

original_variance = np.diag(GG)

explained_variance_ratio = variance_V / np.sum(variance_V)
return [explained_variance_ratio ,
        variance_V, V,
        original_variance , GG, XX]
```

PCA是鸢尾花书的"常客"，我们用椭圆、数据、格拉姆矩阵、协方差矩阵、特征值分解、奇异值分解、线性组合、优化、随机变量的线性函数等视角探讨过PCA。换句话来说，机器学习常用的数学工具在PCA处达到了一种融合，大家也看到了数学板块实际上不是一个个孤立的个体，它们有其内在联系和网络。

下一章我们将主要介绍和PCA相关的回归算法。此外，本书后文还要介绍核主成分分析。

在用椭圆理解数据、解释PCA方面，以下论文给本章很多启发，欢迎大家阅读：

◄ https://arxiv.org/pdf/1302.4881.pdf

17 PCA and Regressions
主成分分析与回归
正交回归、主元回归、偏最小二乘回归

数学展现出秩序、对称和有限——这些都是美的极致形态。

The mathematical sciences particularly exhibit order, symmetry, and limitations; and these are the greatest forms of the beautiful.

—— 亚里士多德 (Aristotle) | 古希腊哲学家 | 前384 — 前322年

◄ numpy.linalg.eig() 特征值分解
◄ numpy.linalg.svd() 奇异值分解
◄ numpy.mean() 计算均值
◄ numpy.std() 计算均方差
◄ numpy.var() 计算方差
◄ pandas_datareader.get_data_yahoo() 下载股价数据
◄ scipy.odr 正交回归
◄ scipy.odr.Model() 构造正交回归模型
◄ scipy.odr.ODR() 设置正交回归数据、模型和初始值
◄ scipy.odr.RealData() 加载正交回归数据
◄ seaborn.heatmap() 绘制数据热图
◄ seaborn.jointplot() 绘制联合分布和边际分布
◄ seaborn.kdeplot() 绘制KDE核概率密度估计曲线
◄ seaborn.lineplot() 绘制线图
◄ seaborn.relplot() 绘制散点图和曲线图
◄ sklearn.decomposition.PCA() 主成分分析函数
◄ statsmodels.api.add_constant() 线性回归增加一列常数1
◄ statsmodels.api.OLS 最小二乘法线性回归

主成分分析与回归

正交回归

主元回归

偏最小二乘回归

17.1 正交回归

本章将介绍三种与主成分分析 (PCA) 有着千丝万缕联系的回归方法——正交回归、主元回归、偏最小二乘回归。让我们首先聊聊**正交回归** (orthogonal regression)。

正交回归，也叫作**正交距离回归** (Orthogonal Distance Regression，ODR)，又叫**全线性回归** (total linear regression)。正交回归通过PCA将自变量转换成互相正交的新变量，来消除自变量之间的多重共线性问题，从而提高回归分析的准确性和稳定性。

具体来说，正交回归通过以下步骤实现：

①对自变量进行PCA，得到主成分变量，使它们互相正交。

②对因变量和主成分变量进行回归分析，得到每个主成分变量的回归系数。

③根据主成分变量的回归系数和PCA的结果，计算出每个自变量的回归系数和截距项。

正交回归的优点之一是消除自变量之间的多重共线性，提高回归分析的准确性和稳定性。正交回归可以在保证预测准确性的前提下，降低自变量的维度，提高回归模型的可解释性。

正交回归的缺点是计算复杂度较高，需要进行PCA和回归分析等多个步骤。此外，由于正交回归是基于PCA的，因此它可能会失去一些原始自变量的信息，需要在可接受的误差范围内进行权衡。

举个例子，平面上，**最小二乘法** (OLS) 线性回归仅考虑纵坐标方向上误差，如图17.1 (a) 所示；而**正交回归** (TLS) 同时考虑横纵两个方向误差，如图17.1 (b) 所示。

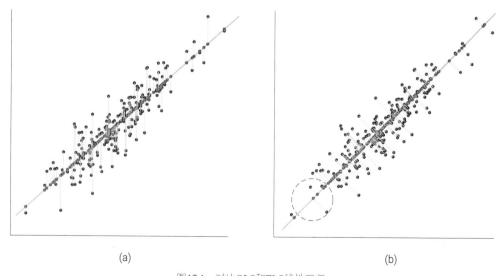

(a)

(b)

图17.1　对比OLS和TLS线性回归

从PCA角度看，正交回归特点是输入数据X和输出数据y都参与PCA。按照特征值从大到小顺序排列特征向量 $[v_1, v_2, \cdots, v_D, v_{D+1}]$，用其中前$D$个向量 $[v_1, v_2, \cdots, v_D]$ 构造一个全新超平面H。利用v_{D+1}垂直于超平面H便可以求解出回归系数。

下面用两特征$X = [x_1, x_2]$ 数据作例子，聊一下主成分回归的思想。如图17.2所示，x_1和x_2为输入数据，y为输出数据；通过PCA，x_1、x_2和y正交化之后得到v_1、v_2和v_3 (根据特征值从大到小排列)；v_1、v_2和v_3两两正交。第一主成分v_1和第二主成分v_2构造平面H。v_3垂直于平面H，通过这层关系求解出正交回归系数。

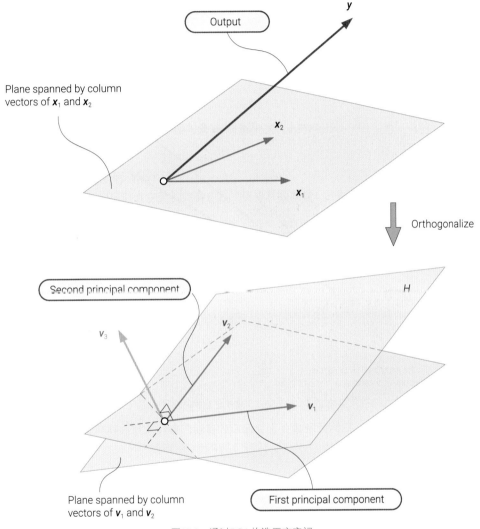

图17.2　通过PCA构造正交空间

前文介绍的线性回归采用的算法叫作**普通最小二乘法** (Ordinary Least Squares，OLS)；而正交回归采用的算法叫作**完全最小二乘法** (Total Least Squares，TLS)。

如图17.3所示，最小二乘回归，将y投影到x_1和x_2构造的平面上。而对于正交回归，将y投影到H，得到$\hat{y}$。而残差，$\varepsilon = y - \hat{y}$，平行于$v_3$。再次强调，平面$H$是由第一主成分$v_1$和第二主成分$v_2$构造的。

此外，建议读者完成本章学习之后，回过头来再比较图17.3和图17.4。这样，相信大家会更清楚OLS和TLS之间的区别。

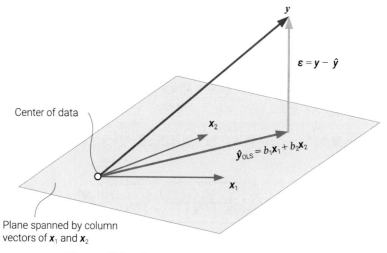

图17.3　最小二乘回归，将y投影到x_1和x_2构造的平面上

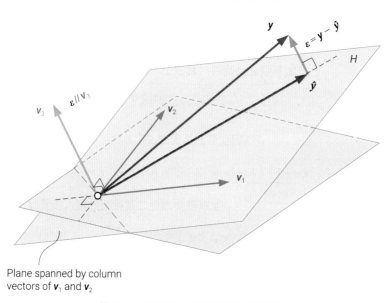

图17.4　正交回归，将输出数据y投影到H

　　下一节首先用一元正交回归给大家建立正交回归的直观印象，本章后续将逐步扩展到二元回归和多元回归。

17.2 一元正交回归

　　设定一元正交回归解析式如下：

$$y = b_0 + b_1 x \tag{17.1}$$

　　其中，b_0为截距项，b_1为斜率。

　　如图17.5所示，从x-y平面上任意一点 $(x^{(i)}, y^{(i)})$ 到正交回归直线的距离可以利用式(17.2)获得：

$$d_i = \frac{y^{(i)} - \left(b_0 + b_1 x^{(i)}\right)}{\sqrt{1 + b_1^2}} \tag{17.2}$$

当 $i = 1 \sim n$ 时，d_i 构成列向量为 $\boldsymbol{d}$：

$$\boldsymbol{d} = \frac{\boldsymbol{y} - \left(b_0 + b_1 \boldsymbol{x}\right)}{\sqrt{1 + b_1^2}} \tag{17.3}$$

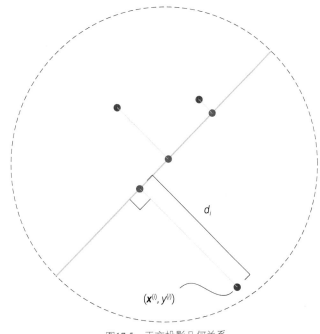

图17.5　正交投影几何关系

构造如下优化问题，b_0 和 b_1 为优化变量，优化目标为最小化欧氏距离平方和：

$$\arg\min_{b0,b1} f\left(b_0, b_1\right) = \|\boldsymbol{d}\|^2 = \boldsymbol{d}^{\mathrm{T}} \boldsymbol{d} \tag{17.4}$$

将式 (17.3) 代入 $f(b_0, b_1)$ 得到：

$$f\left(b_0, b_1\right) = \frac{\left(\boldsymbol{y} - \left(b_0 + b_1 \boldsymbol{x}\right)\right)^{\mathrm{T}} \left(\boldsymbol{y} - \left(b_0 + b_1 \boldsymbol{x}\right)\right)}{1 + b_1^2} \tag{17.5}$$

为了方便计算，也引入全1向量 $\boldsymbol{1}$，它和 $\boldsymbol{x}$ 形状一样为 n 行1列向量；将 $f(b_0, b_1)$ 展开整理为式 (17.6)：

$$f\left(b_0, b_1\right) = \frac{n b_0^2 + 2 b_0 b_1 \boldsymbol{x}^{\mathrm{T}} \boldsymbol{1} + b_1^2 \boldsymbol{x}^{\mathrm{T}} \boldsymbol{x} - 2 b_0 \boldsymbol{y}^{\mathrm{T}} \boldsymbol{1} - 2 b_1 \boldsymbol{x}^{\mathrm{T}} \boldsymbol{y} + \boldsymbol{y}^{\mathrm{T}} \boldsymbol{y}}{1 + b_1^2} \tag{17.6}$$

$f(b_0, b_1)$ 对 b_0 偏导为0，构造如下等式：

$$\frac{\partial f\left(b_0, b_1\right)}{\partial b_0} = \frac{2 n b_0 + 2 b_1 \boldsymbol{x}^{\mathrm{T}} \boldsymbol{1} - 2 \boldsymbol{y}^{\mathrm{T}} \boldsymbol{1}}{1 + b_1^2} = 0 \tag{17.7}$$

$f(b_0, b_1)$ 对 b_1 偏导为0，构造如下等式：

$$\frac{\partial f\left(b_0, b_1\right)}{\partial b_1} = \frac{2b_1 \boldsymbol{x}^{\mathrm{T}}\boldsymbol{x} + 2b_0 \boldsymbol{x}^{\mathrm{T}}\boldsymbol{1} - 2\boldsymbol{x}^{\mathrm{T}}\boldsymbol{y}}{1+b_1^2} - \frac{\left(nb_0^2 + 2b_0 b_1 \boldsymbol{x}^{\mathrm{T}}\boldsymbol{1} + b_1^2 \boldsymbol{x}^{\mathrm{T}}\boldsymbol{x} - 2b_0 \boldsymbol{y}^{\mathrm{T}}\boldsymbol{1} - 2b_1 \boldsymbol{x}^{\mathrm{T}}\boldsymbol{y} + \boldsymbol{y}^{\mathrm{T}}\boldsymbol{y}\right)2b_1}{\left(1+b_1^2\right)^2} = 0 \qquad (17.8)$$

观察式 (17.7)，容易用 b_1 表达 b_0：

$$b_0 = \frac{\boldsymbol{y}^{\mathrm{T}}\boldsymbol{1} - b_1 \boldsymbol{x}^{\mathrm{T}}\boldsymbol{1}}{n} = \mathrm{E}\left(\boldsymbol{y}\right) - b_1 \mathrm{E}\left(\boldsymbol{x}\right) \qquad (17.9)$$

其中，

$$\begin{cases} \mathrm{E}\left(\boldsymbol{x}\right) = \dfrac{\boldsymbol{x}^{\mathrm{T}}\boldsymbol{1}}{n} = \dfrac{\sum\limits_{i=1}^{n} x^{(i)}}{n} \\[4mm] \mathrm{E}\left(\boldsymbol{y}\right) = \dfrac{\boldsymbol{y}^{\mathrm{T}}\boldsymbol{1}}{n} = \dfrac{\sum\limits_{i=1}^{n} y^{(i)}}{n} \end{cases} \qquad (17.10)$$

将式 (17.9) 给出的 b_0 解析式代入式 (17.8) 获得仅含有 b_1 的一元二次方程：

$$b_1^2 + kb_1 - 1 = 0 \qquad (17.11)$$

其中，

$$\begin{aligned} k &= \frac{n\boldsymbol{x}^{\mathrm{T}}\boldsymbol{x} - \boldsymbol{x}^{\mathrm{T}}\boldsymbol{1}\boldsymbol{x}^{\mathrm{T}}\boldsymbol{1} - n\boldsymbol{y}^{\mathrm{T}}\boldsymbol{y} + \boldsymbol{y}^{\mathrm{T}}\boldsymbol{1}\boldsymbol{y}^{\mathrm{T}}\boldsymbol{1}}{n\boldsymbol{x}^{\mathrm{T}}\boldsymbol{y} - \boldsymbol{x}^{\mathrm{T}}\boldsymbol{1}\boldsymbol{y}^{\mathrm{T}}\boldsymbol{1}} \\[3mm] &= \frac{\left(\dfrac{\boldsymbol{x}^{\mathrm{T}}\boldsymbol{x}}{n} - \dfrac{\boldsymbol{x}^{\mathrm{T}}\boldsymbol{1}\boldsymbol{x}^{\mathrm{T}}\boldsymbol{1}}{n^2}\right) - \left(\dfrac{\boldsymbol{y}^{\mathrm{T}}\boldsymbol{y}}{n} - \dfrac{\boldsymbol{y}^{\mathrm{T}}\boldsymbol{1}\boldsymbol{y}^{\mathrm{T}}\boldsymbol{1}}{n^2}\right)}{\dfrac{\boldsymbol{x}^{\mathrm{T}}\boldsymbol{y}}{n} - \dfrac{\boldsymbol{x}^{\mathrm{T}}\boldsymbol{1}\boldsymbol{y}^{\mathrm{T}}\boldsymbol{1}}{n^2}} \\[3mm] &= \frac{\mathrm{var}\left(\boldsymbol{x}\right) - \mathrm{var}\left(\boldsymbol{y}\right)}{\mathrm{cov}\left(\boldsymbol{x}, \boldsymbol{y}\right)} = \frac{\sigma_x^2 - \sigma_y^2}{\rho_{xy}\sigma_x \sigma_y} \end{aligned} \qquad (17.12)$$

分子、分母相同系数消去；因此，式 (17.12) 不区分样本和总体计算方差、协方差时的权重。求解式 (17.11) 一元二次方程，得到 b_1 解如下：

$$b_1 = \frac{-k \pm \sqrt{k^2 + 4}}{2} \qquad (17.13)$$

将式 (17.12) 给出的 k，代入式 (17.13)，整理得到 b_1 解：

$$b_1 = \frac{\left(\sigma_y^2 - \sigma_x^2\right) \pm \sqrt{\left(\sigma_x^2 - \sigma_y^2\right)^2 + 4\left(\rho_{xy}\sigma_x \sigma_y\right)^2}}{2\rho_{xy}\sigma_x \sigma_y} \qquad (17.14)$$

发现 b_1 两个解即 PCA 主元方向。

构造 $[x, y]$ 数据矩阵，它的协方差矩阵 Σ 可以记作：

$$\Sigma = \begin{bmatrix} \sigma_x^2 & \rho_{xy}\sigma_x\sigma_y \\ \rho_{xy}\sigma_x\sigma_y & \sigma_y^2 \end{bmatrix} \tag{17.15}$$

对 Σ 进行特征值分解，得到两个特征向量：

$$v_1 = \begin{bmatrix} \dfrac{\left(\sigma_y^2 - \sigma_x^2\right) + \sqrt{\left(\sigma_x^2 - \sigma_y^2\right)^2 + 4\left(\rho_{xy}\sigma_x\sigma_y\right)^2}}{2\rho_{xy}\sigma_x\sigma_y} \\ 1 \end{bmatrix}$$

$$v_2 = \begin{bmatrix} \dfrac{\left(\sigma_y^2 - \sigma_x^2\right) - \sqrt{\left(\sigma_x^2 - \sigma_y^2\right)^2 + 4\left(\rho_{xy}\sigma_x\sigma_y\right)^2}}{2\rho_{xy}\sigma_x\sigma_y} \\ 1 \end{bmatrix} \tag{17.16}$$

Σ 两个特征值，从大到小排列：

$$\lambda_1 = \frac{\sigma_x^2 + \sigma_y^2}{2} + \sqrt{\left(\rho_{xy}\sigma_x\sigma_y\right)^2 + \left(\frac{\sigma_x^2 - \sigma_y^2}{2}\right)^2}$$

$$\lambda_2 = \frac{\sigma_x^2 + \sigma_y^2}{2} - \sqrt{\left(\rho_{xy}\sigma_x\sigma_y\right)^2 + \left(\frac{\sigma_x^2 - \sigma_y^2}{2}\right)^2} \tag{17.17}$$

特征值较大的特征向量为正交回归直线切线向量；特征值较小的特征向量对应直线法线向量，这样求得 b_1 斜率。有了上述思路，便可以用PCA分解来获得正交回归系数，这是下一节要讲解的内容。

Bk7_Ch17_01.ipynb中介绍了如何利用scipy.odr可以求解得到正交回归系数。构造线性函数linear_func(b, x)，利用scipy.odr.Model(linear_func) 创建线性模型；然后，采用scipy.odr.RealData() 加载数据，再用scipy.odr.ODR() 整合数据、模型和初始值，输出为odr。odr.run() 求解回归问题。最后，用print()打印结果，其结果如下。

```
Beta: [0.00157414 1.43773257]
Beta Std Error: [0.00112548 0.05617699]
Beta Covariance: [[ 1.21904872e-02 -2.43641786e-02]
 [-2.43641786e-02  3.03712371e+01]]
Residual Variance: 0.00010390932459480641
Inverse Condition #: 0.22899877744275976
Reason(s) for Halting:
Sum of squares convergence
```

一元正交回归的解析式为：

$$y = 1.4377x + 0.00157 \tag{17.18}$$

下一节将介绍如何采用PCA来求解一元正交回归系数，并比较正交回归和最小二乘法线性回归。

17.3 几何角度看正交回归

图17.6所示为正交回归和PCA分解之间的关系，发现主元回归直线通过数据中心 $(E(\boldsymbol{x}), E(\boldsymbol{y}))$，回归直线方向和主元方向 $\boldsymbol{v}_1$ 平行，垂直于次元 $\boldsymbol{v}_2$ 方向。即次元方向 $\boldsymbol{v}_2$ 和直线法向量 $\boldsymbol{n}$ 平行。

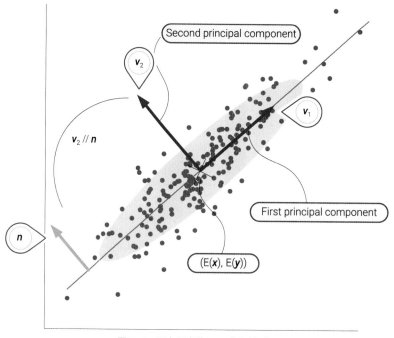

图17.6 正交回归和PCA分解关系

对于式 (17.1) 所示一元一次函数，构造二元 $F(x, y)$ 函数如下：

$$F(x, y) = b_0 + b_1 x - y \tag{17.19}$$

$F(x, y)$ 法向量，即平面上形如式 (17.1) 直线法向量 $\boldsymbol{n}$ 可以通过下式求解：

$$\boldsymbol{n} = \left(\frac{\partial F}{\partial x}, \frac{\partial F}{\partial y}\right)^{\mathrm{T}} = \begin{bmatrix} b_1 \\ -1 \end{bmatrix} \tag{17.20}$$

如前文所述，$\boldsymbol{n}$ 方向为PCA分解第二主元方向，即次元方向。

为了方便计算，假设数据已经经过中心化处理，即已经完成如下运算：

$$\boldsymbol{x} = \boldsymbol{x} - E(\boldsymbol{x}), \quad \boldsymbol{y} = \boldsymbol{y} - E(\boldsymbol{y}) \tag{17.21}$$

由于 $\boldsymbol{x}$ 和 $\boldsymbol{y}$ 已经是中心化向量，协方差矩阵可以通过式 (17.22) 运算得到：

$$\boldsymbol{\Sigma} = \begin{bmatrix} \boldsymbol{x} & \boldsymbol{y} \end{bmatrix}^{\mathrm{T}} \begin{bmatrix} \boldsymbol{x} & \boldsymbol{y} \end{bmatrix} = \begin{bmatrix} \boldsymbol{x}^{\mathrm{T}} \\ \boldsymbol{y}^{\mathrm{T}} \end{bmatrix} \begin{bmatrix} \boldsymbol{x} & \boldsymbol{y} \end{bmatrix} = \begin{bmatrix} \boldsymbol{x}^{\mathrm{T}}\boldsymbol{x} & \boldsymbol{x}^{\mathrm{T}}\boldsymbol{y} \\ \boldsymbol{y}^{\mathrm{T}}\boldsymbol{x} & \boldsymbol{y}^{\mathrm{T}}\boldsymbol{y} \end{bmatrix} \tag{17.22}$$

为了方便计算，本节计算协方差矩阵不考虑系数 $1/(n-1)$。

由于$\boldsymbol{n}$为$\boldsymbol{\Sigma}$次元方向：

$$\boldsymbol{\Sigma n} = \lambda_2 \boldsymbol{n} \quad \Rightarrow \quad \begin{bmatrix} \boldsymbol{x}^{\mathrm{T}}\boldsymbol{x} & \boldsymbol{x}^{\mathrm{T}}\boldsymbol{y} \\ \boldsymbol{y}^{\mathrm{T}}\boldsymbol{x} & \boldsymbol{y}^{\mathrm{T}}\boldsymbol{y} \end{bmatrix}\boldsymbol{n} = \lambda_2 \boldsymbol{n} \tag{17.23}$$

将式 (17.20) 代入式 (17.23)，整理得到如下两个等式：

$$\begin{bmatrix} \boldsymbol{x}^{\mathrm{T}}\boldsymbol{x} & \boldsymbol{x}^{\mathrm{T}}\boldsymbol{y} \\ \boldsymbol{y}^{\mathrm{T}}\boldsymbol{x} & \boldsymbol{y}^{\mathrm{T}}\boldsymbol{y} \end{bmatrix}\begin{bmatrix} b_1 \\ -1 \end{bmatrix} = \lambda_2 \begin{bmatrix} b_1 \\ -1 \end{bmatrix} \quad \Rightarrow \quad \begin{cases} \boldsymbol{x}^{\mathrm{T}}\boldsymbol{x}b_1 - \boldsymbol{x}^{\mathrm{T}}\boldsymbol{y} = \lambda_2 b_1 \\ \boldsymbol{y}^{\mathrm{T}}\boldsymbol{x}b_1 - \boldsymbol{y}^{\mathrm{T}}\boldsymbol{y} = -\lambda_2 \end{cases} \tag{17.24}$$

联立式 (17.24) 两个等式，用λ_2表示b_1：

$$b_{1\_\mathrm{TLS}} = \left(\boldsymbol{x}^{\mathrm{T}}\boldsymbol{x} - \lambda_2\right)^{-1} \boldsymbol{x}^{\mathrm{T}}\boldsymbol{y} \tag{17.25}$$

下式为本书前文获得的OLS一元线性回归中b_1解：

$$b_{1\_\mathrm{OLS}} = \left(\boldsymbol{x}^{\mathrm{T}}\boldsymbol{x}\right)^{-1} \boldsymbol{x}^{\mathrm{T}}\boldsymbol{y} \tag{17.26}$$

对比OLS和TLS；当式 (17.25) 中λ_2为0时，两种回归方法得到的斜率完全一致。$\lambda_2 = 0$ 时，$\boldsymbol{y}$和$\boldsymbol{x}$完全线性相关。

数据中心化前后，回归直线梯度向量不变；中心化之前的回归直线通过 $(\mathrm{E}(\boldsymbol{x}),\ \mathrm{E}(\boldsymbol{y}))$ 一点，即：

$$\mathrm{E}\left(\boldsymbol{y}\right) = b_0 + b_1 \mathrm{E}\left(\boldsymbol{x}\right) \tag{17.27}$$

获得回归式截距项b_0表达式：

$$b_0 = \mathrm{E}\left(\boldsymbol{y}\right) - b_1 \mathrm{E}\left(\boldsymbol{x}\right) \tag{17.28}$$

图17.7所示为一元正交回归数据之间的关系。发现自变量$\boldsymbol{x}$列向量和因变量$\boldsymbol{y}$列向量数据都参与PCA分解得到正交化向量$\boldsymbol{v}_1$和$\boldsymbol{v}_2$，然后用特征值中较大值对应特征向量$\boldsymbol{v}_1$作为一元正交回归直线切线向量。更为简单的计算方法是，用特征值较小值对应特征向量$\boldsymbol{v}_2$作为一元正交回归直线法向量。

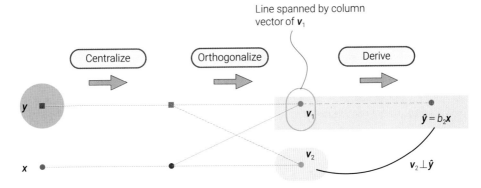

图17.7　一元正交回归（TLS）数据之间的关系

表17.1所示为最小二乘法（OLS）一元线性回归系数，对应的一元OLS解析式为：

$$y = 1.1225x + 0.0018 \tag{17.29}$$

表17.1 最小二乘法OLS一元线性回归结果

```
OLS Regression Results
==============================================================================
Dep. Variable:                  AAPL   R-squared:                       0.687
Model:                           OLS   Adj. R-squared:                  0.686
Method:                Least Squares   F-statistic:                     549.7
Date:               Thu, 07 Oct 2021   Prob (F-statistic):           4.55e-65
Time:                       07:08:46   Log-Likelihood:                 678.03
No. Observations:                252   AIC:                            -1352.
Df Residuals:                    250   BIC:                            -1345.
Df Model:                          1
Covariance Type:           nonrobust
==============================================================================
                 coef    std err          t      P>|t|      [0.025      0.975]
------------------------------------------------------------------------------
const          0.0018      0.001      1.759      0.080      -0.000       0.004
SP500          1.1225      0.048     23.446      0.000       1.028       1.217
==============================================================================
Omnibus:                      52.424   Durbin-Watson:                   1.864
Prob(Omnibus):                 0.000   Jarque-Bera (JB):              210.804
Skew:                          0.777   Prob(JB):                     1.68e-46
Kurtosis:                      7.203   Cond. No.                         46.1
==============================================================================
```

图17.8比较OLS和TLS结果。

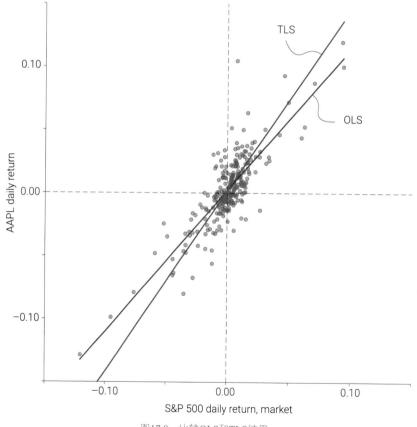

图17.8 比较OLS和TLS结果

384

Bk7_Ch17_01.ipynb中绘制了本节图像。

17.4 二元正交回归

这一节用PCA讨论二元正交回归。

首先也是对数据进行中心化处理：

$$x_1 = x_1 - \mathrm{E}(x_1), \quad x_2 = x_2 - \mathrm{E}(x_2), \quad y = y - \mathrm{E}(y) \tag{17.30}$$

根据PCA计算法则，首先求解协方差矩阵。由于x_1、x_2和y已经为中心化矩阵，因此协方差矩阵Σ通过下式计算获得。

$$
\begin{aligned}
\Sigma &= \begin{bmatrix} x_1 & x_2 & y \end{bmatrix}^{\mathrm{T}} \begin{bmatrix} x_1 & x_2 & y \end{bmatrix} \\
&= \begin{bmatrix} x_1^{\mathrm{T}} \\ x_2^{\mathrm{T}} \\ y^{\mathrm{T}} \end{bmatrix} \begin{bmatrix} x_1 & x_2 & y \end{bmatrix} = \begin{bmatrix} x_1^{\mathrm{T}} x_1 & x_1^{\mathrm{T}} x_2 & x_1^{\mathrm{T}} y \\ x_2^{\mathrm{T}} x_1 & x_2^{\mathrm{T}} x_2 & x_2^{\mathrm{T}} y \\ y^{\mathrm{T}} x_1 & y^{\mathrm{T}} x_2 & y^{\mathrm{T}} y \end{bmatrix}
\end{aligned} \tag{17.31}
$$

为了方便计算，本节也在计算中不考虑系数 $1/(n-1)$。

正交回归解析式表达：

$$y = b_0 + b_1 x_1 + b_2 x_2 \tag{17.32}$$

构造二元$F(x_1, x_2, y)$函数如下：

$$F(x_1, x_2, y) = b_0 + b_1 x_1 + b_2 x_2 - y \tag{17.33}$$

$F(x_1, x_2, y)$法向量即平面$f(x_1, x_2)$法向量n通过下式求解：

$$n = \left(\frac{\partial F}{\partial x_1}, \frac{\partial F}{\partial x_2}, \frac{\partial F}{\partial y} \right)^{\mathrm{T}} = \begin{bmatrix} b_1 & b_2 & -1 \end{bmatrix}^{\mathrm{T}} \tag{17.34}$$

n平行于Σ矩阵PCA分解特征值最小特征向量，即：

$$\Sigma v_3 = \lambda_3 v_3 \quad \Rightarrow \quad \begin{bmatrix} x_1^{\mathrm{T}} x_1 & x_1^{\mathrm{T}} x_2 & x_1^{\mathrm{T}} y \\ x_2^{\mathrm{T}} x_1 & x_2^{\mathrm{T}} x_2 & x_2^{\mathrm{T}} y \\ y^{\mathrm{T}} x_1 & y^{\mathrm{T}} x_2 & y^{\mathrm{T}} y \end{bmatrix} n = \lambda_3 n \tag{17.35}$$

整理得到：

$$\begin{bmatrix} x_1^{\mathrm{T}} x_1 & x_1^{\mathrm{T}} x_2 & x_1^{\mathrm{T}} y \\ x_2^{\mathrm{T}} x_1 & x_2^{\mathrm{T}} x_2 & x_2^{\mathrm{T}} y \\ y^{\mathrm{T}} x_1 & y^{\mathrm{T}} x_2 & y^{\mathrm{T}} y \end{bmatrix} \begin{bmatrix} b_1 \\ b_2 \\ -1 \end{bmatrix} = \lambda_3 \begin{bmatrix} b_1 \\ b_2 \\ -1 \end{bmatrix} \quad \Rightarrow \quad \begin{cases} (x_1^{\mathrm{T}} x_1 - \lambda_3) b_1 + x_1^{\mathrm{T}} x_2 b_2 = x_1^{\mathrm{T}} y \\ x_2^{\mathrm{T}} x_1 b_1 + (x_2^{\mathrm{T}} x_2 - \lambda_3) b_2 = x_2^{\mathrm{T}} y \end{cases} \tag{17.36}$$

n平行于$\boldsymbol{\Sigma}$矩阵PCA分解特征值最小特征向量$\boldsymbol{v}_3$，构造如下等式并求解b_1和b_2：

$$\begin{bmatrix} b_1 \\ b_2 \\ -1 \end{bmatrix} = k\boldsymbol{v}_3 \quad \Rightarrow \quad \begin{bmatrix} b_1 \\ b_2 \\ -1 \end{bmatrix} = k\begin{bmatrix} v_{1,3} \\ v_{2,3} \\ v_{3,3} \end{bmatrix} \tag{17.37}$$

根据式 (17.37) 最后一行，可以求得k：

$$k = \frac{-1}{v_{3,3}} \tag{17.38}$$

b_1和b_2构成的列向量为：

$$\begin{bmatrix} b_1 \\ b_2 \end{bmatrix} = \frac{-1}{v_{3,3}}\begin{bmatrix} v_{1,3} \\ v_{2,3} \end{bmatrix} \tag{17.39}$$

回归方程常数项通过下式获得：

$$b_0 = \mathrm{E}(\boldsymbol{y}) - \begin{bmatrix} \mathrm{E}(\boldsymbol{x}_1) & \mathrm{E}(\boldsymbol{x}_2) \end{bmatrix}\begin{bmatrix} b_1 \\ b_2 \end{bmatrix} \tag{17.40}$$

为了方便多元正交回归运算，令

$$\begin{bmatrix} \boldsymbol{x}_1 & \boldsymbol{x}_2 \end{bmatrix} = \begin{bmatrix} \boldsymbol{X} \end{bmatrix} \quad \Rightarrow \quad \begin{bmatrix} \boldsymbol{x}_1 & \boldsymbol{x}_2 & \boldsymbol{y} \end{bmatrix} = \begin{bmatrix} \boldsymbol{X} & \boldsymbol{y} \end{bmatrix} \tag{17.41}$$

协方差矩阵$\boldsymbol{\Sigma}$为：

$$\boldsymbol{\Sigma} = \begin{bmatrix} \boldsymbol{X}^\mathrm{T}\boldsymbol{X} & \boldsymbol{X}^\mathrm{T}\boldsymbol{y} \\ \boldsymbol{y}^\mathrm{T}\boldsymbol{X} & \boldsymbol{y}^\mathrm{T}\boldsymbol{y} \end{bmatrix} \tag{17.42}$$

上式$\boldsymbol{\Sigma}$也不考虑系数 $1/(n-1)$：

$$\boldsymbol{\Sigma}\boldsymbol{v}_3 = \lambda_3\boldsymbol{v}_3 \quad \Rightarrow \quad \begin{bmatrix} \boldsymbol{X}^\mathrm{T}\boldsymbol{X} & \boldsymbol{X}^\mathrm{T}\boldsymbol{y} \\ \boldsymbol{y}^\mathrm{T}\boldsymbol{X} & \boldsymbol{y}^\mathrm{T}\boldsymbol{y} \end{bmatrix}\boldsymbol{n} = \lambda_3\boldsymbol{n} \tag{17.43}$$

构造$\boldsymbol{b} = [b_1, b_2]^\mathrm{T}$这样重新构造特征值和特征向量以及$\boldsymbol{\Sigma}$之间关系：

$$\boldsymbol{n} = \begin{bmatrix} b_1 \\ b_2 \\ -1 \end{bmatrix} = \begin{bmatrix} \boldsymbol{b} \\ -1 \end{bmatrix} \tag{17.44}$$

将式 (17.44) 代入式 (17.43)，整理得到$\boldsymbol{b}$：

$$\begin{bmatrix} \boldsymbol{X}^\mathrm{T}\boldsymbol{X} & \boldsymbol{X}^\mathrm{T}\boldsymbol{y} \\ \boldsymbol{y}^\mathrm{T}\boldsymbol{X} & \boldsymbol{y}^\mathrm{T}\boldsymbol{y} \end{bmatrix}\begin{bmatrix} \boldsymbol{b} \\ -1 \end{bmatrix} = \lambda_3\begin{bmatrix} \boldsymbol{b} \\ -1 \end{bmatrix} \quad \Rightarrow \quad \boldsymbol{b} = \left(\boldsymbol{X}^\mathrm{T}\boldsymbol{X} - \lambda_3\boldsymbol{I}\right)^{-1}\boldsymbol{X}^\mathrm{T}\boldsymbol{y} \tag{17.45}$$

下一节将使用式 (17.45) 计算正交回归解析式系数。

图17.9回顾了本章第一节介绍的二元正交回归坐标转换过程。

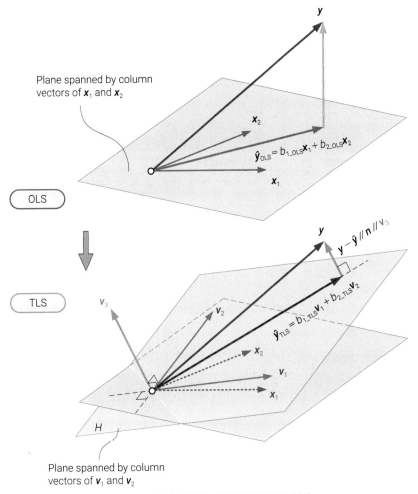

图17.9　几何角度解释二元正交回归坐标转换

数据 $[\boldsymbol{x}_1, \boldsymbol{x}_2, \boldsymbol{y}]$ 中心化后，用PCA正交化获得正交系 $[\boldsymbol{v}_1, \boldsymbol{v}_2, \boldsymbol{v}_3]$。$\boldsymbol{v}_1$、$\boldsymbol{v}_2$和$\boldsymbol{v}_3$对应特征值由大到小。前两个主元向量$\boldsymbol{v}_1$和$\boldsymbol{v}_2$相互垂直，构成了一个平面$H$，特征值最小主元$\boldsymbol{v}_3$垂直于该平面。$\boldsymbol{n}$为$H$平面法向量，$\boldsymbol{n}$和$\boldsymbol{v}_3$两者平行。

图17.9还比较了OLS和TLS回归结果。值得大家注意的是，如图17.9上半部分所示，对于最小二乘回归(OLS)，$\hat{\boldsymbol{y}}$在$\boldsymbol{x}_1$和$\boldsymbol{x}_2$构造的平面上；而如图17.9下半部分，正交回归(TLS)中，$\hat{\boldsymbol{y}}$在$\boldsymbol{v}_1$和$\boldsymbol{v}_2$构造平面H上。

图17.10解释了二元正交回归数据之间的关系。如前文反复强调，输入数据和输出数据都参与PCA，也就是正交化过程，因此特征向量既有"输入"成分，也有"输出"成分，呈现"你中有我，我中有你"。

利用本书前文介绍的scipy.odr，可以求解一个二元正交回归的结果如下。利用PCA，我们可以获得相同正交回归的系数。

```
Beta: [-0.00061177  0.40795725  0.44382723]
Beta Std Error: [0.00057372 0.02454606 0.02864744]
Beta Covariance: [[ 5.46486647e-03 -2.24817813e-02  1.00466594e-02]
 [-2.24817813e-02  1.00032390e+01 -7.07446738e+00]
 [ 1.00466594e-02 -7.07446738e+00  1.36253753e+01]]
Residual Variance: 6.02314210079386e-05
```

```
Inverse Condition #: 0.16900716799896934
Reason(s) for Halting:
Sum of squares convergence
```

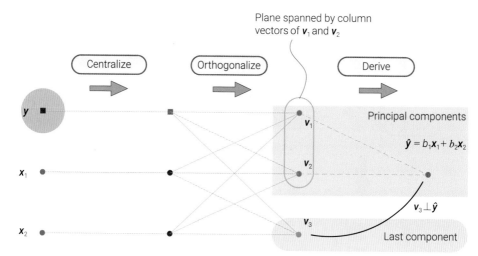

图17.10 二元正交回归数据之间的关系

二元正交回归的平面解析式为：

$$y = 0.4079x_1 + 0.4438x_2 - 0.00061 \tag{17.46}$$

表17.2所示为最小二乘法（OLS）二元线性回归结果，对应的平面解析式如下：

$$y = 0.3977x_1 + 0.4096x_2 - 0.006 \tag{17.47}$$

表17.2 最小二乘法（OLS）二元线性回归结果

```
OLS Regression Results
==============================================================================
Dep. Variable:                  SP500   R-squared:                       0.830
Model:                            OLS   Adj. R-squared:                  0.829
Method:                 Least Squares   F-statistic:                     607.4
Date:                Thu, 07 Oct 2021   Prob (F-statistic):           1.69e-96
Time:                        07:31:57   Log-Likelihood:                 831.06
No. Observations:                 252   AIC:                            -1656.
Df Residuals:                     249   BIC:                            -1646.
Df Model:                           2
Covariance Type:            nonrobust
==============================================================================
                 coef    std err          t      P>|t|      [0.025      0.975]
------------------------------------------------------------------------------
const         -0.0006      0.001     -0.984      0.326      -0.002       0.001
AAPL           0.3977      0.024     16.326      0.000       0.350       0.446
MCD            0.4096      0.028     14.442      0.000       0.354       0.465
==============================================================================
Omnibus:                       37.744   Durbin-Watson:                   1.991
Prob(Omnibus):                  0.000   Jarque-Bera (JB):              157.710
Skew:                           0.492   Prob(JB):                     5.67e-35
Kurtosis:                       6.749   Cond. No.                        59.4
==============================================================================
```

图17.11比较了OLS和TLS二元回归结果。

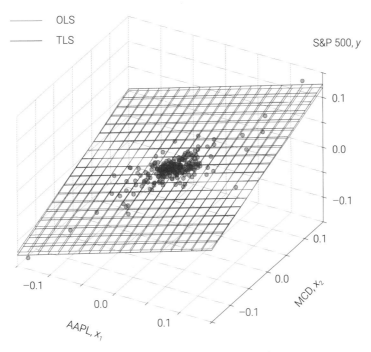

图17.11 比较OLS和TLS二元回归结果

Bk7_Ch17_02.ipynb中完成了本节回归运算。

17.5 多元正交回归

下面，把上述思路推广到D维度X矩阵。首先中心化数据，获得如下两个中心化X，y向量：

$$X_{n \times D} = \left(I - \frac{1}{n} \mathbf{l}\mathbf{l}^T \right) X, \quad y = y - \mathrm{E}(y) \tag{17.48}$$

为了表达方便，假设X和y已经为中心化数据；这样，构造回归方程式时，不必考虑常数项b_0，即回归方程中没有截距项：

$$y = b_1 x_1 + b_2 x_2 + \cdots + b_{D-1} x_{D-1} + b_D x_D \tag{17.49}$$

为了进行PCA分解，首先计算 $[X, y]$ 矩阵协方差矩阵。

X和y均是中心化数据，不考虑系数 $1/(n-1)$，协方差矩阵通过下式简单运算获得：

$$\boldsymbol{\Sigma}_{(D+1) \times (D+1)} = [X, y]^T [X, y] = \begin{bmatrix} X^T \\ y^T \end{bmatrix} [X, y] = \begin{bmatrix} X^T X & X^T y \\ y^T X & y^T y \end{bmatrix} \tag{17.50}$$

上述协方差矩阵行列宽度均为 $D+1$。对它进行特征值分解得到：

$$\boldsymbol{\Sigma} = \boldsymbol{V}\boldsymbol{\Lambda}\boldsymbol{V}^{-1} \tag{17.51}$$

其中，

$$\boldsymbol{\Lambda} = \begin{bmatrix} \lambda_1 & & & & \\ & \lambda_2 & & & \\ & & \ddots & & \\ & & & \lambda_D & \\ & & & & \lambda_{D+1} \end{bmatrix}, \quad \lambda_1 \geq \lambda_2 \geq \cdots \geq \lambda_D \geq \lambda_{D+1} \tag{17.52}$$

$$\boldsymbol{V} = \begin{bmatrix} \boldsymbol{v}_1 & \boldsymbol{v}_2 & \cdots & \boldsymbol{v}_D & \boldsymbol{v}_{D+1} \end{bmatrix}$$

特征值矩阵对角线特征值从左到右，由大到小。有了本章之前内容铺垫，相信读者已经清楚正交回归的矩阵运算过程，具体如图17.12所示。

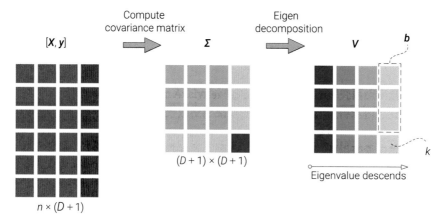

图17.12　多元正交回归矩阵运算过程

$\boldsymbol{V}$ 中第1到第 D 个列向量 $[\boldsymbol{v}_1, \boldsymbol{v}_2, \cdots, \boldsymbol{v}_D]$ 构造超平面 H，而 $\boldsymbol{v}_{D+1}$ 垂直于该超平面。
构造 $F(x_1, x_2, \cdots, x_D, y)$ 函数：

$$F\left(x_1, x_2, \cdots, x_D, y\right) = b_1 x_1 + b_2 x_2 + \cdots + b_{D-1} x_{D-1} + b_D x_D - y \tag{17.53}$$

$F(x_1, x_2, \cdots, x_D, y)$ 法向量即平面上 $f(x_1, x_2, \cdots, x_D)$ 法向量 $\boldsymbol{n}$ 通过下式求解：

$$\boldsymbol{n} = \left(\frac{\partial F}{\partial x_1}, \cdots, \frac{\partial F}{\partial x_D}, \frac{\partial F}{\partial y}\right)^{\mathrm{T}} = \begin{bmatrix} b_1 & b_2 & \cdots & b_D & -1 \end{bmatrix}^{\mathrm{T}} = \begin{bmatrix} \boldsymbol{b} \\ -1 \end{bmatrix} \tag{17.54}$$

这样重新构造特征值 λ_{D+1} 和特征向量 $\boldsymbol{v}_{D+1}$ 以及 $\boldsymbol{\Sigma}$ 之间关系。注意，$\boldsymbol{n}$ 平行 $\boldsymbol{v}_{D+1}$。$\boldsymbol{n}$ 对应 $\boldsymbol{\Sigma}$ 矩阵PCA分解特征值最小特征向量，即：

$$\boldsymbol{\Sigma}\boldsymbol{v}_{D+1} = \lambda_{D+1}\boldsymbol{v}_{D+1} \quad \Rightarrow \quad \begin{bmatrix} \boldsymbol{X}^{\mathrm{T}}\boldsymbol{X} & \boldsymbol{X}^{\mathrm{T}}\boldsymbol{y} \\ \boldsymbol{y}^{\mathrm{T}}\boldsymbol{X} & \boldsymbol{y}^{\mathrm{T}}\boldsymbol{y} \end{bmatrix}\boldsymbol{n} = \lambda_{D+1}\boldsymbol{n} \tag{17.55}$$

求解获得多元正交回归系数列向量 $\boldsymbol{b}$ 解：

$$\begin{bmatrix} \boldsymbol{X}^{\mathrm{T}}\boldsymbol{X} & \boldsymbol{X}^{\mathrm{T}}\boldsymbol{y} \\ \boldsymbol{y}^{\mathrm{T}}\boldsymbol{X} & \boldsymbol{y}^{\mathrm{T}}\boldsymbol{y} \end{bmatrix}\begin{bmatrix} \boldsymbol{b} \\ -1 \end{bmatrix} = \lambda_{D+1}\begin{bmatrix} \boldsymbol{b} \\ -1 \end{bmatrix} \quad \Rightarrow \quad \boldsymbol{b}_{\mathrm{TLS}} = \left(\boldsymbol{X}^{\mathrm{T}}\boldsymbol{X} - \lambda_{D+1}\boldsymbol{I}\right)^{-1}\boldsymbol{X}^{\mathrm{T}}\boldsymbol{y} \tag{17.56}$$

对比多元线性最小二乘系数向量结果：

$$\boldsymbol{b}_{\text{OLS}} = \left(\boldsymbol{X}^{\text{T}}\boldsymbol{X}\right)^{-1}\boldsymbol{X}^{\text{T}}\boldsymbol{y} \tag{17.57}$$

发现当$\lambda_{D+1} = 0$时，$\boldsymbol{y}$完全被$\boldsymbol{X}$列向量解释，即两个共线性。

这里我们再次区分一下最小二乘法和正交回归。最小二乘法寻找因变量和自变量之间残差平方和最小超平面；几何角度上讲，将因变量投影在自变量构成超平面H，使得残差向量垂直H。正交回归则通过正交化自变量和因变量，构造一个新正交空间；这个新正交空间基底向量为分解得到主元向量，具体如图17.13所示。

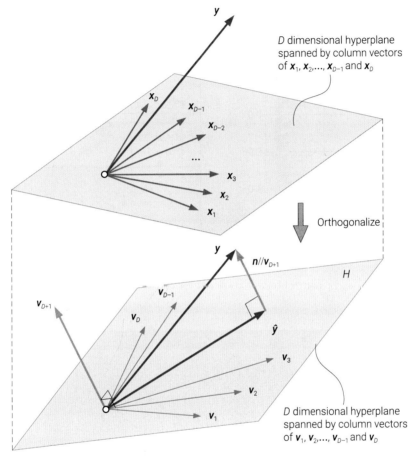

图17.13　几何角度解释多元正交回归

$\boldsymbol{n}$平行于数据$[\boldsymbol{X}, \boldsymbol{y}]$ PCA分解特征值最小特征向量$\boldsymbol{v}_{D+1}$，构造如下等式并求解$b_1, \cdots, b_D$：

$$\begin{bmatrix} b_1 \\ b_2 \\ \vdots \\ b_D \\ -1 \end{bmatrix} = \begin{bmatrix} \boldsymbol{b} \\ -1 \end{bmatrix} = k\boldsymbol{v}_{D+1} \quad \Rightarrow \quad \begin{bmatrix} \boldsymbol{b} \\ -1 \end{bmatrix} = k\begin{bmatrix} v_{1,D+1} \\ v_{2,D+1} \\ \vdots \\ v_{D,D+1} \\ v_{D+1,D+1} \end{bmatrix} \tag{17.58}$$

求解k得到：

$$k = \frac{-1}{v_{D+1,D+1}} \tag{17.59}$$

求解$\boldsymbol{b}$得到：

$$\boldsymbol{b} = \begin{bmatrix} b_1 \\ b_2 \\ \vdots \\ b_D \end{bmatrix} = \frac{-1}{v_{D+1,D+1}} \begin{bmatrix} v_{1,D+1} \\ v_{2,D+1} \\ \vdots \\ v_{D,D+1} \end{bmatrix} \tag{17.60}$$

b_0通过下式求得。

$$b_0 = \mathrm{E}(\boldsymbol{y}) - \begin{bmatrix} \mathrm{E}(\boldsymbol{x}_1) & \mathrm{E}(\boldsymbol{x}_2) & \cdots & \mathrm{E}(\boldsymbol{x}_D) \end{bmatrix} \begin{bmatrix} b_1 \\ b_2 \\ \vdots \\ b_D \end{bmatrix} \tag{17.61}$$

图17.14展示多元正交回归运算数据之间的关系。看到数据 $[\boldsymbol{X}, \boldsymbol{y}]$ 均参与到了正交化中；正交化结果为$D + 1$个正交向量 $[\boldsymbol{v}_1, \boldsymbol{v}_2, \cdots, \boldsymbol{v}_D, \boldsymbol{v}_{D+1}]$。通过向量$\boldsymbol{v}_{D+1}$垂直$\boldsymbol{v}_1, \boldsymbol{v}_2, \cdots, \boldsymbol{v}_D$构成超平面，推导出多元正交回归解析式。

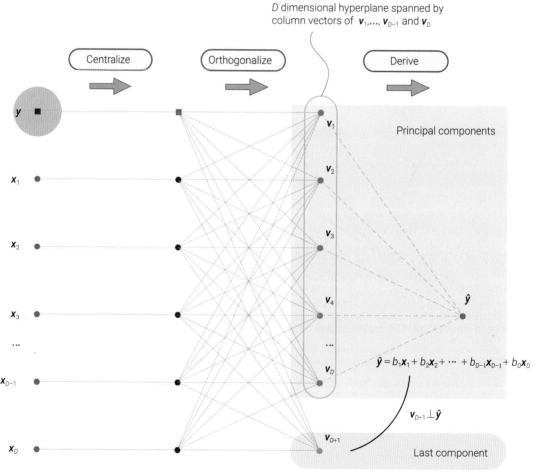

图17.14　多元正交回归运算数据之间的关系

图17.15所示直方图，比较了多元TLS回归和多元OLS回归系数。

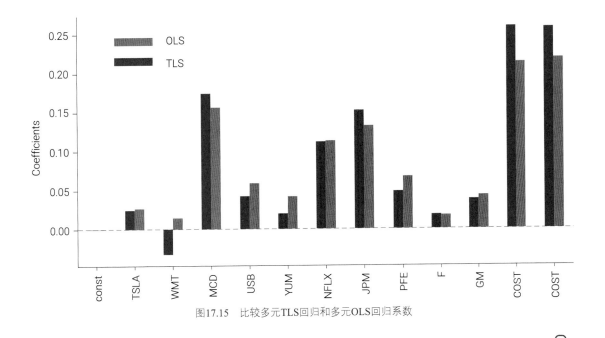

图17.15　比较多元TLS回归和多元OLS回归系数

Bk7_Ch17_03.ipynb中完成了本节回归运算。

17.6 主元回归

本节讲解**主元回归** (Principal Components Regression，PCR)。

主元回归类似本章前文介绍的正交回归。多元正交回归中，自变量和因变量数据 [X, y] 利用正交化，按照特征值从大到小排列特征向量，用 [$v_1, v_2, \cdots, v_D$] 构造一个全新超平面，v_{D+1} 垂直于超平面关系求解出正交化回归系数。

而主元回归，因变量数据y完全不参与正交化，即仅仅X参与PCA分解，获得特征值由大到小排列D个主元 $V = (v_1, v_2, \cdots, v_D)$；这$D$个主元方向 ($v_1, v_2, \cdots, v_D$) 两两正交。

选取其中p ($p < D$) 个特征值较大主元 ($v_1, v_2, \cdots, v_k$)，构造超平面；最后一步，用最小二乘法将因变量y投影在超平面上。

图17.16提供了一个例子，X有三个维度数据，$X = [x_1, x_2, x_3]$。

首先对X列向量PCA分解，获得正交化向量 [v_1, v_2, v_3]。然后，选取作为v_1和v_2主元，构造一个平面；用最小二乘法，将因变量y投影在平面上，获得回归方程。

再次请大家注意，主元回归因变量y数据并不参与正交化；另外，主元回归选取前p ($p < D$) 个特征值较大主元 $V_{D \times p}$ ($v_1, v_2, \cdots, v_p$)，构造一个超平面。

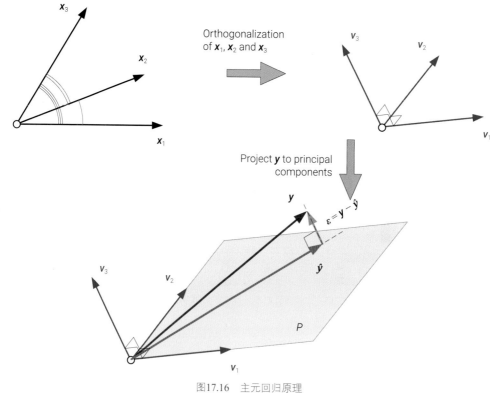

图17.16 主元回归原理

原始数据

图17.17所示为归一化股价数据，将其转化为日收益率，作为数据X和y；其中，S&P 500日收益率为数据y，其余股票日收益率作为数据X。图17.18所示为数据X和y的热图。

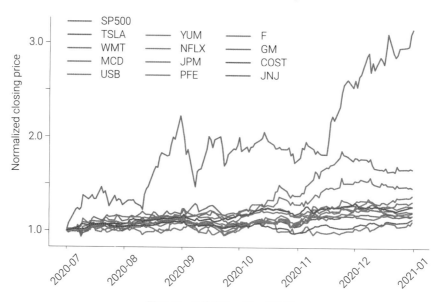

图17.17 股价走势，归一化数据

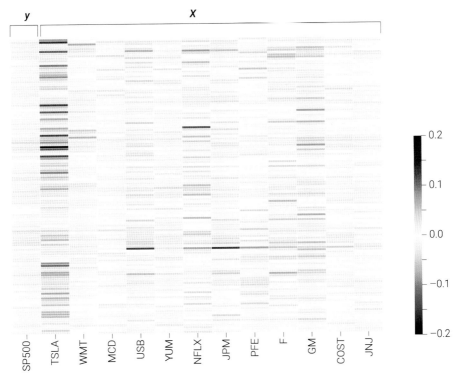

图17.18 数据X和y的热图

图17.19所示为数据X和y的KDE分布。

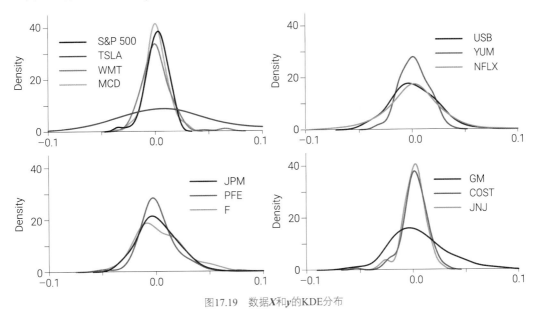

图17.19 数据X和y的KDE分布

主成分分析

对数据X进行主成分分析，可以获得如表17.3所示的前四个主成分$V_{D\times p}$参数。可以利用热图和线图对$V_{D\times p}$进行可视化，如图17.20所示。

表17.3　前四个主成分

	PC1	PC2	PC3	PC4
TSLA	−0.947	−0.004	0.256	0.121
WMT	−0.073	0.016	−0.193	0.066
MCD	−0.056	0.076	−0.111	0.115
USB	−0.021	0.503	0.122	−0.502
YUM	−0.044	0.188	−0.037	0.057
NFLX	−0.281	−0.133	−0.776	−0.448
JPM	−0.019	0.442	0.167	−0.425
PFE	−0.045	0.174	0.187	0.118
F	−0.004	0.457	−0.179	0.178
GM	0.007	0.491	−0.360	0.518
COST	−0.096	−0.027	−0.203	0.114
JNJ	−0.042	0.108	0.021	0.066

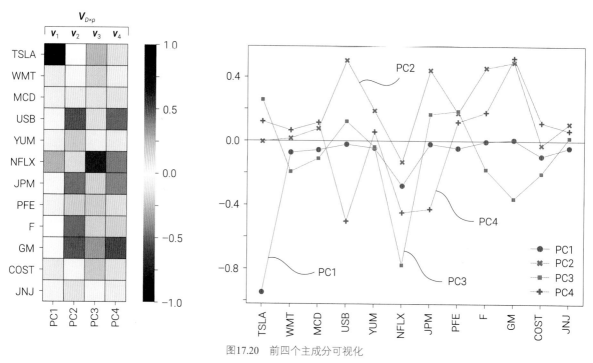

图17.20　前四个主成分可视化

图17.20所示 $V_{D \times p}$ 列向量两两正交，具有如下性质：

$$V_{D \times p}{}^{\mathrm{T}} V_{D \times p} = I_{p \times p} \tag{17.62}$$

图17.21所示为式 (17.62) 计算热图。

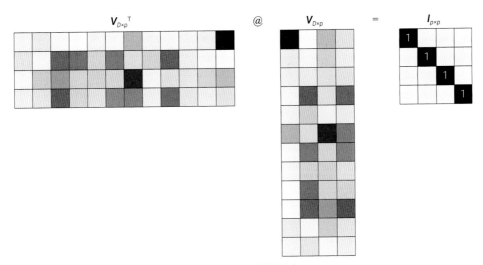

图17.21　$V_{D\times p}$两两正交

数据投影

如图17.22所示，原始数据X在p维正交空间 (v_1, v_2, $\cdots$, v_p) 投影得到数据$Z_{n\times p}$：

$$Z_{n\times p} = X_{n\times D}V_{D\times p} \tag{17.63}$$

图17.23所示为$Z_{n\times p}$数据热图。

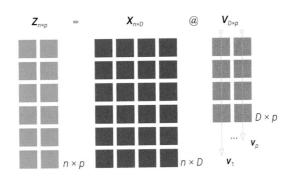

图17.22　PCA分解部分数据关系

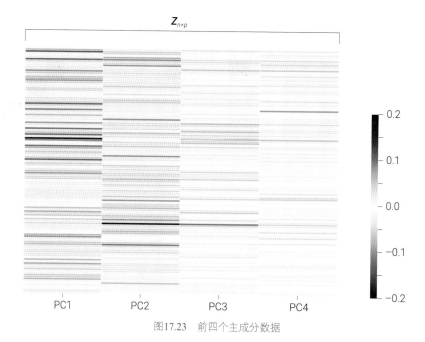

图17.23　前四个主成分数据

图17.24所示为$Z_{n \times p}$每列主成分数据的分布情况。容易注意到，第一主成分数据解释最大方差。

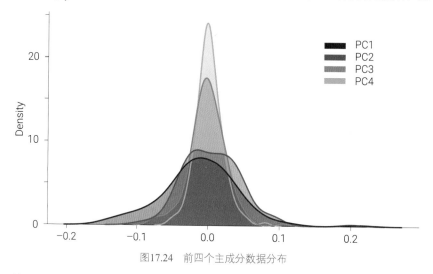

图17.24　前四个主成分数据分布

图17.25所示为$Z_{n \times p}$数据协方差矩阵热图。

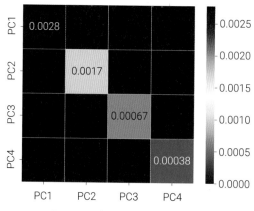

图17.25　前四个主元的协方差矩阵

前四个主成分对应的奇异值分别为：

$$s_1 = 0.5915, \quad s_2 = 0.4624, \quad s_3 = 0.2911, \quad s_4 = 0.2179 \tag{17.64}$$

所对应的特征值：

$$\lambda_1 = \frac{s_1^2}{n-1} = \frac{0.5915^2}{126} = 0.0028$$

$$\lambda_2 = \frac{s_2^2}{n-1} = \frac{0.4624^2}{126} = 0.0017$$

$$\lambda_3 = \frac{s_3^2}{n-1} = \frac{0.2911^2}{126} = 0.00067 \tag{17.65}$$

$$\lambda_4 = \frac{s_4^2}{n-1} = \frac{0.2179^2}{126} = 0.00038$$

这四个特征值对应图17.25热图对角线元素。如图17.26所示陡坡图，前四个主元解释了84.87%方差。

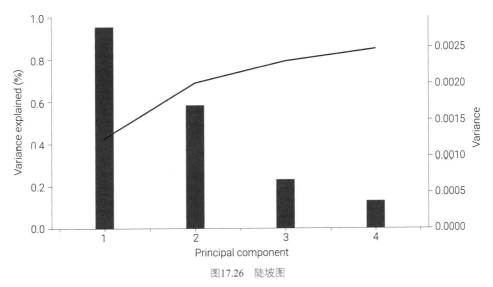

图17.26　陡坡图

转化矩阵$\mathbf{Z}_{n \times P}$仅包含$\mathbf{X}$部分信息，两者信息之间差距通过式(17.66)计算获得，如图17.27所示：

$$\mathbf{X}_{n \times D} = \mathbf{Z}_{n \times P} \left(\mathbf{V}_{D \times P} \right)^{\mathrm{T}} + \mathbf{E}_{n \times D} \tag{17.66}$$

图17.27　$\mathbf{Z}_{n \times P}$还原数据和$\mathbf{X}$信息差距

最小二乘法

主元回归最后一步，用最小二乘法把因变量y投影在数据$Z_{n \times P}$构造空间中：

$$\hat{y} = b_{z,1} z_1 + b_{z,2} z_2 + \cdots + b_{z,P} z_P \tag{17.67}$$

写成矩阵运算：

$$\hat{y} = \begin{bmatrix} z_1 & z_2 & \cdots & z_P \end{bmatrix} \begin{bmatrix} b_{Z,1} \\ b_{Z,2} \\ \vdots \\ b_{Z,P} \end{bmatrix} = Z_{n \times P} b_Z \tag{17.68}$$

图17.28所示为上述运算过程。

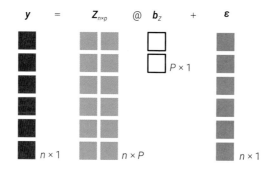

图17.28　最小二乘法回归获得 $y = Z_{n \times P} b_Z + \varepsilon$

根据本书前文讲解内容最小二乘法解，获得b_Z：

$$\begin{aligned} b_Z &= \left(Z_{n \times P}{}^{\mathrm{T}} Z_{n \times P} \right)^{-1} Z_{n \times P}{}^{\mathrm{T}} y \\ &= \left(\left(X_{n \times D} V_{D \times P} \right)^{\mathrm{T}} \left(X_{n \times D} V_{D \times P} \right) \right)^{-1} \left(X_{n \times D} V_{D \times P} \right)^{\mathrm{T}} y \end{aligned} \tag{17.69}$$

如图17.28所示，y、拟合数据$\hat{y}$和数据$Z_{n \times P}$之间的关系如下：

$$\begin{cases} y = Z_{n \times P} b_Z + \varepsilon \\ \hat{y} = Z_{n \times P} b_Z \\ \varepsilon = y - \hat{y} \end{cases} \tag{17.70}$$

表17.4所示为最小二乘法线性回归结果。
系数向量b_Z结果如下：

$$b_Z = \begin{bmatrix} -0.1039 & 0.1182 & -0.0941 & -0.0418 \end{bmatrix}^{\mathrm{T}} \tag{17.71}$$

表17.4　最小二乘法线性回归结果

OLS Regression Results

Dep. Variable:		SP500	R-squared:			0.552
Model:		OLS	Adj. R-squared:			0.537
Method:		Least Squares	F-statistic:			37.60
Date:		XXXXXXXXXX	Prob (F-statistic):			1.82e-20
Time:		XXXXXXXXXX	Log-Likelihood:			450.53
No. Observations:		127	AIC:			-891.1
Df Residuals:		122	BIC:			-876.8
Df Model:		4				
Covariance Type:		nonrobust				

	coef	std err	t	P>|t|	[0.025	0.975]
const	-0.0003	0.001	-0.520	0.604	-0.002	0.001
PC1	-0.1039	0.012	-8.647	0.000	-0.128	-0.080
PC2	0.1182	0.015	7.689	0.000	0.088	0.149
PC3	-0.0941	0.024	-3.854	0.000	-0.142	-0.046
PC4	-0.0418	0.033	-1.283	0.202	-0.106	0.023

Omnibus:		9.631	Durbin-Watson:	2.087
Prob(Omnibus):		0.008	Jarque-Bera (JB):	21.795
Skew:		0.092	Prob(JB):	1.85e-05
Kurtosis:		5.021	Cond. No.	51.7

下面将系数向量 $\boldsymbol{b}_Z$ 利用 $(\boldsymbol{v}_1, \boldsymbol{v}_2, \cdots, \boldsymbol{v}_P)$ 转换为 $\boldsymbol{b}_X$，具体过程如图17.29所示：

$$\boldsymbol{b}_X = \boldsymbol{V}_{D\times P}\boldsymbol{b}_Z = \boldsymbol{V}_{D\times P}\left(\boldsymbol{Z}_{n\times P}{}^{\mathrm{T}}\boldsymbol{Z}_{n\times P}\right)^{-1}\boldsymbol{Z}_{n\times P}{}^{\mathrm{T}}\boldsymbol{y} \tag{17.72}$$

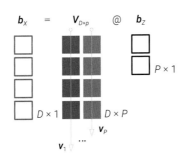

图17.29　$\boldsymbol{b}_z$ 和 $\boldsymbol{b}_x$ 之间转换关系

系数 $\boldsymbol{b}_X$ 可以通过式(17.73)计算得到：

$$\boldsymbol{b}_X = \boldsymbol{V}_{D\times P}\boldsymbol{b}_Z = \boldsymbol{V}_{D\times P}\begin{bmatrix}-0.1039 & 0.1182 & -0.0941 & -0.0418\end{bmatrix}^{\mathrm{T}} \tag{17.73}$$

图17.30所示为系数 $\boldsymbol{b}_X$ 直方图。

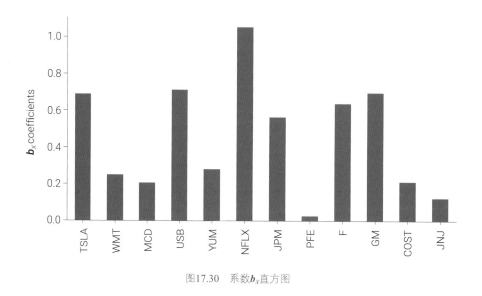

图17.30　系数$\boldsymbol{b}_X$直方图

这样获得$\boldsymbol{y}$、拟合数据$\hat{\boldsymbol{y}}$和数据$\boldsymbol{X}$之间的关系，如图17.31所示：

$$\begin{cases} \boldsymbol{y} = \boldsymbol{X}\boldsymbol{b}_X + \boldsymbol{\varepsilon} \\ \hat{\boldsymbol{y}} = \boldsymbol{X}\boldsymbol{b}_X \\ \boldsymbol{\varepsilon} = \boldsymbol{y} - \hat{\boldsymbol{y}} \end{cases} \tag{17.74}$$

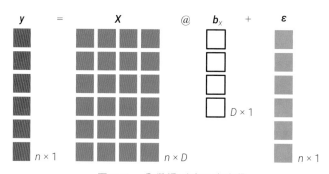

图17.31　$\boldsymbol{y}$和数据$\boldsymbol{X}$之间回归方程

计算截距项系数b_0：

$$b_0 = \mathrm{E}(\boldsymbol{y}) - \begin{bmatrix} \mathrm{E}(\boldsymbol{x}_1) & \mathrm{E}(\boldsymbol{x}_2) & \cdots & \mathrm{E}(\boldsymbol{x}_D) \end{bmatrix} \boldsymbol{b}_X \tag{17.75}$$

计算截距项系数b_0：

$$\begin{aligned} b_0 &= \mathrm{E}(\boldsymbol{y}) - \begin{bmatrix} \mathrm{E}(\boldsymbol{x}_1) & \mathrm{E}(\boldsymbol{x}_2) & \cdots & \mathrm{E}(\boldsymbol{x}_D) \end{bmatrix} \boldsymbol{b}_X \\ &= -0.00034057 \end{aligned} \tag{17.76}$$

最后主元回归函数可以通过式(17.77)计算得到：

$$\hat{y} = b_0 + b_1 x_1 + b_2 x_2 + \cdots + b_D x_D = b_0 + \begin{bmatrix} x_1 & x_2 & \cdots & x_D \end{bmatrix} \begin{bmatrix} b_1 \\ b_2 \\ \vdots \\ b_D \end{bmatrix} = b_0 + \begin{bmatrix} x_1 & x_2 & \cdots & x_D \end{bmatrix} \boldsymbol{b}_X$$

$$(17.77)$$

$$= b_0 + \begin{bmatrix} z_1 & z_2 & \cdots & z_p \end{bmatrix} \boldsymbol{b}_Z = b_0 + \begin{bmatrix} z_1 & z_2 & \cdots & z_p \end{bmatrix} \begin{bmatrix} b_{z_1} \\ b_{z_2} \\ \vdots \\ b_{z_p} \end{bmatrix}$$

图17.32展示了主元回归计算过程数据之间的关系。

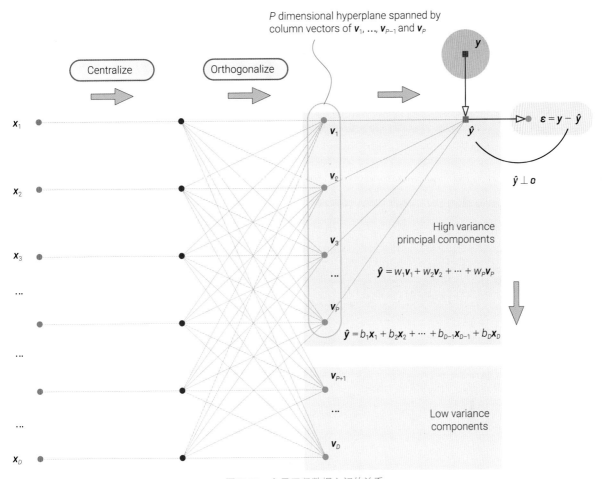

图17.32　主元回归数据之间的关系

改变主元数量

对于主元回归，当改变参与最小二乘法线性回归的主元数量时，线性回归结果会有很大变化；本节将重点介绍主元数量对主元回归的影响。

图17.33所示为，主元数量从4增加到9时，累计已释方差和百分比变化情况。图17.34和图17.35展示了两个不同视角观察参与主元回归主元数量对于系数的影响。

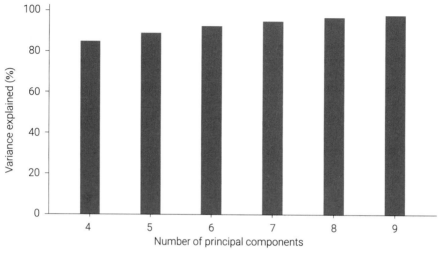

图17.33　主元数量对累计已释方差和百分比

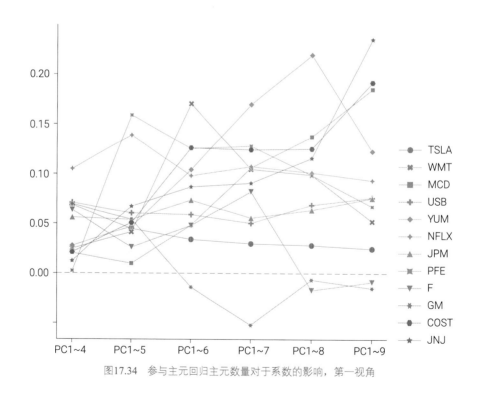

图17.34　参与主元回归主元数量对于系数的影响，第一视角

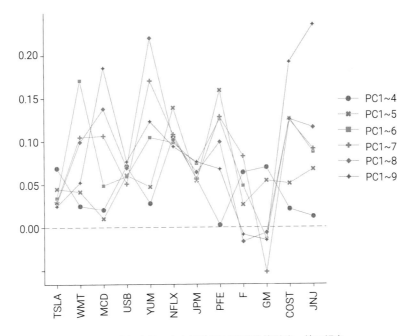

图17.35　参与主元回归主元数量对于系数的影响，第二视角

Bk7_Ch17_04.ipynb中完成了主元回归运算图像。

17.7 偏最小二乘回归

本章最后介绍偏最小二乘回归 (Partial Least Squares regression，PLS)。

类似主元回归，偏最小二乘回归也是一种降维回归方法。偏最小二乘回归在降低自变量维度的同时，建立自变量和因变量之间的线性关系模型，因此常被用于处理高维数据分析和建立多元回归模型。

不同于主元回归，偏最小二乘回归利用因变量数据y和自变量数据X (形状为$n \times q$) 之间相关性构造一个全新空间。y和X投影到新空间来确定一个线性回归模型。另外一个不同点是，偏最小二乘回归采用**迭代算法** (iterative algorithm)。

偏最小二乘法处理多元因变量，为方便区分，一元因变量被定义为y (形状为$n \times 1$)，多元因变量被定义为Y (形状为$n \times p$)。偏最小二乘回归迭代方法很多，本节介绍较为经典的一元因变量对多元自变量迭代算法。迭代算法主要由七步构成；其中，第二步到第七步为循环。

第一步

获得中心化自变量数据矩阵 $\boldsymbol{X}^{(0)}$ 和因变量数据向量 $\boldsymbol{y}^{(0)}$：

$$\boldsymbol{X}^{(0)} = \left(\boldsymbol{I} - \frac{1}{n}\boldsymbol{l}\boldsymbol{l}^{\mathrm{T}}\right)\boldsymbol{X} = \begin{bmatrix} \boldsymbol{x}_1^{(0)} & \boldsymbol{x}_2^{(0)} & \cdots & \boldsymbol{x}_q^{(0)} \end{bmatrix}$$

$$\boldsymbol{y}^{(0)} = \boldsymbol{y} - \mathrm{E}(\boldsymbol{y}) = \left(\boldsymbol{I} - \frac{1}{n}\boldsymbol{l}\boldsymbol{l}^{\mathrm{T}}\right)\boldsymbol{y} \tag{17.78}$$

偏最小二乘回归是迭代运算，上标 (0) 代表迭代代次。

第二步

计算 $\boldsymbol{y}^{(0)}$ 和 $\boldsymbol{X}^{(0)}$ 列向量相关性，构建权重系数列向量 $\boldsymbol{w}_1$：

$$\boldsymbol{w}_1 = \begin{bmatrix} \mathrm{cov}\left(\boldsymbol{x}_1^{(0)}, \boldsymbol{y}^{(0)}\right) \\ \mathrm{cov}\left(\boldsymbol{x}_2^{(0)}, \boldsymbol{y}^{(0)}\right) \\ \vdots \\ \mathrm{cov}\left(\boldsymbol{x}_q^{(0)}, \boldsymbol{y}^{(0)}\right) \end{bmatrix} = \frac{1}{n} \begin{bmatrix} \left(\boldsymbol{x}_1^{(0)}\right)^{\mathrm{T}} \boldsymbol{y}^{(0)} \\ \left(\boldsymbol{x}_2^{(0)}\right)^{\mathrm{T}} \boldsymbol{y}^{(0)} \\ \vdots \\ \left(\boldsymbol{x}_q^{(0)}\right)^{\mathrm{T}} \boldsymbol{y}^{(0)} \end{bmatrix} = \left(\boldsymbol{X}^{(0)}\right)^{\mathrm{T}} \boldsymbol{y}^{(0)} \tag{17.79}$$

其中，列向量 $\boldsymbol{w}_1$ 行数为 q 行。

图17.36所示为获得权重系数列向量计算过程；过程也可看做是一个投影运算，即将 $\left(\boldsymbol{X}^{(0)}\right)^{\mathrm{T}}$ 投影到 $\boldsymbol{y}^{(0)}$。

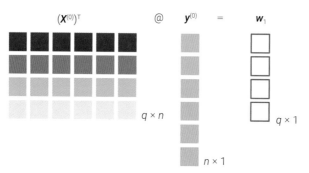

图17.36 计算权重系数列向量 $\boldsymbol{w}_1$

为方便计算，将列向量 $\boldsymbol{w}_1$ 单位化：

$$\boldsymbol{w}_1 = \frac{\boldsymbol{w}_1}{\|\boldsymbol{w}_1\|} = \begin{bmatrix} w_{1,1} \\ w_{2,1} \\ \vdots \\ w_{q,1} \end{bmatrix} \tag{17.80}$$

列向量 $\boldsymbol{w}_1$ 每个元素大小代表着 $\boldsymbol{y}^{(0)}$ 和 $\boldsymbol{X}^{(0)}$ 列向量相关性。

第三步，利用上一步获得权重系数列向量 $\boldsymbol{w}_1$ 和 $\boldsymbol{X}^{(0)}$ 构造偏最小二乘回归主元向量，$\boldsymbol{z}_1$：

$$\boldsymbol{z}_1 = w_{1,1}\boldsymbol{x}_1 + w_{2,1}\boldsymbol{x}_2 + \cdots + w_{q,1}\boldsymbol{x}_q = \boldsymbol{X}^{(0)}\boldsymbol{w}_1 \tag{17.81}$$

图17.37所示为计算偏最小二乘回归主元列向量z_1。这样理解，主元列向量z_1为$X^{(0)}$列向量通过加权构造；$y^{(0)}$和$X^{(0)}$某一列向量相关性越高，这一列获得权重越高，在主元列向量z_1成分越高。同样，过程等价于投影过程，即$X^{(0)}$投影到w_1。

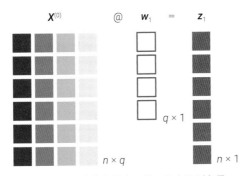

图17.37　计算偏最小二程回归主元列向量z_1

将自变量数据矩阵$X^{(0)}$和因变量数据向量$y^{(0)}$投影到主元z_1方向上。

第四步

把自变量数据矩阵$X^{(0)}$投影到主元列向量z_1上，获得系数向量v_1。先以$X^{(0)}$第一列解释投影过程。

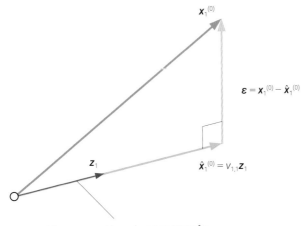

图17.38　$X^{(0)}$第一列投影在主元列向量z_1

如图17.38所示，将$X^{(0)}$第一列投影到主元列向量z_1，得到$\hat{x}_1^{(0)}$：

$$\hat{x}_1^{(0)} = v_{1,1} z_1 \tag{17.82}$$

残差ε则垂直于主元列向量z_1，计算获得系数$v_{1,1}$：

$$
\varepsilon \perp z_1 \quad \Rightarrow \quad z_1^{\mathrm{T}} \varepsilon = z_1^{\mathrm{T}} \left(x_1^{(0)} - \hat{x}_1^{(0)} \right) = z_1^{\mathrm{T}} \left(x_1^{(0)} - v_{1,1} z_1 \right) = 0
$$

$$
\Rightarrow \quad v_{1,1} = \frac{z_1^{\mathrm{T}} x_1^{(0)}}{z_1^{\mathrm{T}} z_1} = \frac{\left(x_1^{(0)} \right)^{\mathrm{T}} z_1}{z_1^{\mathrm{T}} z_1} \tag{17.83}
$$

式(17.83)说明偏最小二乘法回归核心仍是 OLS。同样，把$X^{(0)}$第二列投影在主元列向量z_1，计算得到系数$v_{2,1}$：

$$v_{2,1} = \frac{z_1^T x_2^{(0)}}{z_1^T z_1} = \frac{\left(x_2^{(0)}\right)^T z_1}{z_1^T z_1} \tag{17.84}$$

类似，获得$X^{(0)}$每列投影在主元列向量z_1的系数，这些系数构成一个列向量v_1。式(17.85)计算列向量v_1：

$$v_1 = \begin{bmatrix} v_{1,1} \\ v_{2,1} \\ \vdots \\ v_{q,1} \end{bmatrix} = \frac{\left(X^{(0)}\right)^T z_1}{z_1^T z_1} = \frac{\left(X^{(0)}\right)^T X^{(0)} w_1}{w_1^T \left(X^{(0)}\right)^T X^{(0)} w_1} = \frac{\Sigma^{(0)} w_1}{w_1^T \Sigma^{(0)} w_1} \tag{17.85}$$

第五步

根据最小二乘回归原理，利用列向量v_1和z_1估算，并到拟合矩阵$\hat{X}^{(0)}$：

$$\hat{X}^{(0)} = z_1 v_1^T = X^{(0)} w_1 v_1^T \tag{17.86}$$

原始数据矩阵$X^{(0)}$和拟合数据矩阵$\hat{X}^{(0)}$之差便是残差矩阵$E^{(0)}$：

$$E^{(0)} = X^{(0)} - \hat{X}^{(0)} = X^{(0)} - X^{(0)} w_1 v_1^T = X^{(0)}\left(I - w_1 v_1^T\right) \tag{17.87}$$

而残差矩阵$E^{(0)}$便是进入迭代过程第二步数据矩阵$X^{(1)}$：

$$X^{(1)} = E^{(0)} = X^{(0)} - \hat{X}^{(0)} = X^{(0)}\left(I - w_1 v_1^T\right) \tag{17.88}$$

数据矩阵$X^{(1)}$和原始数据$X^{(0)}$之间关系如图17.39所示。

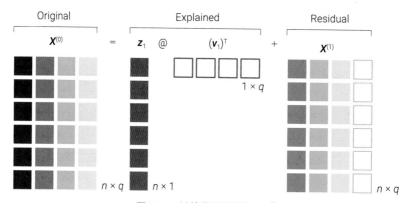

图17.39　计算得到数据矩阵$X^{(1)}$

第六步

把因变量数据列向量$y^{(0)}$投影于主元列向量z_1上，获得系数b_1。类似第四步，如图17.40所示，用最小二乘法计算获得系数b_1：

$$\boldsymbol{\varepsilon} \perp \boldsymbol{z}_1 \quad \Rightarrow \quad \boldsymbol{z}_1^{\mathsf{T}} \boldsymbol{\varepsilon} = \boldsymbol{z}_1^{\mathsf{T}} \left(\boldsymbol{y}^{(0)} - \hat{\boldsymbol{y}}^{(0)} \right) = \boldsymbol{z}_1^{\mathsf{T}} \left(\boldsymbol{y}^{(0)} - b_1 \boldsymbol{z}_1 \right) = 0$$

$$\Rightarrow \quad b_1 = \frac{\boldsymbol{z}_1^{\mathsf{T}} \boldsymbol{y}^{(0)}}{\boldsymbol{z}_1^{\mathsf{T}} \boldsymbol{z}_1} = \frac{\left(\boldsymbol{y}^{(0)} \right)^{\mathsf{T}} \boldsymbol{z}_1}{\boldsymbol{z}_1^{\mathsf{T}} \boldsymbol{z}_1}$$

(17.89)

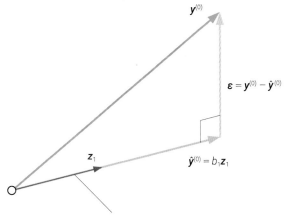

图17.40 $\boldsymbol{y}^{(0)}$ 向量投影在主元列向量$\boldsymbol{z}_1$

第七步

根据OLS原理，利用列向量b_1和$\boldsymbol{z}_1$估算因变量列向量$\boldsymbol{y}$，并到拟合列向量$\hat{\boldsymbol{y}}^{(0)}$：

$$\hat{\boldsymbol{y}}^{(0)} = b_1 \boldsymbol{z}_1 = \frac{\boldsymbol{z}_1^{\mathsf{T}} \boldsymbol{y}^{(0)} \boldsymbol{z}_1}{\boldsymbol{z}_1^{\mathsf{T}} \boldsymbol{z}_1} = \frac{\left(\boldsymbol{y}^{(0)} \right)^{\mathsf{T}} \boldsymbol{z}_1 \boldsymbol{z}_1}{\boldsymbol{z}_1^{\mathsf{T}} \boldsymbol{z}_1}$$

(17.90)

原始因变量列向量$\boldsymbol{y}^{(0)}$和拟合列向量$\hat{\boldsymbol{y}}^{(0)}$之差便是残差向量$\boldsymbol{\varepsilon}^{(0)}$：

$$\boldsymbol{\varepsilon}^{(0)} = \boldsymbol{y}^{(1)} = \boldsymbol{y}^{(0)} - \hat{\boldsymbol{y}}^{(0)} = \boldsymbol{y}^{(0)} - \frac{\boldsymbol{z}_1^{\mathsf{T}} \boldsymbol{y}^{(0)} \boldsymbol{z}_1}{\boldsymbol{z}_1^{\mathsf{T}} \boldsymbol{z}_1}$$

(17.91)

而残差向量 $\boldsymbol{\varepsilon}^{(0)}$ 便是进入迭代循环第二步数据向量$\boldsymbol{y}^{(1)}$。如图17.41所示，$\hat{\boldsymbol{y}}^{(0)}$ 解释部分$\boldsymbol{y}^{(0)}$。

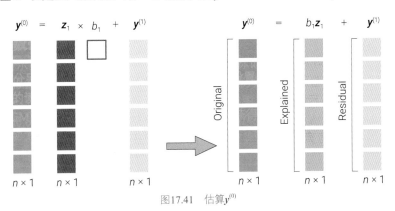

图17.41 估算$\boldsymbol{y}^{(0)}$

重复迭代

将数据矩阵$X^{(1)}$和数据向量$y^{(1)}$代入如上迭代运算的第二步到第七步。

重复第二步得到权重系数列向量w_2：

$$w_2 = \frac{\left(X^{(1)}\right)^T y^{(1)}}{\left\|\left(X^{(1)}\right)^T y^{(1)}\right\|} \tag{17.92}$$

重复第三步，利用权重系数列向量w_2和$X^{(1)}$构造偏最小二乘回归第二主元向量z_2：

$$z_2 = X^{(1)} w_2 \tag{17.93}$$

重复第四步，把自变量数据残差矩阵$X^{(1)}$投影于第二主元列向量z_2上，获得系数向量v_2：

$$v_2 = \begin{bmatrix} v_{1,2} \\ v_{2,2} \\ \vdots \\ v_{q,2} \end{bmatrix} = \frac{\left(X^{(1)}\right)^T z_2}{z_2^T z_2} = \frac{\left(X^{(1)}\right)^T X^{(1)} w_2}{w_2^T \left(X^{(1)}\right)^T X^{(1)} w_2} = \frac{\Sigma^{(1)} w_2}{w_2^T \Sigma^{(1)} w_2} \tag{17.94}$$

重复第五步，用列向量v_2和z_2估算，并到拟合矩阵$\hat{X}^{(1)}$：

$$\hat{X}^{(1)} = z_2 v_2^T = X^{(1)} w_2 v_2^T \tag{17.95}$$

$X^{(1)}$和拟合数据矩阵$\hat{X}^{(1)}$之差便是残差矩阵$E^{(1)}$，$E^{(1)}$便是再次进入迭代过程第二步数据矩阵$X^{(2)}$：

$$X^{(2)} = E^{(1)} = X^{(1)} - \hat{X}^{(1)} = X^{(1)} \left(I - w_2 v_2^T\right) \tag{17.96}$$

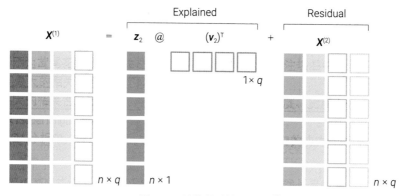

图17.42 计算得到数据矩阵$X^{(2)}$

图17.39和图17.42相结合获得图17.43，这即前两个主元z_1和z_1还原数据矩阵$X^{(0)}$。随着主元数量不断增多，偏最小二乘回归更精确地还原原始数据$X^{(0)}$；即说，对数据$X^{(0)}$方差解释力度越强。

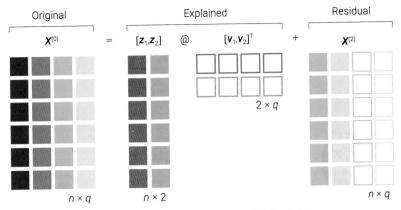

图17.43　前两个主元z_1和z_1还原数据矩阵$X^{(0)}$

重复第六步，把因变量数据列向量$y^{(1)}$投影在主元列向量z_2上，获得系数b_2：

$$b_2 = \frac{z_2^{\mathrm{T}} y^{(1)}}{z_2^{\mathrm{T}} z_2} = \frac{\left(y^{(1)}\right)^{\mathrm{T}} z_2}{z_2^{\mathrm{T}} z_2} \tag{17.97}$$

重复第七步，利用b_2和z_2得到拟合列向量$\hat{y}^{(1)}$：

$$\hat{y}^{(1)} = b_2 z_2 \tag{17.98}$$

列向量$y^{(1)}$和拟合数据列向量$\hat{y}^{(1)}$之差便是残差向量$\varepsilon^{(1)}$：

$$\varepsilon^{(1)} = y^{(2)} = y^{(1)} - \hat{y}^{(1)} = y^{(1)} - b_2 z_2 \tag{17.99}$$

而残差向量 $\varepsilon^{(1)}$ 也是进入下一次迭代过程第二步数据向量$y^{(2)}$。

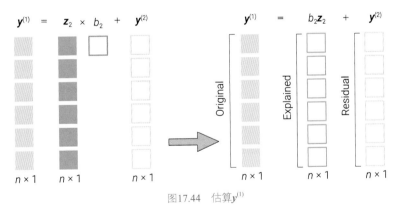

图17.44　估算$y^{(1)}$

图17.45结合图17.41和图17.44，这幅图中前两个主元z_1和z_1还原部分数据列向量$y^{(0)}$。同理，随着主元数量不断增多，偏最小二乘回归更精确地还原原始因变量列向量$y^{(0)}$；即对$y^{(0)}$方差解释力度越强。截至目前，迭代循环已经完成两次。

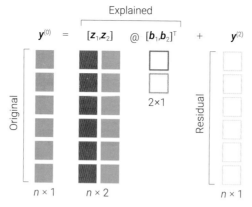

图17.45　前两个主元z_1和z_1还原部分数据列向量$\boldsymbol{y}^{(0)}$

Scikit-Learn中PLS回归的函数为sklearn.cross_decomposition.PLSRegression()，请大家自行学习。

　　正交回归和最小二乘法回归都是回归分析中的方法，但它们之间有很大的区别。

　　OLS通过最小化实际观测值与预测值之间的误差平方和，来确定回归系数。这种方法非常直观且易于理解，但存在一些缺点，例如当数据存在多重共线性时，OLS的估计结果可能会变得不稳定，且估计结果受到极端值的影响较大。

　　与OLS不同，正交回归是一种基于PCA的回归方法。它通过将自变量通过PCA转换成互相正交的新变量，来消除自变量之间的多重共线性问题，从而提高回归分析的准确性和稳定性。

　　因此，正交回归方法相对于OLS方法更加鲁棒，适用于多重共线性较强的数据集，同时也能够在保证预测准确性的前提下，降低自变量的维度，提高回归模型的可解释性。

　　主元回归PCR是一种基于主成分分析的回归方法，它在回归建模之前，先对自变量进行PCA，将自变量降维成少量的主成分变量，然后再对这些主成分变量进行回归分析。

　　PCR的基本思想是将自变量通过PCA转换成少数互相正交的主成分变量，从而消除自变量之间的多重共线性问题，提高回归分析的准确性和稳定性。在降维过程中，PCR保留了自变量中最主要的信息，因此相比于直接使用全部自变量的回归分析，PCR可以显著提高回归模型的准确性和可解释性。

　　偏最小二乘法（PLS）也是一种基于PCA和回归分析的统计建模方法，它是对PCR的一种改进，主要用于解决多重共线性和高维数据分析问题。

　　与PCR不同的是，PLS在PCA的过程中，不仅仅考虑了自变量之间的方差，还考虑了自变量和因变量之间的协方差，从而将PCA与回归分析相结合，得到了一组互相正交的主成分变量，每个主成分变量都包含了自变量和因变量的信息，可以用于回归分析。

　　下例展示如何使用偏最小二乘回归。这个例子还比较了本书最后一章要介绍的典型相关分析。请大家自行阅读学习：

◂ https://scikit-learn.org/stable/auto_examples/cross_decomposition/plot_compare_cross_decomposition.html

18 Kernel Principal Component Analysis
核主成分分析
用核技巧，将非线性数据投影到高维度空间，再投影

能够对一个想法抱有兴趣，而不全盘接受它，是受过教育的标志。
It is the mark of an educated mind to be able to entertain a thought without accepting it.

—— 亚里士多德 (Aristotle) ｜ 古希腊哲学家 ｜ 前384 — 前322年

- ◄ `numpy.argsort()` 返回数组中元素排序索引
- ◄ `numpy.linalg.eigh()` 计算实对称矩阵的特征值和特征向量的函数
- ◄ `sklearn.datasets.make_circles()` 生成一个具有圆形决策边界的二维二分类数据集
- ◄ `sklearn.decomposition.KernelPCA()` 核主成分分析工具
- ◄ `sklearn.metrics.pairwise.euclidean_distances()` 计算欧氏距离矩阵
- ◄ `sklearn.preprocessing.KernelCenterer()` 中心化核矩阵的函数
- ◄ `sklearn.preprocessing.StandardScaler()` 将数据进行标准化处理

基于核技巧的降维

核主成分分析

算法

选择核函数
构建核矩阵
中心化矩阵
特征值分解
选择主成分

18.1 核主成分分析

主成分分析(PCA)不是万能的！

PCA有个致命前提，PCA假设数据服从多元高斯分布。如图18.1所示，对于这种非线性数据，PCA在降维提取最大方差上几乎起不到任何作用。本章要介绍的**核主成分分析** (Kernel Principal Component Analysis, Kernel PCA或KPCA) 却可以帮助我们解决这类问题。

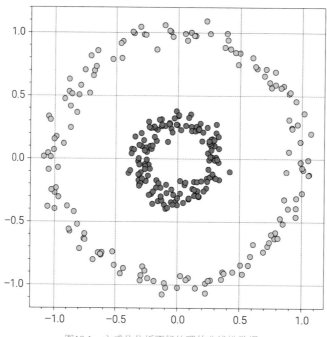

图18.1　主成分分析不能处理的非线性数据

KPCA是PCA的一种扩展，KPCA允许处理非线性数据集。PCA中，数据被投影到一个新的特征空间，以便在新的坐标系中最大化数据的方差。

然而，对于非线性数据，PCA可能不够灵活。而KPCA可以使用核技巧来解决这个问题，KPCA通过应用核函数来映射原始特征空间到一个更高维度的空间，使得数据在这个新空间中可以更好地被线性分离。通过前文学习，大家知道常用的核函数包括多项式核、高斯核、Sigmoid核。

KPCA的步骤如下。

◀ **选择核函数**：根据数据的性质选择适当的核函数，这取决于数据的非线性结构。
◀ **构建核矩阵**：计算每对样本之间的核函数值，形成核矩阵。这个矩阵反映了样本在新特征空间中的相似性。
◀ **中心化核矩阵**：对核矩阵进行中心化处理，确保数据的行列均值同时为零。
◀ **计算特征值和特征向量**：对中心化后的核矩阵进行特征值分解，得到特征值和对应的特征向量。
◀ **选择主成分**：选择前p个最大特征值对应的特征向量，构成新的特征矩阵。选取的特征向量就是因子得分，相当于投影结果。

本章下文用高斯核为例介绍KPCA。

18.2 从主成分分析说起

读到这里，相信大家已经对主成分分析 (PCA) 了如指掌；即便如此，为了方便展开讲解KPCA，这一节还是简单回顾一下PCA原理。

第一个格拉姆矩阵分解

如图18.2所示，对矩阵X (形状$n \times D$) 的格拉姆矩阵$X^\mathrm{T}X$ (形状$D \times D$) 进行特征值分解，我们便得到各个主成分对应的载荷V。上述运算对应协方差矩阵特征值分解如下。

$$X^\mathrm{T}X = V\Lambda V^\mathrm{T} \tag{18.1}$$

特别地，本章默认矩阵X已经标准化。标准化数据矩阵X的格拉姆矩阵相当于原始数据的相关性系数矩阵。此外，我们也不需要考虑 $(n-1)$ 对相关性系数矩阵的影响。

而因子得分Z可以通过投影获得。

$$Z = XV \tag{18.2}$$

根据奇异值分解 ($X = USV^\mathrm{T}$)，因子得分还可以写成。

$$Z = US \tag{18.3}$$

式(18.3)展开来写：

$$
\underbrace{\begin{bmatrix} z_1 & z_2 & \cdots & z_D \end{bmatrix}}_{z} = \underbrace{\begin{bmatrix} u_1 & u_2 & \cdots & u_D \end{bmatrix}}_{U} \underbrace{\begin{bmatrix} s_1 & & & \\ & s_2 & & \\ & & \ddots & \\ & & & s_D \end{bmatrix}}_{S} = \begin{bmatrix} s_1 u_1 & s_2 u_2 & \cdots & s_D u_D \end{bmatrix} \quad (18.4)
$$

U的每个列向量u_j均为单位向量，即$\|u_j\| = 1$。由于矩阵S为对角方阵 (对角线元素为奇异值s_j)，S中奇异值s_j仅仅对U的列向量提供缩放作用。投影结果列向量z_j的模为s_j，即$\|s_j u_j\| = s_j = \sqrt{\lambda_j}$。

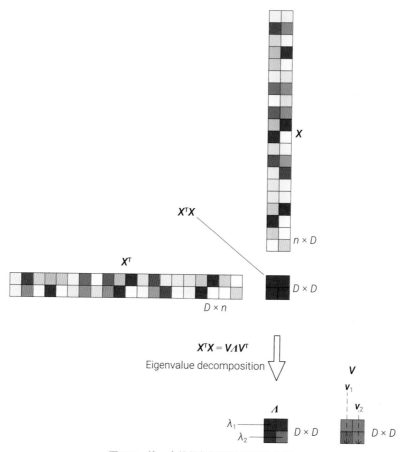

图18.2　第一个格拉姆矩阵的特征值分解

第二个格拉姆矩阵分解

而《矩阵力量》反复提过，矩阵X还有第二个格拉姆矩阵XX^T (形状$D \times D$)，如图18.3所示。而XX^T也相当于线性核，其中每个元素为$x^{(i)}\left(x^{(j)}\right)^T$。

如图18.3所示，对格拉姆矩阵XX^T进行特征值分解，我们可以直接获得u_j。

$$
XX^T = U\Lambda U^T \quad (18.5)
$$

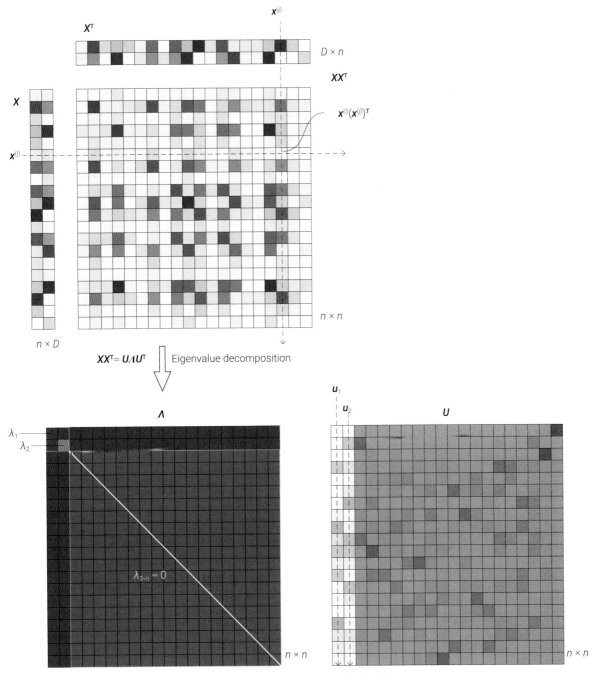

图18.3　第二个格拉姆矩阵的特征值分解

　　注意，式(18.1) 和式(18.5) 的特征值方阵形状不同，但是除0以外，两者拥有相同特征值。此外，请大家格外注意图18.3中u_j，下一节讲解KPCA时我们会用到相同的思路。

　　如图18.4所示，联系上述两个格拉姆矩阵特征值分解正是奇异值分解。图18.4所示为经济型SVD分解，请大家绘制对应完全型SVD分解的矩阵运算图解。

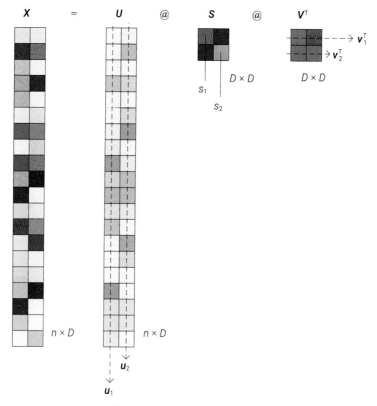

图18.4 奇异值分解联系两个格拉姆矩阵特征值分解

18.3 用核技巧完成核主成分分析

本节以高斯核为例介绍如何利用核技巧完成KPCA。

欧氏距离成对距离矩阵

大家已经知道要想计算高斯核矩阵，我们首先要计算欧氏成对距离矩阵。

如图18.5所示，对于给定的散点，我们先计算其成对欧氏距离矩阵。任意两点 $\boldsymbol{x}^{(i)}$ 和 $\boldsymbol{x}^{(j)}$ 的欧氏距离，即 L^2 范数 $\left\|\boldsymbol{x}^{(i)} - \boldsymbol{x}^{(j)}\right\|_2$。

如图18.6所示为如何计算欧式距离平方，即 $\left\|\boldsymbol{x}^{(i)} - \boldsymbol{x}^{(j)}\right\|_2^2$。

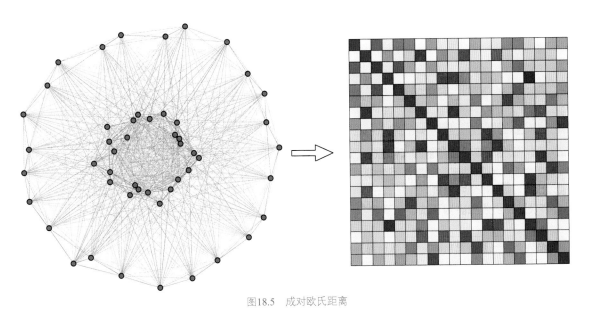

图18.5　成对欧氏距离

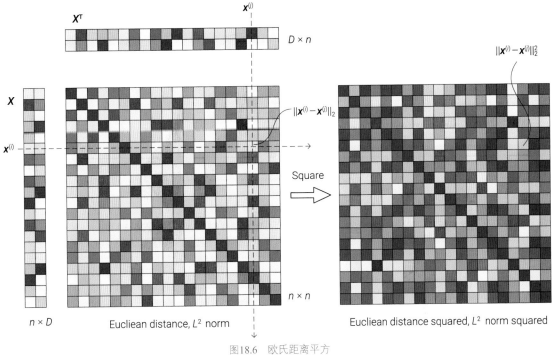

图18.6　欧氏距离平方

高斯核

如图18.7所示，根据欧氏距离平方 $\left\|\boldsymbol{x}^{(i)} - \boldsymbol{x}^{(j)}\right\|_2^2$，我们可以计算高斯核 $\kappa\left(\boldsymbol{x}^{(i)}, \boldsymbol{x}^{(j)}\right) = \exp\left(-\gamma\left\|\boldsymbol{x}^{(i)} - \boldsymbol{x}^{(j)}\right\|_2^2\right)$。

通过高斯函数，我们把距离度量转化为"亲近度"。

高斯核中的 γ 是需要调整的模型参数。注意，不同算法中高斯核函数的形式可能稍有差别。

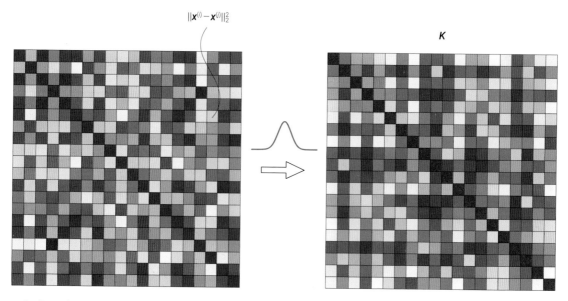

$\|\pmb{x}^{(i)} - \pmb{x}^{(j)}\|_2^2$

K

Eucliean distance squared, L^2 norm squared

Gaussian kernel matrix

图18.7 高斯核矩阵

通过前文学习，我们知道核技巧是一种在机器学习中常用的技术，主要用于处理非线性问题。它的基本思想是通过一个称为核函数的函数，将输入的特征映射到高维空间。

核技巧的主要优势在于它避免了直接在高维空间中进行计算，而是通过核函数在低维空间中的计算得到高维空间中的内积。这样做的好处是可以节省计算成本，并更有效地处理复杂的非线性关系。

核中心化

下一步，高斯核矩阵K还需要经过行列中心化，获得K_c。K_c为**中心矩阵** (centering matrix)。中心矩阵的每一行、每一列的均值都是0。

"鸢尾花书"读者对于中心化这个概念应该不陌生，可回顾《矩阵力量》第22章第4节。

图18.8中的矩阵M就是中心化矩阵，具体如下。

$$M = I - \frac{1}{n} \pmb{1}\pmb{1}^{\mathrm{T}} \tag{18.6}$$

注意：K为对称矩阵，M也是对称矩阵。

式(18.6)中，$\frac{1}{n}\pmb{1}\pmb{1}^{\mathrm{T}}$是一个$n \times n$矩阵，每个元素值都是$\frac{1}{n}$。

首先对高斯核矩阵K列中心化，即去均值。

$$K_{\text{col\_demean}} = MK \tag{18.7}$$

然后再对上述矩阵行中心化，结果就是K_c。

$$K_c = \left(M \left(K_{\text{col\_demean}} \right)^{\mathrm{T}} \right)^{\mathrm{T}} = \left(M \left(MK \right)^{\mathrm{T}} \right)^{\mathrm{T}} = MKM^{\mathrm{T}} \tag{18.8}$$

$\boldsymbol{K}_c$ 也是对称矩阵。

将式(18.6)代入式(18.8)展开可以得到：

$$\begin{aligned}
\boldsymbol{K}_c &= \left(\boldsymbol{I} - \frac{1}{n}\boldsymbol{1}\boldsymbol{1}^{\mathrm{T}} \right) \boldsymbol{K} \left(\boldsymbol{I} - \frac{1}{n}\boldsymbol{1}\boldsymbol{1}^{\mathrm{T}} \right)^{\mathrm{T}} \\
&= \left(\boldsymbol{I} - \frac{1}{n}\boldsymbol{1}\boldsymbol{1}^{\mathrm{T}} \right) \boldsymbol{K} \left(\boldsymbol{I} - \frac{1}{n}\boldsymbol{1}\boldsymbol{1}^{\mathrm{T}} \right) \\
&= \boldsymbol{K} - \frac{1}{n}\boldsymbol{1}\boldsymbol{1}^{\mathrm{T}}\boldsymbol{K} - \boldsymbol{K}\frac{1}{n}\boldsymbol{1}\boldsymbol{1}^{\mathrm{T}} + \frac{1}{n}\boldsymbol{1}\boldsymbol{1}^{\mathrm{T}}\boldsymbol{K}\frac{1}{n}\boldsymbol{1}\boldsymbol{1}^{\mathrm{T}}
\end{aligned} \qquad (18.9)$$

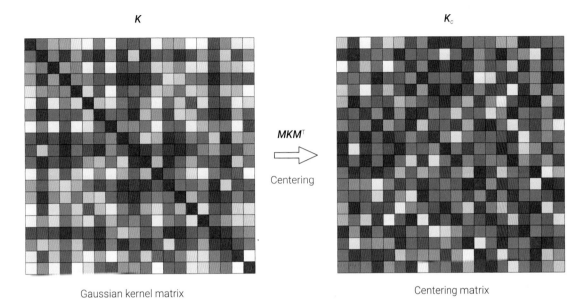

图18.8　高斯核中心化

高斯核的特征值分解

如图18.9所示，下一步就是对 $\boldsymbol{K}_c$ 特征值分解。将特征值从大到小排列后，取出排名靠前的特征向量，这就是经过"非线性投影"得到的因子得分。

Bk7_Ch18_01.ipynb中一步步实现上述KPCA运算，下面让我们讲解其中关键语句。

ⓐ利用sklearn.datasets.make_circles() 生成环形数据集。

ⓑ利用sklearn.preprocessing.StandardScaler()中fit_transform() 方法对数据进行标准化。

ⓒ用sklearn.metrics.pairwise.euclidean_distances()计算成对欧氏距离平方矩阵。

ⓓ将上述成对欧氏距离平方矩阵转化为高斯核矩阵。

ⓔ利用sklearn.preprocessing.KernelCenterer()中fit_transform()对高斯核矩阵中心化。当然，这一句被注释掉，请大家自行和下文代码比较运算结果。

ⓕ计算中心化矩阵 $\boldsymbol{M}$。

ⓖ对高斯核矩阵中心化。

ⓗ利用numpy.linalg.eigh() 对中心化后的核矩阵进行特征值分解，得到特征值eig_vals和特征向量eig_vecs。注意，numpy.linalg.eigh() 专门用于对称/Hermitian矩阵的特征值和特征向量的计算。对于Hermitian矩阵，特征值是实数，而且特征向量是正交的。numpy.linalg.eig() 则适用于一般的矩阵，不

要求输入矩阵是对称的，结果特征值可以是复数。

ⓘ利用numpy.argsort()获取特征值从大到小排序的索引。

ⓙ取出KPCA前两个主成分。

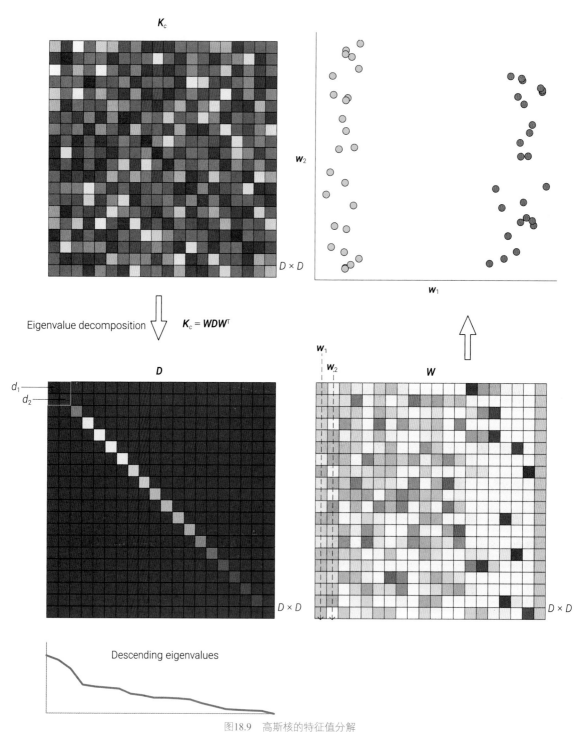

图18.9 高斯核的特征值分解

```python
from sklearn.datasets import make_circles

# 生成数据
X_original, y = make_circles(n_samples=200,
                             factor=0.3,
                             noise=0.05,
                             random_state=0)

# 标准化
from sklearn.preprocessing import StandardScaler
X = StandardScaler().fit_transform(X_original)

# 计算欧氏距离(平方)矩阵
from sklearn.metrics.pairwise import euclidean_distances
dist = euclidean_distances(X, X, squared=True)

# 计算核函数矩阵，高斯核
gamma = 1 # 模型参数需要优化
K = np.exp(-gamma * dist)

# 中心化
from sklearn.preprocessing import KernelCenterer
# Kc = KernelCenterer().fit_transform(K)
# 比较结果

n = len(K)
M = (np.identity(n) - 1/n*np.ones((n,n)))
Kc = M @ K @ M.T

# 特征值分解
eig_vals, eig_vecs = np.linalg.eigh(Kc)

# 按特征值大小排序
idx = np.argsort(eig_vals)[::-1]
eig_vals = eig_vals[idx]
eig_vecs = eig_vecs[:,idx]

# 取出前两个主成分
num_PCs = 2
Xpca = eig_vecs[:,:2]
```

升维过程

　　图18.10展示的就是非线性投影产生的网格变化。虽然本例中，原始特征只有两个，但是经过非线性变换我们可以得到各种奇形怪状的非线性投影网格。

　　这个过程就是通过核函数达到的"升维"的效果。

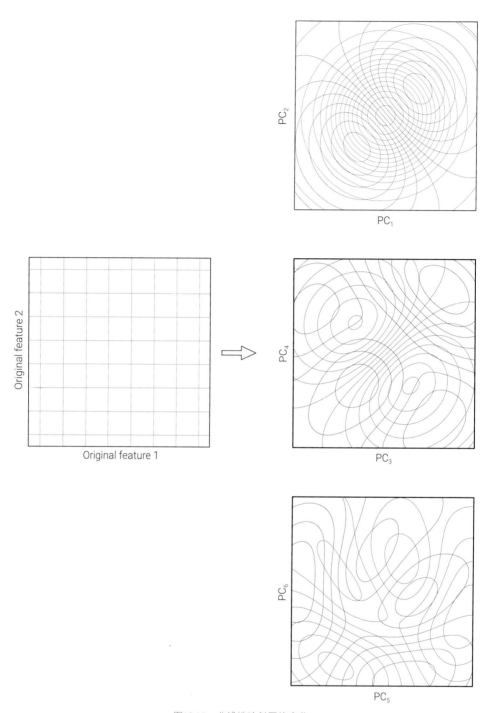

图18.10 非线性映射网格变化

举例

在Scikit-Learn中有sklearn.decomposition.KernelPCA()函数专门完成KPCA。图18.11所示为利用这个函数中的高斯核函数完成的环形数据的KPCA分析，下面讲解Bk7_Ch18_01.ipynb中这部分代码。

ⓐ用sklearn.decomposition.KernelPCA()完成KPCA。

n_components=2指定要保留的主成分数量为2。kernel='rbf'选择使用径向基函数核（RBF kernel），并设置核函数的参数gamma为1。请大家翻阅技术文档，尝试使用其他核函数，并比较其结果。

ⓑ对输入数据X进行KPCA，将结果存储在SK_PC_X中。这一步将数据映射到新的主成分空间。

ⓒ使用散点图可视化映射后的主成分空间。X轴使用第一个主成分，Y轴使用第二个主成分。点的颜色由标签y决定，使用'cool'颜色映射，边缘颜色为黑色，透明度为0.5。

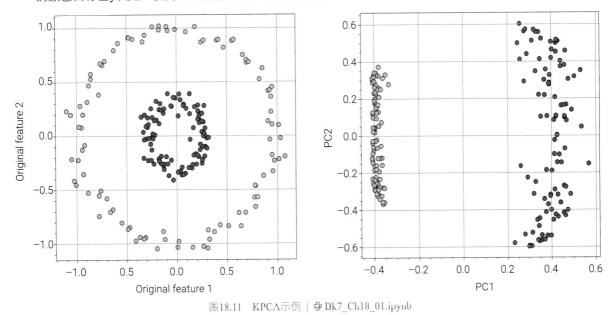

图18.11 KPCA示例 | ⊕ Bk7_Ch18_01.ipynb

代码18.2 用sklearn.decomposition.KernelPCA()完成KPCA | ⊕ Bk7_Ch18_01.ipynb

```python
from sklearn.decomposition import KernelPCA

# 调用KPCA工具
SK_PCA = KernelPCA(n_components=2, kernel='rbf', gamma=1)

# 对输入数据X进行KPCA
SK_PC_X = SK_PCA.fit_transform(X)

# 可视化
fig, ax = plt.subplots(figsize = (6,6))

ax.scatter(SK_PC_X[:, 0], SK_PC_X[:, 1],
           c=y, cmap = 'cool',
           edgecolors = ['k'], alpha = 0.5)
ax.set_xlabel("PC1")
ax.set_ylabel("PC2")
```

图18.12和图18.13所示为利用Streamlit搭建的两个App，展示高斯核KPCA中参数Gamma对结果的影响。

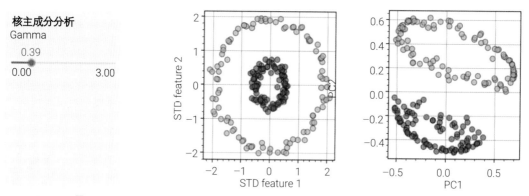

图18.12　展示Gamma对KPCA结果影响的App，环形数据，Streamlit搭建　|　⊕ Streamlit_Bk7_Ch18_02.py

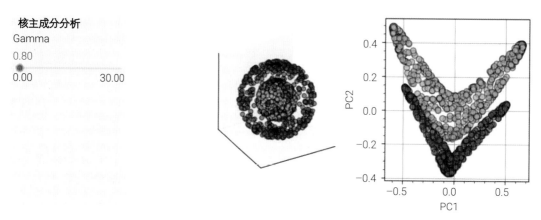

图18.13　展示Gamma对KPCA结果影响的App，球形数据，Streamlit搭建　|　⊕ Streamlit_Bk7_Ch18_03.py

KPCA通常用于非线性降维，它通过将数据映射到高维特征空间，然后在该空间中执行PCA。虽然它本身不是分类或聚类算法，但在降维后，可以使用其他算法进行分类或聚类分析。

有关KPCA背后的数学原理，请大家参考如下文章。

◄ https://arxiv.org/pdf/1207.3538.pdf

19 Canonical Correlation Analysis
典型相关分析
找到两组数据的整体相关性的最大线性组合

人类生而好奇，这正是科学的火种。

Men love to wonder, and that is the seed of science.

—— 拉尔夫·沃尔多·爱默生 (Ralph Waldo Emerson) | 美国思想家、文学家 | 1803 — 1882年

◄ `numpy.linalg.eig()` 特征值分解
◄ `numpy.linalg.inv()` 矩阵求逆
◄ `seaborn.heatmap()` 绘制热图
◄ `seaborn.jointplot()` 绘制散点图，含边缘分布
◄ `seaborn.pairplot()` 成对散点图
◄ `seaborn.scatterplot()` 绘制散点图
◄ `sklearn.cross_decomposition.CCA()` 典型相关分析

19.1 典型相关分析原理

典型相关分析 (Canonical Correlation Analysis，CCA) 是一种用于探究两组变量之间关系的多元统计分析方法。其核心思想是将两组变量分别投影到新的低维空间中，使得这两组变量在新空间中的投影尽可能相关。

CCA常用于处理两组多元变量之间的关系。通过CCA可以发现这两组变量中的某些维度之间存在相关性，这种相关性可以帮助研究者更好地理解两组变量之间的关系。

使用CCA时，一般需要先对两组变量进行标准化处理，然后计算它们的相关性系数矩阵。接着，CCA会生成一组线性组合，使得两组变量在新的低维空间中的投影尽可能相关。这些线性组合称为典型变量，相关系数则称为典型相关系数。最终的结果是一组典型变量和对应的典型相关系数。

原理

下面以X和Y为例介绍CCA原理。

$n \times p$数据矩阵X可以写成：

$$X_{n \times p} = \begin{bmatrix} x_1 & x_2 & \cdots & x_p \end{bmatrix} \tag{19.1}$$

$n \times q$数据矩阵Y可以写成：

$$Y_{n \times q} = \begin{bmatrix} y_1 & y_2 & \cdots & y_q \end{bmatrix} \tag{19.2}$$

⚠️

注意：X和Y的行数一致。

X朝向量u_1投影结果为s_1：

$$s_1 = X_{n \times p} u_1 \tag{19.3}$$

其中，u_1的形状为$p \times 1$，s_1的形状为$n \times 1$。

展开式(19.3)得到如下线性组合形式：

$$s_1 = \begin{bmatrix} x_1 & x_2 & \cdots & x_p \end{bmatrix} \begin{bmatrix} u_{1,1} \\ u_{2,1} \\ \vdots \\ u_{p,1} \end{bmatrix} = u_{1,1}x_1 + u_{2,1}x_2 + \cdots + u_{p,1}x_p \tag{19.4}$$

Y朝向量v_1投影的结果为t_1：

$$t_1 = Y_{n \times q} v_1 \tag{19.5}$$

其中，v_1的形状为$q \times 1$，t_1的形状为$n \times 1$。p和q可以不相等，也就是说u_1、v_1形状可能不同。但是s_1、t_1形状相同。

展开式(19.5)得到如下线性组合形式：

$$t_1 = \begin{bmatrix} y_1 & y_2 & \cdots & y_q \end{bmatrix} \begin{bmatrix} v_{1,1} \\ v_{2,1} \\ \vdots \\ v_{q,1} \end{bmatrix} = v_{1,1}y_1 + v_{2,1}y_2 + \cdots + v_{q,1}y_q \tag{19.6}$$

优化问题

如图19.1所示，CCA的问题便是找到u_1和v_1，使得s_1和t_1相关性最大。

随机变量

用随机变量来写的话，S_1对应s_1，T_1对应t_1。随机变量S_1可以写成如下线性变换：

$$S_1 = u_1^{\mathrm{T}} \chi = \begin{bmatrix} u_{1,1} & u_{2,1} & \cdots & u_{p,1} \end{bmatrix} \begin{bmatrix} X_1 \\ X_2 \\ \vdots \\ X_p \end{bmatrix} = u_{1,1}X_1 + u_{2,1}X_2 + \cdots + u_{p,1}X_p \tag{19.7}$$

同理，随机变量T_1可以写成：

$$T_1 = v_1^{\mathrm{T}} Y = \begin{bmatrix} v_{1,1} & v_{2,1} & \cdots & v_{q,1} \end{bmatrix} \begin{bmatrix} Y_1 \\ Y_2 \\ \vdots \\ Y_q \end{bmatrix} = v_{1,1}Y_1 + v_{2,1}Y_2 + \cdots + v_{q,1}Y_q \tag{19.8}$$

S_1和T_1是**第一对典型变量** (first pair of canonical variables)。

S_1和T_1的相关性系数为:

$$\text{corr}\left(S_1,T_1\right) = \frac{\text{cov}\left(S_1,T_1\right)}{\sqrt{\text{var}\left(S_1,S_1\right)}\sqrt{\text{var}\left(T_1,T_1\right)}} \tag{19.9}$$

这样寻找第一对典型变量的优化问题可以写成:

$$\underset{\boldsymbol{u}_1,\boldsymbol{v}_1}{\text{argmax}}\,\text{corr}\left(S_1,T_1\right) \tag{19.10}$$

有关随机变量的线性变换,请大家回顾《统计至简》第14章。

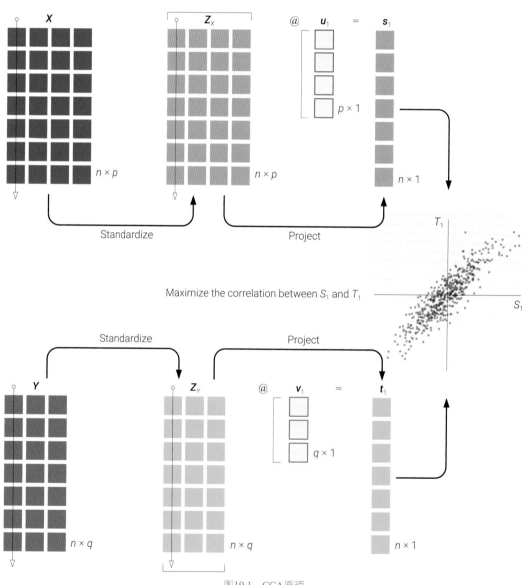

图19.1　CCA原理

寻找更多典型变量

如图19.2所示，在找到第一对典型变量之后，依然最大化相关性系数可以找到**第二对典型变量**(second pair of canonical variables)。约束条件是第一、第二对典型变量不相关。

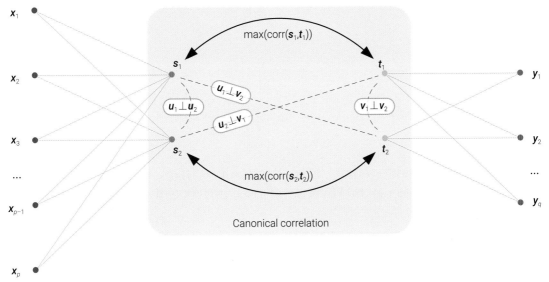

图19.2　线性组合角度看CCA

用向量来写，s_2也是$\begin{bmatrix} x_1 & x_2 & \cdots & x_p \end{bmatrix}$的线性组合：

$$s_2 = Xu_2 = \begin{bmatrix} x_1 & x_2 & \cdots & x_p \end{bmatrix} \begin{bmatrix} u_{1,2} \\ u_{2,2} \\ \vdots \\ u_{p,2} \end{bmatrix} = u_{1,1}x_1 + u_{2,1}x_2 + \cdots + u_{p,1}x_p \tag{19.11}$$

式(19.11)相当于X朝u_2投影。

t_2为$\begin{bmatrix} y_1 & y_2 & \cdots & y_q \end{bmatrix}$的线性组合：

$$t_2 = \begin{bmatrix} y_1 & y_2 & \cdots & y_q \end{bmatrix} \begin{bmatrix} v_{1,2} \\ v_{2,2} \\ \vdots \\ v_{q,2} \end{bmatrix} = v_{1,2}y_1 + v_{2,2}y_2 + \cdots + v_{q,2}y_q \tag{19.12}$$

式(19.12)相当于Y朝v_2投影。

通过最大化的s_2和t_2相关性系数，可以找到第二对典型变量。这步优化问题的约束条件为：

$$\begin{aligned} u_1^{\mathrm{T}} u_2 &= 0 \\ v_1^{\mathrm{T}} v_2 &= 0 \\ u_1^{\mathrm{T}} v_2 &= 0 \\ v_1^{\mathrm{T}} u_2 &= 0 \end{aligned} \tag{19.13}$$

随机变量S_2可以写成：

$$S_2 = \boldsymbol{u}_2^\mathrm{T} \boldsymbol{\chi} = \begin{bmatrix} u_{1,2} & u_{2,2} & \cdots & u_{p,2} \end{bmatrix} \begin{bmatrix} X_1 \\ X_2 \\ \vdots \\ X_p \end{bmatrix} = u_{1,2} X_1 + u_{2,2} X_2 + \cdots + u_{p,2} X_p \tag{19.14}$$

随机变量T_2可以写成：

$$T_2 = \boldsymbol{v}_2^\mathrm{T} Y = \begin{bmatrix} v_{1,2} & v_{2,2} & \cdots & v_{q,2} \end{bmatrix} \begin{bmatrix} Y_1 \\ Y_2 \\ \vdots \\ Y_q \end{bmatrix} = v_{1,2} Y_1 + v_{2,2} Y_2 + \cdots + v_{p,2} Y_q \tag{19.15}$$

考虑到一般情况下$\boldsymbol{X}$和$\boldsymbol{Y}$已经标准化，$\mathrm{E}(\boldsymbol{X}) = \boldsymbol{0}$且$\mathrm{E}(\boldsymbol{Y}) = \boldsymbol{0}$。这样$\mathrm{E}(U_1) = 0$，$\mathrm{E}(V_1) = 0$。

这个步骤最多重复 $\min(p, q)$ 次，可以最多找到 $\min(p, q)$ 对典型变量。$\min(p, q)$ 对应$\boldsymbol{X}$和$\boldsymbol{Y}$的列数最小值。

19.2 从一个协方差矩阵考虑

[$\boldsymbol{X}$, $\boldsymbol{Y}$] 的协方差矩阵可以按图19.3所示形式分成四个子块。$\boldsymbol{\Sigma}_{XX}$为$\boldsymbol{X}$的协方差矩阵，$\boldsymbol{\Sigma}_{YY}$为$\boldsymbol{Y}$的协方差矩阵，它俩都是方阵。$\boldsymbol{\Sigma}_{XY}$、$\boldsymbol{\Sigma}_{YX}$都是$\boldsymbol{X}$、$\boldsymbol{Y}$的**互协方差矩阵** (cross-covariance matrix)，它俩互为转置。

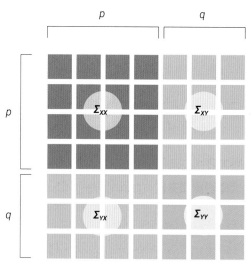

图19.3 [$\boldsymbol{X}$, $\boldsymbol{Y}$] 的协方差矩阵分块

《统计至简》第13章特别介绍过协方差矩阵分块，请大家回顾。

S_1和T_1各自的方差、协方差为：

$$\mathrm{var}\left(S_1\right) = \boldsymbol{u}_1^{\mathrm{T}} \boldsymbol{\Sigma}_{XX} \boldsymbol{u}_1$$
$$\mathrm{var}\left(T_1\right) = \boldsymbol{v}_1^{\mathrm{T}} \boldsymbol{\Sigma}_{YY} \boldsymbol{v}_1 \tag{19.16}$$
$$\mathrm{cov}\left(S_1, T_1\right) = \boldsymbol{u}_1^{\mathrm{T}} \boldsymbol{\Sigma}_{XY} \boldsymbol{v}_1$$

如果大家对上式概念模糊的话，请回顾《统计至简》第14章。

这样，式(19.9)的相关性系数可以写成：

$$\mathrm{corr}\left(S_1, T_1\right) = \frac{\boldsymbol{u}_1^{\mathrm{T}} \boldsymbol{\Sigma}_{XY} \boldsymbol{v}_1}{\sqrt{\boldsymbol{u}_1^{\mathrm{T}} \boldsymbol{\Sigma}_{XX} \boldsymbol{u}_1} \sqrt{\boldsymbol{v}_1^{\mathrm{T}} \boldsymbol{\Sigma}_{YY} \boldsymbol{v}_1}} \tag{19.17}$$

观察上式，大家是否发现它实际上是个**瑞利商** (Rayleigh quotient)。

我们在《矩阵力量》第14章了解过瑞利商。

优化结果

利用拉格朗日乘子法，我们可以求得优化问题的解。此处，省略推导过程，直接给出结果。

向量$\boldsymbol{u}$是$\boldsymbol{P} = \boldsymbol{\Sigma}_{XX}^{-1} \boldsymbol{\Sigma}_{XY} \boldsymbol{\Sigma}_{YY}^{-1} \boldsymbol{\Sigma}_{YX}$的特征向量。如图19.4所示，$\boldsymbol{P}$为$p \times p$方阵。

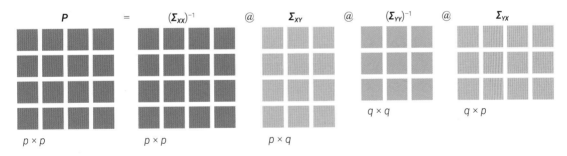

图19.4　$\boldsymbol{\Sigma}_{XX}^{-1} \boldsymbol{\Sigma}_{XY} \boldsymbol{\Sigma}_{YY}^{-1} \boldsymbol{\Sigma}_{YX}$对应运算

向量v是$Q = \Sigma_{YY}^{-1}\Sigma_{YX}\Sigma_{XX}^{-1}\Sigma_{XY}$的特征向量。如图19.5所示，$Q$为$q \times q$方阵。

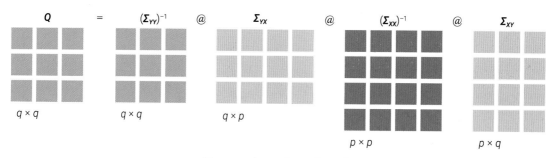

图19.5　$\Sigma_{YY}^{-1}\Sigma_{YX}\Sigma_{XX}^{-1}\Sigma_{XY}$对应运算

值得大家注意的是，如图19.1所示，一般CCA算法中，数据先要经过标准化处理。也就是说图19.3中真正参与运算的是相关性系数矩阵，而非协方差矩阵。

本章下面要使用的sklearn.cross_decomposition.CCA() 函数就是先对数据标准化，再进行CCA分析。

19.3 以鸢尾花数据为例

本节以鸢尾花数据为例介绍如何完成CCA。

如图19.6所示，我们把鸢尾花数据4列均分为X和Y两个矩阵。X代表花萼 (长度、宽度)，Y代表花瓣 (长度、宽度)。

CCA就是，将花萼数据X的两列合成一列s_1，将花瓣数据Y的两列合成一列t_1。通过合适的组合方式，让s_1和t_1的相关性最大。可以理解为找到花萼、花瓣之间的"整体"关系。

图19.7所示为鸢尾花数据的相关性系数矩阵。请大家特别关注热图中黄色框高亮的两个子块，花萼和花瓣之间最大的相关性存在于花萼长度和花瓣长度 (0.87)。

比0.87更大的相关性系数是0.96，这个相关性系数是花瓣长度、宽度之间的关系，而非花萼、花瓣之间的关系。

此外，CCA分析中，图19.7的相关性系数矩阵就相当于图19.3的协方差矩阵。

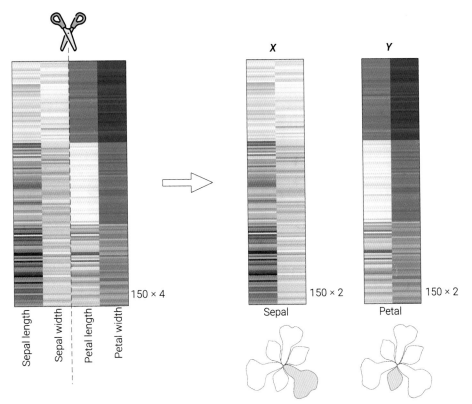

图19.6　把鸢尾花数据均分成两个子块

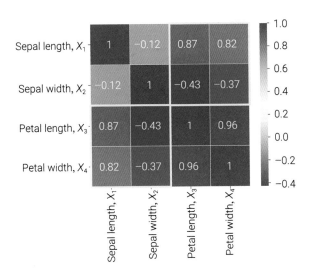

图19.7　鸢尾花数据的相关性系数矩阵

CCA结果

通过CCA分析，我们得到的结果如图19.8 (a) 所示。大家可以在本章代码中自行验算，可以发现图19.8 (a) 中每一列均值均为0。

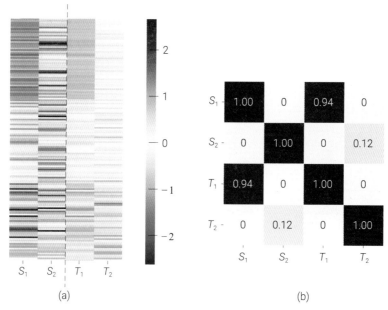

图19.8　CCA分析结果

图19.8 (b) 所示为图19.8 (a) 结果的相关性系数矩阵。S_1和T_1的相关性系数达到0.94。此外，大家发现图19.8 (b) 中很多相关性系数为0的情况，这就是本章前文介绍的优化问题约束条件。

图19.9所示为用散点图可视化S_1和T_1的关系。图19.9 (b) 还考虑了鸢尾花分类。观察图19.9 (a)，大家可能已经发现S_1和T_1均方差明显不同。

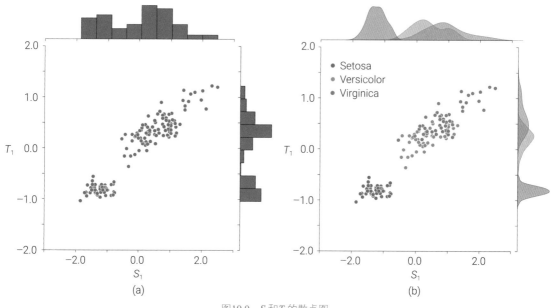

图19.9　S_1和T_1的散点图

图19.10所示为CCA结果成对特征散点图。

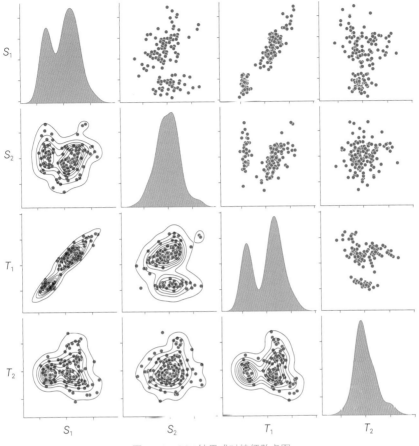

图19.10　CCA结果成对特征散点图

投影

大家可能会好奇到底怎样的$\boldsymbol{u}_1$、$\boldsymbol{v}_1$让S_1和T_1的相关性系数如此之大？
sklearn.cross_decomposition.CCA() 函数同样返回$\boldsymbol{u}_1$、$\boldsymbol{v}_1$，具体如图19.11所示。

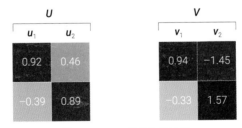

图19.11　CCA投影向量结果

假设$\boldsymbol{X}=[\boldsymbol{x}_1,\boldsymbol{x}_2]$已经标准化，如图19.12所示，$\boldsymbol{x}_1$和$\boldsymbol{x}_2$按如下方式线性组合得到$\boldsymbol{s}_1$：

$$\boldsymbol{s}_1 = \boldsymbol{X}_{150\times2}\boldsymbol{u}_1 = \begin{bmatrix} \boldsymbol{x}_1 & \boldsymbol{x}_2 \end{bmatrix} \begin{bmatrix} 0.92 \\ -0.39 \end{bmatrix} = 0.92\boldsymbol{x}_1 - 0.39\boldsymbol{x}_2 \tag{19.18}$$

大家可以自己验证$\boldsymbol{u}_1$为单位向量。

同样，假设 $Y = [y_1, y_2]$ 已经标准化，如图19.12所示，y_1和y_2按如下方式线性组合得到t_1：

$$t_1 = Y_{150\times 2}v_1 = \begin{bmatrix} y_1 & y_2 \end{bmatrix}\begin{bmatrix} 0.94 \\ -0.33 \end{bmatrix} = 0.94x_1 - 0.33x_2 \qquad (19.19)$$

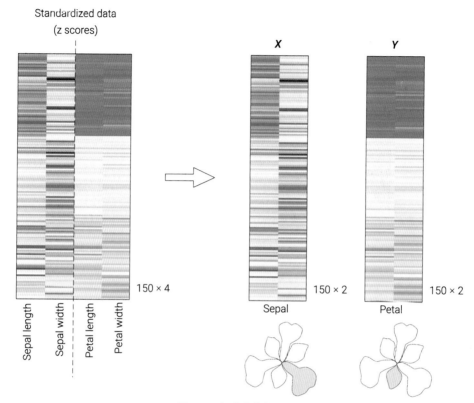

图19.12　标准化的鸢尾花数据

通过投影计算s_1和t_1的过程如图19.13所示。

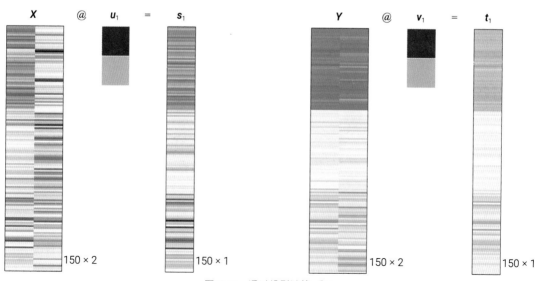

图19.13　通过投影计算s_1和t_1

特征值分解

下面我们利用特征值分解自行求解u_1、v_1。根据图19.4和图19.5，我们需要先计算P和Q两个方阵。具体过程如图19.14、图19.15所示。

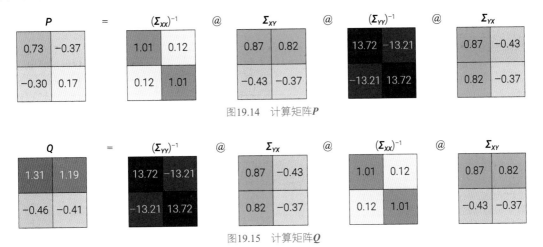

图19.14　计算矩阵P

图19.15　计算矩阵Q

然后对P和Q分别进行特征值分解，具体如图19.16、图19.17所示。

⚠

注意：图19.17中矩阵V的第2列向量v2和图19.11中不同，但是两者为倍数关系，即共线。

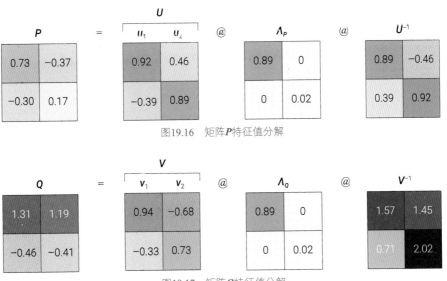

图19.16　矩阵P特征值分解

图19.17　矩阵Q特征值分解

Bk7_Ch19_01.ipynb中完成了本章CCA分析及可视化。下面讲解其中关键语句。

ⓐ导入鸢尾花数据。

ⓑ取出花萼两个特征数据。ⓒ取出花瓣两个特征数据。

ⓓ用sklearn.cross_decomposition.CCA()创建一个CCA对象，指定要保留的主成分数为2。

ⓔ使用 fit() 方法拟合模型，将花萼特征 (X) 和花瓣特征 (Y) 传递给 CCA 模型。

ⓕ使用 transform() 方法将原始数据投影到 CCA 空间，得到投影后的数据 S 和 T。

Bk7_Ch19_01.ipynb中这段代码还复刻了上述CCA运算，请大家自行学习。

```
from sklearn.cross_decomposition import CCA
from sklearn.datasets import load_iris

# 导入鸢尾花数据
iris_sns = sns.load_dataset("iris")

X_df = iris_sns[['sepal_length', 'sepal_width',
                 'petal_length', 'petal_width']]

# 花萼两个特征
X = iris_sns[['sepal_length', 'sepal_width']]

# 花瓣两个特征
Y = iris_sns[['petal_length', 'petal_width']]

# CCA分析
Iris_CCA = CCA(n_components=2)
Iris_CCA.fit(X, Y)
S, T = Iris_CCA.transform(X, Y)

# 整理结果
S_T_df = pd.DataFrame({"s1":S[:, 0],
                       "s2":S[:, 1],
                       "t1":T[:, 0],
                       "t2":T[:, 1]})
```

至此，我们完成了本书所有有关"降维"算法的学习。请大家务必掌握六种不同主成分的异同，以及经济型SVD分解、截断型SVD分解。

另外，大家需要了解PCA算法的局限性。对于非线性数据降维，大家可以试着用KPCA；KPCA将非线性数据投影到高维度空间，再投影。此外，也请大家自行学习流形学习等其他降维算法。

Section 05

05 聚 类

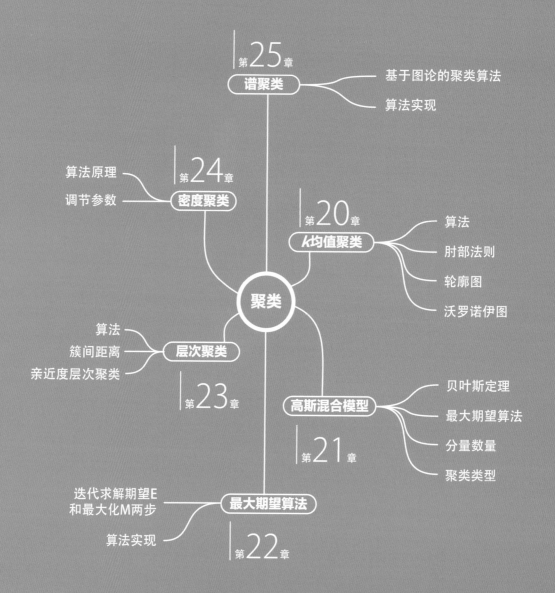

第25章

谱聚类

基于图论的聚类算法

算法实现

算法原理

第24章

调节参数

密度聚类

第20章

k均值聚类

算法

肘部法则

轮廓图

沃罗诺伊图

聚类

算法

簇间距离

层次聚类

亲近度层次聚类

第23章

贝叶斯定理

最大期望算法

高斯混合模型

分量数量

聚类类型

第21章

迭代求解期望E
和最大化M两步

最大期望算法

算法实现

第22章

学习地图 | 第5板块

20 K-Means Clustering
K 均值聚类
簇内距离和最小，迭代求解

几何是万物美的本原。

Geometry is the archetype of the beauty of the world.

—— 约翰内斯·开普勒 (Johannes Kepler) | 德国天文学家、数学家 | 1571 — 1630年

◀ numpy.cov() 计算协方差矩阵
◀ pandas.DataFrame.cov() 计算数据帧协方差矩阵
◀ scipy.spatial.Voronoi 函数获得沃罗诺伊图相关数据
◀ scipy.spatial.voronoi_plot_2d 函数绘制沃罗诺伊图
◀ sklearn.cluster.KMeans() K均值聚类算法函数；model.fit() 拟合数据，model.predict() 预测聚类标签，model.cluster_centers_ 输出簇质心位置，model.inertia_ 输出簇SSE之和
◀ sklearn.metrics.silhouette_score 计算轮廓系数
◀ yellowbrick.cluster.SilhouetteVisualizer 函数绘制轮廓图

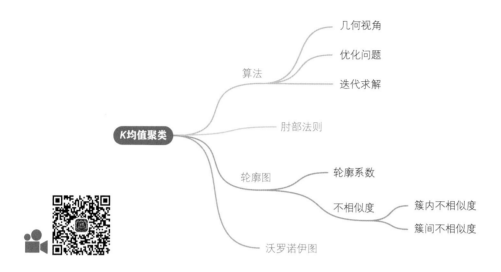

几何视角

优化问题

迭代求解

算法

肘部法则

*K*均值聚类

轮廓系数

轮廓图

不相似度 ——— 簇内不相似度

簇间不相似度

沃罗诺伊图

20.1 *K*均值聚类

*K*均值聚类 (*K*-means clustering) 的*K*不同于*k*近邻中的*k*。

注意：本书第2章介绍的*k*近邻算法 (*k*-Nearest Neighbors，*k*-NN) 是有监督学习分类算法，样本数据有标签，*k*是指设定的近邻数量。

而*K*均值聚类则是无监督学习聚类算法，样本数据无标签，*K*是指将给定样本集 Ω 划分成*K*簇 $C = \{C_1, C_2, ..., C_K\}$。

原理

图20.1所示为*K*均值算法原理图。*K*均值聚类的每一簇样本数据用**簇质心** (cluster centroid) 来描述。比如，二聚类问题有两个簇质心 $\boldsymbol{\mu}_1$ 和 $\boldsymbol{\mu}_2$。

如果以欧氏距离为距离度量，距离质心$\boldsymbol{\mu}_1$更近的点，被划分为C_1簇；而距离质心$\boldsymbol{\mu}_2$更近的点，被划分为C_2簇。

比如，图20.1中*A*点明显距离$\boldsymbol{\mu}_1$更近，*A*点被划分为C_1簇；*C*点距离$\boldsymbol{\mu}_2$更近，因此*C*点划分到C_2簇；*B*点距离$\boldsymbol{\mu}_1$和$\boldsymbol{\mu}_2$相等，因此*B*点位于决策边界。很明显，决策边界为$\boldsymbol{\mu}_1$和$\boldsymbol{\mu}_2$的**中垂线** (perpendicular bisector)。

建议大家回顾《矩阵力量》第19章讲解的有关中垂线内容。

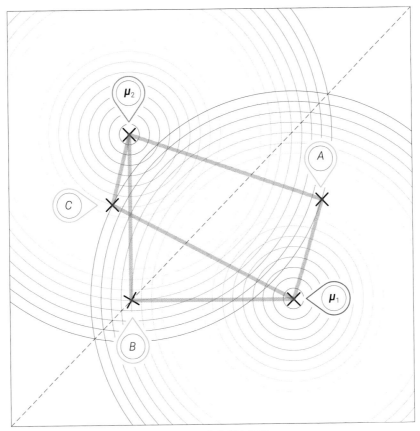

图20.1　*K*均值算法原理

由于采用欧氏距离，图20.1中簇质心$\boldsymbol{\mu}_1$ 和 $\boldsymbol{\mu}_2$等高线为两组同心圆；同心圆颜色相同，代表距离簇质心$\boldsymbol{\mu}_1$ 和 $\boldsymbol{\mu}_2$距离相同。因此，同色同心圆的交点位于决策边界上。

20.2 **优化问题**

*K*均值聚类算法的优化目标是，将所有给定样本点划分*K*簇，并使得簇内距离平方和最小。采用最简单的欧氏距离，以上优化目标记作：

$$\arg\min_{C} \sum_{k=1}^{K} \sum_{\boldsymbol{x} \in C_k} \left\| \boldsymbol{x} - \boldsymbol{\mu}_k \right\|^2 \tag{20.1}$$

其中，$\boldsymbol{x}$为样本数据任意一点，形式为列向量；$\boldsymbol{\mu}_k$为任意一簇C_k样本数据的质心。

实际上，式(20.1)中簇内距离平方和相当于**残差平方和** (Sum of Squared Error，SSE)。SSE度量样本数据的聚集程度；为了方便读者理解，下一节专门讲解质心、协方差矩阵、残差平方和等描述簇数据的数学工具。

任意一点x和质心μ_k欧氏距离平方，可以通过式(20.2)计算得到：

$$d^2 = \mathrm{dist}\left(x, \mu_k\right)^2 = \left\| x - \mu_k \right\|^2 = \left(x - \mu_k \right)^{\mathrm{T}} \left(x - \mu_k \right) \tag{20.2}$$

其中，

$$x = \begin{bmatrix} x_1 & x_2 & \cdots & x_D \end{bmatrix}^{\mathrm{T}}, \quad \mu_k = \begin{bmatrix} \mu_{k,1} & \mu_{k,2} & \cdots & \mu_{k,D} \end{bmatrix}^{\mathrm{T}} \tag{20.3}$$

两特征聚类

当特征数为$D = 2$时，欧氏距离平方和展开为式(20.4)：

$$\begin{aligned} d^2 &= \left(x - \mu_k \right)^{\mathrm{T}} \left(x - \mu_k \right) \\ &= \left(x_1 - \mu_{k,1} \right)^2 + \left(x_2 - \mu_{k,2} \right)^2 \end{aligned} \tag{20.4}$$

丛书反复介绍，当d取某一定值时，所示解析式是以$(\mu_{k,1}, \mu_{k,2})$为圆心，d为半径的正圆。如图20.1所示，d取不同值时，式(20.4)的几何表达为以μ_1和μ_2为中心得到两组同心正圆。

对于二分类问题，决策边界满足：

$$\left(x - \mu_1 \right)^{\mathrm{T}} \left(x - \mu_1 \right) = \left(x - \mu_2 \right)^{\mathrm{T}} \left(x - \mu_2 \right) \tag{20.5}$$

整理得到决策边界解析式：

$$\left(\mu_1 - \mu_2 \right)^{\mathrm{T}} \left(x - \frac{\left(\mu_1 + \mu_2 \right)}{2} \right) = 0 \tag{20.6}$$

发现K均值聚类决策边界为一超平面，超平面通过μ_1和μ_2中点，并垂直于μ_1和μ_2连线，即垂直于$(\mu_2 - \mu_1)$。

三聚类

图20.2所示为三聚类问题簇数据和质心位置。根据这三个质心位置，可以绘制两两质心的中垂线。决策边界在这三条中垂线上。图20.2实际上便是**沃罗诺伊图** (Voronoi diagram)。本章最后一节将介绍沃罗诺伊图。

图20.3中，z轴高度代表三聚类预测标签。

容易发现，在确定决策边界位置上，K均值聚类原理和本书第2章介绍的**最近质心分类器** (nearest centroid classifier) 很相似。

不同的是，K均值聚类算法采用迭代方式找到簇质心位置，这是下一节要介绍的内容。

采用欧氏距离的K均值聚类相当于**高斯混合模型** (Gaussian Mixture Model，GMM) 的一个特例。这一点，下一章会详细介绍。

目前Scikit-Learn中K均值聚类算法距离度量仅支持欧氏距离；MATLAB中K均值聚类算法函数还支持城市街区距离、余弦距离、相关系数距离等。

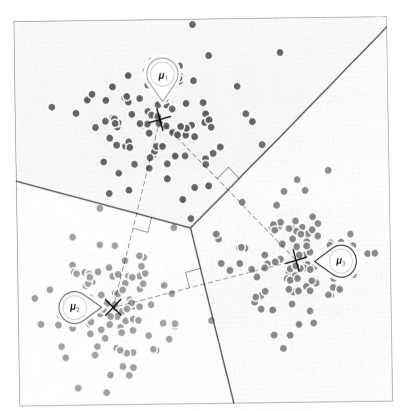

图20.2　三聚类问题簇质心、决策边界和区域划分

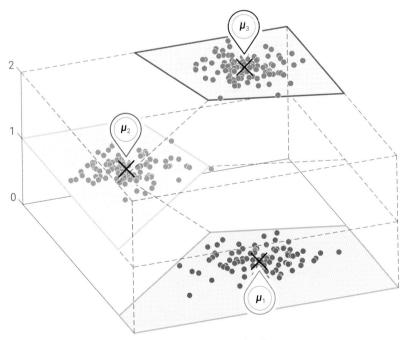

图20.3　三聚类预测标签

20.3 迭代过程

本节以二聚类为例介绍K均值聚类流程图。

流程

流程输入为样本数据和聚类簇数 (比如2)。然后，从样本中随机选取2个数据作为初始簇质心$\boldsymbol{\mu}_1$和$\boldsymbol{\mu}_2$。然后进入如下迭代循环：

◄计算每一个样本和均值向量$\boldsymbol{\mu}_1$和$\boldsymbol{\mu}_2$距离；
◄比较每个样本和$\boldsymbol{\mu}_1$和$\boldsymbol{\mu}_2$距离，确定簇划分；
◄根据当前簇，计算并更新均值向量$\boldsymbol{\mu}_1$和$\boldsymbol{\mu}_2$。

直到均值向量$\boldsymbol{\mu}_1$和$\boldsymbol{\mu}_2$满足迭代停止条件，才得到簇划分。

图20.4所示为以鸢尾花数据为例的K均值算法迭代过程。随机选取三个样本点 (黄色高亮) 作为初始簇质心$\boldsymbol{\mu}_1$、$\boldsymbol{\mu}_2$和$\boldsymbol{\mu}_3$，经过10次迭代，簇质心位置不断连续变化，最终收敛。

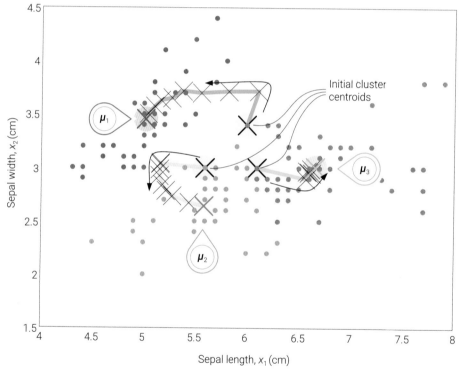

图20.4　K均值算法迭代过程，以鸢尾花数据为例

鸢尾花数据聚类

图20.5所示为K均值算法聚类鸢尾花数据。Scikit-Learn工具包中的K均值聚类算法函数为sklearn.cluster.KMeans()。利用model.fit() 拟合数据后，利用model.predict() 预测聚类标签，利用model.cluster_centers_输出簇质心位置。

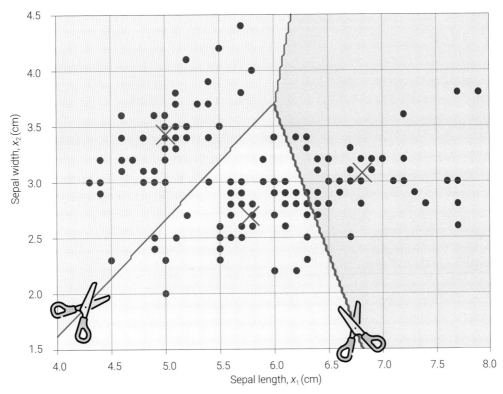

图20.5 *K*均值算法聚类鸢尾花数据

Bk7_Ch20_01.ipynb中绘制了图20.5。下面讲解其中关键语句。

ⓐ用sklearn.datasets.load_iris() 导入数据。

ⓑ只用鸢尾花数据的前两个特征 (花萼长度、花萼宽度) 训练聚类。请大家尝试使用鸢尾花其他特征组合完成聚类。

ⓒ用sklearn.cluster.KMeans()创建KMeans对象。

n_clusters=3指定了要将数据分成的簇的数量。请大家尝试其他簇数，如2、4等，并比较其结果。

n_init='auto'指定了初始化中心点的次数。KMeans算法的结果可能受到初始中心点位置的影响，因此可以尝试多次不同的初始化以找到更好的聚类结果。'auto'表示算法会自动选择一个合适的初始化次数，当前默认10次。

ⓓ调用KMeans对象kmeans，用fit()方法对训练数据进行拟合。

ⓔ使用KMeans模型对网格数据进行聚类预测。

其中，ravel() 是Numpy中的方法，它将多维数组转换为一维。np.c_[xx.ravel(), yy.ravel()] 按列并列拼接两个一维数组，形成一个包含网格中所有点坐标的二维数组。

《编程不难》介绍过，对于已经训练好的聚类模型，如果模型可以将全新的数据点分配到确定的簇中，这类聚类算法叫作**归纳聚类** (inductive clustering)。

不具备这种能力的聚类算法叫作**非归纳聚类** (non-inductive clustering)。非归纳聚类只能对训练数据进行聚类，而不能将新数据点添加到已有的模型中进行预测。

显然，KMeans是一种归纳聚类算法。

ⓕ将聚类预测结果规整成和网格数据相同形状的矩阵。

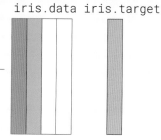

```
# 导入鸢尾花数据
a  iris = datasets.load_iris()

   # 取出鸢尾花前两个特征
b  X_train = iris.data[:, :2]

   # 创建KMeans对象
c  kmeans = KMeans(n_clusters=3, n_init = 'auto')

   # 使用KMeans算法训练数据
d  kmeans.fit(X_train)

   # 使用KMeans模型对网格中的点进行预测
e  Z = kmeans.predict(np.c_[xx.ravel(), yy.ravel()])
   # 并将预测结果整形成与网格相同形状的矩阵
f  Z = Z.reshape(xx.shape)
```

20.4 肘部法则：选定聚类簇值

肘部法则 (elbow method) 可以用来判断合适的聚类簇值K。肘部法则的关键指标是**误差平方和** (SSE)：

$$\text{SSE}\left(X\middle|K\right) = \sum_{k=1}^{K}\text{SSE}\left(C_k\right) = \sum_{k=1}^{K}\sum_{x\in C_k}\left\|x - \mu_k\right\|^2 \tag{20.7}$$

SSE也叫**惯性量** (inertia)。

如图20.6所示，随着聚类簇数K不断增大，均值聚类算法对样本数据的划分会逐渐变得更加精细；因此，随着K不断增大，每个簇的聚合程度会逐渐提高，SSE会逐渐变小。

极端情况下，当$K = n$时，也就是每个样本数据自成一簇，SSE = 0。

K不断增大，SSE不断减小的过程如图20.7所示。观察此图发现一个有意思的现象，当K小于"合适"聚类数时，K增大，会导致SSE大幅下降；但是，K大于"合适"聚类数时，K再增大，SSE下降幅度会不断变缓。

这就是为什么图20.7呈现出"肘"形状，也便是肘部法则的名称来由。理想的聚类簇数K便是"肘"拐点的位置。K均值聚类算法函数输出值model.inertia_便是当前SSE值。

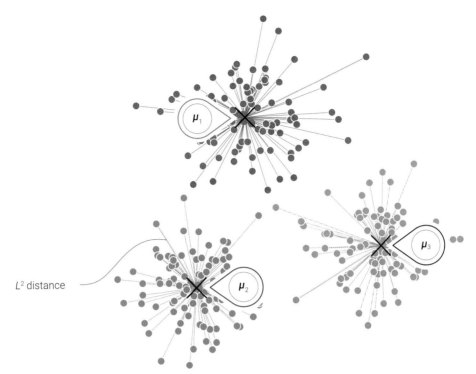

L^2 distance

图20.6 样本数据和各簇质心$\boldsymbol{\mu}_1$、$\boldsymbol{\mu}_2$和$\boldsymbol{\mu}_3$之间的距离

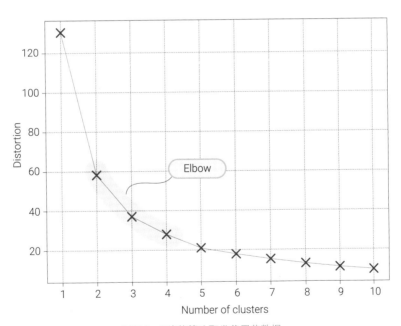

图20.7 K均值算法聚类鸢尾花数据

Bk7_Ch20_02.ipynb中绘制了图20.7。请大家自行学习这段代码。

轮廓图 (silhouette plot) 也常用来选定聚类簇值K。

轮廓图上每 条线代表的是**轮廓系数** (silhouette coefficient)s_i，可以通过式(20.8)计算获得：

$$s_i = \frac{b_i - a_i}{\max\{a_i,\, b_i\}} \tag{20.8}$$

其中，a_i为簇内不相似度，b_i为簇间不相似度。

簇内不相似度

如图20.8 (a) 所示，簇内不相似度a_i代表样本i ($i \in C_k$) 到同簇其他样本j ($j \in C_k$, $i \neq j$) 距离的平均值：

$$a_i = \frac{1}{\operatorname{count}(C_k)-1} \sum_{j \in C_k, i \neq j} d_{i,j} \tag{20.9}$$

其中，$d_{i,j}$为样本i和j之间距离。a_i越小，说明样本i越应该被划分到C_k簇。

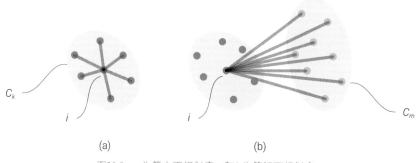

(a)   (b)

图20.8　a_i为簇内不相似度，和b_i为簇间不相似度

簇间不相似度

如图20.8 (b) 所示，簇间不相似度b_i代表样本i ($i \in C_k$) 到其他簇 (C_m) 样本j ($j \in C_m$,　$C_m \neq C_k$) 距离平均值的最小值：

$$b_i = \min \frac{1}{\operatorname{count}(C_m)} \sum_{j \in C_m} d_{i,j} \tag{20.10}$$

b_i越大，说明样本i越不应该被划分到其他簇。

注意：当簇数超过2时，b_i需要在不同簇之间取最小值。

以鸢尾花数据为例

轮廓系数s_i的取值在 $[-1, 1]$ 区间。s_i越趋向于1，说明样本i分类越正确；s_i越趋向于-1，说明样本i分类越错误。当s_i在0附近时，样本i靠近聚类边界。

图20.9、图20.10和图20.11所示为，K分别取3、4和5时的聚类边界和轮廓图。理想的聚类结果是，簇内尽量紧密，簇间尽量远离。轮廓系数平均值越高，说明分类越合理。比较图20.9、图20.10和图20.11，$K = 3$时，轮廓系数较高，并且轮廓图簇宽度均匀。而轮廓图结合肘部法则判断聚类簇数更合适。

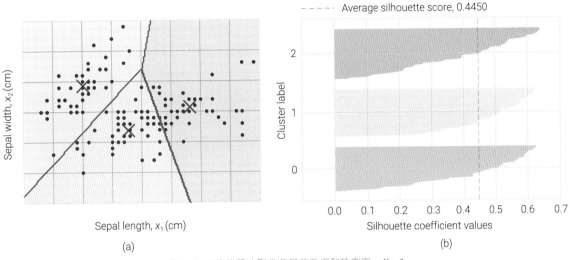

图20.9 K均值算法聚类鸢尾花数据和轮廓图，$K = 3$

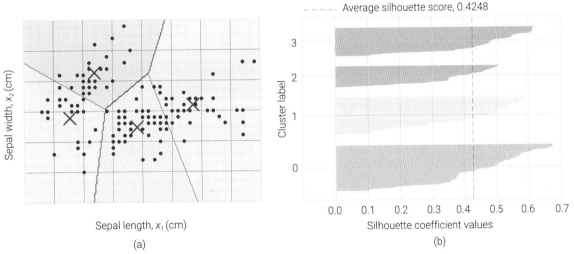

图20.10 K均值算法聚类鸢尾花数据和轮廓图，$K = 4$

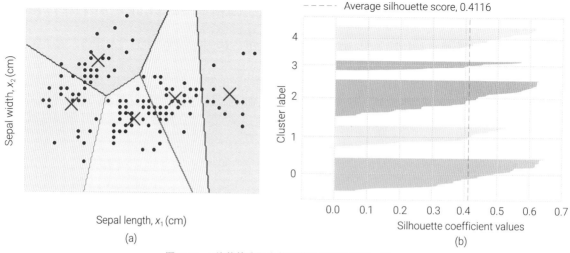

图20.11 *K*均值算法聚类鸢尾花数据和轮廓图，*K* = 5

计算轮廓系数的函数为sklearn.metrics.silhouette_score。

此外，yellowbrick.cluster.SilhouetteVisualizer函数可以用来绘制轮廓图。

Bk7_Ch20_03.ipynb中绘制了图20.9、图20.10和图20.11。绘制之前，请大家先用pip install yellowbrick安装yellowbrick。

20.6 沃罗诺伊图

沃罗诺伊图 (Voronoi diagram)，是由俄国数学家**格奥尔吉·沃罗诺伊** (Georgy Voronoy) 发明的空间分割算法。本章介绍的*K*均值聚类，本书前文介绍的**最近质心分类器** (nearest centroid classifier)，实际上都依赖于沃罗诺伊图来确定决策边界。

图20.12所示为由平面4点构造的沃罗诺伊图。距离较近的两点连线，绘制中垂线；若干中垂线便是分割平面区域的边界线。

配套代码中先用scipy.spatial.Voronoi函数获得沃罗诺伊图相关数据。

然后用scipy.spatial.voronoi_plot_2d函数绘制了沃罗诺伊图。图20.13所示为随机生成平面30个点，以及它们构造的沃罗诺伊图。

*K*均值聚类，相当于在利用圆圈 (欧氏距离) 描述每个簇质心；而实际上，描述簇数据更好的形状可能是正椭圆，甚至旋转椭圆。这就是下一章**高斯混合模型** (GMM) 可以解决的问题。

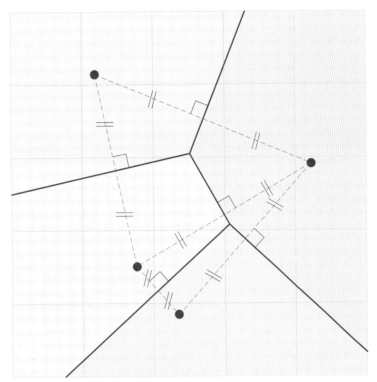

图20.12　4点平面沃罗诺伊图

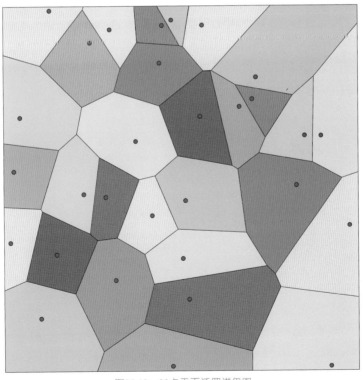

图20.13　30点平面沃罗诺伊图

Bk7_Ch20_04.ipynb中绘制了图20.13。

K均值聚类是一种无监督的机器学习技术，用于将数据集分为K个不同的簇。该算法首先需要随机初始化K个聚类中心，然后根据数据点和聚类中心的距离将数据点划分到最近的簇中。接着更新聚类中心，并重复以上步骤，直到聚类中心不再发生变化或达到预设的迭代次数。

该算法的优化问题是最小化数据点与其所属聚类中心之间的距离和，可以使用梯度下降等方法来求解。肘部法则是一种确定最佳K值的方法，它基于聚类中心数量K与聚类误差平方和之间的关系。当K值增大时，SSE逐渐减小，但减小速度会逐渐变慢，当K达到某个值时，SSE的下降速度会急剧减缓，这个K值对应的点就是"肘部"。此外，轮廓图是一种衡量聚类结果质量的方法，它基于数据点与其所属簇的紧密度和分离度之间的平衡。

K均值聚类结果的簇质心并不是从样本数据点挑选出来的；如果从样本数据点所在位置挑选合适的位置作为簇质心的话，这种方法叫作*k*中心聚类 (*k*-medoids clustering)。请大家参考下例，这个例子还使用了不同距离度量。

◀ https://scikit-learn-extra.readthedocs.io/en/latest/auto_examples/cluster/plot_kmedoids_digits.html

21 Gaussian Mixture Model
高斯混合模型
组合若干高斯分布，期望最大化

每当竭力厘清某一数学话题后，我便径直离开，投身另一处昏暗角落；
孜孜以求的人如此奇怪，求解一个问题后，他不会自我陶醉、故步自封，而是踏上新的旅程。

When I have clarified and exhausted a subject, then I turn away from it, in order to go into darkness again; the never satisfied man is so strange if he has completed a structure, then it is not in order to dwell in it peacefully, but in order to begin another.

—— 卡尔·弗里德里希·高斯 (Carl Friedrich Gauss) | 德国数学家、物理学家、天文学家 | 1777 — 1855年

◀ `matplotlib.patches.Ellipse()` 绘制椭圆
◀ `numpy.arctan2()` 输入正切值分子分母两个数，输出为反正切，值域为 `[-pi, pi]`
◀ `numpy.linalg.eigh ()` 返回实对称矩阵的特征值和特征向量
◀ `numpy.linalg.norm()` 默认 L^2 范数
◀ `numpy.linalg.svd()` SVD 分解函数
◀ `plt.quiver()` 绘制箭头图
◀ `seaborn.barplot()` 绘制直方图
◀ `sklearn.mixture.GaussianMixture` 高斯混合模型聚类函数

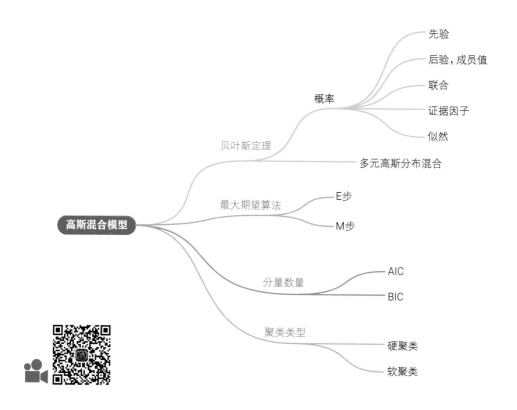

21.1 高斯混合模型

高斯混合模型 (Gaussian Mixture Model，GMM) 是一种常用的无监督机器学习算法，它的核心思维是用多个高斯密度函数估计样本数据分布。GMM是一种概率模型，它假定所有数据点都是由有限个参数未知的高斯分布混合产生的。

某种意义上讲，GMM是K均值聚类的推广。GMM和K均值聚类都是采用迭代方法求解优化问题。K均值利用簇质心，最小化簇内**残差平方和** (SSE)；而高斯混合模型利用簇质心和协方差，最大化对数似然函数。

此外，GMM和本书监督学习部分讲解的贝叶斯分类和高斯判别分析联系紧密。

前文说过，GMM是若干个高斯分布的混合；下面分别以一元和二元高斯分布来介绍这一思想。

一元高斯分布混合

大家对一元高斯分布概率密度函数$f_X(x)$再熟悉不过了，$f_X(x)$为：

$$f_X(x) = \frac{1}{\sigma\sqrt{2\pi}}\exp\left(\frac{-1}{2}\left(\frac{x-\mu}{\sigma}\right)^2\right) \tag{21.1}$$

其中，μ为均值/期望值，σ为标准差。对于一元高斯分布，给定μ和σ就能确定分布形状。

对于单一特征样本数据，GMM的意义就是利用若干一元高斯分布来描述样本分布。

图21.1给出的是鸢尾花样本数据花萼长度和花萼宽度两个特征。分别观察这两个特征，可以发现用单一高斯分布都不能准确描述数据的边际分布，但是组合三个高斯分布却可以描述数据特征分布。

> ⚠️ 注意：对于无监督学习，样本数据没有标签，即并不知道样本数据的类别。GMM算法通过一系列运算估计预测样本数据类别。

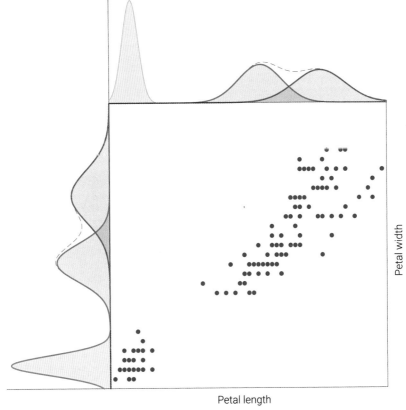

图21.1　用三个一元高斯分布描述样本数据边际分布

通常，称GMM每一高斯分布为一个**分量** (component)。对于一元高斯分布，高斯混合分布算法难点就是确定每个分量各自的参数，μ_k和σ_k。

本书前文在贝叶斯分类部分介绍过，根据全概率定理，C_1，C_2，$\cdots$，C_K 为一组不相容分类，对样本空间 Ω 形成分割，式(21.2)成立：

$$f_X(x) = \sum_{k=1}^{K} \underbrace{f_{Y,X}(C_k, x)}_{\text{Joint}} \tag{21.2}$$

根据贝叶斯定理，联合概率、似然概率、先验概率存在如下关系：

$$\underbrace{f_{Y,X}(C_k, X)}_{\text{Joint}} = \underbrace{f_{X|Y}(x|C_k)}_{\text{Likelihood}} \underbrace{p_Y(C_k)}_{\text{Prior}} \tag{21.3}$$

将式(21.3)代入式(21.2)得到：

$$f_X(x) = \sum_{k=1}^{K} \underbrace{f_{X|Y}(x|C_k)}_{\text{Likelihood}} \underbrace{p_Y(C_k)}_{\text{Prior}} \tag{21.4}$$

对于GMM，$f_{X|Y}(x|C_k)$ 为**似然概率** (likelihood)，用高斯分布描述；$p_Y(C_k)$ 为**先验概率** (prior)，表达样本集合中 C_k 类样本占比。

对于无监督学习，样本数据标签未知；因此，GMM迭代过程中，似然概率 $f_{X|Y}(x|C_k)$ 和先验概率 $p_Y(C_k)$ 不断估算更新，直到满足迭代停止条件。

而对于有监督学习，样本标签数据已知，即 C_k 确定；比如，高斯朴素贝叶斯算法，直接就可以估算似然概率 $f_{X|Y}(x|C_k)$ 和先验概率 $p_Y(C_k)$。

对于单一特征样本数据，且 $K = 3$ 时，图21.2对应的边际分布 $p_Y(C_k)$ 可以用三个一元高斯分布叠加获得：

$$
\begin{aligned}
f_X(x) &= \underbrace{p_Y(C_1)}_{\text{Prior}} \underbrace{f_{X|Y}(x|C_1)}_{\text{Likelihood}} + \underbrace{p_Y(C_2)}_{\text{Prior}} \underbrace{f_{X|Y}(x|C_2)}_{\text{Likelihood}} + \underbrace{p_Y(C_3)}_{\text{Prior}} \underbrace{f_{X|Y}(x|C_3)}_{\text{Likelihood}} \\
&= \alpha_1 N(x, \mu_1, \sigma_1) + \alpha_2 N(x, \mu_2, \sigma_2) + \alpha_3 N(x, \mu_3, \sigma_3) \\
&= \alpha_1 \underbrace{\frac{\exp\left(-\frac{1}{2}\left(\frac{x-\mu_1}{\sigma_1}\right)^2\right)}{\sigma_1\sqrt{2\pi}}}_{C_1} + \alpha_2 \underbrace{\frac{\exp\left(-\frac{1}{2}\left(\frac{x-\mu_2}{\sigma_2}\right)^2\right)}{\sigma_2\sqrt{2\pi}}}_{C_2} + \alpha_3 \underbrace{\frac{\exp\left(-\frac{1}{2}\left(\frac{x-\mu_3}{\sigma_3}\right)^2\right)}{\sigma_3\sqrt{2\pi}}}_{C_3}
\end{aligned} \tag{21.5}
$$

如图21.2所示，μ_1、μ_2 和 μ_3 为期望值，描述三个正态分布质心位置；σ_1、σ_2 和 σ_3 为标准差，刻画三个正态分布的离散程度；而先验概率 α_1、α_2 和 α_3 给出三个正态分布对 $f_X(x)$ 的贡献。

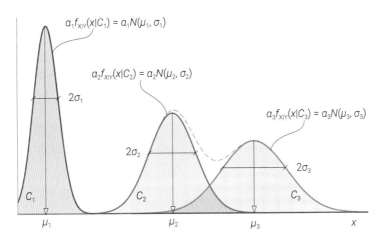

图21.2 三个一元高斯分布重要统计描述量

令

$$\boldsymbol{\theta} = \begin{bmatrix} \alpha_1 & \alpha_2 & \alpha_3 & \mu_1 & \mu_2 & \mu_3 & \sigma_1 & \sigma_2 & \sigma_3 \end{bmatrix} \tag{21.6}$$

三个一元高斯分布叠加产生的高斯混合分布记作 $f_X(x \mid \boldsymbol{\theta})$。

$$f_X(x \mid \boldsymbol{\theta}) = p_Y(C_1) f_{X|Y}(x \mid C_1, \boldsymbol{\theta}) + p_Y(C_2) f_{X|Y}(x \mid C_2, \boldsymbol{\theta}) + p_Y(C_3) f_{X|Y}(x \mid C_3, \boldsymbol{\theta}) \tag{21.7}$$

多元高斯分布混合

下面考虑样本数据多特征情况。C_k 类数据条件概率 $f_{X|Y}(x \mid C_k)$ 服从多元高斯分布：

$$f_{X|Y}(x \mid C_k) = \frac{\exp\left(-\dfrac{1}{2}(\boldsymbol{x} - \boldsymbol{\mu}_k)^{\mathrm{T}} \boldsymbol{\Sigma}_k^{-1}(\boldsymbol{x} - \boldsymbol{\mu}_k)\right)}{\sqrt{(2\pi)^D |\boldsymbol{\Sigma}_k|}} \tag{21.8}$$

其中，D 为特征数量，即多元高斯分布维数；$\boldsymbol{x}$ 为列向量，$\boldsymbol{\mu}_k$ 为 C_k 类簇质心位置，即期望值/均值；$\boldsymbol{\Sigma}_k$ 为 C_k 类数据协方差矩阵，刻画正态分布离散程度和相关性。

图21.3展示的是鸢尾花花萼长度和宽度样本数据分布。显然，样本数据不适合用一个二元高斯分布，也不能用两个二元高斯分布叠加。但是，每个高斯分布描述一簇数据，采用三个高斯分布叠加就可以比较准确地描述数据分布情况：

$$\begin{aligned}
f(\boldsymbol{x} \mid \boldsymbol{\theta}) &= p_Y(C_1) f_{X|Y}(\boldsymbol{x} \mid C_1, \boldsymbol{\theta}) + p_Y(C_2) f_{X|Y}(\boldsymbol{x} \mid C_2, \boldsymbol{\theta}) + p_Y(C_3) f_{X|Y}(\boldsymbol{x} \mid C_3, \boldsymbol{\theta}) \\
&= \alpha_1 \underbrace{N(\boldsymbol{x}, \boldsymbol{\mu}_1, \boldsymbol{\Sigma}_1)}_{C_1} + \alpha_2 \underbrace{N(\boldsymbol{x}, \boldsymbol{\mu}_2, \boldsymbol{\Sigma}_2)}_{C_2} + \alpha_3 \underbrace{N(\boldsymbol{x}, \boldsymbol{\mu}_3, \boldsymbol{\Sigma}_3)}_{C_3}
\end{aligned} \tag{21.9}$$

定义参数 $\boldsymbol{\theta}$ 为：

$$\boldsymbol{\theta} = \begin{bmatrix} \alpha_1 & \alpha_2 & \alpha_3 & \boldsymbol{\mu}_1 & \boldsymbol{\mu}_2 & \boldsymbol{\mu}_3 & \boldsymbol{\Sigma}_1 & \boldsymbol{\Sigma}_2 & \boldsymbol{\Sigma}_3 \end{bmatrix} \tag{21.10}$$

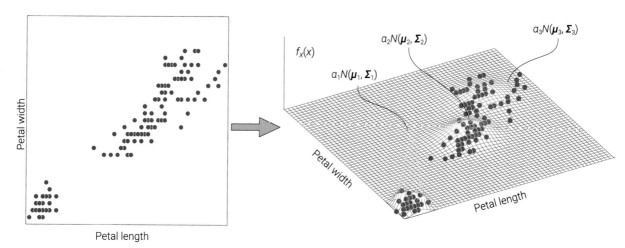

图21.3　三个二元高斯分布叠加描述鸢尾花数据分布

再次强调，作为无监督学习，样本数据标签未知；GMM通过迭代求解优化问题，迭代过程中，参数θ不断更新。当迭代收敛时，参数θ更新变化平缓。因此，定义的θ，实际上是某一轮迭代时参数估计的快照。

后验概率

根据贝叶斯定理，计算后验概率：

$$f_{Y|\chi}\left(C_k\,\middle|\,\boldsymbol{x},\boldsymbol{\theta}\right) = \frac{p_Y\left(C_k\right)f_{\chi|Y}\left(\boldsymbol{x}\middle|C_k,\boldsymbol{\theta}\right)}{f_\chi\left(\boldsymbol{x},\boldsymbol{\theta}\right)} = \frac{p_Y\left(C_k\right)f_{\chi|Y}\left(\boldsymbol{x}\middle|C_k,\boldsymbol{\theta}\right)}{\sum_{k=1}^{K} p_Y\left(C_k\right)f_{\chi|Y}\left(\boldsymbol{x}\middle|C_k,\boldsymbol{\theta}\right)} \tag{21.11}$$

由K个高斯分布构造的混合分布函数如下所示：

$$\begin{aligned} f_\chi\left(\boldsymbol{x},\boldsymbol{\theta}\right) &= \sum_{k=1}^{K} p_Y\left(C_k\right)f_{\chi|Y}\left(\boldsymbol{x}\middle|C_k,\boldsymbol{\theta}\right) \\ &= \sum_{k=1}^{K} \alpha_k N\left(\boldsymbol{\mu}_k,\boldsymbol{\Sigma}_k\right) \end{aligned} \tag{21.12}$$

其中，第i个高斯分布参数有两个，分别是均值向量$\boldsymbol{\mu}_k$和协方差矩阵$\boldsymbol{\Sigma}_k$。α_k为混合系数，是混合成分的先验概率，$\alpha_i > 0$。

参数 $\boldsymbol{\theta}$ 定义为：

$$\boldsymbol{\theta} = \{\alpha_k, \boldsymbol{\mu}_k, \boldsymbol{\Sigma}_k\} \quad k = 1, 2, \cdots, K \tag{21.13}$$

K 个混合系数之和为1：

$$\sum_{k=1}^{K} \alpha_k = 1 \tag{21.14}$$

GMM中，分量数量 K 是一个用户输入值。本章后文会介绍如何选取合适分量数量 K。

三 聚类

假设数据聚类为 C_1、C_2 和 C_3 三类，后验概率 $f_{Y|\chi}(C_1|\boldsymbol{x}, \boldsymbol{\theta})$、$f_{Y|\chi}(C_2|\boldsymbol{x}, \boldsymbol{\theta})$ 和 $f_{Y|\chi}(C_3|\boldsymbol{x}, \boldsymbol{\theta})$ 可以通过式 (21.15) 获得：

$$\begin{cases} f_{Y|\chi}(C_1|\boldsymbol{x}, \boldsymbol{\theta}) = \dfrac{p_Y(C_1) f_{\chi|Y}(\boldsymbol{x}|C_1, \boldsymbol{\theta})}{f_\chi(\boldsymbol{x}, \boldsymbol{\theta})} \\[3mm] f_{Y|\chi}(C_2|\boldsymbol{x}, \boldsymbol{\theta}) = \dfrac{p_Y(C_2) f_{\chi|Y}(\boldsymbol{x}|C_2, \boldsymbol{\theta})}{f_\chi(\boldsymbol{x}, \boldsymbol{\theta})} \\[3mm] f_{Y|\chi}(C_3|\boldsymbol{x}, \boldsymbol{\theta}) = \dfrac{p_Y(C_3) f_{\chi|Y}(\boldsymbol{x}|C_3, \boldsymbol{\theta})}{f_\chi(\boldsymbol{x}, \boldsymbol{\theta})} \end{cases} \tag{21.15}$$

其中，

$$f_\chi(\boldsymbol{x}, \boldsymbol{\theta}) = p_Y(C_1) f_{\chi|Y}(\boldsymbol{x}|C_1, \boldsymbol{\theta}) + p_Y(C_2) f_{\chi|Y}(\boldsymbol{x}|C_2, \boldsymbol{\theta}) + p_Y(C_3) f_{\chi|Y}(\boldsymbol{x}|C_3, \boldsymbol{\theta}) \tag{21.16}$$

图21.4所示为后验概率 $f_{Y|\chi}(C_1|\boldsymbol{x}, \boldsymbol{\theta})$、$f_{Y|\chi}(C_2|\boldsymbol{x}, \boldsymbol{\theta})$ 和 $f_{Y|\chi}(C_3|\boldsymbol{x}, \boldsymbol{\theta})$ 三曲面。比较这三个曲面高度便可以确定预测聚类区域。GMM迭代过程，$f_{Y|\chi}(C_1|\boldsymbol{x}, \boldsymbol{\theta})$、$f_{Y|\chi}(C_2|\boldsymbol{x}, \boldsymbol{\theta})$ 和 $f_{Y|\chi}(C_3|\boldsymbol{x}, \boldsymbol{\theta})$ 三曲面形状不断变化，决策边界也不断变化。

给定无标记样本数据，可以采用GMM对数据进行聚类；类似贝叶斯分类，后验概率可以判定聚类决策边界。因此高斯混合模型聚类这个问题的优化目标，便是找到满足条件的参数 $\boldsymbol{\theta}$。

下一节，我们将采用**最大期望算法** (Expectation Maximization，EM)，简称**EM算法**，解决这一问题。而下一章将专门讲解最大期望算法。

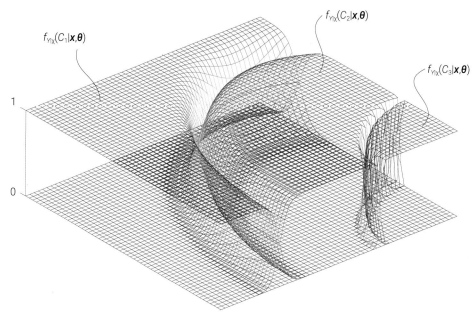

$f_{Y|X}(C_1|\boldsymbol{x},\boldsymbol{\theta})$

$f_{Y|X}(C_2|\boldsymbol{x},\boldsymbol{\theta})$

$f_{Y|X}(C_3|\boldsymbol{x},\boldsymbol{\theta})$

图21.4　GMM模型下后验概率曲面

21.2 四类协方差矩阵

多元高斯分布用来刻画C_k类数据条件概率$f_{X|Y}(\boldsymbol{x}\mid C_k)$；而多元高斯分布中，协方差矩阵$\boldsymbol{\Sigma}_k$决定高斯分布的形状。本书前文在高斯判别分析(GDA)中介绍过六类GDA，这六类GDA中协方差矩阵$\boldsymbol{\Sigma}_k$各有特点。

如表21.1总结，Scikit-Learn工具包中sklearn.mixture高斯混合模型支持四种协方差矩阵——**tied** (平移)、**spherical** (球面)、**diag** (对角) 和**full** (完全)。

tied指的是，所有分量共享一个非对角协方差矩阵$\boldsymbol{\Sigma}$；tied类似第三类高斯判别分析。每个分量PDF等高线为大小相等的旋转椭圆。根据本书前文分析，由于不同分量协方差相同，决策边界解析式二次项消去；因此tied对应的决策边界为直线。

spherical指的是，每个分量协方差矩阵$\boldsymbol{\Sigma}_k$不同，但是每个分量$\boldsymbol{\Sigma}_k$均为对角阵；且$\boldsymbol{\Sigma}_k$对角元素相同，即特征方差相同；spherical类似第四类高斯判别分析。每个分量PDF等高线都为正圆。spherical对应的决策边界为圆形弧线。

diag指每个分量有各自独立的对角协方差矩阵，也就是$\boldsymbol{\Sigma}_k$为对角阵，特征条件独立；但是对$\boldsymbol{\Sigma}_k$对角线元素大小不做限制。diag对应第五类高斯判别分析。每个分量PDF等高线都为正椭圆，diag对应的决策边界为正圆锥曲线。

full指每个分量有各自独立的协方差矩阵，即对$\boldsymbol{\Sigma}_k$不做任何限制。full对应第六类高斯判别分析。full对应的决策边界为任意圆锥曲线。

表21.1　根据方差-协方差矩阵特点将GMM分为4类

参数设置	Σ_i	Σ_i特点	PDF等高线	决策边界
tied (第三类)	相同	非对角阵	任意椭圆	直线
spherical (第四类)		对角阵，对角线元素等值	正圆	正圆
diag (第五类)	不相同	对角阵	正椭圆	正圆锥曲线
full (第六类)		非对角阵	任意椭圆	圆锥曲线

　　和K均值聚类算法一样，GMM也需要指定K值；GMM也是利用迭代求解优化问题。不同的是，GMM利用协方差矩阵，可以估算后验概率/成员值。GMM的协方差矩阵有四种类型，每种类型对应不同假设，获得不同决策边界类型。

　　K均值聚类可以看作是GMM的一个特例。如图21.5所示，K均值聚类对应的GMM特点是，各簇协方差矩阵Σ_k相同，Σ_k为对角阵，并且Σ_k主对角线元素相等。

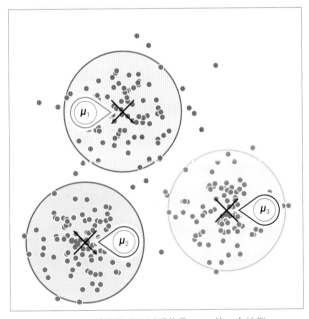

图21.5　K均值聚类可以看作是GMM的一个特例

以鸢尾花数据为例

　　下面，我们分别利用sklearn.mixture四种协方差矩阵设置，比较鸢尾花数据的聚类结果。相信读过《编程不难》的读者应该还记得图21.6 ~ 图21.9。

　　图21.6中，GMM的协方差矩阵设置为tied；容易发现获得的决策边界为直线，这是因为所有分量共用一个非对角协方差矩阵。

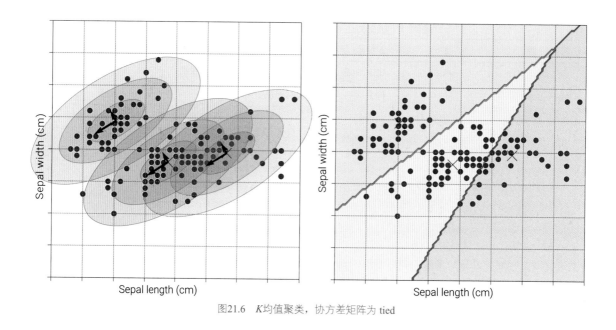

图21.6 K均值聚类，协方差矩阵为 tied

图21.7中，GMM的协方差矩阵设置为spherical；对应的决策边界显然为三段圆弧构造。

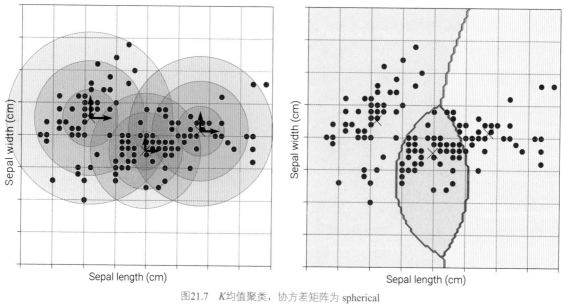

图21.7 K均值聚类，协方差矩阵为 spherical

图21.8中，GMM的协方差矩阵设置为diag；图21.8中椭圆弧线长度较短，不容易直接判断它们对应的椭圆是否为正圆锥曲线。

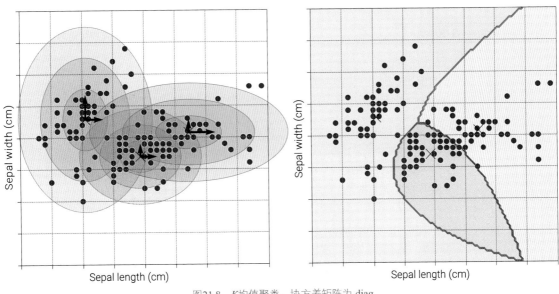

图21.8 *K*均值聚类，协方差矩阵为 diag

图21.9中，GMM的协方差矩阵设置为full；决策边界为任意圆锥曲线。读者可以回顾本书高斯判别分析中有关决策边界形态内容。

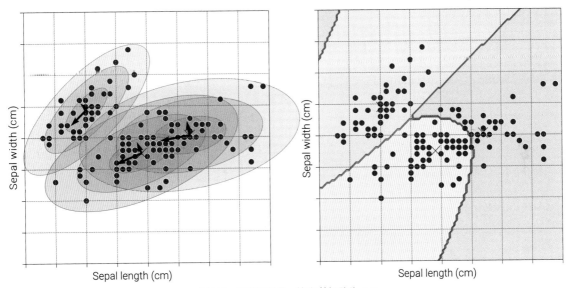

图21.9 *K*均值聚类，协方差矩阵为 full

另外，图21.6～图21.9中，还给出了高斯分布椭圆等高线的半长轴和半短轴向量指向。

此外，表21.2总结了sklearn.mixture.GaussianMixture() 函数协方差数据样式，请大家参考。

表21.2 sklearn.mixture.GaussianMixture() 函数协方差数据样式

协方差类型	数据形状	可视化协方差矩阵
spherical	(n_components) 一维数组，簇协方差矩阵为对角阵，且每个簇本身的对角元素相同 n_components代表簇维度	
tied	(n_features, n_features) 二维数组，完整协方差矩阵 不同簇共享一个协方差矩阵 n_features代表特征维度	
diag	(n_components, n_features) 二维数组，簇协方差矩阵为对角阵	
full	(n_components, n_features, n_features) 三维数组，协方差矩阵没有限制	

Bk7_Ch21_01.ipynb中完成了本节分类问题。我们在《编程不难》讲过这段代码中的核心语句，请大家自行回顾学习。

图21.10所示为用Streamlit搭建的展示GMM四种不同的协方差矩阵设置的App。读过《编程不难》的读者应该对这个App很熟悉了，请大家自行回顾学习。

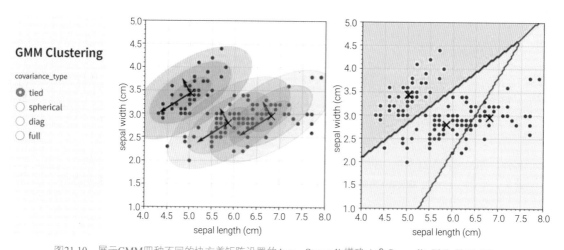

图21.10 展示GMM四种不同的协方差矩阵设置的App，Streamlit搭建 | ⊕ Streamlit_Bk7_Ch21_02.py

21.3 分量数量

前文介绍过，GMM的分量数量 K 是用户输入值。选取合适 K 值，对于GMM聚类效果至关重要。本节介绍采用AIC和BIC选择高斯混合模型分量数量。

赤池信息量准则

本册前文讲解回归分析时介绍过AIC和BIC。AIC为**赤池信息量准则** (Akaike Information Criterion，AIC)，定义如下：

$$\text{AIC} = \underbrace{2K}_{\text{Penalty}} - 2\ln(L) \tag{21.17}$$

其中，K 是分量数量，即聚类数量；L 是似然函数。

Scikit-Learn工具包中AIC计算形式稍有不同。AIC鼓励数据拟合的优良性；但是，尽量避免出现过拟合。式(21.17) 中 $2K$ 项为**惩罚项** (penalty)。

贝叶斯信息准则

贝叶斯信息准则 (Bayesian Information Criterion，BIC) 也称**施瓦茨信息准则** (Schwarz Information Criterion， SIC)，定义如下：

$$\text{BIC} = \underbrace{K\ln(n)}_{\text{Penalty}} - 2\ln(L) \tag{21.18}$$

其中，n 为样本数据数量。BIC的惩罚项比AIC大。

图21.11所示为三簇数据构成的样本数据。采用GMM聚类算法，K 取不同值 ($K = 1, 2, \cdots, 6$)，协方差矩阵分别采用前文介绍的四种设置——**tied** (平移)、**spherical** (球面)、**diag** (对角)和**full** (完全)。对于这24种组合，我们取出对应模型AIC和BIC结果。

图21.12所示为AIC随协方差形状和分量数变化的直方图。图21.13所示为BIC随协方差形状和分量数变化的直方图。可以发现，24种设置组合中，**spherical** (球面) 和 $K = 3$ 参数组合对图21.11所示样本数据聚类效果最好。

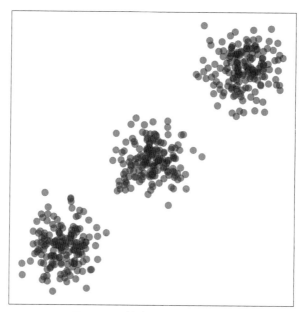

图21.11　三簇数据构成的样本数据

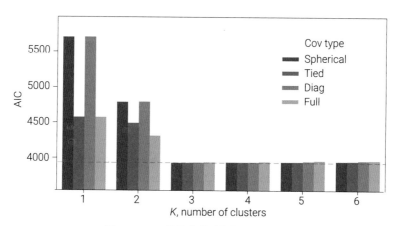

图21.12　AIC随协方差形状和分量数变化

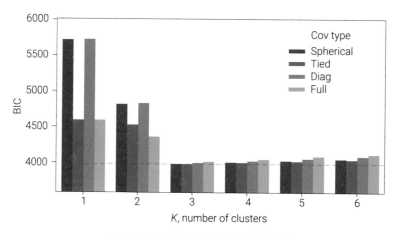

图21.13　BIC随协方差形状和分量数变化

Bk7_Ch21_02.ipynb中绘制了本节图像。

21.4 硬聚类和软聚类

本书朴素贝叶斯分类算法中提过,后验概率相当于成员值。**硬聚类 (hard clustering)** 指的是根据成员值大小,决策边界清楚划定;但是**软聚类 (soft clustering)** 则设定缓冲带,当后验概率/成员值在这个缓冲带内时,样本数据没有明确的聚类。这样,软聚类的决策边界不再"泾渭分明",而是变成了一条宽带。

硬聚类

给定如图21.14所示450个样本数据。利用高斯混合模型算法获得$f_{Y|X}(C_1 \mid x)$ 和$f_{Y|X}(C_2 \mid x)$ 两后验概率曲面,如图21.15所示。

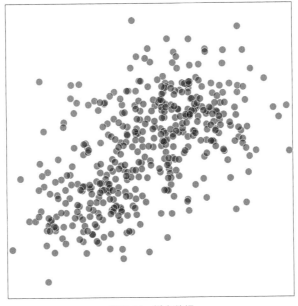

图21.14 样本数据

如图21.15所示,以成员值大小排列这450个样本数据;对于二聚类问题,硬聚类以后验概率0.5为分界线。当$f_{Y|X}(C_1 \mid x) = 0.5$对应着决策边界;当$f_{Y|X}(C_1 \mid x) > 0.5$时,$x$被聚类到$C_1$簇;当$f_{Y|X}(C_1 \mid x) < 0.5$时,$x$被聚类到$C_2$簇。

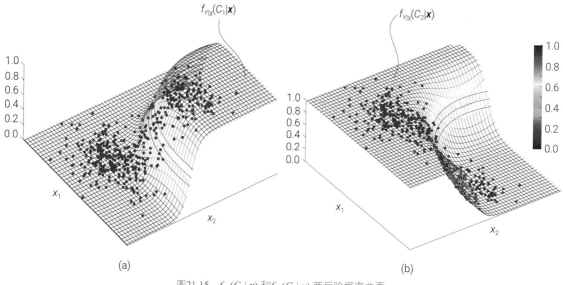

图21.15 $f_{Y|X}(C_1|\boldsymbol{x})$ 和 $f_{Y|X}(C_2|\boldsymbol{x})$ 两后验概率曲面

软聚类

　　而对于软聚类，后验概率在一段阈值内，比如 [0.3, 0.7]，数据没有明确的分类，如图21.16所示。图21.17所示为聚类结果，加黑圈的样本数据，位于"决策带"之内，没有明确预测分类。

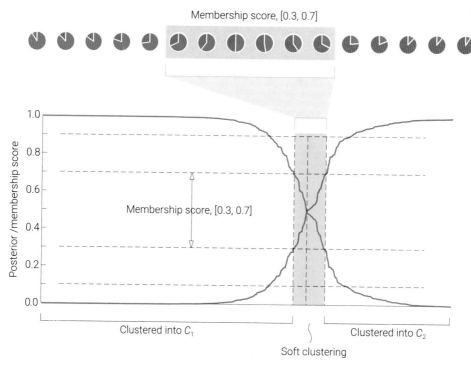

图21.16　成员值与软聚类

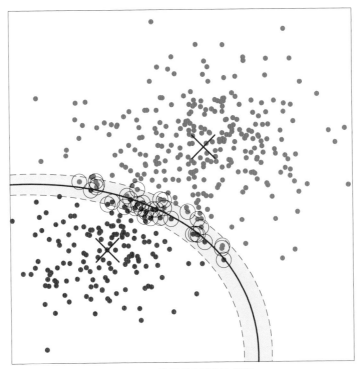

图21.17 软聚类分区和决策带

GMM是一种概率模型，用于对多维数据进行建模和聚类。它将一个数据集看作由多个多元高斯分布的线性组合构成，每个多元高斯分布代表着一个簇，而簇的个数是由用户指定的。

GMM 通过最大化似然函数来估计参数，其中参数包括每个高斯分布的均值、方差和系数 (即每个高斯分布在总分布中的占比)。在训练结束后，GMM 可以用于聚类、密度估计和生成新的数据点。与K均值算法相比，GMM 具有更强的建模能力和更大的灵活性，但其计算复杂度更高。

GMM的参数估计通常使用最大期望算法(EM)完成，下一章专门介绍EM。

22 Expectation Maximization
最大期望算法
迭代优化两步走：E步，M步；最大化对数似然函数

我解决的每个问题，都变成了定理法则；它们都被拿去解决更多的问题。

Each problem that I solved became a rule, which served afterwards to solve other problems.

—— 勒内·笛卡尔 (René Descartes) | 法国哲学家、数学家、物理学家 | 1596 — 1650年

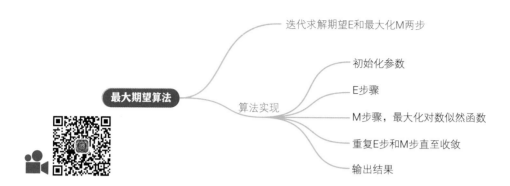

22.1 最大期望

求解**高斯混合模型** (Gaussian Mixture Model，GMM) 绕不开**EM算法**，即**最大期望算法** (Expectation Maximization，EM)。EM算法是一种迭代算法，其核心思想是在不完全观测的情况下，通过已知的观测数据来估计模型参数。

上一章介绍的GMM核心思想是，叠加若干高斯分布来描述样本数据分布。一元高斯分布有两个重要参数，均值和均方差；而多元高斯分布则通过质心和协方差来描述。除此之外，我们还需要知道每个高斯分布分量的贡献，即先验概率值。遗憾的是，这几个参数不能通过解析方法求解。

本章介绍的EM算法正是求解GMM参数的方法。

E步、M步

EM算法是一个收敛迭代过程。EM算法两个步骤交替进行迭代：

◀**第一步** (即所谓E步)，利用当前参数θ计算期望值，并计算对数似然函数 $L(\theta)$；根据当前参数估计值计算每个数据点属于每个高斯分布的后验概率，即每个数据点在每个簇中的权重。

◀**第二步** (即所谓M步)，在第一步基础上最大化，并更新参数θ；根据上一步中计算得到的后验概率重新估计每个高斯分布的均值、方差和系数，并更新参数估计值。

EM算法不断迭代这两个步骤，直到收敛为止。在GMM中，EM算法的收敛条件可以是参数变化的阈值或者似然函数的收敛。

22.2 E步：最大化期望

本节以单一特征样本数据为例，如图22.1所示。可视化EM算法迭代过程。观察发现数据应该被分为两簇，设定$K = 2$。

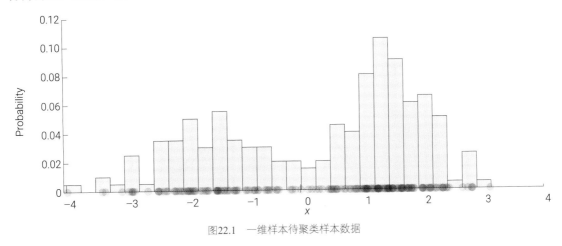

图22.1　一维样本待聚类样本数据

初始化

利用一元高斯分布叠加，首先初始化参数$\boldsymbol{\theta}$：

$$\boldsymbol{\theta}^{(0)} = \left\{ \alpha_1^{(0)}, \alpha_2^{(0)}, \mu_1^{(0)}, \mu_2^{(0)}, \sigma_1^{(0)}, \sigma_2^{(0)} \right\} \tag{22.1}$$

上角标$^{(i)}$代表当前迭代次数，$^{(0)}$代表迭代初始。

选定初始化参数$\boldsymbol{\theta}$具体数值如下：

$$\begin{cases} \alpha_1^{(0)} = p_Y\left(C_1, \boldsymbol{\theta}^{(0)}\right) = 0.5, \quad \alpha_2^{(0)} = p_Y\left(C_2, \boldsymbol{\theta}^{(0)}\right) = 0.5 \\ \mu_1^{(0)} = -0.05, \quad \mu_2^{(0)} = 0.05 \\ \sigma_1^{(0)} = \sigma_2^{(0)} = 1 \end{cases} \tag{22.2}$$

α_1和α_2代表两个不同高斯分布对$f_X(x)$的贡献。

μ_1和μ_2为期望值，描述两个正态分布质心位置。

σ_1和σ_2为标准差，刻画正态分布离散程度。

似然概率

通过式(22.2)给出六个参数，利用高斯分布估算得到$f_{X|Y}(x \mid C_1, \boldsymbol{\theta}^{(0)})$和$f_{X|Y}(x \mid C_2, \boldsymbol{\theta}^{(0)})$的两个似然概率PDF，具体如下：

$$\begin{cases} f_{X|Y}\left(x\middle|C_1,\boldsymbol{\theta}^{(0)}\right)=\dfrac{\exp\left(-\dfrac{1}{2}\left(\dfrac{x-\mu_1}{\sigma_1}\right)^2\right)}{\sigma_1\sqrt{2\pi}}=\dfrac{\exp\left(-\dfrac{1}{2}\left(x+0.05\right)^2\right)}{\sqrt{2\pi}} \\[4mm] f_{X|Y}\left(x\middle|C_2,\boldsymbol{\theta}^{(0)}\right)=\dfrac{\exp\left(-\dfrac{1}{2}\left(\dfrac{x-\mu_2}{\sigma_2}\right)^2\right)}{\sigma_2\sqrt{2\pi}}=\dfrac{\exp\left(-\dfrac{1}{2}\left(x-0.05\right)^2\right)}{\sqrt{2\pi}} \end{cases} \tag{22.3}$$

图22.2所示为初始化参数$\boldsymbol{\theta}^{(0)}$对应的$f_{X|Y}(x\mid C_1)$和$f_{X|Y}(x\mid C_2)$图像。

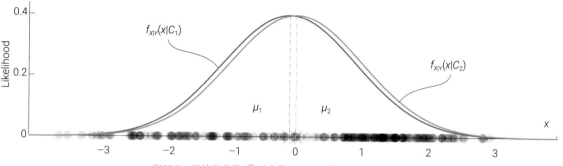

图22.2　初始化参数$\boldsymbol{\theta}^{(0)}$对应的$f_{X|Y}(x\mid C_1)$和$f_{X|Y}(x\mid C_2)$图像

证据因子

下一步，估算概率密度函数$f_X(x\mid\boldsymbol{\theta}^{(0)})$：

$$\begin{aligned} f_X\left(x\middle|\boldsymbol{\theta}^{(0)}\right)&=f_{X,Y}\left(x,C_1,\boldsymbol{\theta}^{(0)}\right)+f_{X,Y}\left(x,C_2,\boldsymbol{\theta}^{(0)}\right) \\ &=p_Y\left(C_1,\boldsymbol{\theta}^{(0)}\right)f_{X|Y}\left(x\middle|C_1,\boldsymbol{\theta}^{(0)}\right)+p_Y\left(C_2,\boldsymbol{\theta}^{(0)}\right)f_{X|Y}\left(x\middle|C_2,\boldsymbol{\theta}^{(0)}\right) \end{aligned} \tag{22.4}$$

将式(22.2)和式(22.3)代入式(22.4)，整理得到：

$$f_X\left(x\middle|\boldsymbol{\theta}^{(0)}\right)=\frac{1}{2}\times\frac{\exp\left(-\dfrac{1}{2}\left(x+0.05\right)^2\right)}{\sqrt{2\pi}}+\frac{1}{2}\times\frac{\exp\left(-\dfrac{1}{2}\left(x-0.05\right)^2\right)}{\sqrt{2\pi}} \tag{22.5}$$

图22.3展示的是这一轮迭代$f_{X,Y}(x, C_1)$、$f_{X,Y}(x, C_2)$和$f_X(x)$结果图像。

根据本书第9章有关朴素贝叶斯分类介绍的内容，通过图22.3所示$f_{X,Y}(x, C_1)$、$f_{X,Y}(x, C_2)$曲线高度可以判断当前条件下数据聚类结果。图22.3中横轴数据点颜色代表本轮预测聚类结果。

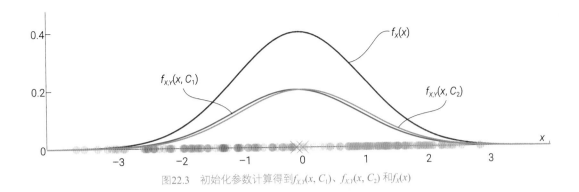

图22.3　初始化参数计算得到$f_{X,Y}(x, C_1)$、$f_{X,Y}(x, C_2)$和$f_X(x)$

后验概率

根据贝叶斯定理，计算后验概率$f_{Y|X}(C_1 \mid x, \boldsymbol{\theta}^{(0)})$和$f_{Y|X}(C_2 \mid x, \boldsymbol{\theta}^{(0)})$:

$$\begin{cases} f_{Y|X}\left(C_1 \middle| x, \boldsymbol{\theta}^{(0)}\right) = \dfrac{p_Y\left(C_1, \boldsymbol{\theta}^{(0)}\right) f_{X|Y}\left(x \middle| C_1, \boldsymbol{\theta}^{(0)}\right)}{f_X\left(x \middle| \boldsymbol{\theta}^{(0)}\right)} = \dfrac{\dfrac{1}{2} \times \dfrac{\exp\left(-\dfrac{1}{2}\left(x+0.05\right)^2\right)}{\sqrt{2\pi}}}{\dfrac{1}{2} \times \dfrac{\exp\left(-\dfrac{1}{2}\left(x+0.05\right)^2\right)}{\sqrt{2\pi}} + \dfrac{1}{2} \times \dfrac{\exp\left(-\dfrac{1}{2}\left(x-0.05\right)^2\right)}{\sqrt{2\pi}}} \\[40pt] f_{Y|X}\left(C_2 \middle| x, \boldsymbol{\theta}^{(0)}\right) = \dfrac{p_Y\left(C_2, \boldsymbol{\theta}^{(0)}\right) f_{X|Y}\left(x \middle| C_2, \boldsymbol{\theta}^{(0)}\right)}{f_X\left(x \middle| \boldsymbol{\theta}^{(0)}\right)} = \dfrac{\dfrac{1}{2} \times \dfrac{\exp\left(-\dfrac{1}{2}\left(x-0.05\right)^2\right)}{\sqrt{2\pi}}}{\dfrac{1}{2} \times \dfrac{\exp\left(-\dfrac{1}{2}\left(x+0.05\right)^a\right)}{\sqrt{2\pi}} + \dfrac{1}{2} \times \dfrac{\exp\left(-\dfrac{1}{2}\left(x-0.05\right)^2\right)}{\sqrt{2\pi}}} \end{cases}$$

$$(22.6)$$

图22.4给出了初始参数条件下后验概率$f_{Y|X}(C_1 \mid x)$和$f_{Y|X}(C_2 \mid x)$随x变化。对于任意一点x，式(22.7)成立:

$$f_{Y|X}\left(C_1 \middle| x\right) + f_{Y|X}\left(C_2 \middle| x\right) = 1 \tag{22.7}$$

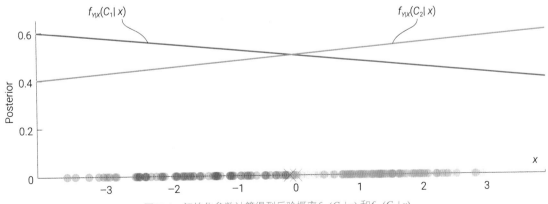

图22.4　初始化参数计算得到后验概率$f_{Y|X}(C_1 \mid x)$和$f_{Y|X}(C_2 \mid x)$

后验概率大小代表成员值，某一点不同簇后验值区分越大，分类才越有理有据。如果不同簇后验值区分不大，据此得到的分类预测则显得很牵强。因此，迭代优化还需要继续。

22.3 M步：最大化似然概率

下一步是EM算法中非常重要的环节——更新参数、最大化似然概率。对于迭代EM算法，这便是M步。

先验概率

更新参数α_1和α_2:

$$\begin{cases} \alpha_1^{(1)} = \dfrac{\sum\limits_{i=1}^{n} f_{Y|X}\left(C_1 \middle| x^{(i)}, \boldsymbol{\theta}^{(0)}\right)}{n} = 0.49379 \\[4mm] \alpha_2^{(1)} = \dfrac{\sum\limits_{i=1}^{n} f_{Y|X}\left(C_2 \middle| x^{(i)}, \boldsymbol{\theta}^{(0)}\right)}{n} = 0.50621 \end{cases} \tag{22.8}$$

α_1和α_2相当于数据聚类比例。可以这样理解式(22.8)，一共有n个数据点，每个点有$1/n$的投票权。对二聚类问题，$1/n$要分成两份，分别给C_1和C_2。每个点的后验概率决定比例分配。

整理式(22.8)可以得到式(22.9):

$$\begin{cases} n\alpha_1^{(1)} = \sum\limits_{i=1}^{n} f_{Y|X}\left(C_1 \middle| x^{(i)}, \boldsymbol{\theta}^{(0)}\right) \\[4mm] n\alpha_2^{(1)} = \sum\limits_{i=1}^{n} f_{Y|X}\left(C_2 \middle| x^{(i)}, \boldsymbol{\theta}^{(0)}\right) \end{cases} \tag{22.9}$$

均值

利用当前每个样本数据估算得到的后验概率/成员值，更新μ_1和μ_2:

$$\begin{cases} \mu_1^{(1)} = \dfrac{\sum\limits_{i=1}^{n}\left\{\underbrace{f_{Y|X}\left(C_1 \middle| x^{(i)}, \boldsymbol{\theta}^{(0)}\right)}_{\text{Membership score}} \cdot x^{(i)}\right\}}{\sum\limits_{i=1}^{n} f_{Y|X}\left(C_1 \middle| x^{(i)}, \boldsymbol{\theta}^{(0)}\right)} = \dfrac{\sum\limits_{i=1}^{n}\left\{f_{Y|X}\left(C_1 \middle| x^{(i)}, \boldsymbol{\theta}^{(0)}\right) \cdot x^{(i)}\right\}}{n\alpha_1^{(1)}} = 0.11073 \\[8mm] \mu_2^{(1)} = \dfrac{\sum\limits_{i=1}^{n}\left\{\underbrace{f_{Y|X}\left(C_2 \middle| x^{(i)}, \boldsymbol{\theta}^{(0)}\right)}_{\text{Membership score}} \cdot x^{(i)}\right\}}{\sum\limits_{i=1}^{n} f_{Y|X}\left(C_2 \middle| x^{(i)}, \boldsymbol{\theta}^{(0)}\right)} = \dfrac{\sum\limits_{i=1}^{n}\left\{f_{Y|X}\left(C_2 \middle| x^{(i)}, \boldsymbol{\theta}^{(0)}\right) \cdot x^{(i)}\right\}}{n\alpha_2^{(1)}} = 0.38248 \end{cases} \tag{22.10}$$

式(22.10)相当于求加权均值。后验概率/成员值相当于样本数据从属于不同聚类的权重。

标准差

同理，求加权方法，更新σ_1和σ_2：

$$\begin{cases} \sigma_1^{(1)} = \sqrt{\dfrac{\sum\limits_{i=1}^{n}\left\{ \underbrace{f_{Y|X}\left(C_1 \middle| x^{(i)}, \boldsymbol{\theta}^{(0)}\right)}_{\text{Membership score}} \cdot \left(x^{(i)} - \mu_1^{(1)}\right)^2 \right\}}{N\alpha_1^{(1)}}} = 2.8303 \\[4mm] \sigma_2^{(1)} = \sqrt{\dfrac{\sum\limits_{i=1}^{n}\left\{ \underbrace{f_{Y|X}\left(C_2 \middle| x^{(i)}, \boldsymbol{\theta}^{(0)}\right)}_{\text{Membership score}} \cdot \left(x^{(i)} - \mu_2^{(1)}\right)^2 \right\}}{N\alpha_2^{(1)}}} = 2.5922 \end{cases} \tag{22.11}$$

全新参数

这样，我们便得到了一组全新的参数$\boldsymbol{\theta}^{(1)}$：

$$\begin{cases} \alpha_1^{(1)} = p_Y\left(C_1\right) = 0.49379, \quad \alpha_2^{(1)} = p_Y\left(C_2\right) = 0.50621 \\ \mu_1^{(1)} = 0.11073, \quad \mu_2^{(1)} = 0.38248 \\ \sigma_1^{(1)} = 2.8303, \quad \sigma_?^{(1)} = 2.5922 \end{cases} \tag{22.12}$$

证据因子

根据全概率公式，第i个数据点证据因子$f_X(x^{(i)}, \boldsymbol{\theta})$可以通过叠加联合概率得到：

$$\begin{aligned} \underbrace{f_X\left(x^{(i)}, \boldsymbol{\theta}\right)}_{\text{Evidence}} &= \sum_{k=1}^{K} \underbrace{f_{X,Y}\left(x^{(i)}, C_k, \boldsymbol{\theta}\right)}_{\text{Joint}} \\ &= \sum_{k=1}^{K} \underbrace{p_Y\left(C_k, \boldsymbol{\theta}\right)}_{\text{Prior}} \underbrace{f_{X|Y}\left(x^{(i)} \middle| C_k, \boldsymbol{\theta}\right)}_{\text{Likelihood}} \end{aligned} \tag{22.13}$$

对数似然函数

构造**对数似然函数** (log likelihood function) $L(\boldsymbol{\theta})$：

$$L(\boldsymbol{\theta}) = \ln\underbrace{\overbrace{\left(\prod_{i=1}^{n} f_X\left(x^{(i)}, \boldsymbol{\theta}\right)\right)}^{\text{Log likelihood function}}}_{\text{Likelihood function}} = \sum_{i=1}^{n}\left[\ln f_X\left(x^{(i)}, \boldsymbol{\theta}\right)\right] \tag{22.14}$$

对数似然函数 $L(\boldsymbol{\theta})$ 就是样本数据证据因子之积，再求对数。

取对数的叫作对数似然函数，而不做对数处理的叫作**似然函数** (likelihood function)。通俗地说，这里的"似然"指的是"可能性"。

对于似然函数陌生的同学可以参考《统计至简》第16、20章。

不管是似然函数，还是对数似然函数，反映的都是在特定参数 $\boldsymbol{\theta}$ 取值下，当前样本集合的可能性。

将式(22.13) 代入式(22.14) 可以得到：

$$L\left(\boldsymbol{\theta}\right) = \sum_{i=1}^{n}\left\{\ln\left[\sum_{k=1}^{K}\underbrace{p_Y\left(C_k,\boldsymbol{\theta}\right)}_{\text{Prior}}\underbrace{f_{X|Y}\left(x^{(i)}\big|C_k,\boldsymbol{\theta}\right)}_{\text{Likelihood}}\right]\right\} \tag{22.15}$$

对于本例二聚类问题，对数似然函数值可以通过式(22.16)计算获得：

$$L\left(\boldsymbol{\theta}^{(1)}\right) = \sum_{i=1}^{n}\left\{\ln\left[\underbrace{p_Y\left(C_1,\boldsymbol{\theta}^{(1)}\right)}_{\text{Prior}}\underbrace{f_{X|Y}\left(x^{(i)}\big|C_1,\boldsymbol{\theta}^{(1)}\right)}_{\text{Likelihood}} + \underbrace{p_Y\left(C_2,\boldsymbol{\theta}^{(1)}\right)}_{\text{Prior}}\underbrace{f_{X|Y}\left(x^{(i)}\big|C_2,\boldsymbol{\theta}^{(1)}\right)}_{\text{Likelihood}}\right]\right\} \tag{22.16}$$

代入式(22.12) 列出的本轮参数以及样本数据，得到 $L(\boldsymbol{\theta}^{(1)}) = -1.9104$。

下面便是重复E步和M步，直到满足收敛条件。

22.4 迭代过程

12轮迭代

经过12轮迭代，参数 $\boldsymbol{\theta}$ 如下：

$$\begin{cases} \alpha_1^{(12)} = 0.49105, & \alpha_2^{(12)} = 0.50895 \\ \mu_1^{(12)} = -0.81597, & \mu_2^{(12)} = 1.5396 \\ \sigma_1^{(12)} = 2.4602, & \sigma_2^{(12)} = 0.49993 \end{cases} \tag{22.17}$$

图22.5~图22.7给出了第12轮迭代结果。本轮对数似然函数值 $L(\boldsymbol{\theta}^{(12)}) = -1.7344$。

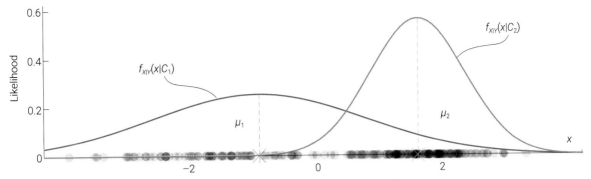

图22.5　经过12轮迭代参数对应的似然概率$f_{X|Y}(x \mid C_1)$和$f_{X|Y}(x \mid C_2)$

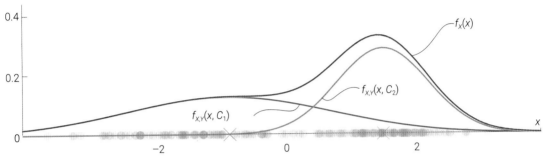

图22.6　经过12轮迭代参数对应的$f_{X,Y}(x, C_1)$、$f_{X,Y}(x, C_2)$和$f_X(x)$

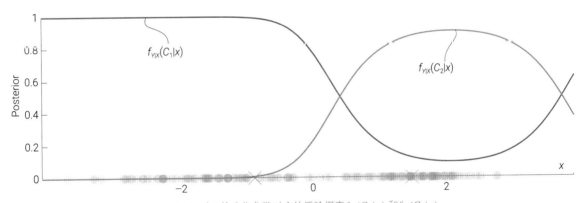

图22.7　经过12轮迭代参数对应的后验概率$f_{Y|X}(C_1 \mid x)$和$f_{Y|X}(C_2 \mid x)$

36轮迭代

经过36轮迭代，得到的参数$\boldsymbol{\theta}$如下：

$$\begin{cases} \alpha_1^{(36)} = 0.410, & \alpha_2^{(36)} = 0.590 \\ \mu_1^{(36)} = -1.325, & \mu_2^{(36)} = 1.493 \\ \sigma_1^{(36)} = 1.329, & \sigma_2^{(36)} = 0.364 \end{cases} \tag{22.18}$$

图22.8~图22.10所示为经过36轮迭代得到的结果。本轮对数似然函数值 $L(\theta^{(36)}) = -1.7232$。

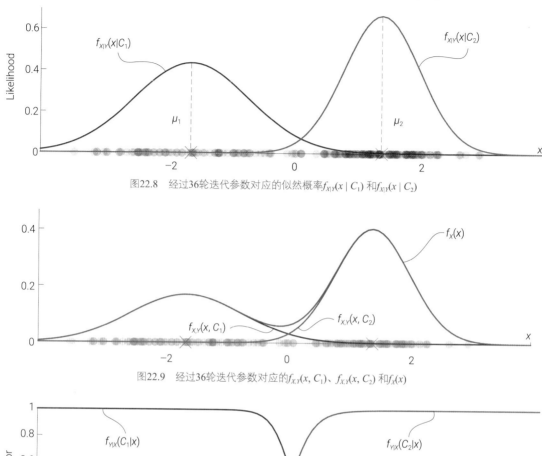

图22.8　经过36轮迭代参数对应的似然概率$f_{X|Y}(x \mid C_1)$ 和$f_{X|Y}(x \mid C_2)$

图22.9　经过36轮迭代参数对应的$f_{X,Y}(x, C_1)$、$f_{X,Y}(x, C_2)$ 和$f_X(x)$

图22.10　经过36轮迭代参数对应的$f_{Y|X}(C_1 \mid x)$ 和$f_{Y|X}(C_2 \mid x)$

　　本例设置的迭代截止条件是，要么和上一轮相比对数似然函数 $L(\theta)$ 值变化小于0.00001，要么迭代次数超过50次；满足两者之一，则迭代停止。

迭代收敛过程

　　图22.11所示为经过36次迭代，对数似然函数$L(\theta)$ 不断收敛过程。第15轮迭代之后，对数似然函数$L(\theta)$ 值便趋于稳定。

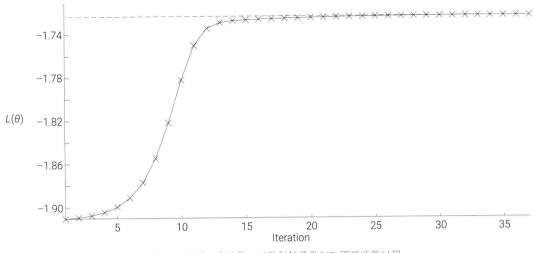

图22.11 经过36次迭代，对数似然函数$L(\theta)$不断收敛过程

本例是单特征、二聚类问题，因此θ共有6个参数；在迭代过程中，这6个参数数值也在不断收敛。图22.12所示为参数α_1和α_2不断收敛过程；图22.13所示为参数μ_1和μ_2不断收敛过程；图22.14所示为参数μ_1和μ_2不断收敛过程。

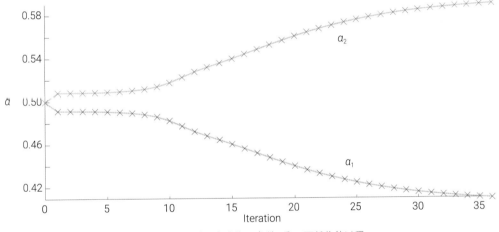

图22.12 经过36次迭代，参数α_1和α_2不断收敛过程

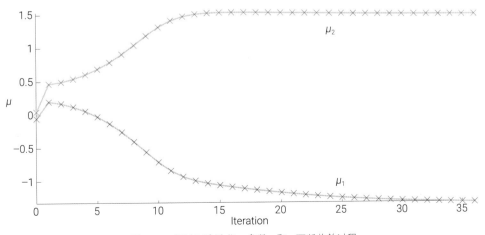

图22.13 经过36次迭代，参数μ_1和μ_2不断收敛过程

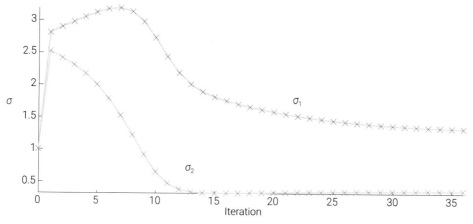

图22.14 经过36次迭代，参数σ_1和σ_2不断收敛过程

　　EM算法的迭代过程便是随着参数不断迭代更新，对数似然函数 $L(\boldsymbol{\theta})$ 数值不断增大过程，直到满足收敛条件。EM算法不仅仅是针对$L(\boldsymbol{\theta})$ 收敛过程，也是对于参数$\boldsymbol{\theta}$的收敛过程。

22.5 多元GMM迭代

　　多元EM算法和本章前文介绍的一元EM算法思路完全一致。多元EM算法引入大量矩阵运算。本节以二元样本数据聚类为例逐步介绍多元EM算法。

　　图22.15所示为两特征样本数据分布及直方图。

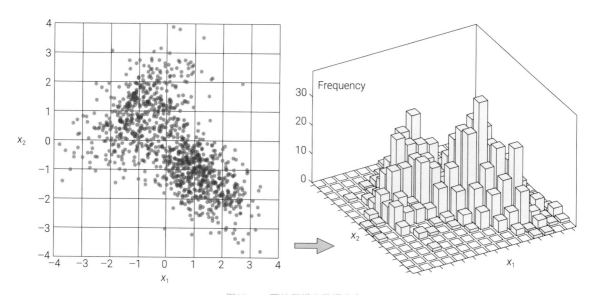

图22.15 两特征样本数据分布

初始化

首先初始化参数$\boldsymbol{\theta}$：

$$\boldsymbol{\theta}^{(0)} = \left\{ \alpha_1^{(0)}, \alpha_2^{(0)}, \boldsymbol{\mu}_1^{(0)}, \boldsymbol{\mu}_2^{(0)}, \boldsymbol{\Sigma}_1^{(0)}, \boldsymbol{\Sigma}_2^{(0)} \right\} \tag{22.19}$$

初始化参数$\boldsymbol{\theta}$具体数值如下：

$$\begin{cases} \alpha_1^{(0)} = \Pr\left(C_1, \boldsymbol{\theta}^{(0)}\right) = 0.5, \quad \alpha_2^{(0)} = \Pr\left(C_2, \boldsymbol{\theta}^{(0)}\right) = 0.5 \\ \boldsymbol{\mu}_1^{(0)} = \begin{bmatrix} 1 & 0 \end{bmatrix}^T, \quad \boldsymbol{\mu}_2^{(0)} = \begin{bmatrix} -1 & 0 \end{bmatrix}^T \\ \boldsymbol{\Sigma}_1^{(0)} = \boldsymbol{\Sigma}_2^{(0)} = \begin{bmatrix} 1 & 0 \\ 0 & 1 \end{bmatrix} \end{cases} \tag{22.20}$$

似然概率

假设$f_{\chi|Y}(\boldsymbol{x} \mid C_1, \boldsymbol{\theta}^{(0)})$和$f_{\chi|Y}(\boldsymbol{x} \mid C_2, \boldsymbol{\theta}^{(0)})$的概率密度函数均为正态分布，具体如下：

$$\begin{cases} f_{\chi|Y}\left(\boldsymbol{x} \middle| C_1, \boldsymbol{\theta}^{(0)}\right) = \dfrac{\exp\left(-\dfrac{1}{2}\left(\boldsymbol{x} - \boldsymbol{\mu}_1^{(0)}\right)^T \left(\boldsymbol{\Sigma}_1^{(0)}\right)^{-1} \left(\boldsymbol{x} - \boldsymbol{\mu}_1^{(0)}\right)\right)}{\sqrt{(2\pi)^2 \left|\boldsymbol{\Sigma}_1^{(0)}\right|}} \\ f_{\chi|Y}\left(\boldsymbol{x} \middle| C_2, \boldsymbol{\theta}^{(0)}\right) = \dfrac{\exp\left(-\dfrac{1}{2}\left(\boldsymbol{x} - \boldsymbol{\mu}_2^{(0)}\right)^T \left(\boldsymbol{\Sigma}_2^{(0)}\right)^{-1} \left(\boldsymbol{x} - \boldsymbol{\mu}_2^{(0)}\right)\right)}{\sqrt{(2\pi)^2 \left|\boldsymbol{\Sigma}_2^{(0)}\right|}} \end{cases} \tag{22.21}$$

证据因子

下一步，估算证据因子概率密度函数$f_\chi(\boldsymbol{x}, \boldsymbol{\theta}^{(0)})$：

$$\begin{aligned} f_\chi(\boldsymbol{x}, \boldsymbol{\theta}^{(0)}) &= f_{\chi, Y}\left(\boldsymbol{x}, C_1, \boldsymbol{\theta}^{(0)}\right) + f_{\chi, Y}\left(\boldsymbol{x} \cap C_2, \boldsymbol{\theta}^{(0)}\right) \\ &= p_Y\left(C_1, \boldsymbol{\theta}^{(0)}\right) f_{\chi|Y}\left(\boldsymbol{x} \middle| C_1, \boldsymbol{\theta}^{(0)}\right) + p_Y\left(C_2, \boldsymbol{\theta}^{(0)}\right) f_{\chi|Y}\left(\boldsymbol{x} \middle| C_2, \boldsymbol{\theta}^{(0)}\right) \\ &= \frac{1}{2} \times \frac{\exp\left(-\dfrac{1}{2}\left(\boldsymbol{x} - \boldsymbol{\mu}_1^{(0)}\right)^T \left(\boldsymbol{\Sigma}_1^{(0)}\right)^{-1} \left(\boldsymbol{x} - \boldsymbol{\mu}_1^{(0)}\right)\right)}{\sqrt{(2\pi)^2 \left|\boldsymbol{\Sigma}_1^{(0)}\right|}} + \frac{1}{2} \times \frac{\exp\left(-\dfrac{1}{2}\left(\boldsymbol{x} - \boldsymbol{\mu}_2^{(0)}\right)^T \left(\boldsymbol{\Sigma}_2^{(0)}\right)^{-1} \left(\boldsymbol{x} - \boldsymbol{\mu}_2^{(0)}\right)\right)}{\sqrt{(2\pi)^2 \left|\boldsymbol{\Sigma}_2^{(0)}\right|}} \end{aligned} \tag{22.22}$$

图22.16 (a) 所示为初始化参数$\boldsymbol{\theta}^{(0)}$对应的$f_{\chi|Y}(\boldsymbol{x} \mid C_1)$和$f_{\chi|Y}(\boldsymbol{x} \mid C_2)$等高线；图22.16 (b) 所示为$f_\chi(\boldsymbol{x})$等高线图。

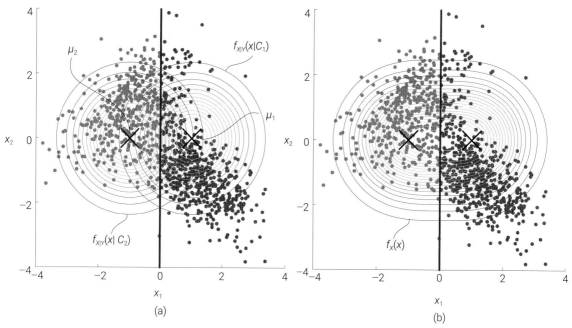

图22.16 初始化参数$\boldsymbol{\theta}^{(0)}$对应的$f_{X|Y}(\boldsymbol{x}\,|\,C_1)$和$f_{X|Y}(\boldsymbol{x}\,|\,C_2)$等高线，以及$f_X(\boldsymbol{x})$等高线图

后验概率

根据贝叶斯定理，计算后验概率$f_{Y|X}(C_1\,|\,\boldsymbol{x},\boldsymbol{\theta}^{(0)})$和$f_{Y|X}(C_2\,|\,\boldsymbol{x},\boldsymbol{\theta}^{(0)})$：

$$\begin{cases} f_{Y|X}\left(C_1\,\middle|\,\boldsymbol{x},\boldsymbol{\theta}^{(0)}\right)=\dfrac{p_Y\left(C_1,\boldsymbol{\theta}^{(0)}\right)f_{X|Y}\left(\boldsymbol{x}\,\middle|\,C_1,\boldsymbol{\theta}^{(0)}\right)}{f_X\left(\boldsymbol{x},\boldsymbol{\theta}^{(0)}\right)} \\[4mm] f_{Y|X}\left(C_2\,\middle|\,\boldsymbol{x},\boldsymbol{\theta}^{(0)}\right)=\dfrac{p_Y\left(C_2,\boldsymbol{\theta}^{(0)}\right)f_{X|Y}\left(\boldsymbol{x}\,\middle|\,C_2,\boldsymbol{\theta}^{(0)}\right)}{f_X\left(\boldsymbol{x},\boldsymbol{\theta}^{(0)}\right)} \end{cases} \tag{22.23}$$

图22.17所示为初始化参数$\boldsymbol{\theta}^{(0)}$计算得到后验概率曲面。

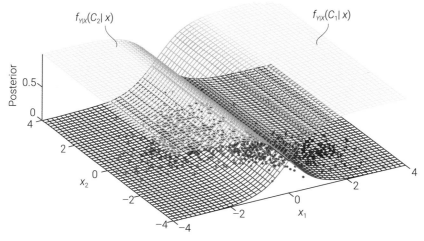

图22.17 初始化参数$\boldsymbol{\theta}^{(0)}$计算得到$f_{Y|X}(C_1\,|\,\boldsymbol{x})$和$f_{Y|X}(C_2\,|\,\boldsymbol{x})$曲面

更新参数

下一步进行EM算法中M步，更新参数。

更新参数α_1和α_2：

$$\begin{cases} \alpha_1^{(1)} = \dfrac{\sum_{i=1}^{n} f_{Y|\chi}\left(C_1 \middle| \boldsymbol{x}^{(i)}, \boldsymbol{\theta}^{(0)}\right)}{n} = 0.56019 \\[4mm] \alpha_2^{(1)} = \dfrac{\sum_{i=1}^{n} f_{Y|\chi}\left(C_2 \middle| \boldsymbol{x}^{(i)}, \boldsymbol{\theta}^{(0)}\right)}{n} = 0.43981 \end{cases} \tag{22.24}$$

更新簇质心$\boldsymbol{\mu}_1$和$\boldsymbol{\mu}_2$：

$$\begin{cases} \boldsymbol{\mu}_1^{(1)} = \dfrac{\sum_{i=1}^{n}\left\{ f_{Y|\chi}\left(C_1 \middle| \boldsymbol{x}^{(i)}, \boldsymbol{\theta}^{(0)}\right)\boldsymbol{x}^{(i)} \right\}}{n\alpha_1^{(1)}} = \begin{bmatrix} 1.098 \\ -0.764 \end{bmatrix} \\[5mm] \boldsymbol{\mu}_2^{(1)} = \dfrac{\sum_{i=1}^{n}\left\{ f_{Y|\chi}\left(C_2 \middle| \boldsymbol{x}^{(i)}, \boldsymbol{\theta}^{(0)}\right)\boldsymbol{x}^{(i)} \right\}}{n\alpha_2^{(1)}} = \begin{bmatrix} -0.8924 \\ 0.4627 \end{bmatrix} \end{cases} \tag{22.25}$$

为了方便运算默认$\boldsymbol{x}^{(i)}$为列向量。

更新簇协方差矩阵$\boldsymbol{\Sigma}_1$和$\boldsymbol{\Sigma}_2$：

$$\begin{cases} \boldsymbol{\Sigma}_1^{(1)} = \dfrac{\sum_{i=1}^{n}\left\{ f_{Y|\chi}\left(C_1 \middle| \boldsymbol{x}^{(i)}, \boldsymbol{\theta}^{(0)}\right)\left(\boldsymbol{x}^{(i)} - \boldsymbol{\mu}_1\right)\left(\boldsymbol{x}^{(i)} - \boldsymbol{\mu}_1\right)^{\mathrm{T}} \right\}}{n\alpha_1^{(1)}} = \begin{bmatrix} 0.9346 & -0.7809 \\ -0.7809 & 1.787 \end{bmatrix} \\[5mm] \boldsymbol{\Sigma}_2^{(1)} = \dfrac{\sum_{i=1}^{n}\left\{ f_{Y|\chi}\left(C_2 \middle| \boldsymbol{x}^{(i)}, \boldsymbol{\theta}^{(0)}\right)\left(\boldsymbol{x}^{(i)} - \boldsymbol{\mu}_2\right)\left(\boldsymbol{x}^{(i)} - \boldsymbol{\mu}_2\right)^{\mathrm{T}} \right\}}{n\alpha_2^{(1)}} = \begin{bmatrix} 1.034 & -0.1588 \\ -0.1588 & 1.213 \end{bmatrix} \end{cases} \tag{22.26}$$

这样，我们便得到了一组全新的参数$\boldsymbol{\theta}^{(1)}$。

对数似然函数

构造对数似然函数$L(\boldsymbol{\theta})$：

$$L\left(\boldsymbol{\theta}^{(1)}\right) = \ln\left(\prod_{i=1}^{n} f_{\chi}\left(\boldsymbol{x}^{(i)}, \boldsymbol{\theta}^{(1)}\right)\right) \tag{22.27}$$

代入式(22.24)、式(22.25)和式(22.26)中更新得到的参数，计算得到对数似然值$L(\boldsymbol{\theta}^{(1)}) = -3.213045$。

图22.18和图22.19所示为$\boldsymbol{\theta}^{(1)}$参数对应的概率曲面。分别比较图22.16和图22.17，可以发现图22.18和图22.19所示聚类决策边界已经发生显著变化。

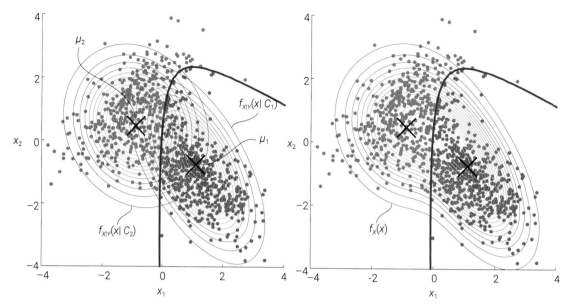

图22.18　参数$\theta^{(1)}$对应的$f_{X|Y}(x \mid C_1)$和$f_{X|Y}(x \mid C_2)$等高线，以及$f_X(x)$等高线图

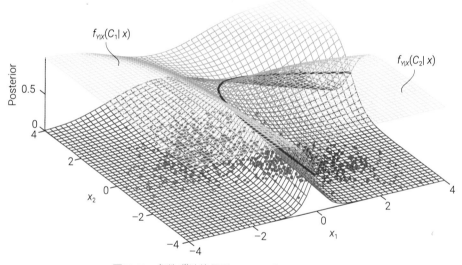

图22.19　参数$\theta^{(1)}$计算得到$f_{Y|X}(C_1 \mid x)$和$f_{Y|X}(C_2 \mid x)$曲面

第二轮迭代

进入第2轮迭代，更新参数$\theta^{(2)}$：

$$\begin{cases}
\alpha_1^{(2)} = \Pr\left(C_1, \theta^{(2)}\right) = 0.56481, \quad \alpha_2^{(2)} = \Pr\left(C_2, \theta^{(2)}\right) = 0.43519 \\
\boldsymbol{\mu}_1^{(2)} = \begin{bmatrix} 1.097 & -0.84 \end{bmatrix}^{\mathrm{T}}, \quad \boldsymbol{\mu}_2^{(2)} = \begin{bmatrix} -0.9121 & 0.5744 \end{bmatrix}^{\mathrm{T}} \\
\boldsymbol{\Sigma}_1^{(2)} = \begin{bmatrix} 0.9179 & -0.7818 \\ -0.7818 & 1.614 \end{bmatrix}, \quad \boldsymbol{\Sigma}_2^{(2)} = \begin{bmatrix} 1.02 & 0.07167 \\ 0.07167 & 1.153 \end{bmatrix}
\end{cases} \tag{22.28}$$

第11轮迭代

经过11轮迭代，满足优化结束条件，并获得更新参数$\boldsymbol{\theta}^{(11)}$：

$$
\begin{cases}
\alpha_1^{(11)} = \Pr\left(C_1, \boldsymbol{\theta}^{(11)}\right) = 0.57516, \quad \alpha_2^{(11)} = \Pr\left(C_2, \boldsymbol{\theta}^{(11)}\right) = 0.42484 \\[4pt]
\boldsymbol{\mu}_1^{(11)} = \begin{bmatrix} 1.096 & -1.114 \end{bmatrix}^{\mathrm{T}}, \quad \boldsymbol{\mu}_2^{(11)} = \begin{bmatrix} -0.9589 & 0.9795 \end{bmatrix}^{\mathrm{T}} \\[4pt]
\boldsymbol{\Sigma}_1^{(11)} = \begin{bmatrix} 0.8938 & -0.4735 \\ -0.4735 & 0.7659 \end{bmatrix}, \quad \boldsymbol{\Sigma}_2^{(11)} = \begin{bmatrix} 0.9627 & 0.5045 \\ 0.5045 & 0.9269 \end{bmatrix}
\end{cases}
\tag{22.29}
$$

图22.20和图22.21所示为完成迭代后曲面等高线结果。

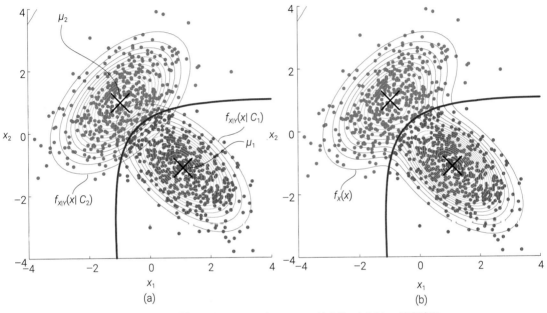

图22.20　参数$\boldsymbol{\theta}^{(11)}$对应的$f_{X|Y}(\boldsymbol{x}\mid C_1)$和$f_{X|Y}(\boldsymbol{x}\mid C_2)$等高线，以及$f_X(\boldsymbol{x})$等高线图

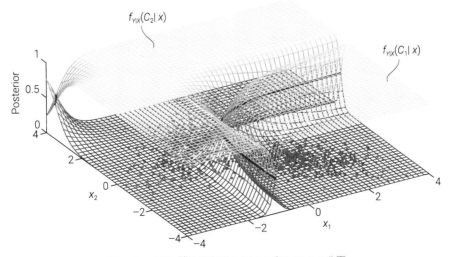

图22.21　参数$\boldsymbol{\theta}^{(11)}$计算得到$f_{Y|X}(C_1\mid\boldsymbol{x})$和$f_{Y|X}(C_2\mid\boldsymbol{x})$曲面

迭代收敛过程

图22.22所示为经过11次迭代$L(\theta)$递增收敛过程。相信大家看过图22.11和图22.22后，便明白为什么对数似然函数$L(\theta)$是参数θ的函数了。

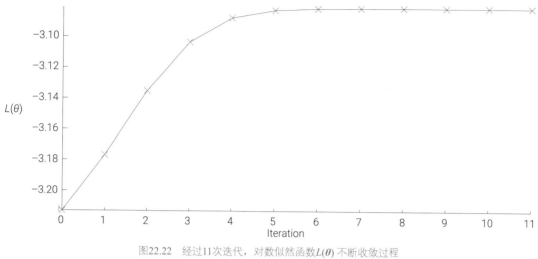

图22.22　经过11次迭代，对数似然函数$L(\theta)$不断收敛过程

参数θ相当于未知数，由于不存在解析解，只能通过迭代优化求解参数θ。整个过程就是找到描述样本数据集合的最佳参数θ。

图22.23所示为经过11次迭代，参数α_1和α_2不断收敛过程。

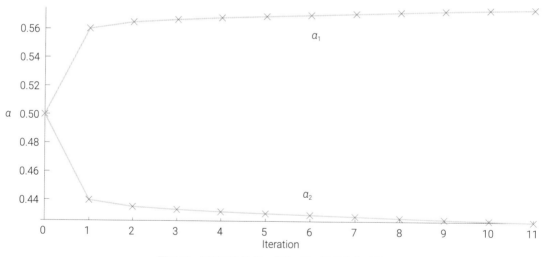

图22.23　经过11次迭代，参数α_1和α_2不断收敛过程

为了更好地可视化二元高斯分布参数——质心和协方差——变化过程，我们利用椭圆来表达协方差，而椭圆中心所在位置便是簇质心。

图22.24很好地展示了经过11次迭代，两个二元高斯分布质心和协方差不断变化过程。图22.25则展示了决策边界随着迭代不断变化过程。

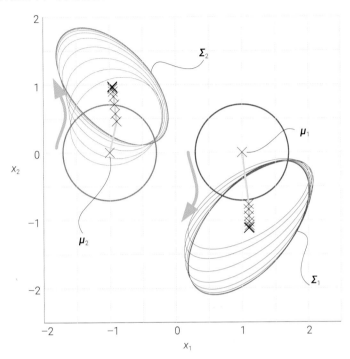

图22.24　经过11次迭代，二元高斯分布质心和协方差不断变化过程

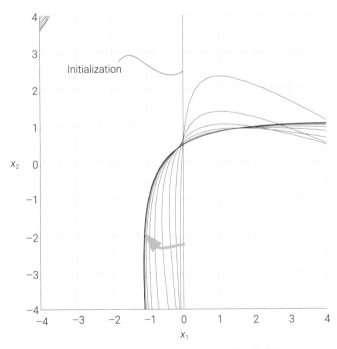

图22.25　经过11次迭代，决策边界不断变化过程

EM算法很有可能迭代收敛在局部极大值处，而非全局最大值；常用的解决办法是，选取不同初始值进行迭代优化；比较对数似然函数 $L(\theta)$ 收敛值，从不同优化解中选取理想解。

EM算法是一种迭代算法，用于在不完全观测的情况下，通过已知的观测数据来估计模型参数。其核心思想是通过不断迭代，利用已知数据计算未知参数的最大似然估计。EM算法的迭代包括两个步骤：E步骤和M步骤，其中E步骤计算隐变量的后验概率，M步骤利用后验概率重新估计参数。EM算法通常用于处理混合模型、隐马尔可夫模型等问题，其具有广泛的应用，如聚类、密度估计、图像处理等领域。

23 Hierarchical Clustering
层次聚类
基于数据之间距离，自下而上聚合，或自上而下分裂

如果不能简单地解释某个理论，说明你并没有真正理解它。

If you can't explain it simply, you don't understand it well enough.

—— 阿尔伯特·爱因斯坦 (Albert Einstein) | 理论物理学家 | 1879 — 1955年

◀　numpy.triu() 提取上三角矩阵
◀　scipy.cluster.hierarchy.dendrogram() 绘制树形图
◀　scipy.cluster.hierarchy.linkage() 计算簇间距离
◀　seaborn.clustermap() 绘制树形图和热图
◀　seaborn.heatmap() 绘制热图
◀　sklearn.cluster.AgglomerativeClustering() 层次聚类函数
◀　sklearn.metrics.pairwise.rbf_kernel() 计算RBF核成对亲近度矩阵

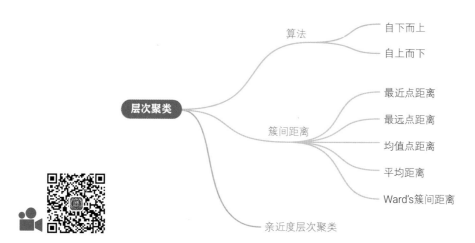

23.1 层次聚类

层次聚类 (hierarchical clustering) 算法是一种聚类分析算法。层次聚类依据数据之间的距离远近，或者亲近度大小，将样本数据划分为簇。层次聚类可以通过**自下而上** (agglomerative) 合并，或者**自上而下** (divisive) 分割来构造分层结构聚类。

> ⚠️ 注意：层次聚类算法为**非归纳聚类** (non-inductive clustering)。

图23.1所示为根据鸢尾花样本数据前两个特征——花萼长度和宽度——获得的层次聚类**树形图** (dendrogram)。

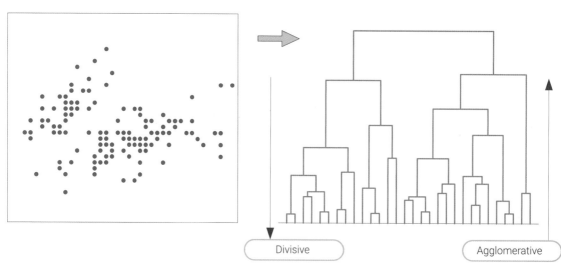

图23.1 区分"自上而下"和"自下而上"层次聚类

自下而上合并

图23.2所示为自下而上合并原理。整个过程有点像"搭积木"，首先以每个数据点本身作为一簇，每次迭代合并"距离"较近或亲近度大的类别，直到最后只剩一簇为止。这个过程可以使用的距离度量或亲近度也是多种多样的。

> ⚠️
>
> 注意：请大家参考《数据有道》第3章有关距离度量和亲近度内容。

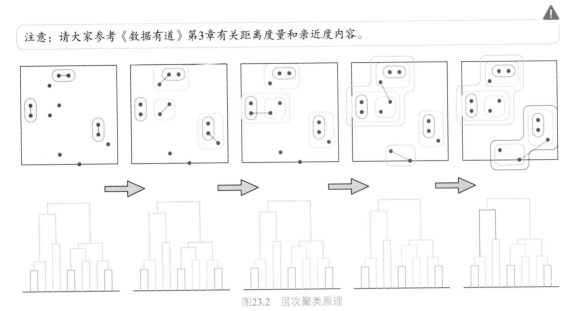

图23.2　层次聚类原理

本章下面首先介绍如何一步步通过自下而上合并获得树形图。大家可能已经注意到，图23.2中不仅仅要考虑"点"与"点"之间距离，还需要考虑"簇"与"簇"之间的距离。"簇"与"簇"之间的距离度量，也是本章要探讨的核心内容之一。

23.2 树形图

图23.3给出了12个样本数据在平面上的位置。相信大家还记得**成对距离矩阵** (pairwise distance matrix) 这个概念。图23.4所示为12个样本数据成对欧氏距离矩阵的热图。

有了图23.4所示成对欧氏距离矩阵，便可以得到如图23.5所示树形图。树形图横轴对应样本数据编号，纵轴对应数据点间距离和簇间欧氏距离。

观察图23.5，在距离值2.5处剪一刀，可以将图23.3所示数据分成三簇；如果在距离值为4处剪一刀，可以将图23.3所示数据分成两簇。下面，我们一步步介绍如何自下而上构造如图23.5所示树形图。

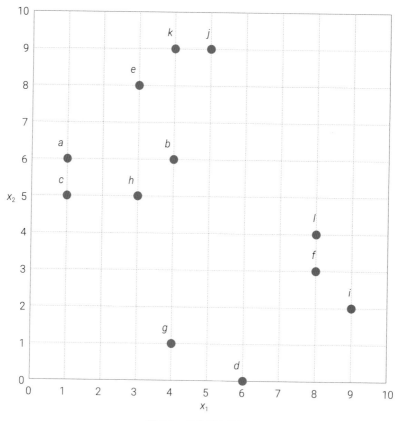

图23.3　12个样本数据

	a	b	c	d	e	f	g	h	i	j	k	l
a	0	3	1	7.81	2.828	7.616	5.831	2.236	8.944	5	4.243	7.28
b	3	0	3.162	6.325	2.236	5	5	1.414	6.403	3.162	3	4.472
c	1	3.162	0	7.071	3.606	7.28	5	2	8.544	5.657	5	7.071
d	7.81	6.325	7.071	0	8.544	3.606	2.236	5.831	3.606	9.055	9.22	4.472
e	2.828	2.236	3.606	8.544	0	7.071	7.071	3	8.485	2.236	1.414	6.403
f	7.616	5	7.28	3.606	7.071	0	4.472	5.385	1.414	6.708	7.211	1
g	5.831	5	5	2.236	7.071	4.472	0	4.123	5.099	8.062	8	5
h	2.236	1.414	2	5.831	3	5.385	4.123	0	6.708	4.472	4.123	5.099
i	8.944	6.403	8.544	3.606	8.485	1.414	5.099	6.708	0	8.062	8.602	2.236
j	5	3.162	5.657	9.055	2.236	6.708	8.062	4.472	8.062	0	1	5.831
k	4.243	3	5	9.22	1.414	7.211	8	4.123	8.602	1	0	6.403
l	7.28	4.472	7.071	4.472	6.403	1	5	5.099	2.236	5.831	6.403	0

图23.4　12个样本数据成对距离构成的方阵热图

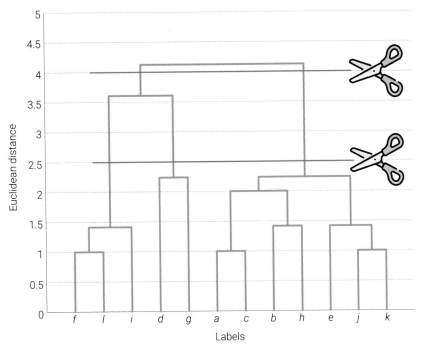

图23.5 数据树形图

第一层

如图23.6所示，首先发现a和c、k和j、f和l成对距离最短，均为1；这样我们便构造了树形图最底层。这三个成对距离在热图位置如图23.8 (a) 所示。

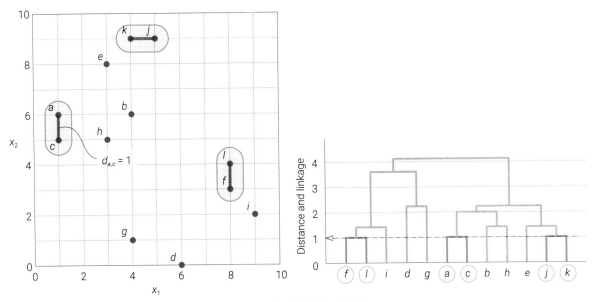

图23.6 构建树形图，第一层

第二层

构造树形图第二层时，遇到一个麻烦——簇间距离如何定义。这里，我们首先采用最简单的**最近点距离** (single linkage或nearest neighbor)。最近点距离指的是两个簇样本数据成对距离最近值。

k和j、f和l已经分别"成团"；e距离k更近，而i距离f更近。因此树形图第二层的距离值定为 sqrt(2)，也就是约1.414。同样，b和h的距离也是1.414。这样我们便构造得到了如图23.7所示的树形图第二层。这三个"簇间" / "点间"距离在热图位置如图23.8 (b) 所示。

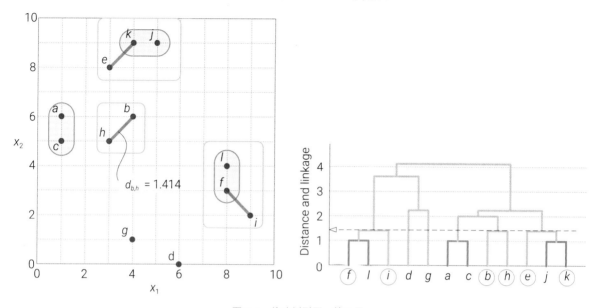

图23.7 构建树形图，第二层

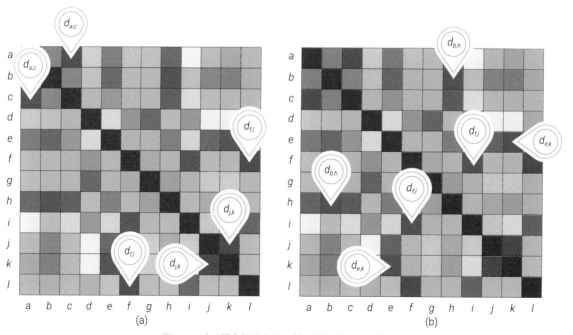

图23.8 成对距离矩阵热图，第一层和第二层距离位置

第三层

再向上一层，利用簇a和c（第一层）、簇b和h（第二层）之间簇间距离 2，从而得到树形图第三层，如图23.9所示。这个距离在热图上的位置如图23.11 (a) 所示。

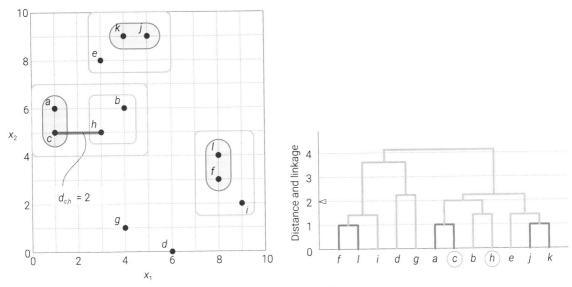

图23.9 构建树形图，第三展

第四层

树形图的第四层采用的距离值为sqrt(5)，约2.236，如图23.11(b)所示。图23.10所示为树形图第四层位置。可以发现此时，所有的数据点均参与聚类，形成三簇。

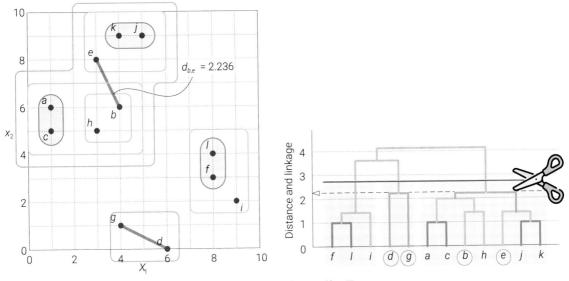

图23.10 构建树形图，第四层

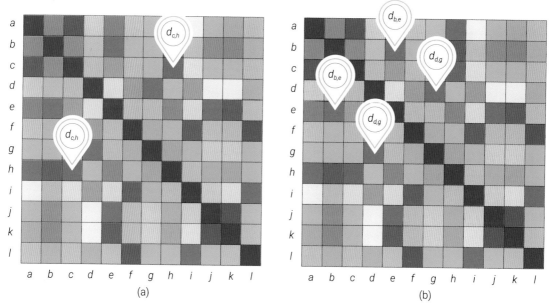

图23.11 成对距离矩阵热图，第三层和第四层距离位置

第五层

图23.12所示为树形图第五层位置。在第五层，样本数据被划分为两簇；再加一层，整个树形图便封顶。

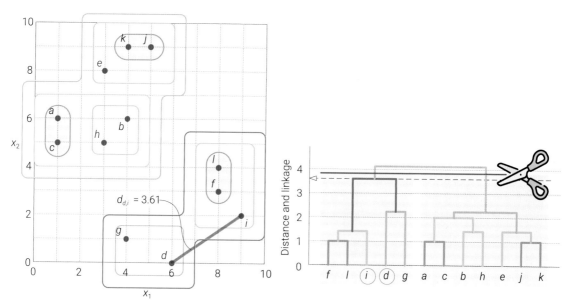

图23.12 构建树形图，第五层

重新排序

按树形结构把数据序号重新排列。根据这个顺序，可以得到一个全新的热图，如图23.13所示。根据颜色，图23.13所示热图很容易分为两个区域，对应数据划分为两簇。这便是层次聚类的思路。

	f	l	i	d	g	a	c	b	h	e	j	k
f	0	1	1.414	3.606	4.472	7.616	7.28	5	5.385	7.071	6.708	7.211
l	1	0	2.236	4.472	5	7.28	7.071	4.472	5.099	6.403	5.831	6.403
i	1.414	2.236	0	3.606	5.099	8.944	8.544	6.403	6.708	8.485	8.062	8.602
d	3.606	4.472	3.606	0	2.236	7.81	7.071	6.325	5.831	8.544	9.055	9.22
g	4.472	5	5.099	2.236	0	5.831	5	5	4.123	7.071	8.062	8
a	7.616	7.28	8.944	7.81	5.831	0	1	3	2.236	2.828	5	4.243
c	7.28	7.071	8.544	7.071	5	1	0	3.162	2	3.606	5.657	5
b	5	4.472	6.403	6.325	5	3	3.162	0	1.414	2.236	3.162	3
h	5.385	5.099	6.708	5.831	4.123	2.236	2	1.414	0	3	4.472	4.123
e	7.071	6.403	8.485	8.544	7.071	2.828	3.606	2.236	3	0	2.236	1.414
j	6.708	5.831	8.062	9.055	8.062	5	5.657	3.162	4.472	2.236	0	1
k	7.211	6.403	8.602	9.22	8	4.243	5	3	4.123	1.414	1	0

图23.13　按树形结构重组数据

23.3 簇间距离

上一节提到，两簇之间的距离可以采用最近点距离；当然，簇间距离也有其他定义，如图23.14所示。本节介绍常用的几种簇间距离。

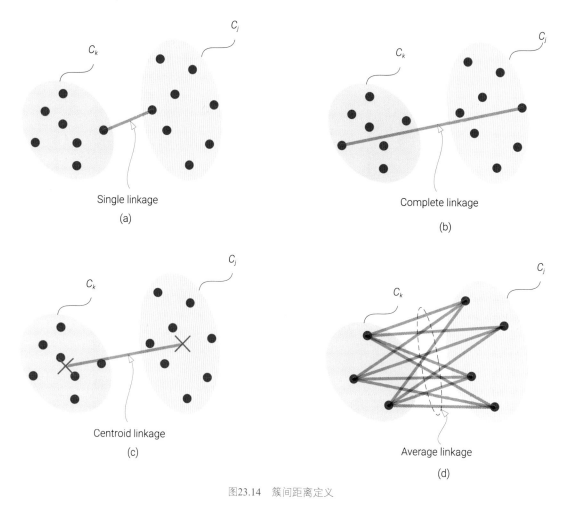

图23.14 簇间距离定义

最近点距离

簇间距离，也叫作**距离值** (linkage distance 或 linkage)。如图23.14 (a) 所示，**最近点距离** (single linkage或nearest neighbor)，代号为"single"，指的是两个簇样本数据成对距离最近值：

$$d\left(C_k, C_j\right) = \min_{x \in C_k, \ z \in C_j} \left(\text{dist}\left(x, z\right)\right) \tag{23.1}$$

图23.15所示为，采用 single 层次聚类得到的树形图和鸢尾花数据聚类结果。可以发现，树形图分支并不均衡，聚类结果并不理想。

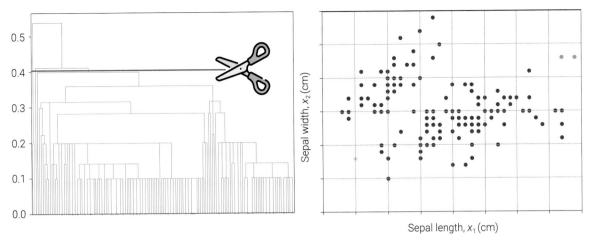

图23.15　鸢尾花聚类结果，single 层次聚类

最远点距离

如图23.14 (b) 所示，**最远点距离** (complete linkage或farthest neighbor) 定义为，两簇样本数据成对距离最远值：

$$d\left(C_k, C_j\right) = \max_{\boldsymbol{x} \in C_k,\ \boldsymbol{z} \in C_j} \left(\mathrm{dist}\left(\boldsymbol{x}, \boldsymbol{z}\right)\right) \tag{23.2}$$

最远点距离代号为 "complete"。图23.16所示为，采用complete 层次聚类得到的树形图和鸢尾花数据聚类结果。最远点距离对于离群点/噪声点敏感。

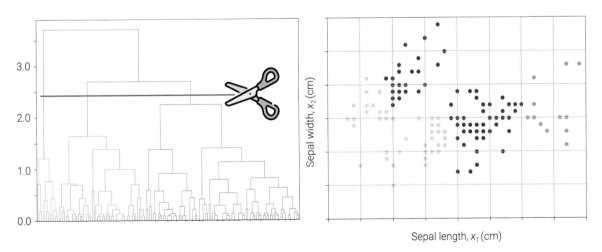

图23.16　鸢尾花聚类结果，complete 层次聚类

均值点距离

如图23.14 (c) 所示，**均值点距离** (centroid linkage) 采用两簇样本数据质心点之间的距离：

$$d\left(C_i, C_j\right) = d\left(\boldsymbol{\mu}_i, \boldsymbol{\mu}_j\right) \tag{23.3}$$

其中，$\boldsymbol{\mu}_i$ 和 $\boldsymbol{\mu}_j$ 分别为 C_i 和 C_j 的质心点。目前Scikit-Learn中的层次聚类函数并不支持均值点距离；但是scipy.cluster.hierarchy.linkage支持均值点距离，代号为"centroid"。

平均距离

如图23.14 (d) 所示，**平均距离** (average linkage) 采用两簇样本数据成对点之间距离平均值：

$$d\left(C_k, C_j\right) = \operatorname*{mean}_{\boldsymbol{x} \in C_k,\ \boldsymbol{z} \in C_j}\left(\operatorname{dist}\left(\boldsymbol{x}, \boldsymbol{z}\right)\right) = \frac{\sum\limits_{\boldsymbol{x} \in C_k,\ \boldsymbol{z} \in C_j} \operatorname{dist}\left(\boldsymbol{x}, \boldsymbol{z}\right)}{\operatorname{count}\left(C_k\right) \cdot \operatorname{count}\left(C_j\right)} \tag{23.4}$$

平均距离代号为"average"。图23.17所示为，采用 average 层次聚类得到的树形图和鸢尾花数据聚类结果。

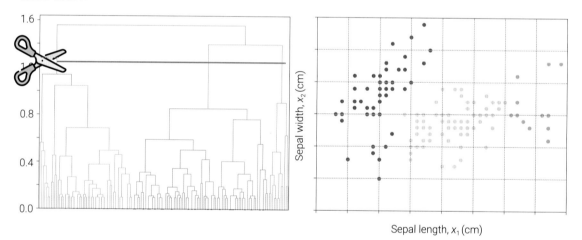

图23.17　鸢尾花聚类结果，average 层次聚类

Ward's簇间距离

Ward's簇间距离的定义如下：

$$d\left(C_k, C_j\right) = \sqrt{2 \times \left(\underbrace{\sum_{\boldsymbol{x} \in C_k \cup C_j} \operatorname{dist}\left(\boldsymbol{x}, \boldsymbol{\mu}_{C_k \cup C_j}\right)^2}_{\text{After merge}} - \underbrace{\left(\sum_{\boldsymbol{x} \in C_k} \operatorname{dist}\left(\boldsymbol{x}, \boldsymbol{\mu}_{C_k}\right)^2 + \sum_{\boldsymbol{x} \in C_j} \operatorname{dist}\left(\boldsymbol{x}, \boldsymbol{\mu}_{C_j}\right)^2\right)}_{\text{Before merge}}\right)}$$

$$= \sqrt{\frac{2 \cdot \operatorname{count}\left(C_k\right) \cdot \operatorname{count}\left(C_j\right)}{\operatorname{count}\left(C_k\right) + \operatorname{count}\left(C_j\right)}} \cdot \operatorname{dist}\left(\boldsymbol{\mu}_{C_k}, \boldsymbol{\mu}_{C_j}\right) \tag{23.5}$$

观察式 (23.5)，可以发现它等价于：

$$d\left(C_k, C_j\right) = \sqrt{2 \times \left(\underbrace{\text{SST}\left(C_k \cup C_j\right)}_{\text{After merge}} - \underbrace{\left(\text{SST}\left(C_k\right) + \text{SST}\left(C_j\right)\right)}_{\text{Before merge}}\right)} \tag{23.6}$$

其中，SST为丛书前文介绍的**总离差平方和** (Sum of Squares for Total，SST)。
SST便是本书前文介绍的"**簇惯性** (cluster inertia)"，也就是：

$$\begin{cases} \text{SST}\left(C_k \cup C_j\right) = \sum\limits_{\boldsymbol{x} \in C_k \cup C_j} \text{dist}\left(\boldsymbol{x}, \boldsymbol{\mu}_{C_k \cup C_j}\right)^2 = \sum\limits_{\boldsymbol{x} \in C_k \cup C_j} \left\|\boldsymbol{x} - \boldsymbol{\mu}_{C_k \cup C_j}\right\|^2 \\ \text{SST}\left(C_j\right) = \sum\limits_{\boldsymbol{x} \in C_j} \text{dist}\left(\boldsymbol{x}, \boldsymbol{\mu}_{C_j}\right)^2 = \sum\limits_{\boldsymbol{x} \in C_j} \left\|\boldsymbol{x} - \boldsymbol{\mu}_{C_j}\right\|^2 \\ \text{SST}\left(C_k\right) = \sum\limits_{\boldsymbol{x} \in C_k} \text{dist}\left(\boldsymbol{x}, \boldsymbol{\mu}_{C_k}\right)^2 = \sum\limits_{\boldsymbol{x} \in C_k} \left\|\boldsymbol{x} - \boldsymbol{\mu}_{C_k}\right\|^2 \end{cases} \tag{23.7}$$

Ward's簇间距离定义看着复杂，实际上背后的思想很简单——计算**合并后** (after merge)、**合并前** (before merge) SST的差值。原理如图23.18所示。这个差值，也就是一种簇数据"合并"的"代价"。

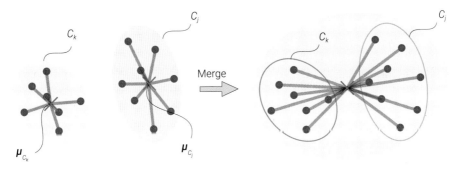

图23.18　鸢尾花聚类结果，Ward's簇间距离

Ward's簇间距离代号为"ward"。ward为Scikit-Learn默认簇间距离。图23.19所示为，采用 ward 层次聚类得到的树形图和鸢尾花数据聚类结果。

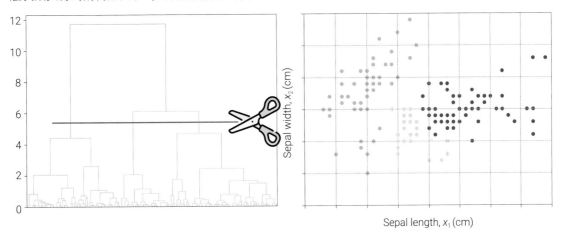

图23.19　鸢尾花聚类结果，ward 层次聚类

Bk7_Ch23_01.ipynb中绘制了图23.15、图23.16、图23.17和图23.19。下面讲解其中关键语句。

ⓐ首先用scipy.cluster.hierarchy.linkage()计算了数据集的层次聚类数据矩阵。X是输入的数据集，而method是层次聚类算法使用的链接方法，可能是single、complete、average等。

然后再用scipy.cluster.hierarchy.dendrogram()绘制树形图。

ⓑ利用sklearn.cluster.AgglomerativeClustering()创建了一个层次聚类对象。

n_clusters=3指定聚类的簇数目，即要将数据划分成几个簇。

metric='euclidean'指定计算数据点之间距离的度量标准。在这里，使用的是欧氏距离 (Euclidean distance)。请大家尝试使用其他距离度量并比较结果。

linkage=method指定了层次聚类中用于计算簇之间距离的链接方法。method可以是ward、complete、average等。不同的链接方法影响着聚类的结果。

ⓒ调用层次聚类对象cluster，并使用 fit_predict() 方法，来完成聚类得到每个样本所属的簇标签预测值。

ⓓ用散点图可视化聚类结果。

代码23.1　利用sklearn.cluster.AgglomerativeClustering()完成层次聚类 | ⊕ Bk7_Ch23_01.ipynb

```
for name, method in clustering_algorithms:

    # 绘制树形图
    fig, ax = plt.subplots()

    plt.title(name)
    dend = dendrogram(linkage(X,
                              method = method))

    # 层次聚类
    cluster = AgglomerativeClustering(n_clusters=3,
                                      metric='euclidean',
                                      linkage=method)
    # 完成聚类预测
    Z = cluster.fit_predict(X)

    # 可视化聚类结果
    fig, ax = plt.subplots()
    plt.title(name)

    # 可视化散点图
    plt.scatter(x=X[:, 0], y=X[:, 1], c=Z, alpha=1.0,
                linewidth = 1, edgecolor=[1,1,1])

    ax.set_xticks(np.arange(4, 8.5, 0.5))
    ax.set_yticks(np.arange(1.5, 5, 0.5))
    ax.set_xlim(4, 8); ax.set_ylim(1.5, 4.5)
    plt.xlabel(iris.feature_names[0])
    plt.ylabel(iris.feature_names[1])
    ax.grid(linestyle='--', linewidth=0.25, color=[0.5,0.5,0.5])
    ax.set_aspect('equal'); plt.show()
```

23.4 亲近度层次聚类

本章前文介绍的是采用欧氏距离构造树形图，以便进行层次聚类；其实，亲近度也可以用来构造树形图，从而聚类。回顾**高斯核** (Gaussian kernel) 亲近度定义：

$$\kappa\left(\boldsymbol{x}, \boldsymbol{q}\right) = \exp\left(-\gamma \left\|\boldsymbol{x} - \boldsymbol{q}\right\|^2\right) \tag{23.8}$$

图23.20左图是鸢尾花数据高斯核亲近度成对矩阵热图。利用seaborn.clustermap() 函数可以绘制基于亲近度矩阵的树形图，以及相应热图，具体如图23.20右图所示。

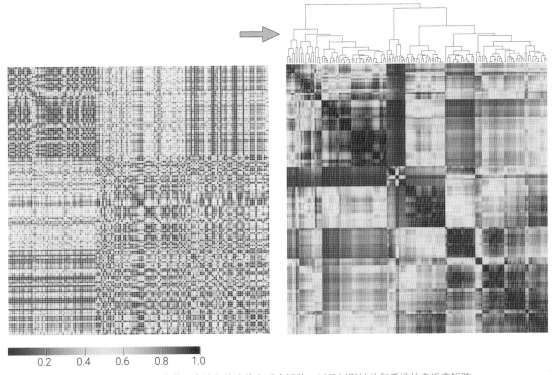

图23.20　鸢尾花花萼两个特征构造的亲近度矩阵，以及树形结构和重排的亲近度矩阵

Bk7_Ch23_02.ipynb中绘制了图23.20，请大家自行学习。

层次聚类是一种无需预先指定聚类簇数的聚类方法，其输出结果以树形图的形式呈现。在层次聚类中，不同簇之间的距离可以通过不同的距离度量方法计算，如欧几里得距离、曼哈顿距离等。

层次聚类可以分为凝聚聚类和分裂聚类两种方法，其中凝聚聚类是一种从下往上的方法，从每个数据点开始，逐步合并簇，形成树形图；分裂聚类是一种从上往下的方法，将所有数据点放在一个簇中，然后逐步分裂簇，形成树形图。请大家格外注意不同簇间距离定义方式。

在亲近度层次聚类中，距离度量方法可以用相似度度量方法代替，如相关系数、余弦相似度等。亲近度层次聚类通常应用于文本聚类、图像聚类等领域。

24 Density-Based Clustering
密度聚类
利用数据分布紧密程度聚类

实验是科学向自然提出的问题，测量是对自然回答的记录。

An experiment is a question which science poses to Nature, and a measurement is the recording of Nature's answer.

—— 马克斯·普朗克 (Max Planck) | 德国物理学家，量子力学的创始人 | 1858 — 1947年

◄ `itertools.cycle()` 把一组数据循环取出
◄ `itertools.islice()` 返回 个迭代器
◄ `numpy.random.seed()` 设置随机数种子可以使每一次生成随机数据时候的结果相同
◄ `sklearn.cluster.DBSCAN()` DBSCAN 聚类函数
◄ `sklearn.cluster.OPTICS()` OPTICS 聚类函数
◄ `sklearn.datasets.make_circles()` 创建环形样本数据
◄ `sklearn.preprocessing.StandardScaler().fit_transform()` 标准化数据；通过减去均值然后除以标准差，处理后数据符合标准正态分布

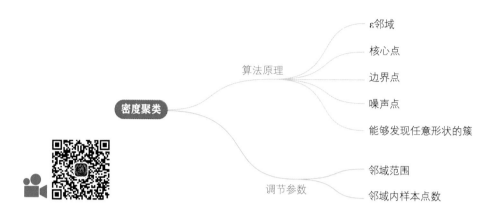

密度聚类

算法原理
- ε邻域
- 核心点
- 边界点
- 噪声点
- 能够发现任意形状的簇

调节参数
- 邻域范围
- 邻域内样本点数

24.1 DBSCAN聚类

密度聚类是一种基于数据点密度的聚类方法，其核心思想是将高密度区域作为聚类中心，并将低密度区域作为聚类边界。常用的密度聚类算法有DBSCAN、OPTICS、DENCLUE等。

DBSCAN聚类算法全称为Density-Based Spatial Clustering of Applications with Noise，它是一种基于密度的聚类方法，是本章要重点介绍的算法。

DBSCAN通过设定邻域半径和最小密度等参数，将具有足够密度的数据点聚成一个簇；OPTICS在DBSCAN的基础上，通过建立可达距离图来优化聚类结果；DENCLUE则采用高斯核函数来建模数据点的密度，通过求解梯度的方式来寻找密度峰值，进而进行聚类。

密度聚类方法对于数据分布的形态没有特殊要求，而对于噪声和离群点的鲁棒性较强，具有广泛的应用价值。

为了方便大家理解DBSCAN聚类算法，下面打个比方。

原理

如图24.1所示，限定距离范围内 (即圆圈圈定领域)，粉丝超过一定数量的点就是UP主 (头顶皇冠者)；DBSCAN聚类算法和核心是，如果任意两个UP主互粉 (在对方的圆圈范围之内)，则两个UP主及各自粉丝可以被划分为一簇。

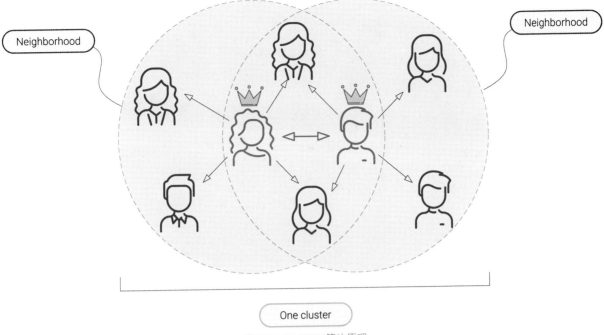

图24.1　DBSCAN算法原理

几个概念

下面介绍DBSCAN算法涉及的几个概念。

ε邻域 (ε neighborhood或epsilon neighborhood) esp限定领域范围，esp对应图24.1中的圆圈半径。准确地说，ε邻域指的是以某样本数据点为中心、esp为半径的区域。

以空间某点为中心，esp为半径邻域内包含至少 min_samples数量的数据点，则称该点为**核心点** (core point)，即前文所说的UP主。

核心点ε邻域内的点，被称为**边界点** (border point)。核心点相当于图24.1中UP主；边界点，相当于粉丝。特别需要注意的是，min_samples为核心点和边界点数量之和。

样本数据点可以是核心点，也可以是边界点，甚至身兼两种角色；如果数据点既不是核心点，也不是边界点，该数据点被称作**噪声点** (noise point)，即**离群数据** (outlier)。

聚类

图24.2给出了平面内8个样本数据点；以每个数据点为中心，ε为半径扫描整个平面，且定义 min_samples = 4。

发现只有样本点$x^{(5)}$的ε邻域内有4个样本点 (包括$x^{(5)}$自身)；因此，$x^{(5)}$为核心点，$x^{(2)}$、$x^{(4)}$和$x^{(7)}$为边界点，剩余其他数据点为噪声点。

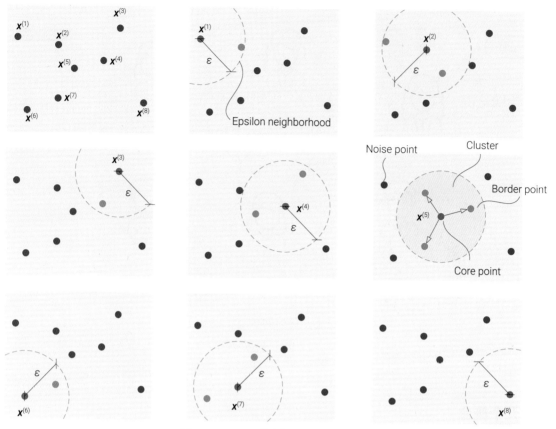

图24.2 DBSCAN算法扫描8个样本数据点

如图24.3所示，通过DBSCAN算法，空间数据被分为三簇。图24.3中，红色数据点为核心点 • (即UP主)。UP主的最低要求是在以自己为中心的 ε 邻域内包含自己在内有4名成员；浅蓝色数据点 • 为边界点，深蓝色 • 为噪声点。

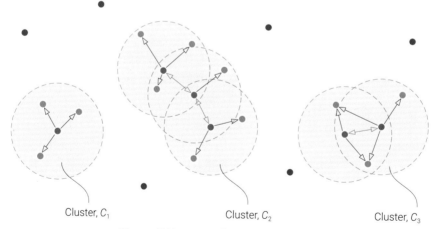

图24.3 通过DBSCAN算法，数据被分为三簇

C_1 自成一簇；三个UP主互粉，三个 ε 邻域相互连接，构成 C_2；两个UP主互粉，两个 ε 邻域相互连接，构造图24.3中所示 C_3。

24.2 **调节参数**

邻域范围

eps 控制邻域范围大小。eps值选取过大，会导致整个数据集被分为一簇；但是eps取值过小，会导致簇过多且分散，并且标记过多噪声点。

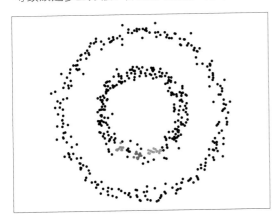

(a) eps = 0.1, min_samples = 10

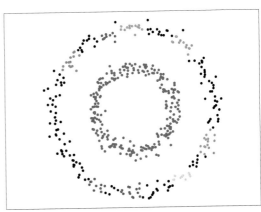

(b) eps = 0.2 , min_samples = 10

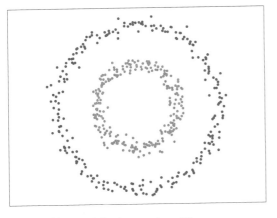

(c) eps = 0.4, min_samples = 10

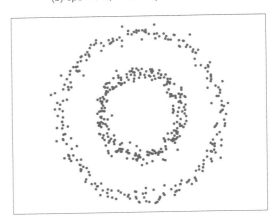

(d) eps = 0.6, min_samples = 10

图24.4　eps对聚类结果影响

图24.4 (a) 所示，当 eps = 0.1时，环形样本数据多数被标记为噪声点 (黑色点)。
当eps增大到0.2时，被标记为噪声点减少，且小环被划分为一簇 (蓝色点)，如图24.4 (b) 所示。
当eps = 0.4时，环形样本数据被正确地分类为两簇，如图24.4 (c) 所示。
当eps增大到0.6时，所有样本数据被划分为一簇，如图24.4 (d) 所示。
请读者注意，ε邻域半径eps，未必是欧氏距离。请大家尝试其他距离度量。

《数据有道》专门总结过机器学习中常用距离度量。

邻域内样本点数

min_samples 调节DBSCAN算法对噪声的容忍度；当数据噪声过大时，应该适当提高min_samples。

k均值和GMM聚类算法需要预先声明聚类数量；但是，DBSCAN则不需要。DBSCAN聚类不需要预设分布类型，不受数据分布影响，且可以分辨离群数据。

DBSCAN算法对eps和min_samples这两个初始参数都很敏感；协同调节eps和min_samples两个参数显得非常重要。

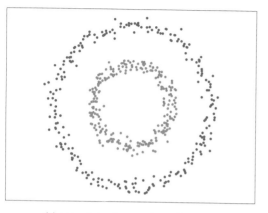

(a) eps = 0.4, min_samples = 10

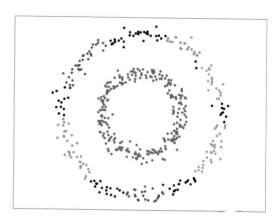

(b) eps = 0.4, min_samples = 20

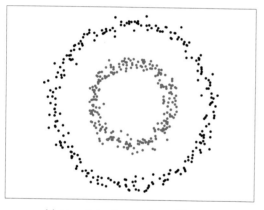

(c) eps = 0.4, min_samples = 30

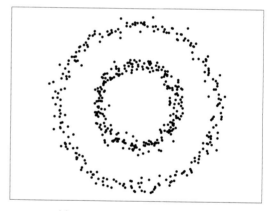

(d) eps = 0.4, min_samples = 40

图24.5　min_samples对聚类结果影响

Bk7_Ch24_01.ipynb中绘制了图24.4、图24.5。下面讲解其中关键语句。

ⓐ调用sklearn.cluster.DBSCAN()创建了一个DBSCAN对象。

eps表示两个样本被视为邻居的最大距离。在DBSCAN中，这个距离阈值用于确定样本点的密度可达性。

min_samples指定一个样本点周围邻域内最小样本数，用于确定核心点。一个核心点是一个样本点，如果其周围至少有min_samples个样本点在距离为eps的邻域内，那么该点被认为是核心点。这个参数影响着对噪声点的容忍度和簇的最小样本数。

请大家试着调节eps和min_samples参数，从而调整算法的敏感性，以便更好地适应不同密度和形状的数据集。

ⓑ使用之前创建的DBSCAN对象 (dbscan) 对数据集X进行拟合和聚类预测，然后将得到的聚类标

签赋值给变量y_pred。

c 首先使用itertools.cycle() 函数创建了一个无限循环的迭代器，该迭代器包含一系列预定义的颜色值。然后，再使用itertools.islice() 函数从无限循环的颜色迭代器中截取了一个固定长度的片段，该长度等于聚类簇的数量(即max(y_pred) + 1)。这确保了每个聚类簇都有一个独特的颜色。

d 用matplotlib.pyplot.scatter() 可视化聚类结果。

代码24.1 用sklearn.cluster.DBSCAN()完成密度聚类 | ⊕ Bk7_Ch24_01.ipynb

```
for eps in np.array([0.1,0.2,0.4,0.6]):

    dbscan = cluster.DBSCAN(eps=eps,min_samples=10)

    y_pred = dbscan.fit_predict(X)

    fig, ax = plt.subplots()

    colors = np.array(list(islice(cycle(['#377eb8','#ff7f00','#4daf4a',
                                         '#f781bf','#a65628','#984ea3',
                                         '#999999','#e41a1c','#dede00']),
                            int(max(y_pred) + 1))))
    # 增加黑色
    colors = np.append(colors, ["#000000"])
    # 绘制散点图
    plt.scatter(X[:, 0], X[:, 1], s=10, color=colors[y_pred])

    plt.title('eps - %0.2f' % eps)
    plt.xlim(-2.5, 2.5)
    plt.ylim(-2.5, 2.5)
    plt.xticks(())
    plt.yticks(())
    plt.axis('equal')
```

图24.6所示为用Streamlit搭建的展示模型参数esp和min_samples对DBSCAN聚类结果影响的App。Streamlit_Bk7_Ch24_02.py中搭建了此App，请大家自行学习。

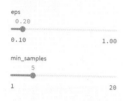

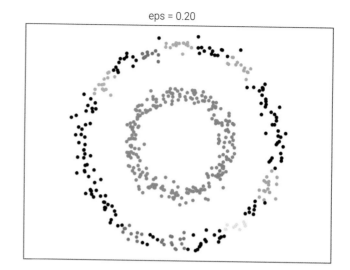

图24.6 展示模型参数esp和min_samples对DBSCAN聚类结果影响的App，Streamlit搭建 | ⊕ Streamlit_Bk7_Ch24_02.py

DBSCAN是一种基于密度的聚类算法，其特点是可以自动识别出任意形状的簇，并将离群点视为噪声数据。DBSCAN将密度定义为在给定半径内的数据点数量，利用这一度量将数据点分为核心点、边界点和噪声点三类。

在聚类过程中，DBSCAN通过不断扩展核心点的密度直到达到最大密度，将核心点和边界点划分到同一簇中。其优点是不需要事先设定聚类数量，鲁棒性强，可以处理不同形状、大小和密度的簇。其缺点是对于密度分布较为均匀的数据集，可能出现聚类失效的情况。

OPTICS (Ordering Points To Identify the Clustering Structure) 聚类算法和DBSCAN非常相似。不同的是，DBSCAN需要用户输入eps和min_samples两个参数；而OPTICS虽然也需要输入这两个参数，但是对eps不敏感。请读者自行学习下例。

◀ https://scikit-learn.org/stable/auto_examples/cluster/plot_optics.html

25 Spectral Clustering
谱聚类
构造无向图，降维聚类

生命中最重要的问题，几乎都是概率问题。

The most important questions of life are indeed, for the most part, really only problems of probability.

—— 皮埃尔-西蒙·拉普拉斯 (Pierre-Simon Laplace) | 法国著名天文学家和数学家 | 1749 — 1827年

◀ `sklearn.cluster.SpectralClustering()` 谱聚类算法
◀ `sklearn.datasets.make_circles()` 创建环形样本数据
◀ `sklearn.preprocessing.StandardScaler().fit_transform()` 标准化数据；通过减去均值然后除以标准差，处理后数据符合标准正态分布

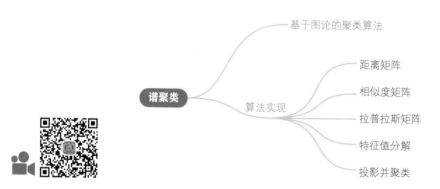

基于图论的聚类算法

谱聚类

算法实现

距离矩阵

相似度矩阵

拉普拉斯矩阵

特征值分解

投影并聚类

25.1 谱聚类

谱聚类 (spectral clustering) 是一种基于**图论** (graph theory) 的聚类算法，能够处理高维数据，并且对于数据分布的形态没有特殊要求。其优点是可以在任意维度上进行聚类，并且不会受到噪声的影响；其缺点是需要进行谱分解计算，计算量较大。

具体来说，谱聚类的思路是将样本数据看作是空间**节点** (node)，这些节点之间用**边** (edge) 连构成**无向图** (undirected graph)。无向图中，距离远的数据点，边的权重值低；距离近的数据点，边的权重值高。

《数据有道》专门介绍过有向图、无向图这些概念，请大家回顾。

用无向图聚类的过程很简单，切断无向图中权重值低的边，得到一系列子图。子图内部节点之间边的权重尽可能高，子图之间边权重尽可能低。将节点之间的相似度构成的矩阵称为邻接矩阵，通过对邻接矩阵进行**谱分解** (spectral decomposition)，得到数据点的特征向量，进而将其映射到低维空间进行聚类。

注意：谱分解是一种特殊的特征值分解。

流程

上述思路虽然简单，但是实际操作需要一系列矩阵运算。

首先，需要计算数据矩阵X内点与点的成对距离，并构造成距离矩阵D。

然后，将距离转换成权重值，即**相似度** (similarity)，构造**相似度矩阵** (similarity matrix) S，利用S可以绘制无向图。

之后，将相似度矩阵转化成**拉普拉斯矩阵** (Laplacian matrix) L。

最后，**特征值分解** (eigen decomposition) $\boldsymbol{L}$，相当于将 $\boldsymbol{L}$ 投影在一个低维度正交空间。

在这个低维度空间中，用简单聚类方法对投影数据进行聚类，并得到原始数据聚类。

图25.1所示为谱聚类的算法流程。

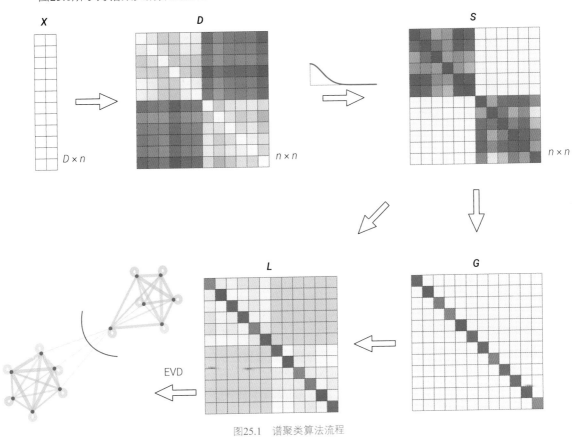

图25.1　谱聚类算法流程

下面通过实例，我们一一讨论谱聚类这些步骤所涉及的技术细节。

25.2 距离矩阵

图25.2给出了12个样本点在平面上位置。计算数据**成对距离** (pairwise distance)，$\boldsymbol{x}^{(i)}$ 和 $\boldsymbol{x}^{(j)}$ 两个点之间欧氏距离 $d_{i,j}$：

$$d_{i,j} = \left\| \boldsymbol{x}^{(i)} - \boldsymbol{x}^{(j)} \right\| \tag{25.1}$$

其中，约定 $\boldsymbol{x}^{(i)}$ 和 $\boldsymbol{x}^{(j)}$ 均为列向量。注意，这里的 $d_{i,j}$ 非负。

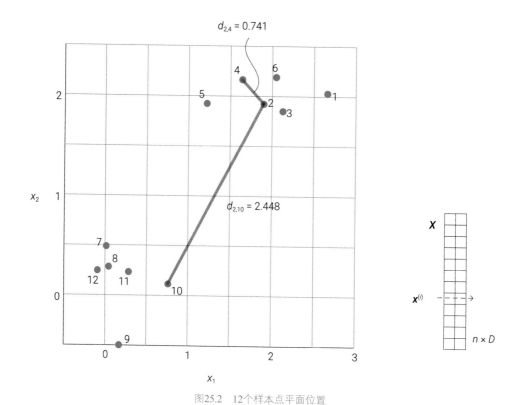

图25.2 12个样本点平面位置

图25.3所示为热图描绘的12个样本点成对欧氏距离构造的矩阵D。色块颜色越浅，说明距离越近；色块颜色越深，说明距离越远。

观察图25.3，显而易见矩阵D为**对称矩阵** (symmetric matrix)，也就是说

$$d_{i,j} = d_{j,i} \tag{25.2}$$

⚠️ _____

注意：D的对角线元素均为0，这是因为观察点和自身之间距离为0。

图25.4所示为计算成对距离矩阵D的原理图。

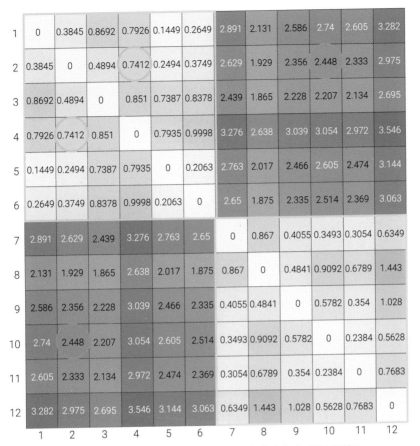

图25.3　12个样本点成对欧氏距离构造的成对距离矩阵 D

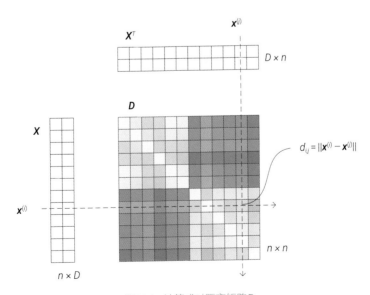

图25.4　计算成对距离矩阵 D

25.3 相似度

然后利用$d_{i,j}$计算i和j两点的相似度$s_{i,j}$，"距离 ➝ 相似度"的转换采用高斯核函数：

$$s_{i,j} = \exp\left(-\left(\frac{d_{i,j}}{\sigma}\right)^2\right) = \exp\left(-\frac{\left\|\boldsymbol{x}^{(i)} - \boldsymbol{x}^{(j)}\right\|^2}{\sigma^2}\right) \tag{25.3}$$

相似度取值区间为 $(0, 1]$。

$\boldsymbol{x}^{(i)}$和$\boldsymbol{x}^{(j)}$两个点距离越近，它们的相似度越高，越靠近1；反之，距离越远，相似度越低，越靠近0。任意点和自身的距离为0，因此对应的相似度为1。

参数$\sigma = 1$时，成对距离$d_{i,j}$和相似度$s_{i,j}$两者之间的关系如图25.5所示。

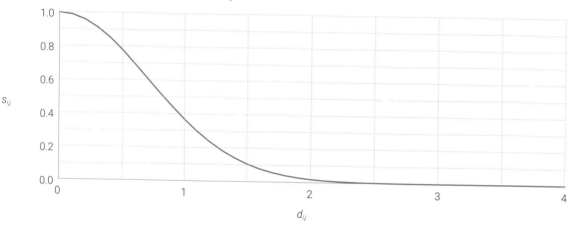

图25.5 欧氏距离和相似度关系

图25.2中，点$\boldsymbol{x}^{(2)}$和$\boldsymbol{x}^{(10)}$之间欧氏距离为$d_{2,10} = 2.448$，点$\boldsymbol{x}^{(2)}$和$\boldsymbol{x}^{(4)}$之间欧氏距离为$d_{2,4} = 0.741$。利用式(25.3)，可以计算得到，点$\boldsymbol{x}^{(2)}$和$\boldsymbol{x}^{(10)}$之间相似度$s_{2,10} = 0.0025$，点$\boldsymbol{x}^{(2)}$和$\boldsymbol{x}^{(4)}$之间相似度为$s_{2,4} = 0.577$。

参数σ可调节，图25.6所示为参数σ对式(25.3) 高斯函数的影响。

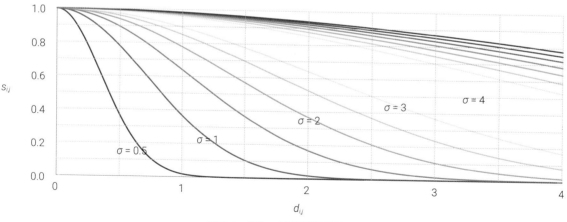

图25.6 参数σ对高斯函数的影响

图25.3所示成对距离矩阵转化为图25.7所示**相似度矩阵** (similarity matrix) **S**。**S**也叫**邻接矩阵** (adjacency matrix)。相似度矩阵**S**的每个元素均大于0。请大家注意，一些教材将成对距离矩阵**D**叫作相似度矩阵。从图25.7一眼就可以看出数据可以划分为两簇。

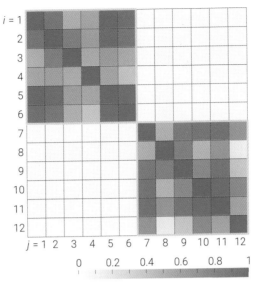

图25.7　12个样本点成对相似度矩阵**S**

图25.8所示为距离矩阵**D**转化成相似度矩阵**S**的原理。

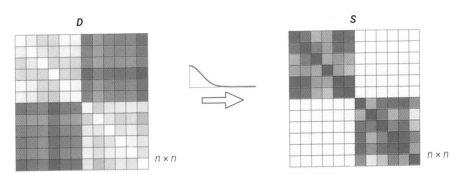

图25.8　距离矩阵**D**转换成相似度矩阵**S**

25.4 无向图

图25.9为相似度矩阵**S**无向图。图中绿色线越粗，表明两点之间的相似度越高，也就是两点距离越近。

如图25.10所示，切断相似度小于0.001成对元素之间的联系得到无向图。

如图25.11所示，在图25.10基础上进一步切断相似度小于0.005成对元素之间的联系得到无向图。

观察图25.12可以知道，切断相似度小于0.031成对元素之间的联系，可以将原始数据划分为两簇。

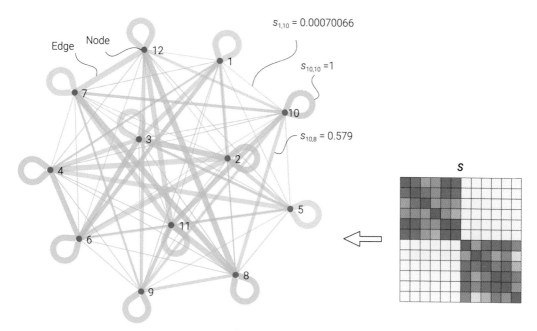

图25.9 相似度对称矩阵**S**无向图

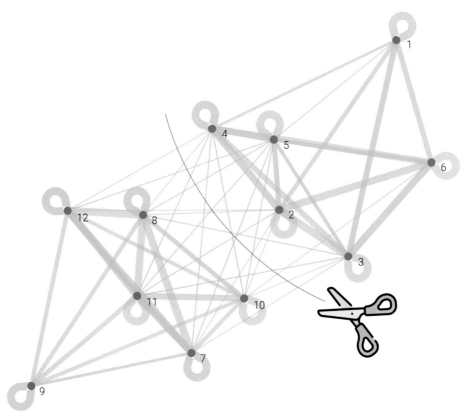

图25.10 切断相似度小于0.001成对元素之间的联系得到无向图

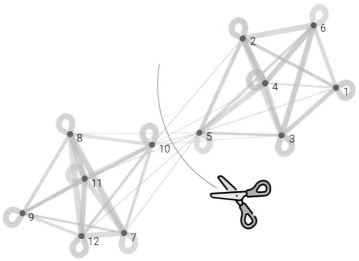

图25.11 切断相似度小于0.005成对元素之间的联系得到无向图

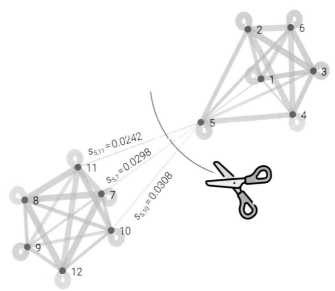

图25.12 切断相似度小于0.31成对元素之间的联系得到无向图

本章后文将用特征值分解方法来完成簇划分。

25.5 拉普拉斯矩阵

如图25.13所示，**度矩阵 (degree matrix)** $\boldsymbol{G}$是一个对角阵。$\boldsymbol{G}$的对角线元素是对应相似度矩阵$\boldsymbol{S}$对应列元素之和，即：

$$G_{i,i} = \sum_{j=1}^{n} s_{i,j} = \mathrm{diag}\left(\boldsymbol{I}^{\mathrm{T}}\boldsymbol{S}\right) \tag{25.4}$$

	1	2	3	4	5	6	7	8	9	10	11	12
1	4.791	0	0	0	0	0	0	0	0	0	0	0
2	0	5.071	0	0	0	0	0	0	0	0	0	0
3	0	0	3.876	0	0	0	0	0	0	0	0	0
4	0	0	0	3.498	0	0	0	0	0	0	0	0
5	0	0	0	0	5.013	0	0	0	0	0	0	0
6	0	0	0	0	0	4.664	0	0	0	0	0	0
7	0	0	0	0	0	0	4.79	0	0	0	0	0
8	0	0	0	0	0	0	0	3.569	0	0	0	0
9	0	0	0	0	0	0	0	0	4.604	0	0	0
10	0	0	0	0	0	0	0	0	0	4.726	0	0
11	0	0	0	0	0	0	0	0	0	0	4.945	0
12	0	0	0	0	0	0	0	0	0	0	0	3.424

图25.13　12个样本点成对相似度构造的度矩阵G

图25.14所示为计算度矩阵G的原理。

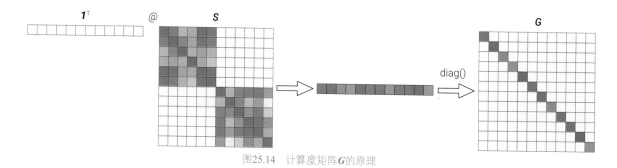

图25.14　计算度矩阵G的原理

拉普拉斯矩阵

然后构造**拉普拉斯矩阵** (Laplacian matrix) L。有三种常用方法构造拉普拉斯矩阵。

第一种叫作**未归一化拉普拉斯矩阵** (unnormalized Laplacian matrix)，具体定义如下：

$$L = G - S \tag{25.5}$$

第二种叫作**归一化随机漫步拉普拉斯矩阵** (normalized random-walk Laplacian matrix)，也叫Shi-Malik矩阵，定义如下：

$$L_{rw} = G^{-1}(G - S) \qquad (25.6)$$

第三种叫作**归一化对称拉普拉斯矩阵** (normalized symmetric Laplacian matrix)，也叫作Ng-Jordan-Weiss矩阵，定义如下：

$$L_s = G^{-1/2}(G - S)G^{-1/2} \qquad (25.7)$$

采用第一种方法获得拉普拉斯矩阵L，热图如图25.15所示。图25.16所示为用式(25.5) 计算L的原理。

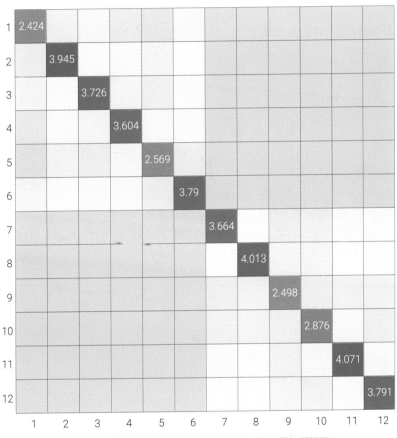

图25.15　12个样本点成对相似度构造未归一化拉普拉斯矩阵L

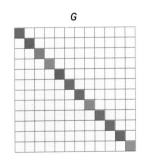
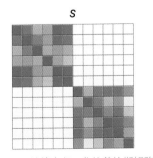
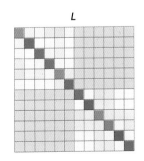

图25.16　计算未归一化拉普拉斯矩阵L

请大家注意，拉普拉斯矩阵L为**半正定矩阵** (positive semi-definite matrix)。证明过程请参考Ulrike von Luxburg创作的*A Tutorial on Spectral Clustering*。

25.6 特征值分解

对拉普拉斯矩阵L进行特征值分解：

$$L = V\Lambda V^{-1} \tag{25.8}$$

其中，

$$\Lambda = \begin{bmatrix} \lambda_1 & & & \\ & \lambda_2 & & \\ & & \ddots & \\ & & & \lambda_{12} \end{bmatrix}, \quad V = \begin{bmatrix} v_1 & v_2 & \dots & v_{12} \end{bmatrix} \tag{25.9}$$

图25.17所示为拉普拉斯矩阵L特征值分解得到的特征值从小到大排序。按从小到大排列λ值后，第2个特征值$\lambda_2 = 0.01285$，对应的特征向量$v_2 = [-0.300, -0.295, -0.297, -0.294, -0.275, -0.298, 0.283, 0.285, 0.288, 0.278, 0.284, 0.286]$。

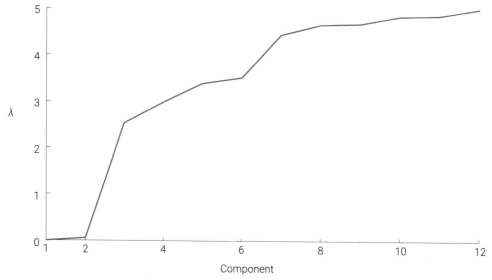

图25.17 拉普拉斯矩阵L特征值分解得到的特征值从小到大排序

图25.18和图25.19分别展示前两个特征向量的结果。相当于将拉普拉斯矩阵L投影到一个二维空间，具体如图25.20所示。在图25.20所示平面内，可以很容易将数据划分为两簇。

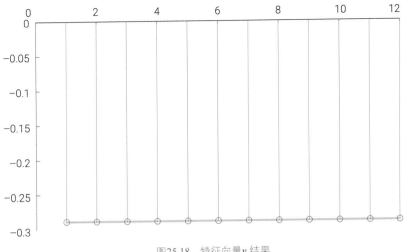

图25.18　特征向量v_1结果

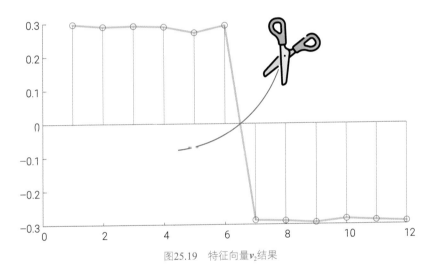

图25.19　特征向量v_2结果

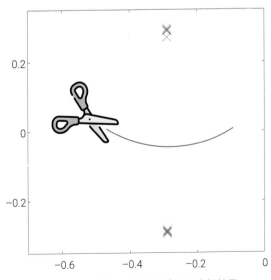

图25.20　矩阵L投影到低维度正交空间结果

图25.21所示为采用谱聚类算法对环形样本数据聚类的结果。谱聚类的可调节参数有很多。比如，高斯核函数中的参数σ。相似度矩阵也可以使用不同的相似度度量方式。拉普拉斯矩阵可以采用不同类型。特征向量数量可以影响聚类效果。最终的聚类可以选择不同算法。

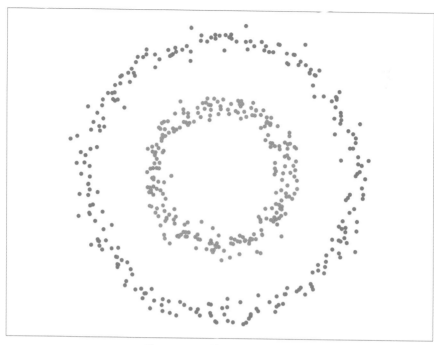

图25.21 环形样本数据聚类结果

Bk7_Ch25_01.ipynb中绘制了图25.21。下面讲解其中关键语句。

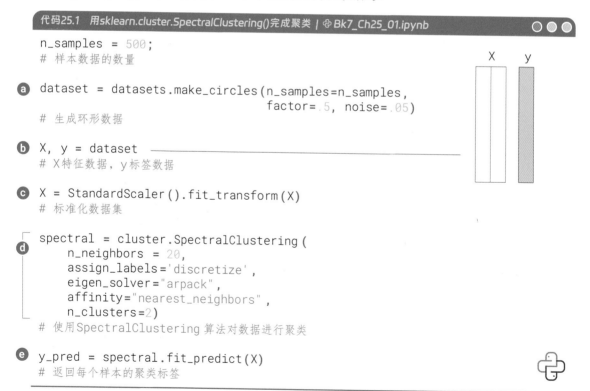

代码25.1 用sklearn.cluster.SpectralClustering()完成聚类 | ⊕ Bk7_Ch25_01.ipynb

```
n_samples = 500;
# 样本数据的数量

a dataset = datasets.make_circles(n_samples=n_samples,
                                  factor=.5, noise=.05)

# 生成环形数据

b X, y = dataset
# X特征数据，y标签数据

c X = StandardScaler().fit_transform(X)
# 标准化数据集

d spectral = cluster.SpectralClustering(
      n_neighbors = 20,
      assign_labels='discretize',
      eigen_solver="arpack",
      affinity="nearest_neighbors",
      n_clusters=2)
# 使用SpectralClustering算法对数据进行聚类

e y_pred = spectral.fit_predict(X)
# 返回每个样本的聚类标签
```

ⓐ用sklearn.datasets.make_circles()生成环形结构两特征数据集。n_samples指定生成的样本数量。factor为控制内外环大小的参数。factor值在0到1之间，表示内环直径与外环直径之比。在这里，factor=0.5 表示外环直径是内环直径的两倍。noise为添加到数据集中的高斯噪声的标准差。

ⓑ将特征数据和标签数据分离。在聚类问题中，我们仅仅需要特征数据。

ⓒ用Scikit-Learn库中的StandardScaler来标准化数据集X。数据处理结果的均值为0，标准差为1。

ⓓ用sklearn.cluster.SpectralClustering()完成聚类。n_neighbors=20指定了用于构建k近邻图的邻居数目，即在图中每个数据点连接到其最近的20个邻居。

assign_labels='discretize'表示在谱聚类过程中如何分配标签。在这里，它使用的是离散化的方法，将谱聚类的结果转换为离散的类别。

eigen_solver="arpack"指定了求解特征值问题算法。

affinity="nearest_neighbors"指定了用于计算相似度矩阵的方法。

n_clusters=2指定了聚类的簇数目，即将数据分为两个簇。

ⓔ对数据集进行谱聚类，并返回聚类标签。

谱聚类是一种基于图论的聚类算法，其特点是能够处理高维数据和非凸数据簇，并且对于数据分布的形态没有特殊要求。谱聚类通过将数据点看作图中的节点，以它们之间的相似度构成的矩阵称为邻接矩阵。通过对邻接矩阵进行谱分解，得到数据点的特征向量，进而将其映射到低维空间进行聚类。

亲爱的同学们，读到这里，大家已经走完了7册的"鸢尾花书之旅"。

崭新的知识爆炸出现，尘封的知识被再次挖掘，已有的知识被跨学科应用，错误的理论被推翻、被修正……前所未有地，在人工智能的助力下，人类知识边界时刻延展、加速伸延。

"鸢尾花书"7册没有创造任何新知识。套用牛顿的话：面对知识的海洋，笔者仅仅打捞了几篓贝壳，将它们擦得闪亮，摆成了自以为漂亮的图案和大家分享。

面对这片浩瀚的充满未知的真理海洋，我们保持谦卑，保持好奇；与此同时，笔者始终坚信，那些热爱知识、不懈探索的读者朋友们，定能拓荒新领域，扩延人类知识星辰大海的边界。

笔者不敢奢求太多，只希望"鸢尾花书"能化作大家翅膀上的几片羽毛，让同学们的羽翼更加丰满。

起风了。

虽百般不舍，飞走吧。

大鹏一日同风起，扶摇直上九万里！

带着乡亲们、鸡兔猪小伙伴们的期许和惦念，飞得更高些，飞得更远些！

懂得越多，便越自觉无知。

The more you know, the more you know you don't know.

—— 亚里士多德 (Aristotle) ｜ 古希腊哲学家 ｜ 前384 — 前322 年

参考文献

* 以下文献既是鸢尾花书系列的核心参考，也可以作为大家扩展阅读。

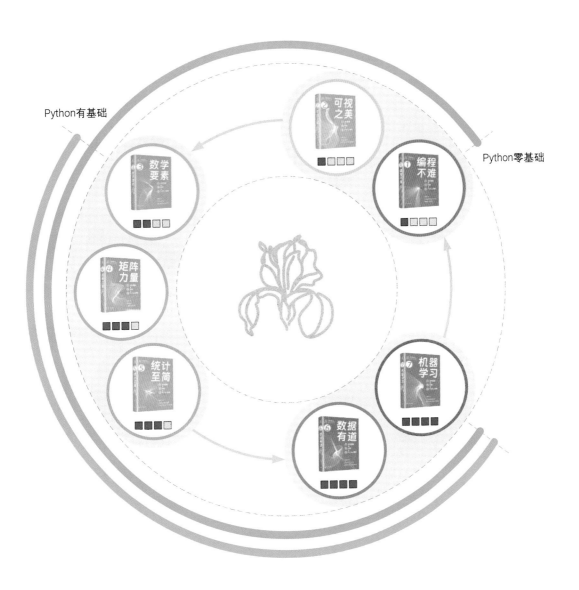